PREFACE 머리말

"한 걸음씩 다가가는 합격의 길"

이 책을 선택하신 여러분께 본 교재는 위험물산업기사 자격증을 향한 고단한 여정에서 든든한 동반자가 되어 드릴 것입니다. 위험물이라는 분야가 처음에는 낯설고 어렵게 느껴지실 수 있지만, 이 책의 구성을 차근차근 따라가다 보면 자연스럽게 자신감이 생기고 실력이 쌓이면서, 합격의 문에 한 걸음씩 가까워지는 것을 경험하게 될 것입니다.

위험물산업기사 시험은 최근 산업 안전 규제 강화와 더불어 난이도가 조금씩 높아지는 추세를 보이고 있습니다. 특히, 최근 개정된 위험물안전관리 관련 법령이 시험에 반영되기 때문에 바뀐 법령과 규정을 꼼꼼히 확인하는 것이 무엇보다 중요합니다. 조금 번거롭더라도 개정된 내용을 충분히 숙지한다면 당연히 좋은 결과로 이어질 것입니다. 출제 범위는 크게 바뀌지 않았지만, 특정 위험물의 특성과 그에 따른 안전조치에 대한 이해가 더욱 중요해졌으며, 실무와 관련된 실제 사례를 다룬 문제가 증가하고 있는 것이 특징입니다. 따라서 단순히 암기하는 데 그치지 않고, 위험물의 성질을 충분히 이해하고 안전관리 방법을 체계적으로 익히는 것이 합격을 위한 키포인트입니다.

본 교재는 개정된 최신 법령과 변경된 출제 경향을 반영하여 수험생이 꼭 알아야 할 핵심 개념과 실전 문제를 집중적으로 다루고 있습니다. 이를 통해 2026년 시험에서도 확실한 성과를 거둘 수 있도록 도움을 드리고자 합니다. 꾸준한 공부가 합격을 위한 가장 큰 열쇠인 만큼, 효율적인 학습을 위해 다음과 같은 체계적인 학습계획이 필요합니다.

첫째, 이론을 학습한 후 바로 기출문제와 예상문제를 풀어보면서 학습 내용을 점검합니다.

둘째, 최근 출제 경향이 반영된 과년도 기출문제 풀이를 통해 실제 시험의 문제유형을 익히고, 실전에 대한 적응력을 키우도록 합니다.

셋째, 문제 풀이 중 틀린 내용은 반복 복습을 통해 더 이상의 실점 없이 실전에서 자신감을 가질 수 있도록 준비합니다.

무엇보다 끝까지 포기하지 않고 성실하게 노력하는 것이 자격증 공부에서 가장 중요하다는 것을 명심해야 합니다. 본 교재는 여러분이 위험물산업기사 시험에서 빛나는 결과를 얻는 그날까지 항상 곁에서 함께할 것입니다.

여러분 모두가 이 교재를 통해 위험물산업기사 자격증을 성공적으로 취득하고, 지금의 열정과 노력이 아름다운 결실을 맺을 수 있길 진심으로 응원합니다.

편저자 김연진

GUIDE 위험물산업기사 시험정보

▮ 위험물산업기사란?

- **자격명:** 위험물산업기사
- **영문명:** Industrial Engineer Hazardous material
- **관련부처:** 소방청
- **시행기관:** 한국산업인력공단
- **수행직무:** 소방법시행령에 규정된 위험물의 저장, 제조, 취급소에서 위험물을 안전하도록 취급하고 일반작업자를 지시·감독하며, 각 설비 및 시설에 대한 안전점검 실시, 재해발생 시 응급조치 실시 등 위험물에 대한 보안, 감독 업무 수행

▮ 위험물산업기사 취득방법

구분		내용
시험과목	필기	물질의 물리·화학적 성질, 화재예방과 소화방법, 위험물의 성상 및 취급
	실기	위험물 취급 실무
검정방법	필기	객관식 4지 택일형, 과목당 20문항(과목당 30분)
	실기	필답형(2시간, 100점)
합격기준	필기	100점을 만점으로 하여 과목당 40점 이상, 전과목 평균 60점 이상
	실기	100점을 만점으로 하여 60점 이상

위험물산업기사 합격률

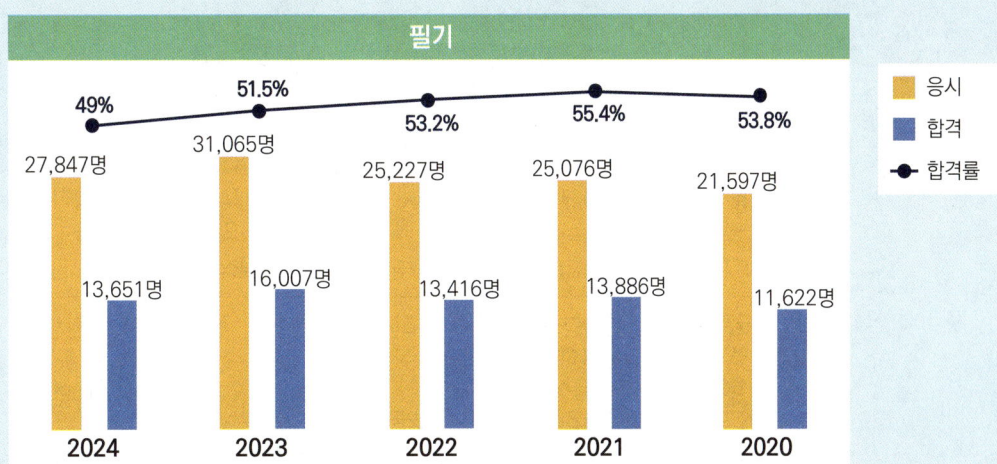

필기

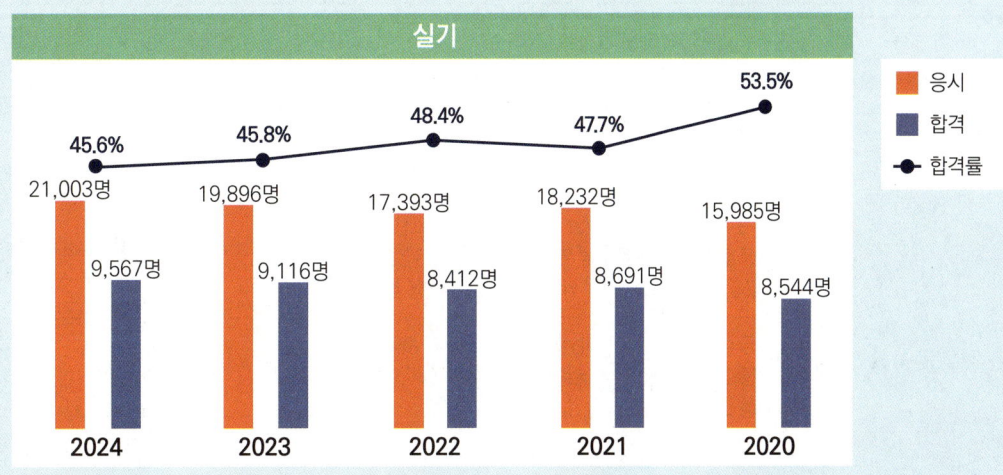

실기

GUIDE 위험물산업기사 필기 출제기준

직무분야	화학	중직무분야	위험물	자격종목	위험물산업기사	적용기간	2025.01.01.~2029.12.31.
필기검정방법	객관식	문제수	60	시험시간	1시간 30분		

필기과목명	주요항목	세부항목
물질의 물리·화학적 성질	1. 기초화학	1. 물질의 상태와 화학의 기본법칙 2. 원자의 구조와 원소의 주기율 3. 산, 염기 / 4. 용액 / 5. 산화, 환원
	2. 유기화합물 위험성 파악	1. 유기화합물 종류·특성 및 위험성
	3. 무기화합물 위험성 파악	1. 무기화합물 종류·특성 및 위험성
화재예방과 소화방법	1. 위험물 사고 대비·대응	1. 위험물 사고 대비 / 2. 위험물 사고 대응
	2. 위험물 화재예방·소화방법	1. 위험물 화재예방 방법 / 2. 위험물 소화방법
	3. 위험물 제조소등의 안전계획	1. 소화설비 적응성 / 2. 소화 난이도 및 소화설비 적용 3. 경보설비·피난설비 적용
위험물 성상 및 취급	1. 제1류 위험물 취급	1. 성상 및 특성 / 2. 저장 및 취급방법의 이해
	2. 제2류 위험물 취급	1. 성상 및 특성 / 2. 저장 및 취급방법의 이해
	3. 제3류 위험물 취급	1. 성상 및 특성 / 2. 저장 및 취급방법의 이해
	4. 제4류 위험물 취급	1. 성상 및 특성 / 2. 저장 및 취급방법의 이해
	5. 제5류 위험물 취급	1. 성상 및 특성 / 2. 저장 및 취급방법의 이해
	6. 제6류 위험물 취급	1. 성상 및 특성 / 2. 저장 및 취급방법의 이해
	7. 위험물 운송·운반	1. 위험물 운송기준 / 2. 위험물 운반기준
	8. 위험물 제조소등의 유지관리	1. 위험물 제조소 / 2. 위험물 저장소 3. 위험물 취급소 / 4. 제조소등의 소방시설 점검
	9. 위험물 저장·취급	1. 위험물 저장기준 / 2. 위험물 취급기준
	10. 위험물안전관리 감독 및 행정처리	1. 위험물시설 유지관리감독 2. 위험물안전관리법상 행정사항

GUIDE 개정 용어 정리표

위험물안전관리법령 주요 개정사항 정리표

🔍 화학 관련 주요 개정용어

개정 전 용어	개정 후 용어	개정 전 용어	개정 후 용어
브롬	브로민	히-	하이-
망간	망가니즈	디-	다이-
과망간산칼륨	과망가니즈산칼륨	트리-	트라이-
요오드	아이오딘	니트로-	나이트로-
유황	황	에테르	에터
황화린	황화인	에스테르	에스터
크롬	크로뮴	메탄	메테인
중크롬산염류	다이크로뮴산염류	에탄	에테인
시안화수소	사이안화수소	프로판	프로페인
알데히드	알데하이드	불소	플루오린
염소화이소시아눌산	염소화아이소사이아누르산	할로겐	할로젠
클레오소트유	크레오소트유	할론	하론
갑종방화문	60분+방화문, 60분방화문	을종방화문	30분방화문

🔍 제5류 위험물 개정사항(2024.4.30. 기준)

개정 전		개정 후	
1. 유기과산화물	10킬로그램	1. 유기과산화물	제1종: 10킬로그램 제2종: 100킬로그램
2. 질산에스테르류	10킬로그램	2. 질산에스터류	
3. 니트로화합물	200킬로그램	3. 나이트로화합물	
4. 니트로소화합물	200킬로그램	4. 나이트로소화합물	
5. 아조화합물	200킬로그램	5. 아조화합물	
6. 디아조화합물	200킬로그램	6. 다이아조화합물	
7. 히드라진 유도체	200킬로그램	7. 하이드라진 유도체	
8. 히드록실아민	100킬로그램	8. 하이드록실아민	
9. 히드록실아민염류	100킬로그램	9. 하이드록실아민염류	
10. 그 밖에 행정안전부령으로 정하는 것	10킬로그램, 100킬로그램 또는 200킬로그램	10. 그 밖에 행정안전부령으로 정하는 것	
11. 제1호 내지 제10호의 1에 해당하는 어느 하나 이상을 함유한 것		11. 제1호부터 제10호까지의 어느 하나에 해당하는 위험물을 하나 이상 함유한 것	

GUIDE 구성과 특징

✅ 핵심이론 정리 및 점검

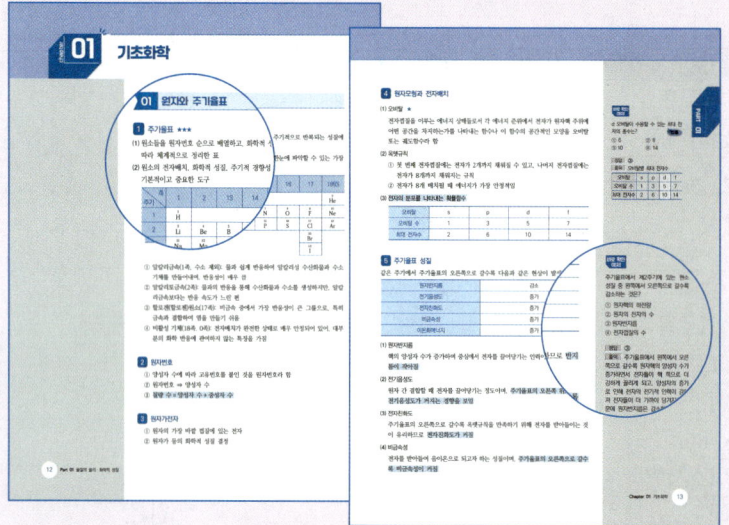

Point 1

핵심 빈출 내용 위주로 정리하고 별표로 강조하여 효율적인 학습 가능

Point 2

학습 포인트인 핵심이론의 암기법 제공 및 간단한 문제를 통한 바로 확인 및 점검

✅ 단원별 출제예상문제 + CBT 기출복원문제

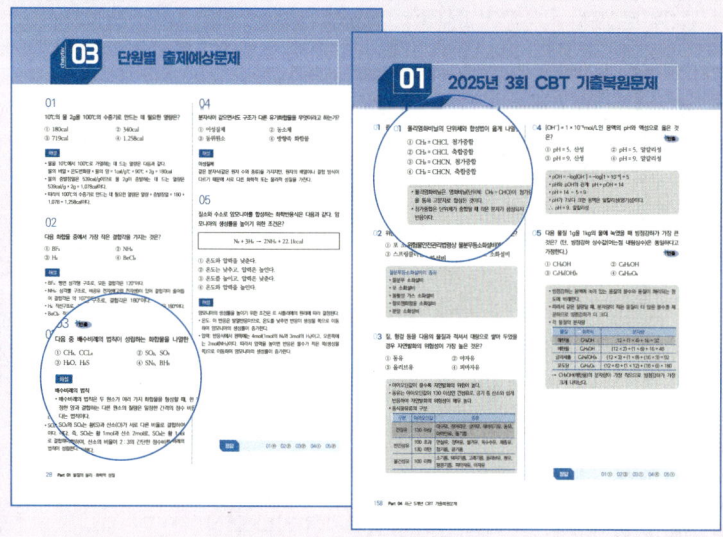

Point 1

기출분석으로 엄선된 단원별 출제예상 문제로 문제풀이 능력 향상 및 빈출 확인

Point 2

5개년 CBT 기출복원문제와 핵심 해결 포인트를 공략한 쉽고 명확한 해설 제공

✅ CBT FINAL 모의고사

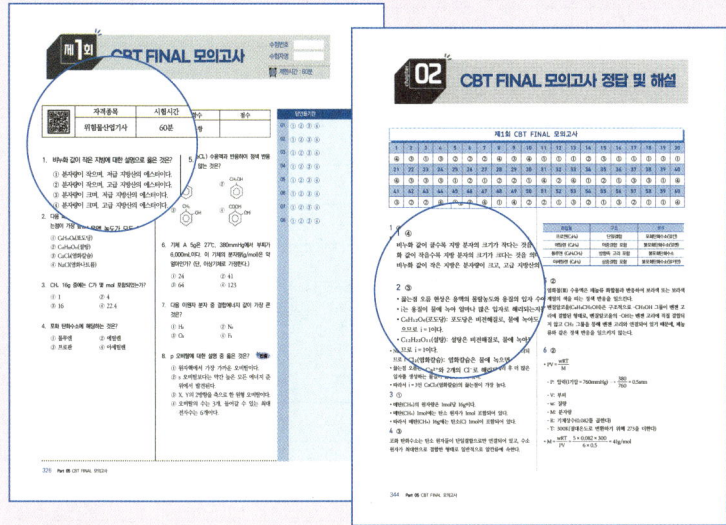

Point 1
실제 CBT 시험 형식의 FINAL 모의고사로 실전대비를 위한 최종테스트
[QR 코드 제공]

Point 2
핵심만 콕콕 찍어주는 해설을 통한 마무리학습

✅ 최종점검 손글씨 핵심요약

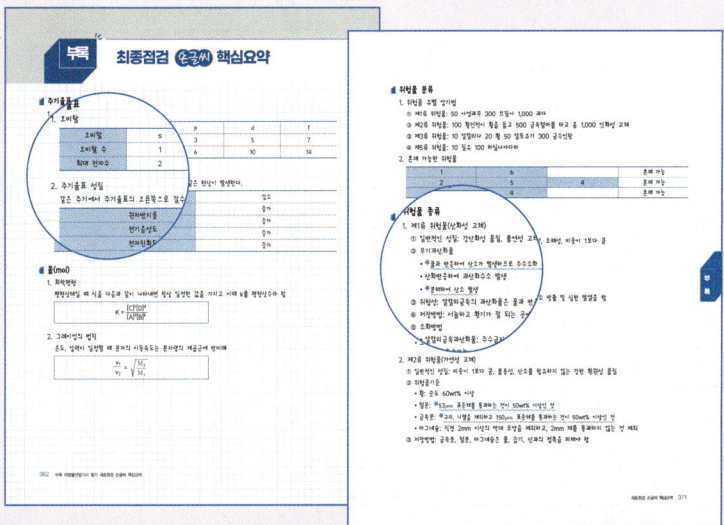

Point 1
꼭 알아야 할 중요한 핵심만을 골라서 눈이 편한 손글씨로 최종마무리

Point 2
핵심 중의 핵심, 포인트 중의 포인트에 별표를 표시하여 확실한 최종점검

CONTENTS 목차

Study check 표 활용법
스스로 학습 계획을 세워서 체크하는 과정을 통해 학습자의 학습능률을 향상시키기 위해 구성하였습니다.
각 단원의 학습을 완료할 때마다 날짜를 기입하고 체크하여, 자신만의 3회독 플래너를 완성시켜보세요.

PART 01 물질의 물리·화학적 성질

			Study Day		
			1st	2nd	3rd
01	기초화학	12			
02	유기·무기화합물의 위험성 파악	16			
03	물질의 상태와 화학의 기본법칙	21			
04	산과 염기	29			
05	몰농도와 전기화학	33			
06	화학의 기본법칙	39			

PART 02 화재예방과 소화방법

			Study Day		
			1st	2nd	3rd
01	연소	44			
02	화재 및 폭발	50			
03	소화종류 및 약제	53			
04	소방시설	57			
05	소화난이도등급	69			

PART 03 위험물의 성상 및 취급

			Study Day		
			1st	2nd	3rd
01	위험물 분류	74			
02	위험물 종류	76			
03	제1류 위험물(산화성 고체)	80			
04	제2류 위험물(가연성 고체)	86			
05	제3류 위험물(자연발화성 및 금수성 물질)	91			
06	제4류 위험물(인화성 액체)	98			
07	제5류 위험물(자기반응성 물질)	106			
08	제6류 위험물(산화성 액체)	110			
09	위험물별 특징	114			
10	위험물 운반	117			
11	위험물제조소	122			
12	위험물저장소	128			
13	위험물취급소	142			
14	제조소등에서 위험물 저장 및 취급	147			
15	위험물안전관리법	150			

PART 04 최근 5개년 CBT 기출복원문제

			Study Day		
			1st	2nd	3rd
01	2025년 3회 CBT 기출복원문제	158			
02	2025년 2회 CBT 기출복원문제	170			
03	2025년 1회 CBT 기출복원문제	181			
04	2024년 3회 CBT 기출복원문제	192			
05	2024년 2회 CBT 기출복원문제	203			
06	2024년 1회 CBT 기출복원문제	214			
07	2023년 4회 CBT 기출복원문제	225			
08	2023년 2회 CBT 기출복원문제	236			
09	2023년 1회 CBT 기출복원문제	247			
10	2022년 4회 CBT 기출복원문제	258			
11	2022년 2회 CBT 기출복원문제	269			
12	2022년 1회 CBT 기출복원문제	280			
13	2021년 4회 CBT 기출복원문제	291			
14	2021년 2회 CBT 기출복원문제	302			
15	2021년 1회 CBT 기출복원문제	313			

PART 05 CBT FINAL 모의고사

			Study Day		
			1st	2nd	3rd
01	CBT FINAL 모의고사	326			
02	CBT FINAL 모의고사 정답 및 해설	344			

부록 최종점검 손글씨 핵심요약

			Study Day		
			1st	2nd	3rd
부록	최종점검 손글씨 핵심요약	362			

2025년 기출분석

- 여러 개념이 한 문제로 통합되어 출제되는 비중이 증가했습니다. 물질의 상태 변화, 몰수 계산, 밀도·비중 등이 결합된 형태로 등장하므로 단순 암기보다 개념 간 연결 이해가 필요합니다.
- 주기율표 기반의 성질 비교 문제가 꾸준히 출제됩니다. 원자반지름·이온화에너지·전자배치와 연계되어 화학결합·산과 염기의 반응성까지 확장되는 경향을 보입니다.
- 계산 문제 비중이 여전히 높습니다. 몰·몰농도, 열량, 비중 계산 등에서 공식 암기와 단위 변환을 정확하게 숙지해야 합니다.
- 기본 법칙에 대한 이해형 문제가 출제되고 있습니다. 질량보존·정수비·아보가드로 법칙 등이 단답형이 아닌 원리 적용형으로 반복됩니다

2025년 필기 출제비율

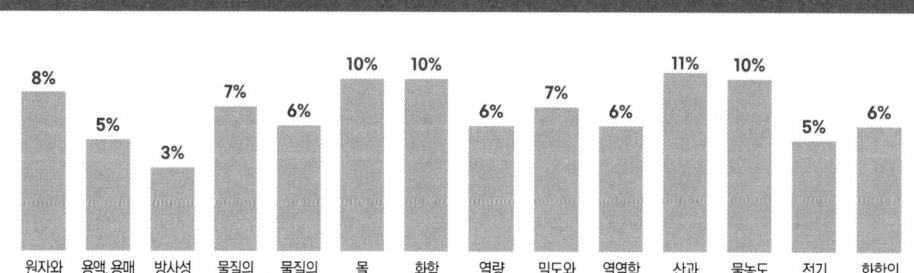

PART 01

물질의
물리·화학적 성질

Chapter 01 기초화학
Chapter 02 유기·무기화합물의 위험성 파악
Chapter 03 물질의 상태와 화학의 기본법칙
Chapter 04 산과 염기
Chapter 05 물농도와 전기화학
Chapter 06 화학의 기본법칙

기초화학

01 원자와 주기율표

1 주기율표 ★★★

(1) 원소들을 원자번호 순으로 배열하고, 화학적 성질이 주기적으로 반복되는 성질에 따라 체계적으로 정리한 표
(2) 원소의 전자배치, 화학적 성질, 주기적 경향성 등을 한눈에 파악할 수 있는 가장 기본적이고 중요한 도구

족 주기	1	2	13	14	15	16	17	18(0)
1	1 H							2 He
2	3 Li	4 Be	5 B	6 C	7 N	8 O	9 F	10 Ne
3	11 Na	12 Mg	13 Al	14 Si	15 P	16 S	17 Cl	18 Ar
4	19 K	20 Ca					35 Br	
							53 I	

① 알칼리금속(1족, 수소 제외): 물과 쉽게 반응하여 알칼리성 수산화물과 수소 기체를 만들어내며, 반응성이 매우 큼
② 알칼리토금속(2족): 물과의 반응을 통해 수산화물과 수소를 생성하지만, 알칼리금속보다는 반응 속도가 느린 편
③ 할로겐(할로젠)원소(17족): 비금속 중에서 가장 반응성이 큰 그룹으로, 특히 금속과 결합하여 염을 만들기 쉬움
④ 비활성 기체(18족, 0족): 전자배치가 완전한 상태로 매우 안정되어 있어, 대부분의 화학 반응에 관여하지 않는 특징을 가짐

2 원자번호

① 양성자 수에 따라 고유번호를 붙인 것을 원자번호라 함
② 원자번호 ⇒ 양성자 수
③ 질량 수 = 양성자 수 + 중성자 수

3 원자가전자

① 원자의 가장 바깥 껍질에 있는 전자
② 원자가 등의 화학적 성질 결정

4 원자모형과 전자배치

(1) 오비탈 ★

전자껍질을 이루는 에너지 상태들로서 각 에너지 준위에서 전자가 원자핵 주위에 어떤 공간을 차지하는가를 나타내는 함수나 이 함수의 공간적인 모양을 오비탈 또는 궤도함수라 함

(2) 옥텟규칙

① 첫 번째 전자껍질에는 전자가 2개까지 채워질 수 있고, 나머지 전자껍질에는 전자가 8개까지 채워지는 규칙
② 전자가 8개 배치될 때 에너지가 가장 안정적임

(3) 전자의 분포를 나타내는 확률함수

오비탈	s	p	d	f
오비탈 수	1	3	5	7
최대 전자수	2	6	10	14

바로 확인 예제

d 오비탈이 수용할 수 있는 최대 전자의 총수는? ★빈출

① 6 ② 8
③ 10 ④ 14

정답 ③

풀이 오비탈별 최대 전자수

오비탈	s	p	d	f
오비탈 수	1	3	5	7
최대 전자수	2	6	10	14

5 주기율표 성질

같은 주기에서 주기율표의 오른쪽으로 갈수록 다음과 같은 현상이 발생함

원자반지름	감소
전기음성도	증가
전자친화도	증가
비금속성	증가
이온화에너지	증가

(1) 원자반지름

핵의 양성자 수가 증가하며 중심에서 전자를 끌어당기는 인력이 증가하므로 반지름이 작아짐

(2) 전기음성도

원자 간 결합할 때 전자를 끌어당기는 정도이며, 주기율표의 오른쪽 위로 갈수록 전기음성도가 커지는 경향을 보임

(3) 전자친화도

주기율표의 오른쪽으로 갈수록 옥텟규칙을 만족하기 위해 전자를 받아들이는 것이 유리하므로 전자친화도가 커짐

(4) 비금속성

전자를 받아들여 음이온으로 되고자 하는 성질이며, 주기율표의 오른쪽으로 갈수록 비금속성이 커짐

바로 확인 예제

주기율표에서 제2주기에 있는 원소 성질 중 왼쪽에서 오른쪽으로 갈수록 감소하는 것은?

① 원자핵의 하전량
② 원자의 전자의 수
③ 원자반지름
④ 전자껍질의 수

정답 ③

풀이 주기율표에서 왼쪽에서 오른쪽으로 갈수록 원자핵의 양성자 수가 증가하면서 전자들이 핵 쪽으로 더 강하게 끌리게 되고, 양성자의 증가로 인해 전자의 전기적 인력이 강해져 전자들이 더 가까이 당겨지기 때문에 원자반지름은 감소한다.

(5) 이온화에너지

전자가 1개 떨어져 나올 때마다 필요한 에너지로, 핵에서의 인력이 증가하므로 전자가 중심으로 모이려고 하기 때문에 전자를 떨어뜨릴 때 에너지가 증가함

02 용액, 용매 및 콜로이드

1 용해
한 물질이 다른 물질에 녹아 균일하게 섞이는 현상

2 용액
① 용해 결과 생성된 균일 혼합물
② 용액의 종류: 물질의 상태에 따라 기체 용액, 액체 용액, 고체 용액이 있음

3 용매와 용질
① 용액에서 녹이는 물질을 용매, 녹는 물질을 용질이라 함
② 액체와 액체가 서로 섞인 경우에 작은 부피의 액체가 용질, 큰 부피의 액체가 용매가 됨

4 콜로이드
(1) 두 개 이상의 물질이 균일하게 혼합되어 있는 시스템으로, 한 물질이 다른 물질에 미세한 입자 형태로 분산되어 있는 상태

(2) 콜로이드는 입자 크기가 1nm에서 1,000nm 사이인 혼합물을 가리키며, 입자가 너무 커서 용액처럼 완전히 녹지 않고, 너무 작아서 현탁액처럼 가라앉지도 않는 특성을 가짐

(3) 상태에 따른 콜로이드 종류
① 졸(Sol): 액체 상태의 콜로이드
② 겔(Gel): 반고체 상태의 콜로이드
③ 에어로졸(Aerosol): 분산매가 기체인 콜로이드

(4) 물과의 친화성에 따른 종류
① 소수콜로이드: 콜로이드 중 소량의 전해질에 의해 엉김이 일어나는 콜로이드
② 친수콜로이드: 다량의 전해질을 가해야만 엉김이 일어나는 콜로이드

Key point

먹물에 아교나 젤라틴을 첨가하면, 아교가 콜로이드 입자 주위에 보호층을 형성하여 입자가 서로 뭉치는 것을 막아주는 역할을 하기 때문에 탄소 입자가 쉽게 침전되지 않고 안정화됨. 투석은 반투막을 이용해 콜로이드 입자를 작은 분자나 이온으로부터 분리하는 방법임

바로 확인 예제

콜로이드 용액을 친수콜로이드와 소수콜로이드로 구분할 때 소수콜로이드에 해당하는 것은?
① 녹말 ② 아교
③ 단백질 ④ 수산화철(Ⅲ)

정답 ④

풀이
- 콜로이드는 입자의 크기가 작아서 용액과 같은 상태를 유지하지만, 완전히 용해되지 않은 혼합물을 말하고, 친수성과 소수성에 따라 구분된다.
- 수산화철(Ⅲ)은 물과 친화력이 낮은 콜로이드로, 물에 잘 녹지 않고 쉽게 침전되는 성질을 가지는 대표적인 소수콜로이드이다.

Chapter 01 단원별 출제예상문제

01

원자번호 11이고, 중성자 수가 12인 나트륨의 질량 수는?

① 11 ② 12
③ 23 ④ 24

해설
- 질량 수는 원자핵 안에 있는 양성자 수와 중성자 수의 합을 나타낸다.
- 따라서 질량수는 11 + 12 = 23이다.

02 빈출

p 오비탈에 대한 설명 중 옳은 것은?

① 원자핵에서 가장 가까운 오비탈이다.
② s 오비탈보다는 약간 높은 모든 에너지 준위에서 발견된다.
③ X, Y의 2방향을 축으로 한 원형 오비탈이다.
④ 오비탈의 수는 3개, 들어갈 수 있는 최대 전자수는 6개이다.

해설

오비탈별 최대 전자수

오비탈	s	p	d	f
오비탈 수	1	3	5	7
최대 전자수	2	6	10	14

03

주기율표에서 3주기 원소들의 일반적인 물리·화학적 성질 중 오른쪽으로 갈수록 감소하는 성질들로만 이루어진 것은?

① 비금속성, 전자흡수성, 이온화에너지
② 금속성, 전자방출성, 원자반지름
③ 비금속성, 이온화에너지, 전자친화도
④ 전자친화도, 전자흡수성, 원자반지름

해설
- 주기율표에서 오른쪽으로 갈수록 감소하는 성질은 금속성, 전자방출성(전자를 잃는 성질), 원자반지름이다.
- 주기율표에서 오른쪽으로 갈수록 원자는 더 비금속적이 되며, 전자를 얻기 쉬워진다. 또한, 원자핵에 가까운 전자일수록 더 강하게 잡혀 있기 때문에 원자반지름이 작아진다.

04

먹물에 아교나 젤라틴을 약간 풀어주면 탄소입자가 쉽게 침전되지 않는다. 이때 가해준 아교는 무슨 콜로이드로 작용하는가?

① 서스펜션 ② 소수
③ 복합 ④ 보호

해설
먹물에 아교나 젤라틴을 첨가하면, 아교가 콜로이드 입자 주위에 보호층을 형성하여 입자가 서로 뭉치는 것을 막아주는 역할을 하기 때문에 탄소입자가 쉽게 침전되지 않고 안정화된다.

05 빈출

전자배치가 $1s^2 2s^2 2p^6 3s^2 3p^5$인 원자의 M껍질에는 몇 개의 전자가 들어 있는가?

① 2 ② 4
③ 7 ④ 17

해설
- 주어진 전자배치 $1s^2 2s^2 2p^6 3s^2 3p^5$는 17개의 전자를 가진 원자의 전자배치이며 염소(Cl)의 모양이다.
- 이 원자의 M껍질은 주 양자 수 n = 3인 껍질로, 3s와 3p 오비탈에 해당한다.
  - 3s 오비탈: 2개의 전자 보유
  - 3p 오비탈: 5개의 전자 보유
- 따라서 M껍질에는 총 7개의 전자가 들어있다.

정답 01 ③ 02 ④ 03 ② 04 ④ 05 ③

유기·무기화합물의 위험성 파악

> **Key point**
>
> **유기화합물**
> 탄소(C)를 중심으로 한 화합물로, 일반적으로 탄소와 수소(H)를 포함하며, 산소(O), 질소(N), 황(S), 인(P) 등의 다른 원소와 결합할 수 있는 화합물을 의미함
> 예) 메테인(CH_4), 에탄올(C_2H_5OH), 포도당($C_6H_{12}O_6$) 등

01 유기화합물

1 포화·불포화 탄화수소

① 포화 탄화수소: 주변에 수소가 최대로 결합하는 물질

$$H-\underset{\underset{H}{|}}{\overset{\overset{H}{|}}{C}}-\underset{\underset{H}{|}}{\overset{\overset{H}{|}}{C}}-H$$

② 불포화 탄화수소: 같은 탄소 사이의 결합이 이중결합, 삼중결합인 경우

$$\underset{H}{\overset{H}{C}}=\underset{H}{\overset{H}{C}} \qquad H-C\equiv C-H$$

2 유기화합물 명명법(IUPAC 명명법의 일반 원칙)

① 화합물에서 특별한 구조의 위치를 표시하기 위해 사용하는 숫자 또는 문자로 된 위치 번호는 명칭에서 관련된 부분 바로 앞에 쓰고 '-'으로 연결하며, 혼동의 가능성이 없을 경우 생략 가능
② 여러 개의 위치 번호는 쉼표로 구분
③ 동일한 원자 또는 원자단이 하나 이상 있을 경우 '다이~', '트라이~' 등의 수 접두사를 사용
④ 사슬형 화합물에서 불포화 결합이 가장 많은 사슬, 가장 긴 사슬, 이중결합의 수가 가장 많은 사슬, 주 원자단의 위치 번호가 가장 작은 사슬 등의 순서로 주 사슬 결정

3 유기화합물의 종류

(1) 알데하이드

① 특징: 1차 알코올을 산화시켜 얻음

$$CH_3OH \xrightarrow[-2H]{산화} HCHO$$
메탄올 → 포름알데하이드

② 성질
- 독특한 냄새를 지니며 물에 잘 용해됨
- 쉽게 산화되어 카르복시산으로 변하며, 환원되면 알코올이 됨
- 환원성이 강하여 은거울반응과 펠링 용액 환원반응을 함

$$RCH_2OH \xrightarrow[-2H]{산화} RCHO \xrightarrow[+O]{산화} RCOOH$$
1차 알코올 → 알데하이드 → 카르복시산

(2) 방향족 나이트로화합물

벤젠 고리의 수소 원자가 나이트로기($-NO_2$)로 치환된 화합물로 나이트로벤젠과 트라이나이트로톨루엔(TNT) 등이 있음

① 나이트로벤젠($C_6H_5NO_2$)
- 벤젠에 진한 질산과 황산을 가하여 얻을 수 있는 담황색 액체로 향료나 합성염료로 쓰임
- 약산과 약염기로 결합된 물질이므로 중성을 띰

② 트라이나이트로톨루엔[$C_6H_2(NO_2)_3CH_3$]: 톨루엔에 진한 질산과 황산을 반응시켜 얻는 $-NO_2$가 3개 결합한 화합물로 막대 모양의 엷은 황색 결정이며 폭약의 원료임

(3) 아닐린($C_6H_5NH_2$)

① 특유한 냄새가 나는 무색의 기름성 액체로 물에 잘 녹지 않음
② 약한 염기성을 띠므로 산과 중화반응하여 수용성의 염을 만듦
③ 치환기로 염기성의 $-NH_2$를 가짐
④ 나이트로벤젠을 수소로 환원하여 아닐린을 만듦

$$C_6H_5NO_2 \xrightarrow{환원} C_6H_5NH_2$$
나이트로벤젠 → 아닐린

(4) 톨루엔($C_6H_5CH_3$)

① 벤젠의 수소 원자 1개를 메틸기($-CH_3$)로 치환한 화합물로, 특이한 냄새가 나는 무색의 휘발성 액체
② 물에 녹지 않는 비수용성 물질

바로 확인 예제

은거울반응을 하는 화합물은?
① CH_3COCH_3
② CH_3OCH_3
③ HCHO
④ CH_3CH_2OH

정답 ③

풀이
- 은거울반응(Tollen's test)은 알데하이드기가 포함된 화합물이 은이온(Ag^+)을 환원시켜 은을 석출시키는 반응이다.
- 이 반응에서 알데하이드가 산화되어 카르복시산이 되고, Ag^+가 환원되어 금속 은(Ag)이 석출된다.
- 제시된 화합물 중에서 알데하이드 구조를 가진 화합물은 HCHO(포름알데하이드)이다.

02 무기화합물

Key point
무기화합물
일반적으로 탄소 원자가 포함되지 않은 화합물을 의미하며, 금속, 비금속, 혹은 금속과 비금속이 결합한 화합물로 구성됨
예) 염화나트륨(NaCl), 이산화탄소(CO_2), 황산(H_2SO_4), 수산화칼슘[$Ca(OH)_2$] 등

1 알칼리 금속
① 결합력이 약하여 연하고 가벼운 은백색 광택이 있고, 밀도가 작으며 무른 금속으로 칼로 자를 수 있음
② 다른 금속에 비해 끓는점과 녹는점이 비교적 낮고 밀도도 작음
③ 원자번호가 커질수록 원자 반경이 급속하게 커져 원자 간의 인력과 이온화에너지가 작아지기 때문에 녹는점과 끓는점이 낮아지고 다른 금속원소에 비해 반응성이 커짐
④ 알칼리 금속은 공기 중 산소와 수분과 만나 쉽게 산화하기 때문에 석유나 유동성 파라핀 속에 보관하여 공기 중 산소와 수분으로부터 격리시켜야 함

2 금속의 이온화 경향
금속이 전자를 잃고 양이온이 되려는 경향

칼륨 칼슘 나트륨 마그네슘 알루미늄 아연 철 니켈 주석 납 수소 구리 수은 은 백금 금
K > Ca > Na > Mg > Al > Zn > Fe > Ni > Sn > Pb > H > Cu > Hg > Ag > Pt > Au

← 이온화 경향이 크다 = 반응성이 크다 = 산화되기 쉽다 →

바로 확인 예제
집기병 속에 물에 적신 빨간 꽃잎을 넣고 어떤 기체를 채웠더니 얼마 후 꽃잎이 탈색되었다. 이와 같이 색을 탈색(표백)시키는 성질을 가진 기체는?
① He   ② CO_2
③ N_2 ④ Cl_2

정답 ④
풀이
염소(Cl_2) 기체는 강한 산화제로, 물과 반응하여 차아염소산(HClO)을 형성하며 표백 작용을 일으킨다.

3 할로겐(할로젠) 원소
① 할로겐(할로젠)화수소산의 산성의 세기: HF < HCl < HBr < HI
② 할로겐(할로젠)화수소산의 끓는점: HF > HI > HBr > HCl
③ 할로겐(할로젠) 원소 반지름: F(불소) < Cl(염소) < Br(브로민) < I(아이오딘)
④ 염소(Cl_2) 기체: 색을 탈색(표백)시키는 성질이 있음

4 무기화합물의 명명법
① 금속 양이온의 이름은 그 원소에 의해 명명됨
② 음이온을 포함하는 산의 경우 음이온의 이름 뒤에 수소를 붙여 명명함
③ 산소산의 화학식은 앞에 수소를, 가운데에 중심 원소를, 그 다음에 산소를 써서 나타냄

03 방사성 원소 ★

(1) 원소의 붕괴

방사성 원소가 α선, β선, γ선을 방출하며 붕괴하는 현상

방사선	특징	붕괴 후
α	얇은 박막에 의해 매우 쉽게 흡수됨	• 원자번호: −2 • 질량수: −4
β	음극선과 유사하고 매우 빠르게 움직임	• 원자번호: +1 • 질량수: 변화없음
γ	투과력이 매우 강해 센 자기장에 의해 휘어지지 않음	• 원자번호: 변화없음 • 질량수: 변화없음

① α붕괴: α입자를 하나 방출하여 원소가 붕괴하는 것을 말하며, 질량수가 4만큼 감소하고 주기율표상 두 칸 앞자리의 원소가 됨
② β붕괴: β입자를 하나 방출하여 원소가 붕괴하는 것을 말하며, 질량수는 변화가 없고 한 개의 중성자가 한 개의 양성자로 변하기 때문에 원자번호가 1만큼 증가함
③ γ붕괴: γ선은 일종의 전자기파로 입자를 방출하는 것이 아니기 때문에, 방출되어도 질량수나 원자번호는 변하지 않으며 전기장의 영향을 받지 않아 휘어지지 않음

(2) 방사선의 기타 특징

① 투과력: $\alpha < \beta < \gamma$
② 감광작용(빛의 작용을 받아 물리적·화학적 변화를 일으키는 작용): $\alpha > \gamma$
③ 전리작용(이온화): $\alpha > \gamma$

(3) 반감기

① 어떤 물질의 양이 초기 값의 절반이 되는 데 걸리는 시간
② 방사성 원소의 경우 원자핵이 방사선을 내고 붕괴반응을 하여 초기의 양에서 절반으로 줄어드는 데 걸리는 시간을 의미함

$$m = M\left(\frac{1}{2}\right)^{\frac{t}{T}}$$

• m: 붕괴 후의 질량
• M: 처음의 질량
• T: 반감기
• t: 경과한 시간

바로 확인 예제

방사성 원소에서 방출되는 방사선 중 전기장의 영향을 받지 않아 휘어지지 않는 선은?
① α선 ② β선
③ γ선 ④ α, β, γ선

정답 ③

풀이
γ(감마)선은 입자가 아닌 빛과 비슷한 전자기파이다. 햇빛을 전기장으로 휘지 못하는 것처럼, γ(감마)선도 전기장의 영향을 받지 않고 직진한다.

바로 확인 예제

방사성 원소인 U(우라늄)이 다음과 같이 변화되었을 때의 붕괴 유형은?

$$^{238}_{92}U \rightarrow\ ^{234}_{90}Th + ^{4}_{2}He$$

① α붕괴 ② β붕괴
③ γ붕괴 ④ R붕괴

정답 ①

풀이
• 알파(α) 붕괴는 헬륨 원자핵(2개의 양성자와 2개의 중성자)이 방출되는 과정으로, 알파(α) 붕괴가 일어나면 원자번호가 2 감소하고, 질량수가 4 감소한다.
• 원소기호의 왼쪽 상단에 있는 숫자(우라늄을 기준으로 238)는 질량수이고, 왼쪽 하단에 있는 숫자(우라늄을 기준으로 92)는 원자번호로, 숫자의 감소폭을 보면 우라늄이 알파(α) 붕괴하였다는 것을 알 수 있다.
• 우라늄-238이 알파(α) 붕괴하면 $^{238}_{92}U \rightarrow\ ^{234}_{90}Th + ^{4}_{2}He$와 같은 반응이 일어나고 이는 우라늄이 알파(α) 붕괴를 통해 토륨(Th)과 헬륨 원자핵(알파입자)을 방출하는 전형적인 과정이다.

chapter 02 단원별 출제예상문제

01
반감기가 5일인 미지의 시료가 2g이 있을 경우 10일이 지나면 남은 양은 몇 g인가?

① 2
② 1
③ 0.5
④ 0.25

해설
- 반감기가 5일인 시료는 5일마다 절반으로 줄어든다. 주어진 시료의 초기 양이 2g이고, 10일이 지났다면 반감기가 두 번 지나게 된다.
- 첫 번째 5일 후에 남은 양: $2g \times \dfrac{1}{2} = 1g$
- 두 번째 5일 후에 남은 양: $1g \times \dfrac{1}{2} = 0.5g$

02
방사선에서 γ선과 비교한 α선에 대한 설명 중 틀린 것은?

① γ보다 투과력이 강하다.
② γ보다 형광작용이 강하다.
③ γ보다 감광작용이 강하다.
④ γ보다 전리작용이 강하다.

해설
α선은 질량이 크고 전하를 띠어 투과력이 매우 약하고, γ선은 매우 강한 투과력을 가진다.

03
다음 중 파장이 가장 짧으면서 투과력이 가장 강한 것은?

① α-선
② β-선
③ γ-선
④ X-선

해설
감마선은 전자기파의 일종으로, 높은 에너지를 가지고 있어 물질을 깊숙이 투과할 수 있다. 그 결과, 감마(γ)선은 알파(α)선이나 베타(β)선보다 훨씬 강한 투과력을 가지고, X-선보다도 더 짧은 파장과 높은 에너지를 가지고 있기 때문에 파장이 가장 짧으면서 투과력이 가장 강한 방사선이다.

정답 01 ③ 02 ① 03 ③

Chapter 03 물질의 상태와 화학의 기본법칙

01 물질의 상태와 변화

1 물질의 정의
일반적으로 질량과 부피를 갖고 공간을 차지하는 존재

2 물질의 성질
물질을 구성하는 물리적·화학적 성질

(1) 물리적 성질
    ① 일반적인 성질: 색깔, 냄새, 녹는점, 끓는점, 밀도 등과 같은 성질의 물질을 물리적으로 관찰하거나 측정함으로써 얻을 수 있는 성질
    ② 전기전도성, 열전도성, 자기반응성 등은 물질의 중요한 물리적 특징

(2) 화학적 성질
    ① 일반적인 성질: 물질이 다른 물질과 어떻게 반응하는지 설명하는 성질
    ② 화합, 분해, 치환, 복분해 등의 변화 과정을 가짐

3 물질의 상변화

(1) 상변화

융해	고체가 액체로 되는 변화
응고	액체가 고체로 되는 변화
기화	액체가 기체로 되는 변화
액화	기체가 액체로 되는 변화
승화	고체가 기체로 되는 변화 또는 기체가 고체로 되는 변화

(2) 현열과 잠열

현열	물질의 상태는 변하지 않고 온도의 변화만 일어날 때 방출하거나 흡수하는 열
잠열	물질의 온도는 변하지 않고 상태의 변화만 일어날 때 방출하거나 흡수하는 열

02 물질의 분류

1 순물질
조성과 물리적·화학적 성질이 일정한 물질

(1) 홑원소 물질
① 한 종류의 원소로 이루어진 순물질
② 동소체: 같은 종류의 원소로 이루어진 홑원소 물질

(2) 화합물
두 종류 이상의 다른 원소가 화학결합에 의해 일정한 비율로 결합하여 만들어진 순물질

2 혼합물
두 가지 이상의 순물질이 물리적으로 섞여 있는 물질로, 일정한 조성을 갖지 않고, 혼합된 순물질 간에 화학반응으로 결합되지도 않음

(1) 균일 혼합물
혼합물을 구성하는 순물질이 혼합물 내 모든 영역에서 균일하게 섞여 있는 상태
예) 공기, 소금물, 설탕물, 사이다

(2) 불균일 혼합물
혼합물에서 측정하는 부분에 따라 조성이 다른 혼합물을 뜻하고, 용매에 용질이 잘 녹지 않은 상태 예) 화강암

03 몰(mol)

1 1mol
(1) 1mol은 화학에서 사용하는 기본적인 단위로, 물질의 양을 나타냄
(2) 1mol = 6.02×10^{23}개의 입자를 포함하는 양을 의미함

2 화학평형
(1) 화학평형 ★

평형상태일 때 식을 다음과 같이 나타내면 항상 일정한 값을 가지고 이때 K를 평형상수라 함

$$K = \frac{[C]^c[D]^d}{[A]^a[B]^b}$$

바로 확인 예제

일정한 온도하에서 물질 A와 B가 반응을 할 때 A의 농도만 2배로 하면 반응속도가 2배가 되고 B의 농도만 2배로 하면 반응속도가 4배로 된다. 이 경우 반응속도식은? (단, 반응속도 상수는 k이다.) ★빈출

① $v = k[A][B]^2$
② $v = k[A]^2[B]$
③ $v = k[A][B]^{0.5}$
④ $v = k[A][B]$

정답 ①

풀이
- A의 농도를 2배로 하면 반응속도가 2배가 된다. 이는 A의 반응차수가 1차임을 의미한다.
- B의 농도를 2배로 하면 반응속도가 4배가 된다. 이는 B의 반응차수가 2차임을 의미한다.
∴ $v = k[A]^a[B]^b = k[A][B]^2$

(2) 화학평형의 이동(르 샤틀리에 법칙)

외부의 조건 변화에 대해 반대로 진행하는 화학반응

온도	증가	온도를 낮추는 쪽으로 반응이 진행
	감소	온도를 높이는 쪽으로 반응이 진행
압력	증가	압력을 낮추는 쪽으로 반응이 진행
	감소	압력을 높이는 쪽으로 반응이 진행

(3) 반응속도

화학반응의 반응속도는 물질의 농도의 곱에 비례

$$V = k[A]^a[B]^b$$

(4) 그레이엄의 법칙 ★

온도, 압력이 일정할 때 분자의 이동속도는 분자량의 제곱근에 반비례

$$\frac{V_1}{V_2} = \sqrt{\frac{M_2}{M_1}}$$

- V: 기체의 확산속도
- M: 기체의 분자량

바로 확인 예제

어떤 기체의 확산속도가 $SO_2(g)$의 2배이다. 이 기체의 분자량은 얼마인가? (단, 원자량은 S = 32, O = 16이다.)

① 8　　② 16
③ 32　　④ 64

정답 ②

풀이
- 기체의 확산속도와 분자량의 관계를 나타내는 그레이엄의 법칙을 적용해서 풀 수 있다.
- 그레이엄의 법칙

$$= \frac{확산속도_1}{확산속도_2} = \sqrt{\frac{분자량_2}{분자량_1}}$$

- 기체의 확산속도는 SO_2의 확산속도의 2배라고 했으므로,

$$\frac{확산속도_{기체}}{확산속도_{SO_2}} = 2이다.$$

- SO_2의 분자량은 64이므로 그레이엄의 법칙을 적용하면,

$$\sqrt{\frac{64}{M}} = 2이다.$$

- 따라서 M = 16g/mol이다.

04 화학결합

1 화학결합의 종류

공유결합	비금속 + 비금속
이온결합	비금속 + 금속
금속결합	금속 + 금속
배위결합	비공유 전자쌍을 가지는 분자나 이온이 전자쌍을 제공하는 결합
수소결합	H와 F, N, O이 결합한 분자에서 상호 간 생기는 인력

2 이성질체

분자를 구성하는 원소의 종류와 개수는 같지만 원자들의 결합한 형태가 다른 것

(1) 구조 이성질체

분자식은 같지만 원자들의 결합한 구조가 다른 이성질체

(2) 기하 이성질체

이중결합을 중심으로 분자 내의 같은 원자단의 상대적인 위치 차이가 있는 이성질체

3 화학의 기초법칙

(1) 일정성분비의 법칙

화합물을 구성하는 각 성분원소의 질량의 비는 일정하다는 법칙

(2) 배수비례의 법칙

두 종류의 원소가 화합하여 2종 이상의 화합물을 만들 때, 한 원소의 일정량과 결합하는 다른 원소의 질량비는 항상 간단한 정수비가 성립된다는 법칙

4 화학의 반응 유형

(1) 정색반응

① 특정 화학물질이 반응하면서 색 변화를 일으키는 반응
② 주로 페놀기가 염화철($FeCl_3$) 수용액과 반응하여 보라색이 되는 반응을 볼 때 자주 사용됨

(2) 은거울반응

① 유기화합물의 환원성을 시험하는 반응
② 포름알데하이드 수용액이 질산은 용액에서 환원되며 은도금하는 것

(3) 펩티드결합

① 아미노산 분자들이 서로 결합할 때 형성되는 화학결합
② 단백질의 구조와 기능에 있어 중요한 역할을 함

(4) 나일론 66

① 나일론 66(Nylon 6, 6)은 합성 섬유 중 하나로, 주로 폴리아미드로 이루어진 고분자 물질임
② 나일론 66(Nylon 6, 6)은 두 가지 주요 원료인 헥사메틸렌다이아민과 아디프산의 축합중합반응을 통해 합성된 반응

(5) 비누화 값

지방산 에스터가 강염기(보통 NaOH 또는 KOH)와 반응하여 비누와 글리세롤을 생성하는 반응

바로 확인 예제

나일론(Nylon 6, 6)에는 다음 어느 결합이 들어 있는가?

① −S−S− ② −O−
③ −C(=O)−O− ④ −C(=O)−N(H)−

정답 ④

풀이
- 나일론(Nylon 6, 6)은 아미드 결합을 포함하는 고분자로, 아미드결합은 −C(=O)−NH−로 이루어진 결합을 말한다.
- 나일론 66(Nylon 6, 6)은 헥사메틸렌다이아민과 아디프산의 축합중합반응으로 만들어지며, 이 과정에서 물이 빠져나가면서 아미드결합이 형성된다.

(6) 비누화 반응

유지의 에스터가 가수분해하여 카복실산 염과 알코올을 생성하는 반응

5 화학물질의 결합각

화학식	BF₃	NH₃	BeCl₂
구조	평면삼각형	삼각뿔	직선형
결합각	120°	107°	180°
모형			

05 열량

(1) 열량

물질의 온도를 올리기 위해 필요한 열의 양

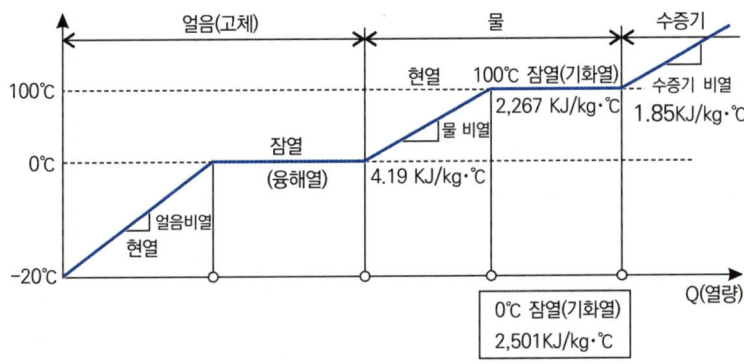

(2) 현열

물질의 상태변화 없이 온도변화 시에만 필요한 열량

$$Q = Cm\triangle T$$

- Q: 열량
- C: 비열
- m: 질량
- $\triangle T$: 온도 차

(3) 잠열

온도변화 없이 물질의 상태변화 시에만 필요한 열량

$$Q = \lambda m$$

- Q: 열량
- λ: 잠열
- m: 질량

06 밀도와 비중

1 밀도

(1) 밀도

물질의 단위 부피당 질량을 나타내는 물리적 성질로, 특정한 부피 안에 얼마나 많은 질량이 들어 있는지를 나타냄

$$밀도 = \frac{질량}{부피}$$

(2) 증기밀도

0℃, 1기압에서 기체 1몰의 부피 22.4L를 이용한 밀도

$$증기밀도 = \frac{분자량(g)}{22.4L}$$

2 비중

(1) 고체와 액체의 비중

물질의 밀도를 기준 물질의 밀도와 비교한 값으로, 물의 밀도와 비교하여 나타내는 값

(2) 기체의 비중
  ① 기체의 비중은 보통 공기를 기준으로 하여 측정하며, 공기의 비중을 1로 설정함
  ② 특정 기체의 비중이 1보다 크면 그 기체는 공기보다 무겁고, 1보다 작으면 공기보다 가벼움

$$증기비중 = \frac{기체분자량}{29}$$

바로 확인 예제

어떤 기체가 탄소 원자 1개당 2개의 수소 원자를 함유하고 0℃, 1기압에서 밀도가 1.25g/L일 때 이 기체에 해당하는 것은?

① CH_2　② C_2H_4
③ C_3H_6　④ C_4H_8

정답 ②

풀이
- 분자량 = 밀도 × 22.4L/mol
  = 1.25g/L × 22.4L/mol
  = 28g/mol
- 탄소 원자 1개당 2개의 수소 원자를 포함하는 화합물 중 분자량이 28g/mol인 것은 에틸렌(C_2H_4)이다.

---

07 열역학법칙

1 제1법칙(에너지 보존 법칙)

① 에너지는 생성되거나 파괴되지 않으며, 단지 한 형태에서 다른 형태로 변환됨을 설명하는 법칙
② 시스템에 가해진 열 에너지는 시스템의 내부 에너지를 증가시키거나, 시스템이 외부에 일을 하는 데 사용됨을 설명하는 법칙

2 제2법칙(엔트로피 증가 법칙)

① 자연적인 모든 과정은 고립된 시스템에서 엔트로피(무질서도)가 증가하는 방향임을 설명하는 법칙
② 열은 고온에서 저온으로 자발적으로 이동하며, 이 과정에서 에너지는 점점 더 사용하기 어려운 형태로 변환됨을 설명하는 법칙

3 제3법칙(절대영도 법칙)

① 절대영도(0K)에 도달하면, 완벽하게 순서 있는 결정체에서 엔트로피는 0이 됨을 설명하는 법칙
② 절대영도에 가까워질수록 물질의 엔트로피는 점점 줄어들며, 절대영도에서는 물질이 완벽히 규칙적인 상태가 되어 더 이상 엔트로피가 존재하지 않게 됨을 설명하는 법칙

바로 확인 예제

다음은 열역학 제 몇 법칙에 대한 내용인가?

> 0K(절대영도)에서 물질의 엔트로피는 0이다.

① 열역학 제0법칙
② 열역학 제1법칙
③ 열역학 제2법칙
④ 열역학 제3법칙

정답 ④

풀이
- 열역학 제0법칙: 온도가 평형에 있는 두 시스템이 제3의 시스템과도 평형에 있을 때, 서로 열적 평형 상태에 있다.
- 열역학 제1법칙: 에너지 보존 법칙으로, 에너지가 생성되거나 소멸되지 않고 형태만 변할 수 있다.
- 열역학 제2법칙: 자발적인 과정에서 엔트로피는 증가하는 경향이 있으며, 열은 높은 온도에서 낮은 온도로만 자발적으로 흐른다.
- 열역학 제3법칙: 절대영도 0K에서 모든 완전 결정체의 엔트로피는 0이다.

단원별 출제예상문제

01

10℃의 물 2g을 100℃의 수증기로 만드는 데 필요한 열량은?

① 180cal　　　　② 340cal
③ 719cal　　　　④ 1,258cal

해설
- 물을 10℃에서 100℃로 가열하는 데 드는 열량은 다음과 같다.
물의 비열 × 온도변화량 × 물의 양 = 1cal/g℃ × 90℃ × 2g = 180cal
- 물의 증발잠열은 539cal/g이므로 물 2g이 증발하는 데 드는 열량은 539cal/g × 2g = 1,078cal이다.
- 따라서 100℃의 수증기로 만드는 데 필요한 열량은 열량 + 증발잠열 = 180 + 1,078 = 1,258cal이다.

02

다음 화합물 중에서 가장 작은 결합각을 가지는 것은?

① BF_3　　　　② NH_3
③ H_2　　　　④ $BeCl_2$

해설
- BF_3: 평면 삼각형 구조로, 모든 결합각은 120°이다.
- NH_3: 삼각뿔 구조로, 비공유 전자쌍(고립 전자쌍)이 있어 결합각이 줄어들어 결합각은 약 107°이다.
- H_2: 직선구조로, 수소 원자 사이의 결합이 단일결합으로 되어 결합각은 180°이다.
- $BeCl_2$: 직선형 구조로, 결합각은 180°이다.

03 ★빈출

다음 중 배수비례의 법칙이 성립하는 화합물을 나열한 것은?

① CH_4, CCl_4　　　　② SO_2, SO_3
③ H_2O, H_2S　　　　④ SN_3, BH_3

해설
배수비례의 법칙
- 배수비례의 법칙은 두 원소가 여러 가지 화합물을 형성할 때, 한 원소의 일정한 양과 결합하는 다른 원소의 질량은 일정한 간격의 정수 비율로 나타난다는 법칙이다.
- SO_2와 SO_3는 황(S)과 산소(O)가 서로 다른 비율로 결합하여 형성된 화합물이다. 즉, SO_2는 황 1mol과 산소 2mol로, SO_3는 황 1mol과 산소 3mol로 결합하여, 산소의 비율이 2 : 3의 간단한 정수비를 이루므로 배수비례의 법칙이 성립한다.

04

분자식이 같으면서도 구조가 다른 유기화합물을 무엇이라고 하는가?

① 이성질체　　　　② 동소체
③ 동위원소　　　　④ 방향족 화합물

해설
이성질체
같은 분자식(같은 원자 수와 종류)을 가지지만, 원자의 배열이나 결합 방식이 다르기 때문에 서로 다른 화학적 또는 물리적 성질을 가진다.

05

질소와 수소로 암모니아를 합성하는 화학반응식은 다음과 같다. 암모니아의 생성률을 높이기 위한 조건은?

$$N_2 + 3H_2 \rightarrow 2NH_3 + 22.1kcal$$

① 온도와 압력을 낮춘다.
② 온도는 낮추고, 압력은 높인다.
③ 온도를 높이고, 압력은 낮춘다.
④ 온도와 압력을 높인다.

해설
암모니아의 생성률을 높이기 위한 조건은 르 샤틀리에의 원리에 따라 결정된다.
- 온도: 이 반응은 발열반응이므로, 온도를 낮추면 반응이 생성물 쪽으로 이동하여 암모니아의 생성률이 증가한다.
- 압력: 반응식에서 왼쪽에는 4mol(1mol의 N_2와 3mol의 H_2)이고, 오른쪽에는 2mol(NH_3)이다. 따라서 압력을 높이면 반응은 몰수가 적은 쪽(생성물 쪽)으로 이동하여 암모니아의 생성률이 증가한다.

정답　01 ④　02 ②　03 ②　04 ①　05 ②

산과 염기

1 아레니우스의 산과 염기

(1) 산: 물에 녹아 이온화하여 H^+를 내는 물질
(2) 염기: 물에 녹아 이온화하여 OH^-를 내는 물질

2 브뢴스테드-로우리의 산과 염기

(1) 산: 양성자(H^+)를 내어 놓는 분자나 이온
(2) 염기: 양성자(H^+)를 받아들이는 분자나 이온

3 산과 염기의 일반적인 특징

산	염기
① 수용액은 신맛을 가짐 ② 수용액은 푸른색 리트머스 종이를 붉게 변화시킴 ③ 많은 금속과 작용하여 수소를 발생 ④ 염기와 작용하여 염과 물 생성 ⑤ 수용액에서 H^+를 내놓음 ⑥ 전해질임	① 수용액은 쓰고 미끈함 ② 수용액은 붉은색 리트머스 종이를 푸르게 변화시킴 ③ 산과 만나면 산의 수소이온(H^+)의 성질을 해소시킴 ④ 염기 중 물에 녹아 OH^-를 내는 것을 알칼리라 함

4 산화와 환원의 일반적인 특징

구분	산화	환원
산소	증가	감소
수소	감소	증가
전자수	감소	증가
산화수	증가	감소

바로 확인 예제

산(acid)의 성질을 설명한 것 중 틀린 것은?

① 수용액 속에서 H^+를 내는 화합물이다.
② pH값이 작을수록 강산이다.
③ 금속과 반응하여 수소를 발생하는 것이 많다.
④ 붉은색 리트머스 종이를 푸르게 변화시킨다.

정답 ④

풀이
산(acid)은 붉은색 리트머스 종이를 푸르게 변화시키는 것이 아니라, 푸른색 리트머스 종이를 붉게 변화시킨다.

5 산화물

(1) 산성 산화물(비금속산화물)

비금속의 산화물로, 물과 반응하여 산성 용액을 만들고 염기와 반응하여 염을 만드는 산화물(예 CO_2, SO_2, NO_2, SiO_2 등)

(2) 염기성 산화물(금속산화물)

금속의 산화물로, 물과 반응하여 염기성 용액을 만들고 산과 반응하여 염을 만드는 산화물(예 Na_2O, CaO 등)

(3) 양쪽성 산화물

산과 염기 모두와 반응하여 각각 염을 만드는 산화물(예 Al_2O_3, ZnO 등)

6 전리도

① 전해질을 물에 녹였을 때 용해된 용질의 전체 몰수에 대한 이온화된 용질의 몰수의 비
② 농도가 묽고 온도가 높을수록 전리도의 값이 커짐

$$a = \sqrt{\frac{K_a}{c}} = \frac{\text{이온화된 산 또는 염기의 몰수}}{\text{용해된 산 또는 염기의 전체 몰수}}$$

- a: 전리도
- K_a: 전리상수
- c: 용해된 용질의 초기 mol농도

7 수소이온농도 ★

(1) pH

수소이온농도[H^+]의 역수의 상용로그 값으로 나타내며, pH값이 작을수록 강한 산성을 나타냄

$$pH = \log\frac{1}{[H^+]} = -\log[H^+]$$

(2) pOH(수산화이온지수)

수산화이온농도[OH^-]의 역수의 상용로그 값으로 나타냄

$$pOH = \log\frac{1}{[OH^-]} = -\log[OH^-]$$

(3) pH와 pOH의 관계

수소이온이 많을수록 pH값이 작아지고, 수소이온이 적을수록 pH값이 커짐

$$pH + pOH = 14$$

바로 확인 예제

0.01N CH_3COOH의 전리도가 0.01이면 pH는 얼마인가? ★빈출

① 2　② 4
③ 6　④ 8

정답 ②

풀이
- [H^+] = 전리도 × 농도
  = 0.01 × 0.01N
  = 0.0001M
  = 1×10^{-4}M(전리도가 0.01이라는 것은 아세트산이 1%만 전리된다는 의미)
- pH = $-\log[H^+]$
  = $-\log(1 \times 10^{-4})$
  = 4

바로 확인 예제

우유의 pH는 25℃에서 6.4이다. 우유 속의 수소이온농도는?

① 1.98×10^{-7}M
② 2.98×10^{-7}M
③ 3.98×10^{-7}M
④ 4.98×10^{-7}M

정답 ③

풀이
- pH는 수소이온농도[H^+]를 나타내는 척도로, 수소이온농도는 다음 식으로 구할 수 있다.
  pH = $-\log[H^+]$
- pH = 6.4에서 수소이온농도[H^+]를 구하려면, 식을 변형하여 다음과 같이 계산한다.
  [H^+] = 10^{-pH} = $10^{-6.4}$
  = 3.98×10^{-7}M

8 중화반응

산과 염기가 반응하여 산과 염기의 성질을 잃고 물이 생성되는 반응으로, 알짜 이온 반응식은 다음과 같음

$$H^+ + OH^- \rightarrow H_2O$$

(1) 중화반응조건
   ① 중화반응의 알짜 이온 반응식을 통해 H^+와 OH^-는 1 : 1의 몰수비로 중화반응을 함
   ② 산과 염기가 완전히 중화하기 위해 H^+와 OH^-의 몰수가 같아야 함

(2) 공통이온효과

이온화 평형 상태에 있는 수용액 속에 들어 있는 이온과 동일한 이온인 공통이온을 수용액에 넣어 줄 때 그 이온의 농도가 감소하는 방향으로 평형이 이동하는 현상

바로 확인 예제

이온평형계에서 평형에 참여하는 이온과 같은 종류의 이온을 외부에서 넣어주면 그 이온의 농도를 감소시키는 방향으로 평형이 이동한다는 이론과 관계 있는 것은?

① 공통이온효과
② 가수분해효과
③ 물의 자체 이온화 현상
④ 이온용액의 총괄성

정답 ①

풀이 공통이온효과
- 이온평형계에서 평형에 참여하는 이온과 같은 종류의 이온을 외부에서 넣어주면, 그 이온의 농도를 감소시키는 방향으로 평형이 이동하는 현상을 말한다.
- 공통이온효과는 같은 이온을 포함하는 두 물질이 섞일 때 발생하는 현상으로, 평형에 영향을 미쳐 해당 이온의 농도를 줄이는 방향으로 평형이 이동하게 된다.

단원별 출제예상문제

01

다음 중 물이 산으로 작용하는 반응은?

① $NH_4^+ + H_2O \rightarrow NH_3 + H_3O^+$
② $HCOOH + H_2O \rightarrow HCOO^- + H_3O^+$
③ $CH_3COO^- + H_2O \rightarrow CH_3COOH + OH^-$
④ $HCl + H_2O \rightarrow H_3O^+ + Cl^-$

해설

브뢴스테드-로우리의 산-염기 이론
- 산은 양성자(H^+)를 내놓고 염기는 양성자(H^+)를 받는다.
- 물(H_2O)이 산으로 작용한다는 것은 물이 양성자(H^+)를 내놓는다는 의미이다.
- $CH_3COO^- + H_2O \rightarrow CH_3COOH + OH^-$의 반응에서 물($H_2O$)은 산으로 작용하여 양성자($H^+$)를 CH_3COO^-(아세트산염 이온)에게 준다.
- 이로 인해 CH_3COOH(아세트산)이 생성되고, 물은 OH^-(수산화이온)을 남기므로 물이 산으로 작용한 것이다.

02

다음 중 전리도가 가장 커지는 경우는?

① 농도와 온도가 일정할 때
② 농도가 진하고 온도가 높을수록
③ 농도가 묽고 온도가 높을수록
④ 농도가 진하고 온도가 낮을수록

해설

- 농도: 농도가 묽을수록 전리도가 커진다. 이는 용액에 있는 이온들이 서로 멀리 떨어져서 전리되기 쉬워지기 때문이다.
- 온도: 온도가 높을수록 전리도가 커진다. 높은 온도는 입자들의 운동 에너지를 증가시켜 전리 반응을 촉진시킨다.

03 ★빈출

pH가 2인 용액은 pH가 4인 용액과 비교하면 수소이온농도가 몇 배인 용액이 되는가?

① 100배   ② 2배
③ 10^{-1}배   ④ 10^{-2}배

해설

- $pH = -\log[H^+]$
- pH가 2인 용액의 수소이온농도: $[H^+] = 10^{-2}M$
- pH가 4인 용액의 수소이온농도: $[H^+] = 10^{-4}M$
- pH가 2인 용액과 pH가 4인 용액의 수소이온농도 차이는 $\frac{10^{-2}}{10^{-4}} = 10^2 = 100$배이다.

04 ★빈출

$[OH^-] = 1 \times 10^{-5}$mol/L인 용액의 pH와 액성으로 옳은 것은?

① pH = 5, 산성   ② pH = 5, 알칼리성
③ pH = 9, 산성   ④ pH = 9, 알칼리성

해설

- $pOH = -\log[OH^-] = -\log(1 \times 10^{-5}) = 5$
- pH와 pOH의 관계: $pH + pOH = 14$
- $pH = 14 - 5 = 9$
- pH가 7보다 크면 용액은 알칼리성(염기성)이다.
∴ pH = 9, 알칼리성

05

다음 중 양쪽성 산화물에 해당하는 것은?

① NO_2 ② Al_2O_3
③ MgO ④ Na_2O

해설

양쪽성 산화물
- 산과 염기 모두와 반응할 수 있는 산화물을 의미한다.
- Al_2O_3(산화알루미늄)은 양쪽성 산화물로 산과 반응하여 염을 생성하고, 강한 염기와 반응해서도 염을 형성하여 산과 염기 모두와 반응할 수 있다.

정답 01 ③ 02 ③ 03 ① 04 ④ 05 ②

몰농도와 전기화학

01 몰농도

1 몰농도
(1) 일정 부피의 용액 속에 녹아 있는 용질의 입자 수
(2) 용액 1L 속에 녹아 있는 용질의 몰수로 나타내는 농도

$$\text{몰농도(M)} = \frac{\text{용질의 몰수(mol)}}{\text{용액의 부피(L)}}$$

2 노르말 농도(N)
용액 1L 속에 녹아 있는 용질의 g당량 수를 나타낸 농도

$$\text{N농도} = \frac{\text{용질의 당량 수}}{\text{용액 1L}}$$

3 몰랄농도(m)
(1) 용매 1,000g에 녹아 있는 용질의 몰수
(2) 몰랄농도는 질량(kg)을 사용하기 때문에 온도가 변하는 조건에서 몰랄농도 사용

$$\text{몰랄농도(m)} = \frac{\text{용질의 몰수}}{\text{용매의 질량(kg)}}$$

4 어는점 내림 ★
용질이 녹아 있는 용액의 어는점이 순수 용매일 때보다 낮아지는 물리현상

$$\Delta T_f = K_f \times m$$

- ΔT_f: 어는점 내림(온도 변화)
- K_f: 물의 어는점 내림상수(1.86°C · kg/mol)
- m: 몰랄농도

바로 확인 예제

물 200g에 A 물질 2.9g을 녹인 용액의 어는점은? (단, 물의 어는점 내림상수는 1.86°C · kg/mol이고, A 물질의 분자량은 58이다.) ★빈출

① -0.017°C   ② -0.465°C
③ 0.932°C   ④ -1.871°C

정답 ②

풀이
- 어는점 내림: $\Delta T_f = K_f \times m$
  - ΔT_f: 어는점 내림(온도 변화)
  - K_f: 물의 어는점 내림상수 (1.86°C · kg/mol)
  - m: 몰랄농도
- 몰랄농도 m

$$m = \frac{\text{녹인 물질의 몰수}}{\text{용매의 질량(kg)}}$$

$$= \frac{0.05\text{mol}}{0.2\text{kg}} = 0.25\text{mol/kg}$$

- A 물질의 몰수

$$= \frac{\text{질량}}{\text{분자량}} = \frac{2.9\text{g}}{58\text{g/mol}}$$

$$= 0.05\text{mol}$$

- $\Delta T_f = 1.86°C \times 0.25\text{mol/kg}$
  $= 0.465°C$
- → 어는점은 내림이므로 0°C - 0.465°C
  = -0.465°C이다.

5 빙점강하

(1) 순수한 용매에 비해 용질이 녹아 있는 용액의 어는점이 낮아지는 현상

(2) 용액의 농도에 비례하며, 비휘발성 및 비전해질인 용질이 용매에 용해될 때 나타남

$$\triangle T_f = K_f \times m$$

- $\triangle T_f$: 빙점강하(용액의 어는점 변화량)
- K_f: 용매의 빙점강하 상수(용매의 특성에 따라 다름)
- m: 용액의 몰랄농도(용질의 몰수/용매의 질량(kg))

6 라울의 법칙

(1) 일정한 온도에서 비휘발성이며, 비전해질인 용질이 녹은 묽은 용액의 증기 압력 내림은 일정량의 용매에 녹아 있는 용질의 몰수에 비례함

(2) 주로 묽은 용액에서 성립하며, 용매의 증기압이 용액에 녹아 있는 용질의 양에 따라 감소함을 나타냄

7 반트호프의 법칙

묽은 용액의 삼투압은 용매나 용질의 종류에 상관없이 용액의 몰농도와 절대온도에 비례한다는 법칙

$$\pi = iCRT$$

- π: 삼투압
- C: 용액의 몰농도
- T: 절대온도(K)
- i: 반트호프 인자(이온화 정도)
- R: 기체상수(0.082L · atm/(k · mol))

8 헨리의 법칙

(1) 기체의 용해도와 기압의 관계를 설명하는 법칙으로, 기체의 용해도는 그 기체가 용해된 액체의 표면 위에 가해진 기체의 부분압력에 비례함을 나타냄

(2) 압력이 높을수록 기체가 액체에 더 많이 녹아 있을 수 있다는 것이 설명 가능함

바로 확인 예제

다음 중 헨리의 법칙으로 설명되는 것은?

① 극성이 큰 물질일수록 물에 잘 녹는다.
② 비눗물은 0℃보다 낮은 온도에서 언다.
③ 높은 산 위에서는 물이 100℃ 이하에서 끓는다.
④ 사이다의 병마개를 따면 거품이 난다.

정답 ④

풀이 헨리의 법칙은 압력이 높을수록 기체가 액체에 더 많이 녹아 있을 수 있다는 것을 설명하는 것으로, 사이다의 병마개를 따면 거품이 나는 현상을 설명할 수 있다.

02 전기화학

1 금속의 반응성

금속의 이온화 경향
K(칼륨) > Ca(칼슘) > Na(나트륨) > Mg(마그네슘) > Al(알루미늄) > Zn(아연) > Fe(철) > Ni(니켈) > Sn(주석) > Pb(납) > H(수소) > Cu(구리) > Hg(수은) > Ag(은) > Pt(백금) > Au(금)

2 볼타전지 ★

(1) 아연(Zn)의 산화반응

$$Zn \rightarrow Zn^{2+} + 2e^-$$

(2) 구리(Cu^{2+})의 환원반응

$$Cu^{2+} + 2e^- \rightarrow Cu$$

(3) 볼타전지에서 일어나는 전기화학반응

$$(-)Zn(s) \mid H_2SO_4(aq) \mid Cu(s)(+)$$

① $Zn(s)$: 고체 상태의 아연이 음극(-)으로 작용하며, 산화반응이 일어남
② $H_2SO_4(aq)$: 황산 수용액이 전해질 역할을 하며, 이 안에서 H^+(수소이온)와 SO_4^{2-}(황산이온)이 존재함
③ $Cu(s)$: 고체 상태의 구리가 양극(+)으로 작용하며, 환원반응이 일어남

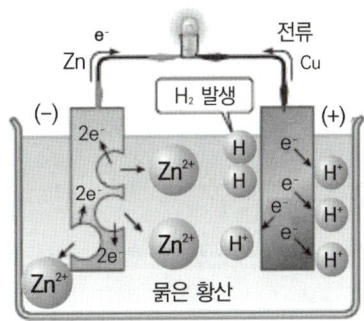

(4) 분극현상

볼타전지의 기전력이 처음에는 1.3V이나, (+)극에서 발생한 수소 기체가 Cu판에 붙어서 용액과 Cu판 사이에 간격이 생기게 하여 H^+의 환원반응을 방해하면 0.4V로 급격히 떨어지는 현상

바로 확인 예제

다음과 같은 구조를 가진 전지를 무엇이라 하는가? ✈빈출

$$(-)Zn \mid H_2SO_4 \mid Cu(+)$$

① 볼타전지　② 다니엘전지
③ 건전지　　④ 납축전지

정답 ①

풀이
볼타전지는 아연(Zn)과 구리(Cu)를 사용한 전지로, 아연이 산화되어 전자를 잃고, 구리는 환원되어 전자를 받는다. 이때 전해질로는 황산(H_2SO_4)이 사용되며, 아연 전극은 음극(-), 구리 전극은 양극(+)이다.

(5) 감극제
① 양극(구리 전극)에서 전자를 받으며 환원반응을 일으키는 반응을 통해 볼타전지에서는 구리 자체가 감극제 역할을 하며, 아연에서 나온 전자가 구리 쪽으로 이동하면서 구리이온이 구리 금속으로 환원되거나 전지가 완전한 회로를 형성하는 데 중요한 역할을 함
② 특히, 이산화망가니즈(MnO_2)는 건전지(일차전지)에서 많이 사용되며, 대표적인 예가 망가니즈 전지 또는 알칼리 전지로 알려짐

3 패러데이 법칙 ★

전기화학 및 전자기 유도현상을 설명하는 법칙

(1) 패러데이 전기분해 법칙
① 전기분해에서 금속이나 물질이 전극에 침전되거나 용액에서 발생하는 양은 전기적으로 전달된 전하의 양에 비례한다는 법칙
② 전기화학적 반응에서 물질이 전기에너지와 어떻게 상호작용하는지를 설명함
③ 제1법칙: 전기분해를 통해 얻어지는 물질의 양은 전극을 통해 전달된 전하에 비례한다는 법칙

$$m = Z \times Q$$

- m: 침전된 물질의 질량
- Q: 전달된 전하의 양
- Z: 전기화학당량

(2) 패러데이 전자기 유도 법칙
① 전자기 유도에서 발생하는 유도기전력은 코일을 통과하는 자기장 변화율에 비례한다는 법칙
② 패러데이의 전자기 유도 법칙은 자기장 변화에 의해 전류가 발생하는 현상을 설명함

$$\epsilon = -\frac{d\Phi_B}{dt}$$

- ϵ: 유도기전력
- Φ_B: 자기전속
- t: 시간

바로 확인 예제

20%의 소금물을 전기분해하여 수산화나트륨 1몰을 얻는 데는 1A의 전류를 몇 시간 통해야 하는가?

★빈출

① 13.4　② 26.8
③ 53.6　④ 104.2

정답 ②

풀이
- 소금물(NaCl)이 전기분해되면 수산화나트륨(NaOH), 염소(Cl_2), 수소(H_2)가 생성된다.
- Na^+이온 1mol이 1mol의 수산화나트륨(NaOH)로 변환되는 데 필요한 전자는 1mol이다.
- 패러데이 법칙에 따르면, 전기분해를 통해 1mol의 전자를 방출하는 데 필요한 전기량은 1패러데이(96,485쿨롱)이다.
- 1mol의 수산화나트륨(NaOH)을 얻으려면 96,485쿨롱의 전하가 필요하므로, 이를 1A의 전류로 몇 시간 동안 흘려야 하는지를 계산하면 $\frac{96,485C}{1A}$ = 96,485초이다.
- 이를 시간 단위로 변환하면 $\frac{96,485초}{3,600초/시간}$ = 26.8시간이다.

Chapter 05 단원별 출제예상문제

01 ✈빈출

황산구리(II) 수용액을 전기분해할 때 63.5g의 구리를 석출시키는 데 필요한 전기량은 몇 F인가? (단, Cu의 원자량은 63.5이다.)

① 0.635F ② 1F
③ 2F ④ 63.5F

해설
- $Cu^{2+} + 2e^- \rightarrow Cu$
- 63.5g의 구리는 1mol이므로, 이를 석출시키기 위해 필요한 전기량은 2mol의 전자이다. 따라서 1F에서 $\frac{1mol}{2}$의 구리가 석출된다.
- 필요한 전기량을 x라 하면 다음과 같은 식을 세울 수 있다.
  1F : 0.5mol = xF : 1mol
- 따라서 x = 2F이다.

02

볼타전지에서 갑자기 전류가 약해지는 현상을 분극현상이라 한다. 분극현상을 방지해 주는 감극제로 사용되는 물질은?

① MnO_2 ② $CuSO_3$
③ $NaCl$ ④ $Pb(NO_3)_2$

해설
- 볼타전지에서 분극현상이 발생하는 이유는, 전지 내부에서 발생한 수소 기체가 전극을 덮어 전류의 흐름을 방해하기 때문이다. 이를 방지하기 위해 수소를 제거하는 감극제인 이산화망가니즈(MnO_2)를 사용한다.
- 이산화망가니즈(MnO_2)는 수소 기체를 산화시켜 전극 표면에서 제거함으로써 분극현상을 방지해준다.

03 ✈빈출

다음 물질 1g을 1kg의 물에 녹였을 때 빙점강하가 가장 큰 것은? (단, 빙점강하 상수값(어는점 내림상수)은 동일하다고 가정한다.)

① CH_3OH ② C_2H_5OH
③ $C_3H_5(OH)_3$ ④ $C_6H_{12}O_6$

해설
- 빙점강하는 용액에 녹아 있는 용질의 몰수와 용질이 해리되는 정도에 비례한다.
- 따라서 같은 질량일 때, 분자량이 작은 물질이 더 많은 몰수를 제공하므로 빙점강하가 더 크다.
- CH_3OH(메탄올)의 분자량은 12 + (4 × 1) + 16 = 32g/mol로 분자량이 가장 작은 물질이므로 빙점강하가 가장 크게 나타난다.

04

다음에서 설명하는 법칙은 무엇인가?

> 일정한 온도에서 비휘발성이며, 비전해질인 용질이 녹은 묽은 용액의 증기 압력 내림은 일정량의 용매에 녹아 있는 용질의 몰수에 비례한다.

① 헨리의 법칙 ② 라울의 법칙
③ 아보가드로의 법칙 ④ 보일-샤를의 법칙

해설
라울의 법칙
일정한 온도에서 비휘발성이고 비전해질인 용질이 용매에 녹아 있을 때, 용액의 증기압 내림이 용질의 몰분율에 비례한다고 설명하는 법칙이다. 주로 묽은 용액에서 성립하며, 용매의 증기압이 용액에 녹아 있는 용질의 양에 따라 감소한다는 것을 나타낸다.

정답 01 ③ 02 ① 03 ① 04 ②

05

NaOH 1g이 250mL 메스플라스크에 녹아 있을 때 NaOH 수용액의 농도는?

① 0.1N
② 0.3N
③ 0.5N
④ 0.7N

해설

- NaOH의 분자량 = 40g/mol(Na = 23, O = 16, H = 1)
- NaOH의 몰수 = $\dfrac{\text{물질의 질량}}{\text{몰질량}} = \dfrac{1g}{40g/mol}$ = 0.025mol
- NaOH는 1가 염기이므로, 몰농도와 노르말 농도는 동일하게 계산되고, 노르말 농도는 다음과 같이 계산된다.

  N = $\dfrac{\text{몰수}}{\text{용액의 부피(L)}} = \dfrac{0.025}{0.25}$ = 0.1N

06 빈출

1패러데이(Faraday)의 전기량으로 물을 전기분해하였을 때 생성되는 수소 기체는 0℃, 1기압에서 얼마의 부피를 갖는가?

① 5.6L
② 11.2L
③ 22.4L
④ 44.8L

해설

- 물의 전기분해 반응식: $2H_2O \rightarrow 2H_2 + O_2$
- 물의 전기분해 반응식을 살펴보면 산소와 수소가 발생되는데, 1mol의 수소 기체(H_2)가 생성되려면 2mol의 전자가 필요하다.
- 1패러데이(Faraday)의 전기량은 96,485쿨롱으로, 1mol의 전자를 전달하는 데 필요한 전기량이다. 따라서 1패러데이의 전기량으로는 0.5mol의 수소(H_2)가 생성된다.
- 표준온도와 압력(0℃와 1기압)에서 1mol의 기체는 22.4L의 부피를 차지하므로 수소 기체의 부피는 0.5mol × 22.4L = 11.2L이다.

정답 05 ① 06 ②

Chapter 06 화학의 기본법칙

1 이상기체 방정식 공식 ★★★

이상기체 방정식은 이상기체의 상태를 다루는 상태방정식이며, 이상기체가 압력, 온도 등의 변수에 의해 변하는 상태를 일반적으로 나타낸 것

① $PV = nRT$

② $PV = \dfrac{w}{M}RT$

2 보일-샤를의 법칙

일정량의 기체의 부피(V)는 압력(P)에 반비례하고, 절대온도(T)에 비례함

① $PV = kT$

② $\dfrac{P_1V_1}{T_1} = \dfrac{P_2V_2}{T_2}$

3 최소착화에너지

최소착화에너지 E는 콘덴서에 저장된 전기에너지로 표현한 것이며, 방전 시 발생하는 에너지가 착화를 유발할 수 있는 최소에너지를 제공함

$$E = \dfrac{1}{2}CV^2$$

- E: 착화에 필요한 최소 전기에너지(단위: 줄, J)
- C: 콘덴서의 전기용량(단위: 패럿, F)
- V: 방전전압(단위: 볼트, V)

Key point

이상기체 방정식의 공식

P	압력	V	부피
w	질량	R	기체상수 (0.082atm·m³)
M	분자량	T	절대온도 (K = 273+℃)

바로 확인 예제

다음 반응식과 같이 벤젠 1kg이 연소할 때 발생되는 CO_2의 양은 약 몇 m³인가? (단, 27℃, 750mmHg 기준이다.) ★빈출

$$2C_6H_6 + 15O_2 \rightarrow 12CO_2 + 6H_2O$$

① 0.72 ② 1.22
③ 1.92 ④ 2.42

정답 ③

풀이

- $PV = \dfrac{wRT}{M}$

- $V = \dfrac{wRT}{PM}$
  $= \dfrac{1 \times 0.082 \times 300}{0.9868 \times 78} \times \dfrac{12}{2}$
  $= 1.917 m^3$

- $P = \dfrac{750mmHg}{760mmHg} = 0.9868$

P = 압력, V = 부피, w = 질량, M = 분자량, R = 기체상수(0.082를 곱한다), T = 300K(절대온도로 환산하기 위해 273을 더한다)

Chapter 06 단원별 출제예상문제

01

최소착화에너지를 측정하기 위해 콘덴서를 이용하여 불꽃 방전 실험을 하고자 한다. 콘덴서의 전기용량을 C, 방전전압을 V, 전기량을 Q라 할 때 착화에 필요한 최소 전기에너지 E를 옳게 나타낸 것은?

① $E = \frac{1}{2}CQ^2$　　② $E = \frac{1}{2}C^2V$
③ $E = \frac{1}{2}QV^2$　　④ $E = \frac{1}{2}CV^2$

해설

- 최소착화에너지 E는 콘덴서에 저장된 전기에너지로 표현한 것으로, 방전 시 발생하는 에너지가 착화를 유발할 수 있는 최소에너지를 제공하며, 그 식은 다음과 같다.
- $E = \frac{1}{2}CV^2$
  - E: 착화에 필요한 최소 전기에너지(단위: 줄, J)
  - C: 콘덴서의 전기용량(단위: 패럿, F)
  - V: 방전전압(단위: 볼트, V)

02 ★빈출

1기압 27℃에서 아세톤 58g을 완전히 기화시키면 부피는 약 몇 L가 되는가?

① 22.4　　② 24.6
③ 27.4　　④ 58.0

해설

- 이상기체 방정식(PV = nRT)을 이용하여 문제를 푼다.
  - P: 압력(1atm)
  - V: 부피(L)
  - n: 몰수(mol)
  - R: 기체상수(0.082L · atm/mol · K)
  - T: 300K(절대온도로 변환하기 위해 273을 더한다)
- 아세톤(CH_3COCH_3)의 몰질량: 58g/mol
- 아세톤의 몰수(n) = $\frac{58g}{58g/mol}$ = 1mol

$V = \frac{nRT}{P} = \frac{1 \times 0.082 \times 300}{1} = 24.63L$

03

20℃에서 4L를 차지하는 기체가 있다. 동일한 압력 40℃에서는 몇 L를 차지하는가?

① 0.23　　② 1.23
③ 4.27　　④ 5.27

해설

샤를의 법칙에 따라 다음의 관계가 성립한다.

$\frac{V_1}{T_1} = \frac{V_2}{T_2} \rightarrow \frac{4L}{293K} = \frac{V_2}{313K}$

∴ $V_2 = 4.27L$

04

어떤 주어진 양의 기체의 부피가 21℃, 1.4atm에서 250mL이다. 온도가 49℃로 상승되었을 때의 부피가 300mL라고 하면 이 기체의 압력은 약 얼마인가?

① 1.35atm　　② 1.28atm
③ 1.21atm　　④ 1.16atm

해설

- 보일-샤를의 법칙인 $\frac{P_1V_1}{T_1} = \frac{P_2V_2}{T_2}$ 을 이용하면

$\frac{P_1V_1}{T_1} = \frac{P_2V_2}{T_2} = \frac{1.4 \times 0.25}{294} = \frac{P_2 \times 0.3}{322}$ 이다.

- 따라서 $P_2 = \frac{1.4 \times 0.25 \times 322}{294 \times 0.3} = 1.28atm$이다.
  - P: 압력(1.4atm)
  - V: 부피(L)
  - T: 절대온도(K, 절대온도로 변환하기 위해 273을 더한다)

정답　01 ④　02 ②　03 ③　04 ②

MEMO

2025년 기출분석

- 폭발 관련 이해형 문제 증가 추세입니다. BLEVE·분진폭발·자연발화 조건 등이 단순 정의가 아닌 조건 비교·원인 분석형으로 출제됩니다.
- 약제 적응성 문제는 여전히 핵심 출제 영역입니다. 금속화재, 알칼리금속, 과산화물, 탄화칼슘 등 특수 위험물과 소화약제 매칭을 반드시 숙지해야 합니다.
- 다양한 소화약제의 특성과 적절한 사용방법, 소방설비의 기능과 유지 관리에 대한 문제들이 출제되므로 관련 내용들을 숙지해야 합니다.

2025년 필기 출제비율

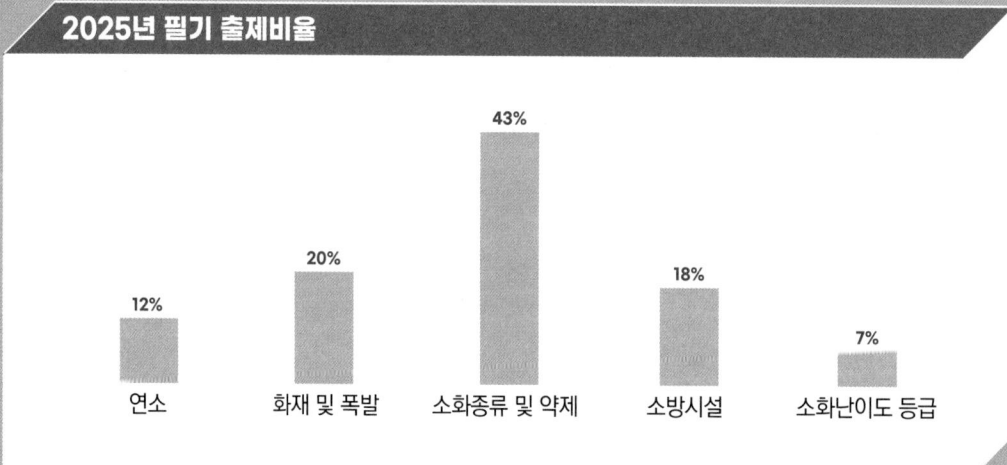

연소	화재 및 폭발	소화종류 및 약제	소방시설	소화난이도 등급
12%	20%	43%	18%	7%

PART 02

화재예방과 소화방법

Chapter 01 연소
Chapter 02 화재 및 폭발
Chapter 03 소화종류 및 약제
Chapter 04 소방시설
Chapter 05 소화난이도등급

chapter 01 연소

01 연소이론

연소란 물질이 공기 또는 산소 속에서 빛과 불꽃을 내며 타는 현상으로, 가연물이 산소와 결합하여 열과 빛을 수반하는 산화반응

1 연소의 요소

(1) 연소의 3요소 ★★

가연물(탈 수 있는 물질), 산소공급원(연소를 도와주는 산소 또는 공기), 점화원(발화를 일으킬 만큼의 열이나 불꽃)

암기법 가 산 점

(2) 연소의 4요소

가연물(탈 수 있는 물질), 산소공급원(연소를 도와주는 산소 또는 공기), 점화원(발화를 일으킬 만큼의 열이나 불꽃), 연쇄반응(연소가 지속될 수 있도록 활성화된 분자들의 반복 반응)

암기법 가 산 점 연

2 가연물이 되기 쉬운 조건

(1) 산소와 잘 반응할 수 있는 성질일 것

연소는 산소와의 화학 반응이므로, 산소와 결합하기 쉬운 물질일수록 연소가 더 쉽게 일어남

(2) 열전도율이 작을 것 ★★★

열이 퍼지지 않고 한곳에 모이면 온도가 쉽게 높아지기 때문에 발화가 빨라짐

(3) 표면적이 넓을 것

표면이 넓을수록 산소와 맞닿는 면이 커져 연소 반응이 더 활발해짐 (예 분말 상태가 고체 덩어리보다 잘 탐)

(4) 발열량이 클 것

연소할 때 생성되는 열의 양이 많을수록 높은 온도가 유지되어 연소가 지속되기 쉬움

(5) 활성화에너지가 작을 것

반응을 시작하는 데 필요한 에너지가 적을수록 작은 자극에도 쉽게 불이 붙음

바로 확인 예제

연소의 3요소 중 하나에 해당하는 역할이 나머지 셋과 다른 위험물은?
① 과산화수소 ② 과산화나트륨
③ 질산칼륨   ④ 황린

정답 ④
풀이
- 연소의 3요소: 가연물, 산소공급원, 점화원
- 과산화수소, 과산화나트륨, 질산칼륨: 산소공급원
- 황린: 가연물

바로 확인 예제

연소에 대한 설명으로 옳지 않은 것은?
① 산화되기 쉬운 것일수록 타기 쉽다.
② 산소와의 접촉면적이 큰 것일수록 타기 쉽다.
③ 충분한 산소가 있어야 타기 쉽다.
④ 열전도율이 큰 것일수록 타기 쉽다.

정답 ④
풀이 열전도율이 작은 것일수록 타기 쉽다.

02 연소 3요소

1 가연물
고체, 액체, 기체를 통틀어 산화되기 쉬운 물질

2 산소공급원
① 대표적인 산소원은 공기, 순수 산소 등
② 산화제인 제1류·제6류 위험물은 연소를 돕는 역할을 하므로 산소공급원으로 분류
③ 제5류 위험물(자기반응성 물질)은 분자 구조 자체에 산소를 포함하고 있어, 외부 산소 없이도 연소 가능
④ 조연성 기체는 스스로 타지 않지만, 다른 물질의 연소를 돕는 기체이며 대부분 산소공급원에 해당

3 점화원
① 연료가 공기 중에 퍼져 있는 상태에서, 일정한 열이나 불꽃이 가해지면 발화가 가능
② 정전기, 스파크, 마찰열, 충격, 화기, 불꽃 등

03 정전기

1 정전기 발생 조건

(1) 위험물이 높은 속도로 이동할 때
빠른 유속으로 액체가 흐를 경우 마찰이 증가여 정전기가 축적됨

(2) 여과기나 필터를 지날 때
물질이 필터 재질과 접촉하면서 마찰 정전기가 발생할 가능성이 높아짐

(3) 낙차가 큰 유동이 있을 때
액체나 분체가 높은 곳에서 떨어지면서 공기 및 표면과의 접촉에 의해 전하가 발생할 수 있음

(4) 심한 소용돌이나 와류가 생길 때
흐름이 불규칙하거나 급격하게 회전하는 경우, 전하 분리가 일어나 정전기 발생 원인이 됨

바로 확인 예제

제조소에서 위험물을 취급함에 있어서 정전기를 유효하게 제거할 수 있는 방법으로 가장 거리가 먼 것은?
① 접지에 의한 방법
② 공기 중의 상대습도를 70% 이상으로 하는 방법
③ 공기를 이온화하는 방법
④ 부도체 재료를 사용하는 방법

정답 ④
풀이 정전기 방지대책
- 접지에 의한 방법
- 공기를 이온화함
- 공기 중의 상대습도를 70% 이상으로 함

2 정전기 제거 조건

(1) 공기를 이온화하는 장치를 사용할 것
　　공기 중에 양전하·음전하를 균형 있게 공급하면 전하의 축적을 방지할 수 있음
(2) 액체의 흐름 속도를 낮춰 마찰을 줄일 것
　　유속이 느릴수록 표면 간 마찰이 줄어들어 정전기 발생 가능성이 감소
(3) 습도를 높여 공기의 상대습도를 70% 이상으로 유지할 것 ★★
　　공기가 건조할수록 절연성이 강해 정전기 발생이 잘 되므로, 습도를 높이면 누설 전류를 통해 전하가 자연스럽게 소멸
(4) 전도성 재질이나 접지를 활용하여 전하를 흘려보낼 것
　　도전성 설비를 통해 축적된 정전기를 대지로 방전시킬 수 있도록 접지를 철저히 해야 함

04 자연발화

자연발화 형태	① 분해열에 의한 발화: 셀룰로이드, 나이트로셀룰로오스 ② 흡착열에 의한 발화: 목탄, 활성탄 ③ 산화열에 의한 발화: 석탄, 건성유, 고무분말 ④ 발효열에 의한 발화: 퇴비, 먼지
자연발화 조건	① 주위의 온도가 높을 것　② 열전도율이 작을 것 ★★★ ③ 발열량이 클 것　　　　④ 습도가 높을 것 ⑤ 표면적이 넓을 것
자연발화 방지법	① 주위의 온도를 낮출 것　② 습도를 낮게 유지할 것 ③ 환기를 잘 시킬 것　　　④ 열의 축적을 방지할 것

05 위험물의 연소형태

1 고체연소 ★★

① **표면연소**: 목탄, 코크스, 숯, 금속분 등
② **분해연소**: 목재, 종이, 플라스틱, 섬유, 석탄 등
③ **자기연소**: 제5류 위험물 중 고체
④ **증발연소**: 파라핀(양초), 황, 나프탈렌 등
　암기법　표 분 자 증

바로 확인 예제

자연발화가 일어날 수 있는 조건으로 가장 옳은 것은?
① 주위의 온도가 낮을 것
② 표면적이 작을 것
③ 열전도율이 작을 것
④ 발열량이 작을 것

정답 ③
풀이　자연발화 조건
• 주위의 온도가 높을 것
• 습도가 높을 것
• 표면적이 넓을 것
• 열전도율이 작을 것
• 발열량이 클 것

Key point
기화열은 물질이 액체에서 기체로 변할 때 열을 흡수하는 과정이므로 자연발화와 관계가 적음

바로 확인 예제

연소형태가 나머지 셋과 다른 하나는?
① 목탄　　② 메탄올
③ 파라핀　④ 황

정답 ①
풀이
• 목탄: 표면연소
• 메탄올, 파라핀, 황: 증발연소

2 액체연소
① 증발연소: 열분해 없이 직접 증발하는 증기 연소
② 분무연소: 액체 연료를 미세한 입자로 분무한 상태에서 연소시키는 방식
③ 등화연소: 연료가 액체 상태로 저장된 후, 모세관 작용에 의해 심지(등화)를 통해 연소가 이루어지는 방식
④ 액면연소: 액체 연료가 액체 표면에서 기화되어 연소하는 방식

암기법 증 분 등 액

3 기체연소
① 확산연소: 연료와 공기 따로 공급
② 예혼합연소: 연료와 미리 혼합한 후 연소
③ 폭발연소: 매우 짧은 시간 내에 연소가 급격하게 일어나면서 에너지가 폭발적으로 방출되는 현상

암기법 확 예 폭

4 연소범위를 줄이는 첨가물질
① 연소에 직접 관여하지 않는 불활성 가스를 혼합하면, 가연성 기체의 농도가 희석되어 연소 범위가 좁아짐
② 불연성 물질: 질소, 아르곤, 이산화탄소

06 위험도, 인화점, 발화점

1 위험도 ★★
① 가연성 물질이 연소할 수 있는 농도 범위(=연소범위)를 기준으로, 그 물질이 얼마나 폭발·연소하기 쉬운지를 나타내는 지표
②
$$위험도 = \frac{연소범위\ 상한 - 연소범위\ 하한}{연소범위\ 하한}$$

2 인화점
① 점화원이 존재할 때, 가연성 증기에 불꽃이 붙는 최저 온도로 물질의 온도가 인화점에 도달하면, 그 위에서 발생한 증기가 연소 하한에 도달하여 불이 붙을 수 있는 상태가 됨

바로 확인 예제

아세톤의 위험도를 구하면 얼마인가? (단, 아세톤의 연소범위는 2~13vol%이다.)

① 0.846　② 1.23
③ 5.5　　④ 7.5

정답 ③
풀이 위험도를 구하는 식
$\dfrac{연소범위\ 상한 - 연소범위\ 하한}{연소범위\ 하한}$
$= \dfrac{13-2}{2} = 5.5$

② 가연성 액체나 고체에서 발생한 증기가 불이 붙을 수 있을 만큼 농도를 가진 최저 온도

3 발화점
(1) 점화원이 없을 때 스스로 열의 축적에 의해 불이 붙는 최저온도
(2) 발화점이 낮아지는 조건
  ① 산소의 농도가 클 때   ② 화학적 활성도가 클 때
  ③ 산소와 친화력이 클 때   ④ 열전도율이 낮을 때 ★★
  ⑤ 발열량이 클 때

07 고온체의 색상과 온도

색상	담암적색	암적색	적색	황색	휘적색	황적색	백적색	휘백색
온도(℃)	520	700	850	900	950	1,100	1,300	1,500

암기법 담 암 적 황 휘 황 백 휘

단원별 출제예상문제

01
연소반응을 위한 산소공급원이 될 수 없는 것은?
① 과망가니즈산칼륨   ② 염소산칼륨
③ 탄화칼슘   ④ 질산칼륨

해설
탄화칼슘(CaC_2)은 산소를 포함하거나 공급하는 물질이 아니며, 주로 아세틸렌(C_2H_2) 가스를 발생시키는 물질로 사용된다. 따라서 연소반응을 위한 산소공급원이 될 수 없다.

02
연료의 일반적인 연소형태에 관한 설명 중 틀린 것은?
① 목재와 같은 고체연료는 연소 초기에는 불꽃을 내면서 연소하나 후기에는 점점 불꽃이 없어져 무염(無炎)연소 형태로 연소한다.
② 알코올과 같은 액체연료는 증발에 의해 생긴 증기가 공기 중에서 연소하는 증발연소의 형태로 연소한다.
③ 기체연료는 액체연료, 고체연료와 다르게 비정상적 연소인 폭발현상이 나타나지 않는다.
④ 석탄과 같은 고체연료는 열분해하여 발생한 가연성 기체가 공기 중에서 연소하는 분해연소 형태로 연소한다.

해설
기체연료는 확산연소, 예혼합연소, 폭발연소를 한다.

03
연소가 잘 이루어지는 조건으로 거리가 먼 것은?
① 가연물의 발열량이 클 것
② 가연물의 열전도율이 클 것
③ 가연물과 산소와의 접촉표면적이 클 것
④ 가연물의 활성화에너지가 작을 것

해설
가연물의 열전도율이 작을 것

04
위험물을 취급함에 있어서 정전기를 유효하게 제거하기 위한 설비를 설치하고자 한다. 위험물안전관리법령상 공기 중의 상대습도를 몇 % 이상 되게 하여야 하는가?
① 50   ② 60
③ 70   ④ 80

해설
정전기를 유효하게 제거하기 위해서는 상대습도를 70% 이상 되게 하여야 한다.

정답 01 ③ 02 ③ 03 ② 04 ③

화재 및 폭발

01 화재

1 화재의 종류 ★★★

급수	명칭(화재)	색상	물질
A	일반	백색	목재, 섬유 등
B	유류	황색	유류, 가스 등
C	전기	청색	낙뢰, 합선 등
D	금속	무색	Al, Na, K 등

암기법 명칭: 일 유 전 금, 색상: 백 황 청 무

2 화재현상

(1) 플래시오버(Flash Over) ★

① 실내 또는 건축물 내부 화재 중 가연성 가스나 열기가 공간 상부에 축적되어 있는 상태에서 외부 산소가 급격히 유입되거나, 열 축적이 임계점을 넘어서면 화염이 순식간에 공간 전체로 확산되는 현상
② 발화기 ⇒ 성장기 ⇒ 플래시오버 ⇒ 최성기 ⇒ 감쇠기
③ 내장재 종류와 개구부 크기에 영향을 받음

(2) 유류저장탱크에서 일어나는 현상

보일오버	유류화재 시 탱크 밑면에 물이 고여 있는 경우 물이 증발하여 불붙은 기름을 분출하는 현상
슬롭오버	유류화재 시 액 표면 온도가 물의 비점 이상으로 상승하여 물 또는 포 소화약제가 액 표면에서 기화하면서 탱크의 유류를 외부로 분출시키는 현상
프로스오버	물이 뜨거운 기름 표면 아래에서 끓을 때 화재를 수반하지 않고 용기에서 넘쳐흐르는 현상

(3) 가스저장탱크에서 일어나는 현상

BLEVE	액화가스 저장탱크 주위에 화재가 발생했을 때 탱크 내부의 비등현상으로 인한 압력으로 탱크가 파열되고 이때 누설로 부유 또는 확산된 액화가스가 착화원과 접촉하여 공기 중으로 확산, 폭발하는 현상
UVCE	대기 중에서 대량의 가연성 가스나 가연성 액체가 유출하여 그것으로부터 발생하는 증기가 공기와 혼합되어 발화원에 의해 발생하는 폭발

Key point
소화기 A-2 표시 의미
1) A: 적응화재
2) 2: 능력단위

바로 확인 예제
어떤 소화기에 "ABC"라고 표시되어 있다. 다음 중 사용할 수 없는 화재는?
① 금속화재 ② 유류화재
③ 전기화재 ④ 일반화재

정답 ①
풀이

급수	화재	색상
A	일반	백색
B	유류	황색
C	전기	청색
D	금속	무색

바로 확인 예제
플래시오버(Flash Over)에 대한 설명으로 옳은 것은?
① 대부분 화재 초기(발화기)에 발생한다.
② 대부분 화재 종기(쇠퇴기)에 발생한다.
③ 내장재의 종류와 개구부의 크기에 영향을 받는다.
④ 산소의 공급이 주요 요인이 되어 발생한다.

정답 ③
풀이 건축물 화재 시 가연성 기체가 모여 있는 상태에서 산소가 유입됨에 따라 성장기에서 최성기로 급격하게 진행되며, 건물 전체로 화재가 확산되는 현상으로 내장재 종류와 개구부 크기에 영향을 받는다.

02 폭발

1 폭연과 폭굉

(1) 폭연과 폭굉의 전파속도
   ① 폭연(연소파): 0.1 ~ 10m/s
   ② 폭굉(폭굉파): 1,000 ~ 3,500m/s

(2) 폭굉유도거리(DID)가 짧아지는 경우
   ① 점화원 에너지가 클수록
   ② 압력이 높을수록
   ③ 연소속도가 큰 혼합가스일수록
   ④ 관 지름이 작을수록
   ⑤ 관 속에 이물질이 있을 경우

2 분진폭발

① 분진폭발 위험이 없는 물질: 시멘트, 모래, 석회분말 등 ★★
   암기법 시 모 석
② 분진폭발 위험이 있는 물질: 금속분, 알루미늄, 밀가루, 설탕, 황 등

3 산화폭발

가연성 가스, 액체가 공기와 혼합하여 착화원에 의해 폭발(LPG, LNG 등)

4 분해폭발

분해성 가스와 자기분해성 고체가 분해되며 폭발(아세틸렌, 산화에틸렌 등)

5 중합폭발

중합반응이 일어날 때 발생하는 중합열에 의해 폭발

바로 확인 예제

폭굉유도거리(DID)가 짧아지는 경우는?
① 정상 연소속도가 작은 혼합가스일수록 짧아진다.
② 압력이 높을수록 짧아진다.
③ 관 속에 방해물이 있거나 관 지름이 넓을수록 짧아진다.
④ 점화원 에너지가 약할수록 짧아진다.

정답 ②
풀이 폭굉유도거리가 짧아지는 조건
- 연소속도가 큰 혼합가스
- 압력이 높음
- 관 지름이 작음
- 점화원 에너지가 큼
- 관 속에 이물질이 있을 경우

단원별 출제예상문제

01
다음 물질 중 분진폭발의 위험이 가장 낮은 것은?

① 마그네슘 가루
② 아연 가루
③ 밀가루
④ 시멘트 가루

해설

분진폭발의 원인물질로 작용할 위험성이 가장 낮은 물질은 시멘트, 모래, 석회분말 등이다.

02 *빈출*

화재의 종류와 가연물이 옳게 연결된 것은?

① A급 - 플라스틱
② B급 - 섬유
③ A급 - 페인트
④ B급 - 나무

해설

화재의 종류

급수	화재	색상	물질
A	일반	백색	목재, 섬유 등
B	유류	황색	유류, 가스 등
C	전기	청색	낙뢰, 합선 등
D	금속	무색	Al, Na, K 등

03
건축물 화재 시 성장기에서 최성기로 진행될 때 실내온도가 급격히 상승하기 시작하면서 화염이 실내 전체로 급격히 확대되는 연소현상은?

① 슬롭오버(Slop over)
② 플래시오버(Flash over)
③ 보일오버(Boil over)
④ 프로스오버(Froth over)

해설

플래시오버(Flash over)
- 실내 화재가 어느 한 지점에서 발생하여 실내의 모든 가연물이 동시에 발화하게 되는 현상으로, 온도가 급격히 상승하고 화염이 방 전체를 덮는 상태를 말한다.
- 화재에서 매우 위험한 단계로, 화재의 확산이 급격하게 이루어진다.

04
폭발 시 연소파의 전파속도 범위에 가장 가까운 것은?

① 0.1 ~ 10m/s
② 100 ~ 1,000m/s
③ 2,000 ~ 3,500m/s
④ 5,000 ~ 10,000m/s

해설

폭연과 폭굉의 전파속도

폭연(연소파)	폭굉(폭굉파)
0.1 ~ 10m/s	1,000 ~ 3,500m/s

정답 01 ④ 02 ① 03 ② 04 ①

소화종류 및 약제

01 소화의 종류

1 물리적 소화

냉각소화	• 연소를 유지시키는 온도를 점화에너지 이하로 낮춰 화재를 진압하는 방법 • 주 소화약제: 물 • 종류: 물 소화기, 강화액 소화기 등
질식소화	• 가연물 주위의 산소 농도를 낮춰 산화 반응을 억제 • 주 소화약제: 이산화탄소 소화약제, 포 소화약제, 분말 소화약제, 불활성 가스계 소화약제 등
제거소화	• 연소에 필요한 가연성 물질 자체를 제거하거나 차단 • 가연성 가스 화재 시 가스밸브 차단, 전기화재 시 전기차단 등

2 화학적 소화(억제소화) ★

① 연쇄반응을 차단하여 소화하는 방법
② 주 소화약제: 할로겐(할로젠)화합물 소화약제, 제3종 분말 소화약제 등
③ 종류: 할로겐(할로젠)화합물 소화기, 할론 소화기
④ 부촉매소화로도 불림

> **Key point**
> **강화액 소화약제**
> 1) 강화액 소화약제란 물에 중탄산칼륨염, 방청제 등 안정제를 첨가하여 소화 성능을 강화한 소화약제임
> 2) 물만으로는 진압하기 어려운 화재에도 효과적으로 대응할 수 있도록 설계된 소화약제로, 물에 비해 소화력이 더 우수하며, -20℃에서도 응고하지 않도록 물의 침투능력을 배가시킴

> **Key point**
> 탄산수소나트륨 소화약제는 염기성을 띠며 식용유와 반응하여 비누화 반응을 일으키는데 이는 질식효과가 있음

02 소화약제

1 질식소화

(1) 분말 소화약제 ★★★

약제명	주성분	분해식	색상	적응화재
제1종	탄산수소나트륨	$2NaHCO_3 \rightarrow Na_2CO_3 + CO_2 + H_2O$	백색	BC
제2종	탄산수소칼륨	$2KHCO_3 \rightarrow K_2CO_3 + CO_2 + H_2O$	보라색 (담회색)	BC
제3종	인산암모늄	1차: $NH_4H_2PO_4 \rightarrow NH_3 + H_3PO_4$ 2차: $NH_4H_2PO_4 \rightarrow NH_3 + HPO_3 + H_2O$	담홍색	ABC
제4종	탄산수소칼륨 + 요소	–	회색	BC

> **바로 확인 예제**
> 제3종 분말 소화약제에 대한 설명으로 틀린 것은? ★빈출
> ① A급을 제외한 모든 화재에 적응성이 있다.
> ② 주성분은 $NH_4H_2PO_4$의 분자식으로 표현된다.
> ③ 제1인산암모늄이 주성분이다.
> ④ 담홍색(또는 황색)으로 착색되어 있다.
>
> **정답** ①
> **풀이** 제3종 분말 소화약제는 A, B, C급 화재에 적응성이 있다.

바로 확인 예제

수성막포 소화약제에 대한 설명으로 옳은 것은?
① 물보다 비중이 작은 유류의 화재에는 사용할 수 없다.
② 계면활성제를 사용하지 않고 수성의 막을 이용한다.
③ 내열성이 뛰어나고 고온의 화재일수록 효과적이다.
④ 일반적으로 불소계 계면활성제를 사용한다.

정답 ④
풀이
- 수성막포 소화약제는 주로 유류화재에 사용되는 소화제로, 일반적으로 불소계 계면활성제를 사용하여 유류 표면에 얇은 막을 형성한다.
- 불소계 계면활성제는 소수성과 내유성이 뛰어나기 때문에 유류 표면에서 안정적인 막을 형성할 수 있는데, 이 막은 물과 기름이 섞이지 않도록 하며, 유류화재의 산소공급을 차단하여 재발화를 방지한다.

바로 확인 예제

이산화탄소 소화기는 어떤 현상에 의해서 온도가 내려가 드라이아이스를 생성하는가?
① 줄-톰슨 효과
② 사이펀
③ 표면장력
④ 모세관

정답 ①
풀이
- 줄 톰슨 효과는 기체가 고압 상태에서 저압 상태로 팽창할 때, 그 과정에서 온도가 감소하는 현상을 말한다.
- 이산화탄소 소화기는 고압 상태의 이산화탄소가 저압 환경으로 방출되면서 급격히 팽창하게 되는데, 이때 줄-톰슨 효과로 인해 온도가 급격히 낮아지고, 드라이아이스가 생성된다.

---

(2) 포 소화약제

CO_2 기체가 발생하며 거품을 일으켜 질식소화

① 화학포 소화약제: 황산알루미늄[$Al_2(SO_4)_3$]과 탄산수소나트륨($NaHCO_3$)의 화학반응으로 발생한 이산화탄소 거품으로 소화
② 기계포 소화약제

단백포 소화약제	유류화재 소화용
합성계면활성제포 소화약제	탄화수소계 계면활성제를 주성분으로 만든 포 소화약제를 말하며 유동성이 좋아 소화속도가 빠르고 유출유화재에 적합
수성막포 소화약제	• 유류화재 표면에 유화층을 형성하여 소화(불소계 계면활성제를 바탕으로 한 기포성 수성 소화약제) • 유류화재 소화 시 분말 소화약제를 사용할 경우 소화 후에 재발화 현상이 가끔씩 발생할 수 있는데, 이러한 현상을 예방하기 위해 수성막포 소화약제를 병용하여 소화
내알코올포 소화약제	• 수용성 액체, 알코올류 소화용 • 수용성 액체 화재에 일반 포 약제를 적용하면 거품이 순식간에 파괴되는 소포성 때문에 소화효과가 없으므로 이러한 소포현상이 발생되지 않도록 특별히 제조된 소화약제

(3) 이산화탄소 소화약제

① 이산화탄소 소화농도 계산식 ⇒ $\dfrac{21 - O_2\%}{21} \times 100$ ★★

② 소화약제 사용 시 오손이 거의 없음
③ 줄-톰슨 효과에 의해 드라이아이스 생성
④ 이산화탄소 소화약제의 저장용기 설치기준
- 방호구역 외의 장소로서 방화구획된 실에 설치할 것
- 저장용기는 다음의 기준에 적합할 것
  - 저장용기는 고압식은 25메가파스칼 이상, 저압식은 3.5메가파스칼 이상의 내압시험압력에 합격한 것으로 할 것
  - 저압식 저장용기에는 안전밸브, 봉판, 액면계, 압력계, 압력경보장치 및 자동냉동장치 등의 안전장치를 설치할 것
  - 저장용기의 충전비는 고압식은 1.5 이상 1.9 이하, 저압식은 1.1 이상 1.4 이하로 할 것
- 이산화탄소 소화약제 저장용기의 개방밸브는 전기식·가스압력식 또는 기계식에 따라 자동으로 개방되고 수동으로도 개방되는 것으로서 안전장치가 부착된 것으로 할 것
- 이산화탄소 소화약제 저장용기와 집합관을 연결하는 연결배관에는 체크밸브를 설치하고, 선택밸브(또는 개폐밸브)와의 사이에는 과압방지를 위한 안전장치를 설치할 것

⑤ 이산화탄소 소화약제의 적응성
  • 제2류 위험물 중 인화성 고체
  • 제4류 위험물
⑥ 국소방출방식의 이산화탄소 소화설비 분사헤드에서 방출되는 소화약제 방출시간은 30초 이내에 균일하게 방사 가능해야 함
⑦ 이산화탄소 소화기는 자체적인 압축가스로 작동하므로 방출할 때 별도의 동력이 필요하지 않음

(4) 할로겐(할로젠)화합물 및 불활성 기체 소화약제
① 화재 시 산소농도를 낮추어 불을 끄는 소화약제로, 불활성 가스는 화학적으로 반응하지 않으며, 화재 시 연소에 필요한 산소농도를 감소시켜 산소 결핍 상태를 만들어 불이 꺼지도록 함
② IG-541은 질소(N_2), 아르곤(Ar), 이산화탄소(CO_2)가 52대 40대 8로 혼합된 소화약제로, 연소를 억제하는 주요 방식으로 산소농도를 낮추는 역할을 함
③ IG-55는 질소(N_2)와 아르곤(Ar)이 각각 50%씩 혼합된 소화약제로, 화재발생 시 산소농도를 낮추어 화재를 진압함

2 억제소화

(1) 할로겐(할로젠)화합물 소화약제
① 불소, 염소, 브로뮴 또는 아이오딘 중 하나 이상의 원소를 포함하고 있는 유기화합물을 기본성분으로 하는 소화약제
② 화재 시 기화되어 화염을 차단하고 열을 흡수하여 소화를 진행하는 특징을 가진 소화약제

(2) 냉각, 부촉매 효과

(3) 할론 1301(CF_3Br)
① 오존층 파괴지수 가장 높음
② 증기비중이 5.13으로 공기보다 무거움

바로 확인 예제

불활성 가스 소화약제 중 IG-541의 구성성분이 아닌 것은?
① N_2 ② Ar
③ Ne   ④ CO_2

정답 ③
풀이 IG-541의 구성성분
• 질소(N_2): 52%
• 아르곤(Ar): 40%
• 이산화탄소(CO_2): 8%

Key point
할론 명명법
C, F, Cl, Br 순으로 원소 개수를 나열

바로 확인 예제

물리적 소화에 의한 소화효과(소화방법)에 속하지 않는 것은?
① 제거효과   ② 질식효과
③ 냉각효과   ④ 억제효과

정답 ④
풀이 억제소화(예) 할로겐(할로젠)화합물 소화약제는 연소 과정에서 연쇄반응을 중단시켜 불을 끄는 방식으로, 물리적 소화가 아닌 화학적 소화에 속한다.

단원별 출제예상문제

01

할로겐(할로젠)화합물 중 CH_3I에 해당하는 할론번호는?

① 1031　　　　② 1301
③ 13001　　　④ 10001

해설
- 할론번호는 C, F, Cl, Br 순으로 매긴다.
- CH_3I는 아이오도메탄(메틸 아이오딘)으로, 이에 해당하는 할론번호는 Halon 10001이다.
- 할론 명명법에서 I(아이오딘)가 들어가는 이유는 I 원자가 화합물에 포함된 경우를 명확히 표시하기 위해서이다. 일반적으로 할론 화합물은 C, F, Cl, Br 순서로 원소를 고려하여 명명하지만, 드물게 I가 포함되는 할론 화합물이 존재하는 경우, I의 개수를 명시적으로 포함시켜야 하기 때문에 I를 추가하여 표시한다.

02

불활성 가스 소화약제 중 IG-55의 구성성분을 모두 나타낸 것은?

① 질소
② 이산화탄소
③ 질소, 아르곤
④ 질소, 아르곤, 이산화탄소

해설
불활성 가스 소화약제 중 IG-55의 구성성분은 질소(N_2), 아르곤(Ar)이다.

03 ★빈출

ABC급 화재에 적응성이 있으며 열분해되어 부착성이 좋은 메타인산을 만드는 분말 소화약제는?

① 제1종　　② 제2종
③ 제3종　　④ 제4종

해설
분말 소화약제의 종류

약제명	주성분	분해식	적응화재
제1종	탄산수소나트륨	$2NaHCO_3 \rightarrow Na_2CO_3 + CO_2 + H_2O$	BC
제2종	탄산수소칼륨	$2KHCO_3 \rightarrow K_2CO_3 + CO_2 + H_2O$	BC
제3종	인산암모늄	$NH_4H_2PO_4 \rightarrow NH_3 + HPO_3 + H_2O$	ABC
제4종	탄산수소칼륨 + 요소	-	BC

인산암모늄은 열분해하여 메타인산(HPO_3)을 생성하는데, 메타인산은 부착성이 있어 산소의 유입을 차단한다.

04

할로겐(할로젠)화합물의 소화약제 중 할론 2402의 화학식은?

① $C_2Br_4F_2$　　② $C_7Cl_4F_2$
③ $C_2Cl_4Br_2$　　④ $C_2F_4Br_2$

해설
할론넘버는 C, F, Cl, Br 순으로 매긴다.
→ 할론 2402 = $C_2F_4Br_2$

05

화재 시 이산화탄소를 방출하여 산소의 농도를 13vol%로 낮추어 소화를 하려면 공기 중의 이산화탄소는 몇 vol%가 되어야 하는가?

① 28.1　　　② 38.1
③ 42.86　　④ 48.36

해설
이산화탄소의 소화농도 계산식

$$\frac{21 - O_2}{21} \times 100$$

$$= \frac{21 - 13}{21} \times 100 = 38.1 vol\%$$

정답　01 ④　02 ③　03 ③　04 ④　05 ②

소방시설

01 수계소화설비 ★★

1 옥내소화전설비

① 제조소등의 건축물의 층마다 당해 층의 각 부분에서 하나의 호스접속구까지의 수평거리가 25m 이하가 되도록 설치할 것
② 수원의 수량은 옥내소화전이 가장 많이 설치된 층의 옥내소화전 설치개수(설치개수가 5개 이상인 경우는 5개)에 7.8m³을 곱한 양 이상이 되도록 설치할 것
③ 각 층을 기준으로 하여 당해 층의 모든 옥내소화전(설치개수가 5개 이상인 경우는 5개의 옥내소화전)을 동시에 사용할 경우에 각 노즐 끝부분에 방수압력이 350kPa 이상이고, 방수량이 1분당 260L 이상의 성능이 되도록 할 것
④ 옥내소화전설비의 비상전원은 자가발전설비 또는 축전지설비에 의하되, 유효하게 45분 이상 작동시키는 것이 가능할 것
⑤ 옥내소화전의 개폐밸브 및 호스접속구는 바닥면으로부터 1.5m 이하의 높이에 설치할 것
⑥ 옥내소화전의 개폐밸브 및 방수용 기구를 격납하는 상자(이하 "소화전함")는 불연재료로 제작하고 점검에 편리하고 화재발생 시 연기가 충만할 우려가 없는 장소 등 쉽게 접근이 가능하고 화재 등에 의한 피해를 받을 우려가 적은 장소에 설치할 것
⑦ 가압송수장치의 시동을 알리는 표시등(이하 "시동표시등")은 적색으로 하고 옥내소화전함의 내부 또는 그 직근의 장소에 설치할 것
  → 다만, 적색의 표시등을 점멸시키는 것에 의하여 가압송수장치의 시동을 알리는 것이 가능한 경우 및 자체소방대를 둔 제조소등으로서 가압송수장치의 기동장치를 기동용 수압개폐장치로 사용하는 경우에는 시동표시등을 설치하지 아니할 수 있음
⑧ 옥내소화전설비의 설치의 표시
  • 옥내소화전함에는 그 표면에 "소화전"이라고 표시할 것
  • 옥내소화전함의 상부의 벽면에 적색의 표시등을 설치하되, 당해 표시등의 부착면과 15° 이상의 각도가 되는 방향으로 10m 떨어진 곳에서 용이하게 식별이 가능하도록 할 것

바로 확인 예제

위험물안전관리법령상 옥내소화전설비의 기준으로 옳지 않은 것은?
① 소화전함은 화재발생 시 화재 등에 의한 피해의 우려가 많은 장소에 설치하여야 한다.
② 호스접속구는 바닥으로부터 1.5m 이하의 높이에 설치한다.
③ 가압송수장치의 시동을 알리는 표시등은 적색으로 한다.
④ 별도의 정해진 조건을 충족하는 경우는 가압송수장치의 시동표시등을 설치하지 않을 수 있다.

정답 ①
풀이 옥내소화전의 개폐밸브 및 방수용 기구를 격납하는 상자(이하 "소화전함")는 불연재료로 제작하고 점검에 편리하고 화재발생 시 연기가 충만할 우려가 없는 장소 등 쉽게 접근이 가능하고 화재 등에 의한 피해를 받을 우려가 적은 장소에 설치할 것

바로 확인 예제

위험물제조소등에 펌프를 이용한 가압송수장치를 사용하는 옥내소화전을 설치하는 경우 펌프의 전양정은 몇 m인가? (단, 소방용 호스의 마찰손실수두는 6m, 배관의 마찰손실수두는 1.7m, 낙차는 32m이다.) ★빈출

① 56.7 ② 74.7
③ 64.7 ④ 39.87

정답 ②

풀이 옥내소화전설비에서 펌프의 전양정(H) 구하는 식
- H = h1 + h2 + h3 + 35m
- H: 펌프의 전양정(단위 m)
- h1: 소방용 호스의 마찰손실수두 (단위 m)
- h2: 배관의 마찰손실수두(단위 m)
- h3: 낙차(단위 m)

∴ H = 6 + 1.7 + 32 + 35
    = 74.7m

---

⑨ 압력수조를 이용한 가압송수장치 ★

$$P = p1 + p2 + p3 + 0.35\text{MPa}$$

- P: 필요한 압력(단위 MPa)
- p1: 소방용 호스의 마찰손실수두압(단위 MPa)
- p2: 배관의 마찰손실수두압(단위 MPa)
- p3: 낙차의 환산수두압(단위 MPa)
- 0.35MPa: 예상하지 못한 상황에서도 시스템이 정상적으로 작동할 수 있도록 설계 기준에서 요구하는 안전 여유 압력

⑩ 고가수조를 이용한 가압송수장치 ★

$$H = h1 + h2 + 35m$$

- H: 필요낙차(단위 m)
- h1: 방수용 호스의 마찰손실수두(단위 m)
- h2: 배관의 마찰손실수두(단위 m)
- 35m: 옥내소화전에서 요구되는 소방수의 최소 방사압을 유지하기 위한 추가 수두 (35m는 대략 3.5bar의 압력에 해당)

⑪ 펌프를 이용한 가압송수장치

$$H = h1 + h2 + h3 + 35m$$

- H: 펌프의 전양정(단위 m)
- h1: 소방용 호스의 마찰손실수두(단위 m)
- h2: 배관의 마찰손실수두(단위 m)
- h3: 낙차(단위 m)
- 35m: 옥내소화전에서 요구되는 소방수의 최소 방사압을 유지하기 위한 추가 수두 (35m는 대략 3.5bar의 압력에 해당)

2 옥외소화전설비

① 방호대상물(당해 소화설비에 의해 소화하여야 할 제조소등의 건축물, 그 밖의 공작물 및 위험물을 말함)의 각 부분에서 하나의 호스접속구까지의 수평거리가 40m 이하가 되도록 설치할 것(이 경우 그 설치개수가 1개일 때는 2개로 하여야 함)

② 수원의 수량은 옥외소화전의 설치개수(설치개수가 4개 이상인 경우는 4개의 옥외소화전)에 13.5m³를 곱한 양 이상이 되도록 설치할 것

③ 옥외소화전설비는 모든 옥외소화전(설치개수가 4개 이상인 경우는 4개의 옥외소화전)을 동시에 사용할 경우에 각 노즐 끝부분의 방수압력이 350kPa 이상이고, 방수량이 1분당 450L 이상의 성능이 되도록 할 것

④ 옥외소화전설비에는 비상전원을 설치할 것

바로 확인 예제

위험물안전관리법령의 소화설비 설치기준에 의하면 옥외소화전설비의 수원의 수량은 옥외소화전 설치개수(설치개수가 4 이상인 경우에는 4)에 몇 m³을 곱한 양 이상이 되도록 하여야 하는가?

① 7.5m³ ② 13.5m³
③ 20.5m³ ④ 25.5m³

정답 ②

풀이 소화설비 설치기준
- 옥내소화전
  = 설치개수(최대 5개) × 7.8m³
- 옥외소화전
  = 설치개수(최대 4개) × 13.5m³

⑤ 건축물의 1층 및 2층 부분만을 방사능력범위로 하고 건축물의 지하층 및 3층 이상의 층에 대하여 다른 소화설비를 설치할 것. 또한 옥외소화전설비를 옥외공작물에 대한 소화설비로 하는 경우에도 유효방수거리 등을 고려한 방사능력범위에 따라 설치할 것
⑥ 옥외소화전의 개폐밸브 및 호스접속구는 지반면으로부터 1.5m 이하의 높이에 설치할 것
⑦ 방수용기구를 격납하는 함(이하 "옥외소화전함"이라 함)은 불연재료로 제작하고 옥외소화전으로부터 보행거리 5m 이하의 장소로서 화재발생시 쉽게 접근 가능하고 화재 등의 피해를 받을 우려가 적은 장소에 설치할 것
⑧ 옥외소화전설비의 설치의 표시
  - 옥외소화전함에는 그 표면에 "호스격납함"이라고 표시할 것
  - 옥외소화전에는 직근의 보기 쉬운 장소에 "소화전"이라고 표시할 것

3 스프링클러설비

① 방호대상물의 천장 또는 건축물의 최상부 부근에 설치하되, 방호대상물의 각 부분에서 하나의 스프링클러헤드까지의 수평거리가 1.7m 이하가 되도록 설치할 것
② 개방형 스프링클러헤드를 이용한 스프링클러설비의 방사구역은 150㎡ 이상으로 할 것
③ 수원의 수량은 폐쇄형 스프링클러헤드를 사용하는 것은 30(헤드의 설치개수가 30 미만인 방호대상물인 경우에는 당해 설치개수), 개방형 스프링클러헤드를 사용하는 것은 스프링클러헤드가 가장 많이 설치된 방사구역의 스프링클러헤드 설치개수에 2.4㎥를 곱한 양 이상이 되도록 설치할 것
④ ③의 규정에 의한 개수의 스프링클러헤드를 동시에 사용할 경우에 각 끝부분의 방사압력이 100kPa 이상이고, 방수량이 1분당 80L 이상의 성능이 되도록 할 것
⑤ 개방형스프링클러헤드는 방호대상물의 모든 표면이 헤드의 유효사정 내에 있도록 설치하고, 다음에 의하여 설치할 것
  - 스프링클러헤드의 반사판으로부터 하방으로 0.45m, 수평방향으로 0.3m의 공간을 보유할 것
  - 스프링클러헤드는 헤드의 축심이 당해 헤드의 부착면에 대하여 직각이 되도록 설치할 것

> **Key point**
> 옥외소화전함은 옥외소화전으로부터 보행거리 5m 이내 설치할 것

> **Key point**
> 연결살수설비는 위험물 소화설비가 아님

⑥ 폐쇄형스프링클러헤드는 방호대상물의 모든 표면이 헤드의 유효사정 내에 있도록 설치하고, 다음에 의하여 설치할 것
- 스프링클러헤드의 반사판과 당해 헤드의 부착면과의 거리는 0.3m 이하일 것
- 스프링클러헤드는 당해 헤드의 부착면으로부터 0.4m 이상 돌출한 보 등에 의하여 구획된 부분마다 설치할 것
- 급배기용 덕트 등의 긴변의 길이가 1.2m를 초과하는 것이 있는 경우에는 당해 덕트 등의 아래면에도 스프링클러헤드를 설치할 것

⑦ 스프링클러설비의 살수밀도: 제4류 위험물을 저장 또는 취급하는 장소의 살수기준면적에 따라 스프링클러설비의 살수밀도가 다음 표에 정하는 기준 이상인 경우에는 당해 스프링클러설비가 제4류 위험물에 대해 적응성이 있음

살수기준면적(m²)	방사밀도(L/m² 분)		비고
	인화점 38℃ 미만	인화점 38℃ 이상	
279 미만	16.3 이상	12.2 이상	살수기준면적은 내화구조의 벽 및 바닥으로 구획된 하나의 실의 바닥면적을 말하고, 하나의 실의 바닥면적이 465m² 이상인 경우의 살수기준면적은 465m²로 한다. 다만, 위험물의 취급을 주된 작업내용으로 하지 아니하고 소량의 위험물을 취급하는 설비 또는 부분이 넓게 분산되어 있는 경우에는 방사밀도는 8.2L/m²분 이상, 살수기준면적은 279m² 이상으로 할 수 있다.
279 이상 372 미만	15.5 이상	11.8 이상	
372 이상 465 미만	13.9 이상	9.8 이상	
465 이상	12.2 이상	8.1 이상	

4 물분무 소화설비

① 물분무 소화설비의 방사구역은 150m² 이상(방호대상물의 표면적이 150m² 미만인 경우에는 당해 표면적)으로 할 것
② 수원의 수량은 분무헤드가 가장 많이 설치된 방사구역의 모든 분무헤드를 동시에 사용할 경우에 당해 방사구역의 표면적 1m²당 1분에 20L의 비율로 계산한 양으로 30분간 방사할 수 있는 양 이상이 되도록 설치할 것
③ ② 규정에 의한 분무헤드를 동시에 사용할 경우에 각 끝부분의 방사압력이 350kPa 이상으로 표준방사량을 방사할 수 있는 성능이 되도록 할 것
④ 물분무 소화설비에는 비상전원을 설치할 것
⑤ 물분무소화설비에 2 이상의 방사구역을 두는 경우에는 화재를 유효하게 소화할 수 있도록 인접하는 방사구역이 상호 중복되도록 할 것

바로 확인 예제

위험물안전관리법령에서 정한 물분무 소화설비의 설치기준에서 물분무 소화설비의 방사구역은 몇 m² 이상으로 하여야 하는가? (단, 방호대상물의 표면적이 150m² 이상인 경우이다.)

① 75　② 100
③ 150　④ 350

정답 ③

풀이 물분무 소화설비의 방사구역은 150m² 이상(방호대상물의 표면적이 150m² 미만인 경우에는 당해 표면적)으로 할 것

5 포 소화설비

① 고정식 포 소화설비의 포 방출구 등은 방호대상물의 형상, 구조, 성질, 수량 또는 취급방법에 따라 표준방사량으로 당해 방호대상물의 화재를 유효하게 소화할 수 있도록 필요한 개수를 적당한 위치에 설치할 것

② 압력수조를 이용하는 가압송수장치

$$P = p1 + p2 + p3 + p4$$

- P: 필요한 압력(단위 MPa)
- p1: 고정식 포 방출구의 설계압력 또는 이동식 포 소화설비 노즐방사압력(단위 MPa)
- p2: 배관의 마찰손실수두압(단위 MPa)
- p3: 낙차의 환산수두압(단위 MPa)
- p4: 이동식 포 소화설비의 소방용 호스의 마찰손실수두압(단위 MPa)

③ 포 소화설비 혼합방식

- 펌프 프로포셔너 방식: 펌프의 토출관과 흡입관 사이의 배관 도중에 설치한 흡입기에 펌프에서 토출된 물의 일부를 보내고, 농도 조정밸브에서 조정된 포 소화약제의 필요량을 포 소화약제 탱크에서 펌프흡입측으로 보내어 이를 혼합하는 방식
- 프레져 사이드 프로포셔너 방식: 펌프의 토출관에 압입기를 설치하여 포 소화약제 압입용 펌프로 포 소화약제를 압입시켜 혼합하는 방식
- 라인 프로포셔너 방식: 펌프와 발포기의 중간에 설치된 벤츄리 관의 벤츄리 작용에 의하여 포 소화약제를 흡입·혼합하는 방식
- 프레져 프로포셔너 방식: 펌프와 발포기의 중간에 설치된 벤츄리 관의 벤츄리 작용과 펌프 가압수의 포 소화약제 저장탱크에 대한 압력에 의하여 포 소화약제를 흡입·혼합하는 방식

6 분말 소화설비

① 전역방출방식의 분말 소화설비의 분사헤드
- 방사된 소화약제가 방호구역의 전역에 균일하고 신속하게 확산할 수 있도록 설치할 것
- 분사헤드의 방사압력은 0.1MPa 이상일 것
- 정해진 소화약제의 양을 30초 이내에 균일하게 방사할 것

② 전역방출방식 또는 국소방출방식의 분말 소화설비의 가압용 또는 축압용 가스는 질소 또는 이산화탄소로 할 것

③ 저장용기 등
- 저장탱크는 기준에 적합한 것 또는 이와 동등 이상의 강도 및 내식성이 있는 것을 사용할 것
- 저장용기 등에는 안전장치를 설치할 것

Key point

수원의 수위가 펌프보다 낮은 위치에 있는 가압송수장치에는 다음의 기준에 따른 물올림장치를 설치할 것

1) 물올림장치에는 전용의 탱크를 설치할 것
2) 탱크의 유효수량은 100L 이상으로 하되, 구경 15mm 이상의 급수배관에 따라 해당 탱크에 물이 계속 보급되도록 할 것

바로 확인 예제

포 소화설비의 가압송수장치에서 압력수조의 압력 산출 시 필요 없는 것은?

① 낙차의 환산수두압
② 배관의 마찰손실수두압
③ 노즐선의 마찰손실수두압
④ 소방용 호스의 마찰손실수두압

정답 ③

풀이 포 소화설비의 가압송수장치에서 압력수조의 압력은 다음 식에 의하여 구한 수치 이상으로 한다.
- P = p1 + p2 + p3 + p4
- P: 필요한 압력(단위 MPa)
- p1: 고정식 포 방출구의 설계압력 또는 이동식 포 소화설비 노즐방사압력(단위 MPa)
- p2: 배관의 마찰손실수두압(단위 MPa)
- p3: 낙차의 환산수두압(단위 MPa)
- p4: 이동식 포 소화설비의 소방용 호스의 마찰손실수두압(단위 MPa)

- 저장용기(축압식인 것은 내압력이 1.0MPa인 것에 한한다)에는 용기밸브를 설치할 것
- 가압식의 저장용기 등에는 방출밸브를 설치할 것
- 보기 쉬운 장소에 충전소화약제량, 소화약제의 종류, 최고사용압력(가압식인 것에 한한다) 제조년월 및 제조자명을 표시할 것

④ 이동식 분말 소화설비는 하나의 노즐마다 다음 표에 정한 소화약제의 종류에 따른 양 이상으로 할 것

소화약제의 종별	소화약제의 양(단위 kg)
제1종 분말	50
제2종 분말 또는 제3종 분말	30
제4종 분말	20
제5종 분말	소화약제에 따라 필요한 양

⑤ 가압식의 분말 소화설비에는 2.5MPa 이하의 압력으로 조정할 수 있는 압력조정기를 설치할 것

7 불활성 가스 소화설비

① 전역방출방식의 불활성 가스 소화설비의 분사헤드
- 방사된 소화약제가 방호구역의 전역에 균일하고 신속하게 방사할 수 있도록 설치할 것
- 분사헤드의 방사압력은 다음에 정한 기준에 의할 것

이산화탄소를 방사하는 분사헤드	고압식(소화약제가 상온으로 용기에 저장)	2.1MPa 이상
	저압식(소화약제가 영하 18℃ 이하의 온도로 용기에 저장)	1.05MPa 이상
IG-100(질소), IG-55(질소와 아르곤의 용량비가 50대 50) 또는 IG-541(질소와 아르곤과 이산화탄소의 용량비가 52대 40대 8)을 방사하는 분사헤드		1.9MPa 이상

- 이산화탄소를 방사하는 것은 소화약제의 양을 60초 이내에 균일하게 방사하고, IG-100, IG-55 또는 IG-541을 방사하는 것은 소화약제의 양의 95% 이상을 60초 이내에 방사할 것

② 저장용기에 충전
- 이산화탄소를 소화약제로 하는 경우에 저장용기의 충전비(용기내용적의 수치와 소화약제중량의 수치와의 비율)는 고압식인 경우에는 1.5 이상 1.9 이하이고, 저압식인 경우에는 1.1 이상 1.4 이하일 것
- IG-100, IG-55 또는 IG-541을 소화약제로 하는 경우에는 저장용기의 충전압력을 21℃의 온도에서 32MPa 이하로 할 것

> **Key point**
> 국소방출방식(이산화탄소 소화약제에 한함)의 불활성 가스 소화설비(이산화탄소 소화설비에 한함)의 분사헤드
> 1) 분사헤드는 방호대상물의 모든 표면이 분사헤드의 유효사정 내에 있도록 설치할 것
> 2) 소화약제의 방사에 의해서 위험물이 비산되지 않는 장소에 설치할 것
> 3) 소화약제의 양을 30초 이내에 균일하게 방사할 것

③ 저장용기 설치기준
- 방호구역 외의 장소에 설치할 것
- 온도가 40℃ 이하이고 온도 변화가 적은 장소에 설치할 것
- 직사일광 및 빗물이 침투할 우려가 적은 장소에 설치할 것
- 저장용기에는 안전장치(용기밸브에 설치되어 있는 것을 포함)를 설치할 것
- 저장용기의 외면에 소화약제의 종류와 양, 제조년도 및 제조자를 표시할 것

④ 배관
- 전용으로 할 것
- 이산화탄소를 방사하는 것은 다음에 의할 것

강관의 배관	「압력 배관용 탄소강관」(KS D 3562) 중에서 고압식인 것은 스케줄80 이상, 저압식인 것은 스케줄40 이상의 것 또는 이와 동등 이상의 강도를 갖는 것으로서 아연도금 등에 의한 방식처리를 한 것을 사용할 것
동관의 배관	「이음매 없는 구리 및 구리합금 관」(KS D 5301) 또는 이와 동등 이상의 강도를 갖는 것으로서 고압식인 것은 16.5MPa 이상, 저압식인 것은 3.75MPa 이상의 압력에 견딜 수 있는 것을 사용할 것
관이음쇠	고압식인 것은 16.5MPa 이상, 저압식인 것은 3.75MPa 이상의 압력에 견딜 수 있는 것으로서 적절한 방식처리를 한 것을 사용할 것

⑤ 이산화탄소를 방사하는 고압식의 분사헤드
이산화탄소를 방사하는 분사헤드 중 고압식의 것(소화약제가 상온으로 용기에 저장되어 있는 것을 말한다. 이하 같다)에 있어서는 2.1MPa 이상, 저압식의 것(소화약제가 영하 18℃ 이하의 온도로 용기에 저장되어 있는 것을 말한다. 이하 같다)에 있어서는 1.05MPa 이상일 것

⑥ 이산화탄소를 저장하는 저압식 저장용기
- 이산화탄소를 저장하는 저압식 저장용기에는 액면계 및 압력계를 설치할 것
- 이산화탄소를 저장하는 저압식 저장용기에는 2.3MPa 이상의 압력 및 1.9MPa 이하의 압력에서 작동하는 압력경보장치를 설치할 것
- 이산화탄소를 저장하는 저압식 저장용기에는 용기 내부의 온도를 영하 20℃ 이상 영하 18℃ 이하로 유지할 수 있는 자동냉동기를 설치할 것
- 이산화탄소를 저장하는 저압식 저장용기에는 파괴판을 설치할 것
- 이산화탄소를 저장하는 저압식 저장용기에는 방출밸브를 설치할 것

⑦ 기동용 가스용기
- 기동용 가스용기는 25MPa 이상의 압력에 견딜 수 있는 것일 것
- 기동용 가스용기의 내용적은 1L 이상으로 하고 당해 용기에 저장하는 이산화탄소의 양은 0.6kg 이상으로 하되 그 충전비는 1.5 이상일 것
- 기동용 가스용기에는 안전장치 및 용기밸브를 설치할 것

바로 확인 예제

위험물안전관리법령상 전역방출방식 또는 국소방출방식의 불활성 가스 소화설비 저장용기의 설치기준으로 틀린 것은?
① 온도가 40℃ 이하이고 온도 변화가 적은 장소에 설치할 것
② 저장용기의 외면에 소화약제의 종류와 양, 제조년도 및 제조자를 표시할 것
③ 직사일광 및 빗물이 침투할 우려가 적은 장소에 설치할 것
④ 방호구역 내의 장소에 설치할 것

정답 ④
풀이 전역방출방식 또는 국소방출방식의 불활성 가스 소화설비의 저장용기는 방호구역 외의 장소에 설치한다.

02 가스계 소화설비

(1) 이산화탄소 소화설비

(2) 할로겐(할로젠)화합물 및 불활성 기체 소화설비

03 소요단위 및 능력단위와 경보설비

1 소요단위(연면적) ★★

구분	내화구조(m²)	비내화구조(m²)
위험물제조소 및 취급소	100	50
위험물저장소	150	75

2 능력단위 ★★★

소화설비	용량(L)	능력단위
소화전용물통	8	0.3
수조(물통 3개 포함)	80	1.5
수조(물통 6개 포함)	190	2.5
마른모래(삽 1개 포함)	50	0.5
팽창질석, 팽창진주암(삽 1개 포함)	160	1.0

바로 확인 예제

소화설비의 기준에서 용량 160L 팽창질석의 능력단위는?

① 0.5 ② 1.0
③ 1.5 ④ 2.5

정답 ②

풀이

소화설비	용량(L)	능력단위
소화전용물통	8	0.3
수조(물통 3개 포함)	80	1.5
수조(물통 6개 포함)	190	2.5
마른모래(삽 1개 포함)	50	0.5
팽창질석·팽창진주암(삽 1개 포함)	160	1.0

3 경보설비

지정수량 10배 이상의 위험물을 저장, 취급하는 제조소등(이동탱크저장소 제외)에는 화재발생 시 이를 알릴 수 있는 경보설비 설치

(1) 종류
① 자동화재탐지설비
② 자동화재속보설비
③ 비상경보설비(비상벨장치 또는 경종 포함)
④ 확성장치(휴대용확성기 포함)
⑤ 비상방송설비

(2) 제조소등별로 설치하여야 하는 경보설비의 종류 ★★

제조소등 구분	제조소등의 규모, 저장 또는 취급하는 위험물의 종류 및 최대수량 등	경보설비
제조소 및 일반취급소	① 연면적 500m² 이상인 것 ② 옥내에서 지정수량의 100배 이상을 취급하는 것 ③ 일반취급소로 사용되는 부분 외 부분이 있는 건축물에 설치된 일반취급소	자동화재탐지설비
옥내저장소	① 지정수량의 100배 이상을 저장 또는 취급하는 것 ② 저장창고 연면적 150m² 초과하는 것 ③ 처마높이가 6m 이상인 단층건물	
옥내탱크저장소	단층건물 외의 건축물에 설치된 옥내탱크저장소로서 소화난이도등급Ⅰ에 해당하는 것	
옥외탱크저장소	특수인화물, 제1석유류 및 알코올류를 저장 또는 취급하는 탱크의 용량이 1,000만 리터 이상인 것	자동화재탐지설비 자동화재속보설비
주유취급소	옥내주유취급소	자동화재탐지설비
제조소등	① 지정수량의 10배 이상을 저장 또는 취급하는 것 ② 위의 자동화재탐지설비 설치 대상에 해당하지 않는 제조소등(이송취급소 제외)	자동화재탐지설비, 비상경보설비, 확성장치 또는 비상방송설비 중 1종 이상
이송취급소	이송기지	비상벨장치 및 확성장치
	가연성 증기를 발생하는 위험물을 취급하는 펌프실 등	가연성 증기 경보설비

Key point
자동화재탐지설비 설치기준

10	지정수량 10배 이상을 저장 또는 취급하는 것
50	하나의 경계구역의 한 변의 길이는 50m 이하로 할 것
500	• 제조소 및 일반취급소의 연면적이 500m² 이상일 때 설치 • 500m² 이하이면 두 개의 층에 걸치는 것 가능
600	원칙적으로 경계구역의 면적 600m² 이하
1,000	주요 출입구에서 그 내부의 전체를 볼 수 있는 경우 1,000m² 이하

바로 확인 예제

위험물시설에 설비하는 자동화재탐지설비의 하나의 경계구역 면적과 그 한 변의 길이의 기준으로 옳은 것은? (단, 광전식 분리형 감지기를 설치하지 않은 경우이다.)

① 300m² 이하, 50m 이하
② 300m² 이하, 100m 이하
③ 600m² 이하, 50m 이하
④ 600m² 이하, 100m 이하

정답 ③

풀이 하나의 경계구역의 면적은 600m² 이하로 하고 그 한 변의 길이는 50m(광전식 분리형 감시기를 설치할 경우에는 100m) 이하로 한다.

---

(3) **자동화재탐지설비 설치기준** ★★

① 자동화재탐지설비의 경계구역은 건축물 그 밖의 공작물의 2 이상의 층에 걸치지 아니하도록 할 것
② 다만, 하나의 경계구역의 면적이 500m² 이하이면서 당해 경계구역이 두 개의 층에 걸치는 경우이거나 계단·경사로·승강기의 승강로 그 밖에 이와 유사한 장소에 연기감지기를 설치하는 경우 그러하지 아니함
③ 하나의 경계구역의 면적은 600m² 이하로 하고 그 한 변의 길이는 50m(광전식 분리형 감지기를 설치할 경우에는 100m) 이하로 할 것
④ 다만, 당해 건축물 그 밖의 공작물의 주요한 출입구에서 그 내부의 전체를 볼 수 있는 경우에 있어서는 그 면적을 1,000m² 이하로 할 수 있음
⑤ 자동화재탐지설비의 감지기는 지붕 또는 벽의 옥내에 면한 부분에 유효하게 화재의 발생을 감지할 수 있도록 설치할 것
⑥ 자동화재탐지설비에는 비상전원을 설치할 것

(4) **자동화재탐지설비 일반점검표 중 수신기 점검내용**

① 변형·손상 유무
② 표시의 적부
③ 경계구역일람도의 적부
④ 기능의 적부

(5) **피난설비 설치기준** ★

① 주유취급소 중 건축물의 2층 이상의 부분을 점포·휴게음식점 또는 전시장의 용도로 사용하는 것에 있어서는 당해 건축물의 2층 이상으로부터 주유취급소의 부지 밖으로 통하는 출입구와 당해 출입구로 통하는 통로·계단 및 출입구에 유도등 설치
② 옥내주유취급소에 있어서는 당해 사무소 등의 출입구 및 피난구와 당해 피난구로 통하는 통로·계단 및 출입구에 유도등 설치
③ 유도등에 비상전원 설치

Chapter 04 단원별 출제예상문제

01 빈출

위험물제조소에 옥내소화전이 가장 많이 설치된 층의 옥내소화전 설치개수가 2개이다. 위험물안전관리법령의 옥내소화전설비 설치기준에 의하면 수원의 수량은 얼마 이상이 되어야 하는가?

① 7.8m³ ② 15.6m³
③ 20.6m³ ④ 78m³

해설

소화설비 설치기준
- 옥내소화전 = 설치개수(최대 5개) × 7.8m³
- 옥내소화전의 수원은 층별로 최대 5개까지만 계산된다.
- 2개 × 7.8m³ = 15.6m³

02 빈출

건축물의 외벽이 내화구조인 위험물저장소 건축물의 연면적 1,500m²인 경우 소요단위는?

① 6 ② 10
③ 13 ④ 14

해설

- 소요단위(연면적)

구분	외벽 내화구조(m²)	외벽 비내화구조(m²)
제조소, 취급소	100	50
저장소	150	75

- 소요단위 = $\frac{1,500}{150}$ = 10단위

03 빈출

팽창진주암(삽 1개 포함)의 능력단위 1은 용량이 몇 L인가?

① 70 ② 100
③ 130 ④ 160

해설

소화설비의 능력단위

소화설비	용량(L)	능력단위
소화전용물통	8	0.3
수조(물통 3개 포함)	80	1.5
수조(물통 6개 포함)	190	2.5
마른모래(삽 1개 포함)	50	0.5
팽창질석·팽창진주암 (삽 1개 포함)	160	1.0

04

위험물제조소등에 설치하여야 하는 자동화재탐지설비의 설치기준에 대한 설명 중 틀린 것은?

① 자동화재탐지설비의 경계구역은 건축물 그 밖의 공작물의 2 이상의 층에 걸치도록 할 것
② 하나의 경계구역에서 그 한 변의 길이는 50m(광전식 분리형 감지기를 설치할 경우에는 100m) 이하로 할 것
③ 자동화재탐지설비의 감지기는 지붕 또는 벽의 옥내에 면한 부분에 유효하게 화재의 발생을 감지할 수 있도록 설치할 것
④ 자동화재탐지설비에는 비상전원을 설치할 것

해설

자동화재탐지설비의 경계구역은 건축물 그 밖의 공작물의 2 이상의 층에 걸치지 아니하도록 할 것. 다만, 하나의 경계구역의 면적이 500m² 이하이면서 당해 경계구역이 두 개의 층에 걸치는 경우이거나 계단·경사로·승강기의 승강로 그 밖에 이와 유사한 장소에 연기감지기를 설치하는 경우에는 그러하지 아니하다.

정답 01 ② 02 ② 03 ④ 04 ①

05

위험물안전관리법령에 따라 ( ) 안에 들어갈 용어로 알맞은 것은?

> 주유취급소 중 건축물의 2층 이상의 부분을 점포, 휴게음식점 또는 전시장의 용도로 사용하는 것에 있어서는 당해 건축물의 2층 이상으로부터 주유취급소의 부지 밖으로 통하는 출입구와 당해 출입구로 통하는 통로·계단 및 출입구에 ( )을(를) 설치하여야 한다.

① 피난사다리 ② 경보기
③ 유도등   ④ CCTV

해설

주유취급소 중 건축물의 2층 이상의 부분을 점포, 휴게음식점 또는 전시장의 용도로 사용하는 것에 있어 해당 건축물의 2층 이상으로부터 직접 주유취급소의 부지 밖으로 통하는 출입구와 해당 출입구로 통하는 통로·계단 및 출입구에 설치하여야 하는 것은 유도등이다.

06 빈출

위험물제조소등에 옥내소화전설비를 압력수조를 이용한 가압송수장치로 설치하는 경우 압력수조의 최소압력은 몇 MPa인가? (단, 소방용 호스의 마찰손실수두압은 3.2MPa, 배관의 마찰손실수두압은 2.2MPa, 낙차의 환산수두압은 1.79MPa이다.)

① 5.4   ② 3.99
③ 7.19 ④ 7.54

해설

옥내소화전설비 압력수조의 최소압력을 구하는 방법
- P = p1 + p2 + p3 + 0.35MPa
- 필요한 압력 = 소방용 호스의 마찰손실수두압 + 배관의 마찰손실수두압 + 낙차의 환산수두압 + 0.35MPa
- P: 필요한 압력(단위 MPa)
- p1: 소방용 호스의 마찰손실수두압(단위 MPa)
- p2: 배관의 마찰손실수두압(단위 MPa)
- p3: 낙차의 환산수두압(단위 MPa)
- P = 3.2 + 2.2 + 1.79 + 0.35 = 7.54MPa

07

위험물의 취급을 주된 작업내용으로 하는 다음의 장소에 스프링클러설비를 설치할 경우 확보하여야 하는 1분당 방사밀도는 몇 L/m² 이상이어야 하는가? (단, 내화구조의 바닥 및 벽에 의하여 2개의 실로 구획되고, 각 실의 바닥면적은 500m² 이다.)

- 취급하는 위험물: 제4류 제3석유류
- 위험물을 취급하는 장소의 바닥면적: 1,000m²

① 8.1   ② 12.2
③ 13.9 ④ 16.3

해설

- 제4류 위험물을 저장 또는 취급하는 장소의 살수기준면적에 따라 스프링클러설비의 살수밀도가 다음 표에 정하는 기준 이상인 경우에는 당해 스프링클러설비가 제4류 위험물에 대해 적응성이 있다(시행규칙 별표 17).

살수기준 면적(m²)	방사밀도(L/m²분)		비고
	인화점 38℃ 미만	인화점 38℃ 이상	
279 미만	16.3 이상	12.2 이상	살수기준면적은 내화구조의 벽 및 바닥으로 구획된 하나의 실의 바닥면적을 말하고, 하나의 실의 바닥면적이 465m² 이상인 경우의 살수기준면적은 465m²로 한다. 다만, 위험물의 취급을 주된 작업내용으로 하지 아니하고 소량의 위험물을 취급하는 설비 또는 부분이 넓게 분산되어 있는 경우에는 방사밀도는 8.2L/m²분 이상, 살수기준면적은 279m² 이상으로 할 수 있다.
279 이상 372 미만	15.5 이상	11.8 이상	
372 이상 465 미만	13.9 이상	9.8 이상	
465 이상	12.2 이상	8.1 이상	

- 제3석유류의 인화점은 70℃ 이상이고, 위험물을 취급하는 각 실의 바닥면적은 500m²로 살수기준면적 465 이상에 해당하므로 1분당 방사밀도는 8.1L/m² 이상이어야 한다.

정답 05 ③ 06 ④ 07 ①

소화난이도등급

01 소화난이도등급 Ⅰ, Ⅱ 등급에 따른 소화설비

1 소화난이도등급 Ⅰ에 해당하는 제조소등 ★★

구분	기준
제조소 일반취급소	① 연면적 1,000m² 이상인 것 ② 지정수량의 100배 이상인 것 ③ 지반면으로부터 6m 이상의 높이에 위험물 취급설비가 있는 것 ④ 일반취급소로 사용되는 부분 외의 부분을 갖는 건축물에 설치된 것
주유취급소	면적의 합이 500m² 초과하는 것
옥내저장소	① 지정수량의 150배 이상인 것 ② 연면적 150m² 초과하는 것 ③ 처마높이가 6m 이상인 단층건물 ④ 옥내저장소로 사용되는 부분 외의 부분이 있는 건축물에 설치된 것
옥외저장소	① 덩어리 상태의 황을 저장하는 것으로서 경계표시 내부의 면적이 100m² 이상인 것 ② 인화성 고체, 제1석유류 또는 알코올류를 저장하는 것으로서 지정수량의 100배 이상인 것
옥내탱크저장소	① 액표면적이 40m² 이상인 것(제6류 위험물을 저장하는 것 및 고인화점 위험물만을 100℃ 미만의 온도에서 저장하는 것은 제외) ② 바닥면으로부터 탱크 옆판의 상단까지 높이가 6m 이상인 것(제6류 위험물을 저장하는 것 및 고인화점위험물만을 100℃ 미만의 온도에서 저장하는 것은 제외) ③ 탱크전용실이 단층건물 외의 건축물에 있는 것으로서 인화점 38℃ 이상 70℃ 미만의 위험물을 지정수량의 5배 이상 저장하는 것
옥외탱크저장소	① 액표면적이 40m² 이상인 것 ② 지반면으로부터 탱크 옆판의 상단까지 높이가 6m 이상인 것 ③ 지중탱크 또는 해상탱크로서 지정수량의 100배 이상인 것 ④ 고체위험물을 저장하는 것으로서 지정수량의 100배 이상인 것
암반탱크저장소	① 액표면적이 40m² 이상인 것(제6류 위험물을 저장하는 것 및 고인화점 위험물만을 100℃ 미만의 온도에서 저장하는 것은 제외) ② 고체위험물만을 저장하는 것으로서 지정수량의 100배 이상인 것
이송취급소	모든 대상

바로 확인 예제

벤젠을 저장하는 옥내탱크저장소가 액표면적이 45m²인 경우 소화난이도등급은?

① 소화난이도등급 Ⅰ
② 소화난이도등급 Ⅱ
③ 소화난이도등급 Ⅲ
④ 제시된 조건으로 판단할 수 없음

정답 ①
풀이 액표면적이 40m² 이상이면 소화난이도등급 Ⅰ이다.

Key point
소화난이도등급 Ⅰ의 옥외탱크저장소(지중탱크 또는 해상탱크 외의 것) 중 인화점 70℃ 이상의 제4류 위험물만을 저장·취급하는 것에는 물분무 소화설비 또는 고정식 포 소화설비를 설치함

2 소화난이도등급 Ⅱ에 해당하는 제조소등

구분	기준
제조소 일반취급소	① 연면적 600m² 이상인 것 ② 지정수량의 10배 이상인 것 ③ 일반취급소로서 소화난이도등급 Ⅰ의 제조소등에 해당하지 않는 것
옥내저장소	① 지정수량의 10배 이상인 것 ② 연면적 150m² 초과하는 것 ③ 단층건물 이외의 것 ④ 다층건물의 옥내저장소 또는 소규모 옥내저장소 ⑤ 복합용도건축물의 옥내저장소로서 소화난이도등급 Ⅰ의 제조소등에 해당하지 아니하는 것
옥외저장소	① 덩어리 상태의 황을 저장하는 것으로서 경계표시 내부의 면적 5m² 이상 100m² 미만인 것 ② 인화성 고체, 제1석유류 또는 알코올류를 저장하는 것으로서 지정수량의 10배 이상 100배 미만인 것 ③ 지정수량 100배 이상인 것(덩어리 상태의 황 또는 고인화점위험물을 저장하는 것 제외)
옥외탱크저장소 옥내탱크저장소	소화난이도등급 Ⅰ의 제조소등 외의 것(고인화점위험물만을 100℃ 미만의 온도로 저장하는 것 및 제6류 위험물만을 저장하는 것은 제외)
주유취급소	옥내주유취급소로서 소화난이도등급 Ⅰ의 제조소등에 해당하지 아니하는 것
판매취급소	제2종 판매취급소

> **Key point**
> 소화난이도등급 Ⅱ의 제조소에 설치해야 하는 소화설비
> 대형수동식소화기와 함께 설치하여야 하는 소형수동식소화기 등의 능력단위는 당해 위험물의 소요단위의 1/5 이상에 해당하는 능력단위의 소형수동식소화기 등을 설치해야 함

02 소화기구

1 소화기 설치기준
① 각 층마다 설치하되, 특정소방대상물의 각 부분으로부터 1개의 소화기까지의 보행거리가 소형소화기의 경우 20m 이내, 대형소화기의 경우 30m 이내가 되도록 배치
② 특정소방대상물의 각 층이 2 이상의 거실로 구획된 경우에는 각 층마다 설치하는 것 외에 바닥면적이 33m² 이상으로 구획된 각 거실에도 배치

2 소화기 사용방법
① 적응화재에 따라 사용
② 바람을 등지고 사용 ★
③ 성능에 따라 방출거리 내에서 사용
④ 양옆으로 비를 쓸 듯이 방사

> **바로 확인 예제**
> 소화기의 사용방법으로 잘못된 것은?
> ① 적응화재에 따라 사용할 것
> ② 성능에 따라 방출거리 내에서 사용할 것
> ③ 바람을 마주보며 소화할 것
> ④ 양옆으로 비로 쓸 듯이 방사할 것
>
> 정답 ③
> 풀이 바람을 등지고 사용할 것

Chapter 05 단원별 출제예상문제

01

소화난이도등급 I에 해당하는 위험물제조소등이 아닌 것은? (단, 원칙적인 경우에 한하며 다른 조건은 고려하지 않는다.)

① 모든 이송취급소
② 연면적 600m²의 제조소
③ 지정수량의 150배인 옥내저장소
④ 액표면적이 40m²인 옥외탱크저장소

해설
연면적 1,000m² 이상의 제조소가 소화난이도등급 Ⅰ에 해당된다.

02

위험물안전관리법령에 따른 스프링클러헤드의 설치방법에 대한 설명으로 옳지 않은 것은?

① 개방형 헤드는 반사판으로부터 하방으로 0.45m, 수평방향으로 0.3m 공간을 보유할 것
② 폐쇄형 헤드는 가연성 물질 수납 부분에 설치 시 반사판으로부터 하방으로 0.9m, 수평방향으로 0.4m의 공간을 확보할 것
③ 폐쇄형 헤드 중 개구부에 설치하는 것은 당해 개구부의 상단으로부터 높이 0.15m 이내의 벽면에 설치할 것
④ 폐쇄형 헤드 설치 시 급배기용 덕트의 긴 변의 길이가 1.2m를 초과하는 것이 있는 경우에는 당해 덕트의 윗면에도 헤드를 설치할 것

해설
폐쇄형 헤드 설치 시 급배기용 덕트의 긴 변의 길이가 1.2m를 초과하는 것이 있는 경우에 당해 덕트 등의 아래면에도 헤드를 설치해야 한다.

03

위험물제조소등의 스프링클러설비의 기준에 있어 개방형 스프링클러헤드는 스프링클러헤드의 반사판으로부터 하방 및 수평방향으로 각각 몇 m의 공간을 보유하여야 하는가?

① 하방 0.3m, 수평방향 0.45m
② 하방 0.3m, 수평방향 0.3m
③ 하방 0.45m, 수평방향 0.45m
④ 하방 0.45m, 수평방향 0.3m

해설
개방형 스프링클러헤드는 방호대상물의 모든 표면이 헤드의 유효사정 내에 있도록 설치하고, 다음에 의하여 설치할 것
- 스프링클러헤드의 반사판으로부터 하방으로 0.45m, 수평방향으로 0.3m의 공간을 보유할 것
- 스프링클러헤드는 헤드의 축심이 당해 헤드의 부착면에 대하여 직각이 되도록 설치할 것

04

다음 ( ) 안에 들어갈 수치로 옳은 것은?

> 물분무 소화설비의 제어밸브는 화재 시 신속한 조작을 위해 적절한 높이에 설치해야 한다. 제어밸브가 너무 낮으면 접근이 어렵고, 너무 높으면 긴급상황에서 조작이 불편하기 때문인데, 규정에 따르면 제어밸브는 바닥으로부터 최소 0.8m 이상, 최대 ( )m 이하의 위치에 설치해야 한다.

① 1.2
② 1.3
③ 1.5
④ 1.8

해설
물분무 소화설비의 제어밸브 및 기타 밸브의 설치기준
- 제어밸브는 바닥으로부터 0.8m 이상 1.5m 이하의 위치에 설치할 것
- 제어밸브의 가까운 곳의 보기 쉬운 곳에 '제어밸브'라고 표시한 표지를 할 것

정답 01 ② 02 ④ 03 ④ 04 ③

2025년 기출분석

- 분류 및 특징이 가장 높은 비중으로 출제되었습니다. 유별·지정수량·인화점 기준과 예외 조항까지 반드시 정리해야 합니다.
- 법령 파트는 개정 반영 확인이 필수입니다. 선임 기준, 자체소방대 설치 대상, 교육 주기 등이 단순 암기가 아닌 조항의 의미를 정확히 이해해야 하는 형태로 출제되는 경향이 뚜렷합니다.
- 위험물의 분류와 각 특성을 정확하게 파악하는 것이 중요하며 이와 관련된 법적 요구사항을 반드시 암기해야 합니다.

2025년 필기 출제비율

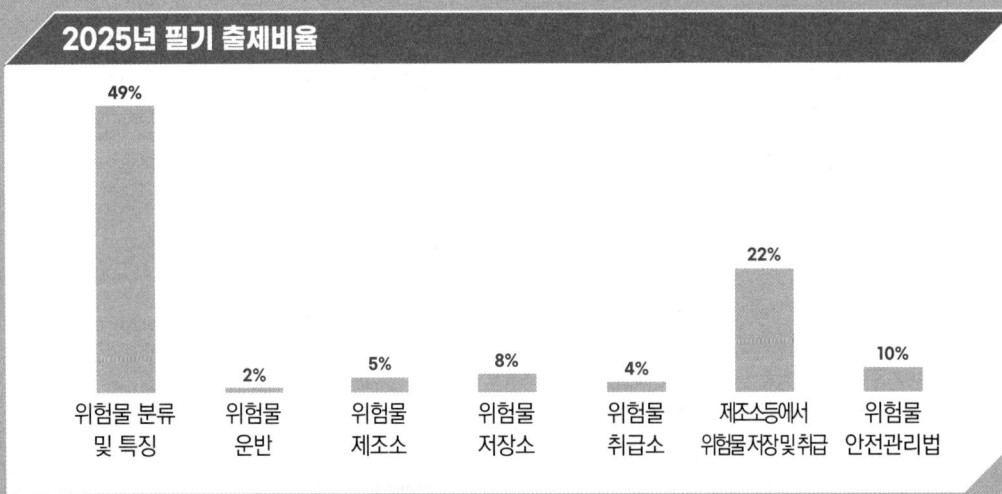

항목	비율
위험물 분류 및 특징	49%
위험물 운반	2%
위험물 제조소	5%
위험물 저장소	8%
위험물 취급소	4%
제조소등에서 위험물 저장 및 취급	22%
위험물 안전관리법	10%

PART 03

위험물의 성상 및 취급

Chapter 01 위험물 분류
Chapter 02 위험물 종류
Chapter 03 제1류 위험물(산화성 고체)
Chapter 04 제2류 위험물(가연성 고체)
Chapter 05 제3류 위험물
(자연발화성 및 금수성 물질)
Chapter 06 제4류 위험물(인화성 액체)
Chapter 07 제5류 위험물(자기반응성 물질)
Chapter 08 제6류 위험물(산화성 액체)
Chapter 09 위험물별 특징
Chapter 10 위험물 운반
Chapter 11 위험물제조소
Chapter 12 위험물저장소
Chapter 13 위험물취급소
Chapter 14 제조소등에서 위험물 저장 및 취급
Chapter 15 위험물안전관리법

위험물 분류

01 위험물 유별

1 제1류 위험물(산화성 고체)

"산화성 고체"라 함은 고체[액체(1기압 및 섭씨 20도에서 액상인 것 또는 섭씨 20도 초과 섭씨 40도 이하에서 액상인 것을 말한다. 이하 같다) 또는 기체(1기압 및 섭씨 20도에서 기상인 것을 말한다)외의 것을 말한다. 이하 같다]로서 산화력의 잠재적인 위험성 또는 충격에 대한 민감성을 판단하기 위하여 소방청장이 정하여 고시(이하 "고시"라 한다)하는 시험에서 고시로 정하는 성질과 상태를 나타내는 것을 말한다.

2 제2류 위험물(가연성 고체)

"가연성 고체"라 함은 고체로서 화염에 의한 발화의 위험성 또는 인화의 위험성을 판단하기 위하여 고시로 정하는 시험에서 고시로 정하는 성질과 상태를 나타내는 것을 말한다.

> **Key point**
> 인화성 고체
> 고형알코올 그밖에 1기압에서 인화점이 섭씨 40도 미만인 고체

3 제3류 위험물(자연발화성 물질 및 금수성 물질)

"자연발화성 물질 및 금수성 물질"이라 함은 고체 또는 액체로서 공기 중에서 발화의 위험성이 있거나 물과 접촉하여 발화하거나 가연성 가스를 발생하는 위험성이 있는 것을 말한다.

4 제4류 위험물(인화성 액체)

"인화성 액체"라 함은 액체(제3석유류, 제4석유류 및 동식물유류의 경우 1기압과 섭씨 20도에서 액체인 것만 해당한다)로서 인화의 위험성이 있는 것을 말한다.

5 제5류 위험물(자기반응성 물질)

"자기반응성 물질"이란 고체 또는 액체로서 폭발의 위험성 또는 가열분해의 격렬함을 판단하기 위하여 고시로 정하는 시험에서 고시로 정하는 성질과 상태를 나타내는 것을 말하며, 위험성 유무와 등급에 따라 제1종 또는 제2종으로 분류한다.

6 제6류 위험물(산화성 액체)

"산화성 액체"라 함은 액체로서 산화력의 잠재적인 위험성을 판단하기 위하여 고시로 정하는 시험에서 고시로 정하는 성질과 상태를 나타내는 것을 말한다.

02 혼재 가능한 위험물

1 혼재 가능한 위험물 ★★★

지정수량 1/10 이하의 위험물은 적용 제외

위험물 유별	제1류	제2류	제3류	제4류	제5류	제6류
제1류	×	×	×	×	×	○
제2류	×	×	×	○	○	×
제3류	×	×	×	○	×	×
제4류	×	○	○	×	○	×
제5류	×	○	×	○	×	×
제6류	○	×	×	×	×	×

2 유별을 달리하더라도 1m 이상 간격을 둘 때 저장 가능한 경우 ★★

① 제1류 위험물(알칼리금속의 과산화물 또는 이를 함유한 것을 제외함)과 제5류 위험물을 저장하는 경우
② 제1류 위험물과 제6류 위험물을 저장하는 경우
③ 제1류 위험물과 제3류 위험물 중 자연발화성 물질(황린 또는 이를 함유한 것에 한함)을 저장하는 경우
④ 제2류 위험물 중 인화성 고체와 제4류 위험물을 저장하는 경우
⑤ 제3류 위험물 중 알킬알루미늄등과 제4류 위험물(알킬알루미늄 또는 알킬리튬을 함유한 것에 한함)을 저장하는 경우
⑥ 제4류 위험물 중 유기과산화물 또는 이를 함유하는 것과 제5류 위험물 중 유기과산화물 또는 이를 함유한 것을 저장하는 경우

바로 확인 예제

각각 지정수량의 10배인 위험물을 운반할 경우 제5류 위험물과 혼재 가능한 위험물에 해당하는 것은? ★빈출
① 제1류 위험물 ② 제2류 위험물
③ 제3류 위험물 ④ 제6류 위험물

정답 ②

풀이

1	6		혼재 가능
2	5	4	혼재 가능
3	4		혼재 가능

바로 확인 예제

질산나트륨을 저장하고 있는 옥내저장소(내화구조의 격벽으로 완전히 구획된 실이 2 이상 있는 경우에는 동일한 실)에 함께 저장하는 것이 법적으로 허용되는 것은? (단, 위험물을 유별로 정리하여 서로 1m 이상의 간격을 두는 경우이다.) ★빈출
① 적린   ② 인화성 고체
③ 동식물유류   ④ 과염소산

정답 ③

풀이 유별을 달리하더라도 1m 이상 간격을 둘 때 저장 가능한 경우
- 제1류 위험물(알칼리금속의 과산화물 또는 이를 함유한 것을 제외함)과 제5류 위험물을 저장하는 경우
- 제1류 위험물과 제6류 위험물을 저장하는 경우
- 제1류 위험물과 제3류 위험물 중 자연발화성 물질(황린 또는 이를 함유한 것에 한함)을 저장하는 경우
- 제2류 위험물 중 인화성 고체와 제4류 위험물을 저장하는 경우
- 제3류 위험물 중 알킬알루미늄등과 제4류 위험물(알킬알루미늄 또는 알킬리튬을 함유한 것에 한함)을 저장하는 경우
- 제4류 위험물 중 유기과산화물 또는 이를 함유하는 것과 제5류 위험물 중 유기과산화물 또는 이를 함유한 것을 저장하는 경우
→ 질산나트륨은 제1류 위험물이므로 함께 저장 가능한 위험물은 제6류 위험물인 과염소산이다.

위험물 종류

01 제1류 위험물(산화성 고체) ★★★

> **바로 확인 예제**
>
> 제1류 위험물의 종류에 해당되지 않는 것은?
> ① 과산화나트륨
> ② 과산화수소
> ③ 아염소산나트륨
> ④ 질산칼륨
>
> 정답 ②
> 풀이 과산화수소는 제6류 위험물이다.

등급	품명	지정수량(kg)	위험물	분자식	기타
I	아염소산염류	50	아염소산나트륨	$NaClO_2$	-
	염소산염류		염소산칼륨	$KClO_3$	
			염소산나트륨	$NaClO_3$	
	과염소산염류		과염소산칼륨	$KClO_4$	
			과염소산나트륨	$NaClO_4$	
	무기과산화물		과산화칼륨	K_2O_2	• 과산화칼슘 • 과산화마그네슘
			과산화나트륨	Na_2O_2	
II	브로민산염류	300	브로민산암모늄	NH_4BrO_3	-
	질산염류		질산칼륨	KNO_3	
			질산나트륨	$NaNO_3$	
	아이오딘산염류		아이오딘산칼륨	KIO_3	
III	과망가니즈산염류	1,000	과망가니즈산칼륨	$KMnO_4$	
	다이크로뮴산염류		다이크로뮴산칼륨	$K_2Cr_2O_7$	

암기법 50: 아염과무, 300: 브질아, 1,000: 과다

02 제2류 위험물(가연성 고체) ★★★

> **바로 확인 예제**
>
> 제2류 위험물의 종류에 해당되지 않는 것은?
> ① 마그네슘 ② 고형알코올
> ③ 칼슘   ④ 안티몬분
>
> 정답 ③
> 풀이 칼슘은 제3류 위험물이다.

등급	품명	지정수량(kg)	위험물	분자식
II	황화인	100	삼황화인	P_4S_3
			오황화인	P_2S_5
			칠황화인	P_4S_7
	적린		적린	P
	황		황	S
III	금속분	500	알루미늄분	Al
			아연분	Zn
			안티몬	Sb
	철분		철분	Fe
	마그네슘		마그네슘	Mg
	인화성 고체	1,000	고형알코올	-

암기법 100: 황적황, 500: 금철마, 1,000: 인

03 제3류 위험물(자연발화성 및 금수성 물질) ★★★

등급	품명	지정수량(kg)	위험물	분자식
I	알킬알루미늄	10	트라이에틸알루미늄	$(C_2H_5)_3Al$
I	칼륨	10	칼륨	K
I	알킬리튬	10	알킬리튬	RLi
I	나트륨	10	나트륨	Na
I	황린	20	황린	P_4
II	알칼리금속 (칼륨, 나트륨 제외)	50	리튬	Li
II	알칼리금속 (칼륨, 나트륨 제외)	50	루비듐	Rb
II	알칼리토금속	50	칼슘	Ca
II	알칼리토금속	50	바륨	Ba
II	유기금속화합물(알킬알루미늄, 알킬리튬 제외)	50	-	-
III	금속의 수소화물	300	수소화칼슘	CaH_2
III	금속의 수소화물	300	수소화나트륨	NaH
III	금속의 인화물	300	인화칼슘	Ca_3P_2
III	칼슘, 알루미늄의 탄화물	300	탄화칼슘	CaC_2
III	칼슘, 알루미늄의 탄화물	300	탄화알루미늄	Al_4C_3

암기법 10: 알칼리나, 20: 황, 50: 알토유기, 300: 금수인탄

바로 확인 예제
제3류 위험물에 해당하는 것은?
① 황 ② 적린
③ 황린 ④ 삼황화인

정답 ③
풀이 황, 적린, 삼황화인은 제2류 위험물이다.

04 제4류 위험물(인화성 액체) ★★★

등급	품명		지정수량(L)	위험물	분자식	기타
I	특수 인화물	비수용성	50	이황화탄소	CS_2	• 이소프로필아민 • 황화다이메틸
I	특수 인화물	수용성	50	다이에틸에터	$C_2H_5OC_2H_5$	
I	특수 인화물	수용성	50	아세트알데하이드	CH_3CHO	
I	특수 인화물	수용성	50	산화프로필렌	CH_2CHOCH_3	
II	제1석유류	비수용성	200	휘발유	-	• 시클로헥산 • 염화아세틸 • 초산메틸 • 에틸벤젠
II	제1석유류	비수용성	200	메틸에틸케톤	-	
II	제1석유류	비수용성	200	톨루엔	$C_6H_5CH_3$	
II	제1석유류	비수용성	200	벤젠	C_6H_6	
II	제1석유류	수용성	400	사이안화수소	HCN	
II	제1석유류	수용성	400	아세톤	CH_3COCH_3	
II	제1석유류	수용성	400	피리딘	C_5H_5N	
II	알코올류		400	메틸알코올	CH_3OH	
II	알코올류		400	에틸알코올	C_2H_5OH	

바로 확인 예제
제4류 위험물에 속하지 않는 것은?
① 아세톤
② 실린더유
③ 트라이나이트로톨루엔
④ 나이트로벤젠

정답 ③
풀이 트라이나이트로톨루엔은 제5류 위험물이다.

등급	품명		지정수량(L)	위험물	분자식	기타
III	제2석유류	비수용성	1,000	등유	-	-
				경유	-	
				스타이렌	-	
				크실렌	-	
				클로로벤젠	C_6H_5Cl	
		수용성	2,000	아세트산	CH_3COOH	
				포름산	$HCOOH$	
				하이드라진	N_2H_4	
	제3석유류	비수용성	2,000	크레오소트유	-	
				중유	-	
				아닐린	$C_6H_5NH_2$	
				나이트로벤젠	$C_6H_5NO_2$	
		수용성	4,000	글리세린	$C_3H_5(OH)_3$	
				에틸렌글리콜	$C_2H_4(OH)_2$	
	제4석유류		6,000	윤활유		-
				기어유		
				실린더유		
	동식물유류		10,000	대구유		
				정어리유		
				해바라기유		
				들기름		
				아마인유		

05 제5류 위험물(자기반응성 물질) ★★★

등급	품명	지정수량(kg) 제1종: 10kg 제2종: 100kg	위험물	분자식	기타
I	질산에스터류	종 판단 필요	질산메틸	CH_3ONO_2	-
			질산에틸	$C_2H_5ONO_2$	
		제1종: 10kg	나이트로글리세린	$C_3H_5(ONO_2)_3$	
			나이트로글리콜	-	
			나이트로셀룰로오스	-	
		제2종: 100kg	셀룰로이드		
	유기과산화물	제2종: 100kg	과산화벤조일	$(C_6H_5CO)_2O_2$	• 과산화메틸에틸케톤
			아세틸퍼옥사이드	-	

바로 확인 예제

자기반응성 물질인 제5류 위험물에 해당하는 것은?

① $CH_3(C_6H_4)NO_2$
② CH_3COCH_3
③ $C_6H_2(NO_2)_3OH$
④ $C_6H_5NO_2$

정답 ③
풀이 $C_6H_2(NO_2)_3OH$(트라이나이트로페놀)은 자기반응성 물질인 제5류 위험물이다.

 Key point
세부기준개정 확정되지 않아 지정수량 확정되지 않음

등급	품명	지정수량(kg) 제1종 : 10kg 제2종 : 100kg	위험물	분자식	기타
II	하이드록실아민	제2종: 100kg		NH$_2$OH	–
	하이드록실아민염류			–	
	나이트로화합물	제1종: 10kg	트라이나이트로톨루엔	C$_6$H$_2$(NO$_2$)$_3$CH$_3$	• 다이나이트로벤젠 • 다이나이트로톨루엔
			트라이나이트로페놀	C$_6$H$_2$(NO$_2$)$_3$OH	
			테트릴		
	나이트로소화합물	제2종: 100kg	–		
	아조화합물	제1종: 10kg	1H-Tetrazol-5-amine 등	–	–
		종 판단 필요	아자이드화납 등		
		제2종: 100kg	아조비스이소부티로니트릴 등		
	다이아조화합물	종 판단 필요			
	하이드라진유도체	제2종: 100kg	–		
	질산구아니딘	종 판단 필요			

암기법 10: 질유, 100: 하실나아다하

06 제6류 위험물(산화성 액체) ★★★

등급	위험물	지정수량(kg)	분자식	기타
I	질산	300	HNO$_3$	–
	과산화수소		H$_2$O$_2$	
	과염소산		HClO$_4$	
	할로젠간화합물		BrF$_3$	삼플루오린화브로민
			BrF$_5$	오플루오린화브로민
			IF$_5$	오플루오린화아이오딘

Key point
질산구아니딘: 제5류 위험물

바로 확인 예제
다음 중 제6류 위험물에 해당하는 것은?
① IF$_5$ ② HClO$_3$
③ NO$_3$ ④ H$_2$O

정답 ①
풀이 IF$_5$는 제6류 위험물 중 할로젠간화합물에 해당한다.

제1류 위험물(산화성 고체)

바로 확인 예제

제1류 위험물에 관한 설명으로 틀린 것은?
① 조해성이 있는 물질이 있다.
② 물보다 비중이 큰 물질이 많다.
③ 대부분 산소를 포함하는 무기화합물이다.
④ 분해하여 방출된 산소에 의해 자체 연소한다.

정답 ④
풀이
- 제1류 위험물은 산소를 방출할 수 있지만 스스로 연소하지는 않으며 다른 물질이 산소와 결합하여 연소를 촉진하는 역할을 한다.
- 자체 연소하는 위험물은 제5류 위험물이다.

[공통특징]
- 직사광선을 피하고 환기가 잘 되는 냉암소에 저장
- 주로 주수소화

구분	내용
일반적 성질	• 모두 무기화합물로 대부분 무색결정, 백색분말의 산화성 고체 • 강산화성 물질, 불연성고체, 조연성, 조해성을 가짐 • 비중은 1보다 크며, 물에 녹는 물질도 있음 • 분자 내에 산소를 함유하고 있어 분해 시 산소 발생
위험성	• 가연물과 접촉, 혼합으로 분해 폭발 • 알칼리금속의 과산화물은 물과 반응하여 산소 방출 및 심하게 발열 • 가열, 충격, 마찰 등에 의해 분해
저장 및 취급	• 가연물과 접촉 및 혼합 피함 • 서늘하고 환기 잘 되는 곳에 보관 • 알칼리금속과산화물은 물과 접촉 피함
소화방법	• 알칼리금속과산화물: 주수금지 ⇒ 탄산수소염류 소화약제, 팽창질석, 마른모래 등을 이용한 질식소화 • 그 외: 주수소화 ⇒ 옥내소화전, 스프링클러설비, 물분무 소화설비, 강화액 소화설비, 포 소화설비 등

01 아염소산염류 지정수량 50kg

1 아염소산나트륨($NaClO_2$)

비중	–	분해온도	175℃

(1) 일반적 성질
  ① 무색의 결정성 분말
  ② 물에 잘 녹음

(2) 위험성
  ① 산과 반응하여 이산화염소 발생
  ② 가연물과 혼합하면 충격에 의해 폭발

2 아염소산칼륨($KClO_2$)

비중	–	분해온도	160℃

(1) 일반적 성질
  백색의 결정성 분말

(2) 위험성

열, 햇빛, 충격에 의해 분해하여 산소 발생

02 염소산염류 지정수량 50kg

[공통특징]
- 환기가 잘 되는 냉암소에 보관
- 주로 주수소화

1 염소산나트륨($NaClO_3$)

| 비중 | 2.5 | 분해온도 | 300℃ |

(1) 일반적 성질

물, 알코올, 에테르에 잘 녹으며 조해성 있음

(2) 위험성

① 산과 반응하여 유독성의 이산화염소 발생
② 가열하면 분해되어 산소 발생
③ 철제를 부식시키므로 철제용기에 보관하지 않음

2 염소산칼륨($KClO_3$)

| 비중 | 2.34 | 분해온도 | 400℃ |

(1) 일반적 성질

① 강력한 산화제
② 온수·글리세린에 잘 녹으나 냉수, 알코올에 잘 녹지 않음
③ 염소산칼륨은 분해되어 염화칼륨과 산소를 발생: $KClO_3 \rightarrow 2KCl + 3O_2$

(2) 위험성

① 가연물과 접촉 시 연소 또는 폭발 위험
② 산과 반응하면 이산화염소 발생

[바로 확인 예제]

염소산칼륨이 고온에서 완전 열분해할 때 주로 생성되는 물질은?
① 칼륨과 물 및 산소
② 염화칼륨과 산소
③ 이염화칼륨과 수소
④ 칼륨과 물

정답 ②
풀이
- $2KClO_3 \rightarrow 2KCl + 3O_2$
- 염소산칼륨은 가열하면 분해하여 염화칼륨과 산소를 생성한다.

03 과염소산염류 지정수량 50kg

[공통특징]
- 직사광선을 피하고 환기가 잘 되는 냉암소에 저장
- 주로 주수소화

1 과염소산나트륨($NaClO_4$)

| 비중 | 2.5 | 분해온도 | 482℃ |

(1) 일반적 성질

① 무취의 결정
② 물, 알코올, 아세톤에 잘 녹으나 에테르에 녹지 않음

바로 확인 예제

다음 중 제1류 위험물의 과염소산염류에 속하는 것은?
① KClO₃ ② NaClO₄
③ HClO₄ ④ NaClO₂

정답 ②

풀이 과염소산염류 종류에는 과염소산칼륨(KClO₄), 과염소산나트륨(NaClO₄) 등이 있다.

---

(2) 위험성

가열하면 분해하여 산소 발생

2 과염소산칼륨(KClO₄)

| 비중 | 2.52 | 분해온도 | 400℃ |

(1) 일반적 성질

물, 알코올, 에테르에 잘 녹지 않음

(2) 위험성

① 가연물을 혼합하면 외부의 충격에 의해 폭발 위험
② 가열하면 분해하여 산소 발생

04 무기과산화물

지정수량 50kg

Key point
무기과산화물은 알칼리금속의 과산화물을 포함한다.

1 과산화나트륨(Na₂O₂) ★★★

| 비중 | 2.8 | 분해온도 | 460℃ |

(1) 일반적 성질

순수한 것은 백색 분말이며, 일반적으로 황색 분말

(2) 위험성

① 산화반응하여 과산화수소 발생
② 분해하여 산소 발생

(3) 저장 및 소화방법

물과 반응하여 수산화나트륨과 산소를 발생하며 발열하므로 주수소화 금지

$$2Na_2O_2 + 2H_2O \rightarrow 4NaOH + O_2$$

바로 확인 예제

다음 제1류 위험물 중 물과의 접촉이 가장 위험한 것은?
① 아염소산나트륨
② 과산화나트륨
③ 과염소산나트륨
④ 다이크로뮴산암모늄

정답 ②

풀이
- $2Na_2O_2 + 2H_2O \rightarrow 4NaOH + O_2$
- 과산화나트륨은 물과 반응 시 수산화나트륨과 산소를 발생하며 폭발의 위험이 있기 때문에 물과의 접촉이 위험하다.

2 과산화칼륨(K₂O₂) ★★★

| 비중 | 2.9 | 분해온도 | – |

(1) 일반적 성질

무색 또는 오렌지색 분말

(2) 위험성

① 산화반응하여 과산화수소 발생
② 분해하여 산소 발생
③ 피부접촉 시 피부를 부식시킬 위험이 있음

(3) 저장 및 소화방법

물과 반응하여 수산화칼륨과 산소를 발생하며 발열하므로 주수소화 금지

$2K_2O_2 + 2H_2O \rightarrow 4KOH + O_2$

05 브로민산염류   지정수량 300kg

1 브로민산칼륨($KBrO_3$)

비중	3.27	분해온도	-

(1) 일반적 성질
① 무색의 결정
② 물에 잘 녹으나 알코올, 에테르에 녹지 않음

(2) 위험성
① 가연물과 접촉 시 연소 또는 폭발 위험
② 열분해하며 산소 방출

(3) 저장 및 소화방법
① 환기가 잘 되는 냉암소에 저장
② 주로 주수소화

06 질산염류   지정수량 300kg

1 질산칼륨(KNO_3) ★

비중	2.1	분해온도	400℃

(1) 일반적 성질
① 무색 또는 흰색의 결정
② 물, 글리세린에 잘 녹으나 알코올, 에테르에 녹지 않음
③ 황, 목탄과 혼합하여 흑색화약 제조

(2) 위험성
① 가연물과 접촉 시 연소 또는 폭발 위험
② 열분해하며 산소 방출

(3) 저장 및 소화방법
① 환기가 잘 되는 냉암소에 저장
② 주로 주수소화

> **Key point**
> 질산암모늄의 특징
> 1) 불안정한 물질이고 물에 녹을 때는 흡열반응을 나타냄
> 2) 물에 잘 녹음
> 3) 가열 시 분해하여 산소를 발생함
> 4) 무색무취의 결정

> **바로 확인 예제**
> 질산칼륨에 대한 설명 중 틀린 것은?
> ① 무색의 결정 또는 백색분말이다.
> ② 비중이 약 0.81, 녹는점은 약 200℃이다.
> ③ 가열하면 열분해하여 산소를 방출한다.
> ④ 흑색화약의 원료로 사용된다.
>
> 정답 ②
> 풀이 질산칼륨의 비중은 2.10이고, 녹는점은 339℃이다.

07 아이오딘산염류 지정수량 300kg

1 아이오딘산칼륨(KIO_3)

비중	3.89	분해온도	-

(1) 일반적 성질
  물에 녹음

(2) 위험성
  가연물과 접촉 시 연소 또는 폭발 위험

(3) 저장 및 소화방법
  용기는 밀봉하고 환기가 잘 되는 건조한 냉소에 보관

08 과망가니즈산염류 지정수량 1,000kg

1 과망가니즈산칼륨($KMnO_4$)

비중	2.7	분해온도	-

(1) 일반적 성질
  ① 진한 보라색 결정
  ② 물, 아세톤, 알코올에 잘 녹음

(2) 위험성
  ① 황산과 격렬하게 반응함
  ② 유기물과 혼합 시 위험성이 증가함

(3) 저장 및 소화방법
  ① 갈색 유리병에 넣어 일광을 차단하고 냉암소에 보관
  ② 목탄, 황 등 환원성 물질과 격리하여 저장
  ③ 주로 주수소화

바로 확인 예제

다음 중 과망가니즈산칼륨과 혼촉하였을 때 위험성이 가장 낮은 물질은?
① 물 ② 다이에틸에터
③ 글리세린 ④ 염산

정답 ①

풀이
- 과망가니즈산칼륨($KMnO_4$)은 제1류 위험물(산화성 고체)로 물에 잘 녹는다.
- 물은 산화제와 안전하게 반응하며, 위험한 상황을 유발하지 않기 때문에 가장 안전한 물질이다.

09 다이크로뮴산염류

지정수량 1,000kg

1 다이크로뮴산칼륨($K_2Cr_2O_7$)

| 비중 | 2.69 | 분해온도 | 500℃ |

(1) 일반적 성질

물, 글리세린에 잘 녹으나 알코올, 에테르에 잘 녹지 않음

(2) 위험성

① 가연물과 접촉 시 연소 또는 폭발 위험

② 열분해하며 산소 방출

(3) 저장 및 소화방법

① 환기가 잘 되는 냉암소에 저장

② 주로 주수소화

바로 확인 예제

다이크로뮴산칼륨에서 크로뮴의 산화수는?

① 6 ② 9
③ 5 ④ 7

정답 ①

풀이
- K(칼륨)의 산화수: +1
- O(산소)의 산화수: −2
- Cr(크로뮴)의 산화수: x
- 2(+1) + 2(x) + 7(−2) = 0이므로, x = +6이다.

chapter 04 제2류 위험물(가연성 고체)

일반적 성질	• 비교적 낮은 온도에서 착화하기 쉬운 가연성 물질 • 비중은 1보다 크고 물에 녹지 않음 • 모두 무기화합물이며 산소를 함유하지 않는 강력한 환원성 물질 • 산소와의 결합이 쉬움
위험성	• 산화제와 혼합 시 가열, 충격, 마찰에 의해 발화폭발 위험 • 금속분, 철분은 밀폐된 공간에서 분진폭발 위험 있음 • 금속분, 철분, 마그네슘은 물·습기·산과 접촉하여 수소와 열 발생
저장 및 취급	• 점화원으로부터 멀리하고 가열을 피할 것 • 강산화성 물질과의 혼합을 피할 것
소화방법	• 금속분, 철분, 마그네슘: 주수금지 ⇒ 탄산수소염류 분말 소화약제, 팽창질석, 마른모래 등을 이용한 질식소화 • 인화성 고체 및 그 밖의 것: 주수소화 ⇒ 옥내소화전, 스프링클러설비, 물분무 소화설비, 강화액 소화설비 등
위험물 기준	• 황: 순도 60wt% 이상인 것, 불순물은 활석 등 불연성 물질과 수분으로 한정 • 철분: 철의 분말로서 53μm의 표준체를 통과하는 것이 50wt% 이상인 것 • 금속분: 알칼리금속, 알칼리토류금속, 철 및 마그네슘의 금속의 분말로서 구리, 니켈을 제외하고 150μm의 표준체를 통과하는 것이 50wt% 이상인 것 • 마그네슘: 지름 2mm 이상의 막대모양이거나 2mm의 체를 통과하지 않는 덩어리 상태의 것 제외

바로 확인 예제

황화인에 대한 설명으로 틀린 것은?
① 고체이다.
② 가연성 물질이다.
③ P_4S_3, P_2S_5 등의 물질이 있다.
④ 물질에 따라 지정수량은 50kg, 100kg 등이 있다.

정답 ④
풀이
제2류 위험물인 황화인은 가연성 고체로 삼황화인(P_4S_3), 오황화인(P_2S_5), 칠황화인(P_4S_7) 등이 있으며, 지정수량은 100kg이다.

01 황화인

지정수량 100kg

1 삼황화인(P_4S_3) ★★

비중	2.03	분해온도	100℃

(1) 일반적 성질
① 일반적으로 황색 결정
② 차가운 물에서 녹지 않고 뜨거운 물에서 분해

(2) 위험성
① 연소 시 오산화인과 이산화황 생성: $P_4S_3 + 8O_2 \rightarrow 2P_2O_5 + 3SO_2$
② 분해하여 산소 발생

(3) 저장 및 소화방법
  ① 직사광선을 피하며 건조한 장소에 보관
  ② 일반적으로 주수소화

2 오황화인(P_2S_5)

| 비중 | 2.09 | 분해온도 | 142℃ |

(1) 일반적 성질
  ① 일반적으로 담황색 결정
  ② 알코올, 이황화탄소에 잘 녹음
  ③ 조해성, 흡습성 있음

(2) 위험성
  물, 알칼리와 반응하여 황화수소와 인산 생성: $P_2S_5 + 8H_2O \rightarrow 2H_3PO_4 + 5H_2S$

(3) 저장 및 소화방법
  직사광선을 피하며 건조한 장소에 보관

3 칠황화인(P_4S_7)

| 비중 | 2.19 | 분해온도 | 310℃ |

(1) 일반적 성질
  ① 일반적으로 담황색 결정
  ② 이황화탄소에 약간 녹음

(2) 위험성
  온수에서 급격히 분해하여 황화수소와 인산 생성

(3) 저장 및 소화방법
  직사광선을 피하며 건조한 장소에 보관

02 적린(P) ★★

지정수량 100kg

| 비중 | 2.2 | 분해온도 | 260℃ |

(1) 일반적 성질
  ① 황린과 동소체
  ② 비교적 안정하여 공기 중에 방치해도 자연발화하지 않음
  ③ 물에 녹지 않음

바로 확인 예제

적린의 성상에 관한 설명 중 옳은 것은?
① 물과 반응하여 고열을 발생한다.
② 공기 중에 방치하면 자연발화한다.
③ 강산화제와 혼합하면 마찰·충격에 의해서 발화할 위험이 있다.
④ 이황화탄소, 암모니아 등에 매우 잘 녹는다.

정답 ③
풀이 제2류 위험물인 적린은 가연성 고체로 강산화제와 혼합하면 마찰·충격에 의해 발화할 위험이 있다.

(2) 위험성

연소 시 오산화인 발생: $4P + 5O_2 \rightarrow 2P_2O_5$

(3) 저장 및 소화방법

① 직사광선을 피하여 건조한 장소에 보관
② 주로 주수소화

03 황(S) 지정수량 100kg

| 비중 | 2.07 | 분해온도 | 232.2℃ |

(1) 일반적 성질

① 황색 결정 또는 분말
② 물에 녹지 않음

(2) 위험성

① 전기부도체로 정전기에 의해 연소할 수 있음
② 분말이 공기 중에 있을 때 분진폭발의 위험이 있음
③ 연소할 때 발생하는 아황산가스는 인체에 해로움: $S + O_2 \rightarrow SO_2$

(3) 저장 및 소화방법

① 물속에 저장하여 가연성 증기 발생 억제
② 주로 주수소화

04 금속분 지정수량 500kg

1 알루미늄분(Al)

| 비중 | 2.7 | 분해온도 | - |

(1) 일반적 성질

은백색 광택이 있는 금속

(2) 위험성

① 끓는 물, 산, 알칼리와 반응하여 수소 발생하며 폭발
   $2Al + 6H_2O \rightarrow 2Al(OH)_3 + 3H_2$
② 분진폭발의 위험이 있음

Key point
용융된 황을 물에서 급냉하면 탄성이 있는 고무상황을 얻을 수 있음

바로 확인 예제

알루미늄분의 연소 시 주수소화하면 위험한 이유를 옳게 설명한 것은?

① 불에 녹아 산이 된다.
② 물과 반응하여 유독가스가 발생한다.
③ 물과 반응하여 수소가스가 발생한다.
④ 물과 반응하여 산소가스가 발생한다.

정답 ③

풀이
- $2Al + 6H_2O \rightarrow 2Al(OH)_3 + 3H_2$
- 알루미늄분은 물과 반응하여 수산화알루미늄과 수소를 발생하며 폭발하므로 주수소화가 금지된다.

(3) 저장 및 소화방법
① 물과 닿지 않게 건조한 냉소에 저장
② 주수금지하고 탄산수소염류 분말 소화약제, 팽창질석, 마른모래 등을 이용하여 질식소화

2 아연분(Zn)

비중	7.14	분해온도	–

(1) 일반적 성질

은백색 광택이 있는 분말

(2) 위험성
① 물, 산, 알칼리와 반응하여 수소 발생하며 폭발
$Zn + 2H_2O \rightarrow Zn(OH)_2 + H_2$
② 분진폭발의 위험이 있음

(3) 저장 및 소화방법
① 물과 닿지 않게 건조한 냉소에 저장
② 주수금지하고 탄산수소염류 분말 소화약제, 팽창질석, 마른모래 등을 이용하여 질식소화

05 철분(Fe)

지정수량 500kg

비중	7.87	분해온도	–

(1) 일반적 성질

백색분말, 실온에서는 짙은 회색

(2) 위험성

물 또는 산과 반응하여 수소 발생하며 폭발

(3) 저장 및 소화방법
① 물과 닿지 않게 건조한 냉소에 저장
② 주수금지하고 탄산수소염류 분말 소화약제, 팽창질석, 마른모래 등을 이용하여 질식소화

바로 확인 예제

가연성 고체 위험물의 화재에 대한 설명으로 틀린 것은?
① 적린과 황은 물에 의한 냉각소화를 한다.
② 금속분, 철분, 마그네슘이 연소하고 있을 때에는 주수해서는 안 된다.
③ 금속분, 철분, 마그네슘, 황화인은 마른 모래, 팽창질석 등으로 소화를 한다.
④ 금속분, 철분, 마그네슘의 연소 시에는 수소와 유독가스가 발생하므로 충분한 안전거리를 확보해야 한다.

정답 ④
풀이
- 금속분(알루미늄)의 연소반응식:
$4Al + 3O_2 \rightarrow 2Al_2O_3$
- 철분의 연소반응식:
$4Fe + 3O_2 \rightarrow 2Fe_2O_3$
- 마그네슘의 연소반응식:
$2Mg + O_2 \rightarrow 2MgO$
→ 금속분, 철분, 마그네슘은 연소 시 수소와 유독가스가 발생하지 않고 금속분, 철분, 마그네슘의 산화물이 발생한다.

바로 확인 예제

화재 시 물을 이용한 냉각소화를 할 경우 오히려 위험성이 증가하는 물질은?
① 질산에틸 ② 마그네슘
③ 적린   ④ 황

정답 ②
풀이 마그네슘이 물과 반응하면 수소가 발생하므로 주로 질식소화한다.

Key point

네슬러 시약
암모늄이온(NH_4^+)이나 암모니아(NH_3)를 검출하는 데 사용되는 시약으로 암모늄이온이 네슬러 시약과 반응하면 적갈색 또는 갈색침전 형성됨

06 마그네슘(Mg)   지정수량 500kg

비중	1.74	분해온도	–

(1) 일반적 성질

은백색 광택의 금속

(2) 위험성

① 온수 또는 강산과 반응하여 수소 발생: $Mg + 2H_2O \rightarrow Mg(OH)_2 + H_2$
② 습기와 반응하여 열이 축적되면 자연발화의 위험이 있음
③ 공기 중에 부유하면 분진폭발의 위험이 있음

(3) 저장 및 소화방법

① 물과 닿지 않게 건조한 냉소에 저장
② 주수금지하고 탄산수소염류 분말 소화약제, 팽창질석, 마른모래 등을 이용하여 질식소화

07 인화성 고체   지정수량 1,000kg

(1) 일반적 성질

제4류 위험물과 비슷한 성질을 가짐

제3류 위험물(자연발화성 및 금수성 물질)

일반적 성질	• 자연발화성 물질(황린) ⇒ 공기 중에서 온도가 높아지면 스스로 발화 • 금수성 물질(황린 외) ⇒ 물과 접촉하면 가연성 가스 발생
위험성	• 황린 제외하고 금수성 물질은 물과 반응 시 가연성 가스 발생 및 발열 • 강산화성 물질, 강산류 접촉에 의해 위험성 증가
저장 및 취급	• 밀봉하여 공기, 물과 접촉 방지 • 황린은 pH9인 물속에 저장 • 칼륨, 나트륨 및 알칼리금속은 산소가 함유되지 않은 석유류에 저장
소화방법	• 자연발화성 물질(황린): 주수소화 • 금수성 물질(황린 외): 주수금지하고 질식소화

01 알킬알루미늄   지정수량 10kg

1 트라이에틸알루미늄[$(C_2H_5)_3Al$] ★

(1) 일반적 성질

　무색투명한 액체

(2) 위험성

　① 물과 반응하여 수산화알루미늄과 에탄 발생

　　$(C_2H_5)_3Al + 3H_2O \rightarrow Al(OH)_3 + 3C_2H_6$

　② 산, 할로겐(할로젠), 알코올과 반응

　③ 공기와 접촉하면 자연발화

(3) 저장 및 소화방법

　① 용기는 완전 밀봉하고, 용기 상부는 불연성 가스로 봉입

　② 주수소화 금지하고 탄산수소염류 분말 소화약제, 팽창질석, 마른모래 등으로 질식소화해야 함

2 트라이메틸알루미늄[$(CH_3)_3Al$] ★

(1) 일반적 성질

　무색투명한 액체

바로 확인 예제

물과 접촉하였을 때 에탄이 발생되는 물질은?

① CaC_2
② $(C_2H_5)_3Al$
③ $C_6H_3(NO_2)_3$
④ $C_2H_5ONO_2$

정답 ②

풀이
• $(C_2H_5)_3Al + 3H_2O \rightarrow Al(OH)_3 + 3C_2H_6$
• 트라이에틸알루미늄은 물과 반응하여 수산화알루미늄과 에탄을 발생한다.

(2) 위험성
  ① 물과 반응하여 수산화알루미늄과 메탄 발생
    $(CH_3)_3Al + 3H_2O \rightarrow Al(OH)_3 + 3CH_4$
  ② 산, 할로겐(할로젠), 알코올과 반응
  ③ 공기와 접촉하면 자연발화

(3) 저장 및 소화방법
  ① 용기는 완전 밀봉하고, 용기 상부는 불연성 가스로 봉입
  ② 주수소화 금지하고 탄산수소염류 분말 소화약제, 팽창질석, 마른모래 등으로 질식소화해야 함

02 칼륨(K) 지정수량 10kg

비중	0.857

(1) 일반적 성질
  ① 은백색 광택이 있는 무른 금속
  ② 불꽃색은 보라색

(2) 위험성
  물, 알코올과 반응하여 수소 발생: $2K + 2H_2O \rightarrow 2KOH + H_2$

(3) 저장 및 소화방법
  ① 공기 중 물과 닿지 않도록 석유(등유, 경유) 속에 저장
  ② 주수소화 금지하고 탄산수소염류 분말 소화약제, 팽창질석, 마른모래 등으로 질식소화해야 함

03 알킬리튬 지정수량 10kg

1 메틸리튬(CH_3Li)

(1) 일반적 성질
  무색결정 분말

(2) 위험성
  물과 반응하여 수산화리튬과 메탄 발생

(3) 저장 및 소화방법
  주수소화 금지하고 탄산수소염류 분말 소화약제, 팽창질석, 마른모래 등으로 질식소화해야 함

바로 확인 예제

칼륨의 화재 시 사용 가능한 소화제는?
① 물 ② 마른모래
③ 이산화탄소 ④ 사염화탄소

정답 ②

풀이 칼륨은 수분과 접촉을 차단하여 공기 산화를 방지하려고 보호액 속에 저장한다. 소화방법은 마른모래, 건조된 소금, 탄산수소염류 분말에 의한 질식소화를 한다.

바로 확인 예제

금속나트륨, 금속칼륨 등을 보호액 속에 저장하는 이유를 가장 옳게 설명한 것은?
① 온도를 낮추기 위하여
② 승화하는 것을 막기 위하여
③ 공기와의 접촉을 막기 위하여
④ 운반 시 충격을 적게 하기 위하여

정답 ③

풀이 금속나트륨과 금속칼륨은 공기와의 접촉을 막기 위해 석유, 등유 등의 산소가 함유되지 않은 보호액(석유류) 속에 저장한다.

04 나트륨(Na)   지정수량 10kg

비중	0.97

(1) 일반적 성질
　① 은백색 광택이 있는 무른 금속
　② 불꽃색은 노란색

(2) 위험성

　물, 알코올과 반응하여 수소 발생: $2Na + 2H_2O \rightarrow 2NaOH + H_2$

(3) 저장 및 소화방법
　① 공기 중 물과 닿지 않도록 석유(등유, 경유) 속에 저장
　② 주수소화 금지하고 탄산수소염류 분말 소화약제, 팽창질석, 마른모래 등으로 질식소화해야 함

바로 확인 예제

칼륨, 나트륨, 탄화칼슘의 공통점으로 옳은 것은?
① 연소 생성물이 동일하다.
② 화재 시 대량의 물로 소화한다.
③ 물과 반응하면 가연성 가스를 발생한다.
④ 위험물안전관리법령에서 정한 지정수량이 같다.

정답 ③

풀이
- 칼륨과 나트륨은 물과 반응하여 가연성의 수소 기체를 발생한다.
- 탄화칼슘은 물과 반응하여 가연성의 아세틸렌을 발생시킨다.

05 황린(P_4) ★★★   지정수량 20kg

비중	1.82

(1) 일반적 성질

　담황색 또는 백색의 고체

(2) 위험성
　① 연소하면서 오산화인을 발생하고 마늘냄새의 악취가 남
　　$P_4 + 5O_2 \rightarrow 2P_2O_5$
　② 증기는 공기보다 무겁고 맹독성임

(3) 저장 및 소화방법
　① 물과 반응하지 않으므로 보호액(pH 9인 물) 속에 보관
　② 주수소화 가능

바로 확인 예제

다음 중 황린의 연소 생성물은?
① 삼황화인　② 인화수소
③ 오산화인　④ 오황화인

정답 ③

풀이
- $P_4 + 5O_2 \rightarrow 2P_2O_5$
- 황린은 산소와 반응하여 오산화인(P_2O_5)을 발생한다.

06 알칼리금속(K, Na 제외), 알칼리토금속 　지정수량 50kg

1 리튬(Li)

비중	0.534

(1) 일반적 성질
　① 은백색 광택의 무른 금속
　② **불꽃색은 빨간색**

(2) 위험성
　물과 반응하여 수소 발생

(3) 저장 및 소화방법
　① 물과 반응하지 않도록 건조한 냉암소에 저장
　② 주수소화 금지하고 탄산수소염류 분말 소화약제, 팽창질석, 마른모래 등으로 질식소화해야 함

2 칼슘(Ca)

비중	1.55

(1) 일반적 성질
　① 은백색 광택의 무른 금속
　② 불꽃색은 오렌지색

(2) 위험성
　물과 반응하여 수소 발생

(3) 저장 및 소화방법
　① 물과 반응하지 않도록 건조한 냉암소에 저장
　② 주수소화 금지하고 탄산수소염류 분말 소화약제, 팽창질석, 마른모래 등으로 질식소화해야 함

07 금속의 수소화물

지정수량 300kg

1 수소화나트륨(NaH)

비중	1.36

(1) 일반적 성질

회백색의 분말

(2) 위험성

물과 반응하여 수산화나트륨과 수소 발생: $NaH + H_2O \rightarrow NaOH + H_2$

(3) 저장 및 소화방법

① 물과 반응하지 않도록 건조한 냉암소에 저장

② 주수소화 금지하고 탄산수소염류 분말 소화약제, 팽창질석, 마른모래 등으로 질식소화해야 함

2 수소화리튬(LiH)

비중	0.82

(1) 일반적 성질

회색 고체 결정

(2) 위험성

물과 반응하여 수산화리튬과 수소 발생: $LiH + H_2O \rightarrow LiOH + H_2$

(3) 저장 및 소화방법

① 물과 반응하지 않도록 건조한 냉암소에 저장

② 주수소화 금지하고 탄산수소염류 분말 소화약제, 팽창질석, 마른모래 등으로 질식소화해야 함

3 수소화칼슘(CaH₂) ★

비중	1.9

(1) 일반적 성질

회색 분말

(2) 위험성

물과 반응하여 수산화칼슘과 수소 발생: $CaH_2 + 2H_2O \rightarrow Ca(OH)_2 + 2H_2$

바로 확인 예제

다음 위험물의 저장창고에 화재가 발생하였을 때 소화방법으로 주수소화가 적당하지 않은 것은?

① $NaClO_3$ ② S
③ NaH ④ TNT

정답 ③

풀이

- $NaH + H_2O \rightarrow NaOH + H_2$
- 수소화나트륨(NaH)은 물과 반응하여 수소가스를 발생시키므로 주수소화는 적절하지 않고 건조한 모래 등 물과 반응하지 않는 소화제를 사용하여야 한다.

(3) 저장 및 소화방법
  ① 물과 반응하지 않도록 건조한 냉암소에 저장
  ② 주수소화 금지하고 탄산수소염류 분말 소화약제, 팽창질석, 마른모래 등으로 질식소화해야 함

08 금속의 인화물   지정수량 300kg

1 인화칼슘(Ca_3P_2) ★★★

비중	2.51

(1) 일반적 성질
  ① 적갈색 결정성 분말
  ② 알코올, 에테르에 녹지 않음

(2) 위험성
  ① 물과 반응하여 수산화칼슘과 포스핀 발생
    $Ca_3P_2 + 6H_2O \rightarrow 3Ca(OH)_2 + 2PH_3$
  ② 염산과 반응하여 염화칼슘과 포스핀 발생

(3) 저장 및 소화방법
  ① 물과 반응하지 않도록 건조한 냉암소에 저장
  ② 주수소화 금지하고 탄산수소염류 분말 소화약제, 팽창질석, 마른모래 등으로 질식소화해야 함

2 인화알루미늄(AlP)

비중	2.1 ~ 2.8

(1) 일반적 성질
  황색 결정으로 살충제 원료

(2) 위험성
  물과 반응하여 수산화알루미늄과 포스핀 발생: $AlP + 3H_2O \rightarrow Al(OH)_3 + PH_3$

(3) 저장 및 소화방법
  ① 물과 반응하지 않도록 건조한 냉암소에 저장
  ② 주수소화 금지하고 탄산수소염류 분말 소화약제, 팽창질석, 마른모래 등으로 질식소화해야 함

바로 확인 예제

인화칼슘이 물과 반응하여 발생하는 기체는? ★빈출
① 포스겐   ② 포스핀
③ 메탄   ④ 이산화황

정답 ②
풀이
• $Ca_3P_2 + 6H_2O \rightarrow 3Ca(OH)_2 + 2PH_3$
• 인화칼슘은 물과 반응하여 수산화칼슘과 포스핀을 발생한다.

바로 확인 예제

인화알루미늄의 화재 시 주수소화를 하면 발생하는 가연성 기체는?
① 아세틸렌   ② 메탄
③ 포스겐   ④ 포스핀

정답 ④
풀이
• $AlP + 3H_2O \rightarrow Al(OH)_3 + PH_3$
• 인화알루미늄은 물과 반응하여 수산화알루미늄과 포스핀을 발생한다.

09 칼슘, 알루미늄의 탄화물

지정수량 300kg

1 탄화칼슘(CaC_2) ★★★

| 비중 | 2.2 |

(1) 일반적 성질

백색 결정

(2) 위험성

물과 반응하여 수산화칼슘과 아세틸렌 발생

$CaC_2 + 2H_2O \rightarrow Ca(OH)_2 + C_2H_2$

(3) 저장 및 소화방법

① 환기가 잘 되고 습기가 없는 냉암소에 저장
② 장기간 보관 시 불연성 가스 충전
③ 밀폐용기에 보관 필요
④ 주수소화 금지하고 탄산수소염류 분말 소화약제, 팽창질석, 마른모래 등으로 질식소화해야 함

바로 확인 예제

위험물안전관리법령상 위험물과 적응성이 있는 소화설비가 잘못 짝지어진 것은?

① K – 탄산수소염류 분말 소화설비
② $C_2H_5OC_2H_5$ – 불활성 가스 소화설비
③ Na – 건조사
④ CaC_2 – 물통

정답 ④
풀이
- $CaC_2 + 2H_2O \rightarrow Ca(OH)_2 + C_2H_2$
- 탄화칼슘은 물과 반응하여 수산화칼슘과 아세틸렌을 발생하므로 물통으로 소화하는 것이 적합하지 않다.

2 탄화알루미늄(Al_4C_3) ★★★

| 비중 | 2.36 |

(1) 일반적 성질

무색 또는 황색 분말

(2) 위험성

물과 반응하여 수산화알루미늄과 메탄 발생

$Al_4C_3 + 12H_2O \rightarrow 4Al(OH)_3 + 3CH_4$

(3) 저장 및 소화방법

① 건조한 냉암소에 저장
② 주수소화 금지하고 탄산수소염류 분말 소화약제, 팽창질석, 마른모래 등으로 질식소화해야 함

바로 확인 예제

물과 반응하였을 때 발생하는 가연성 가스의 종류가 나머지 셋과 다른 하나는? ★빈출

① 탄화리튬 ② 탄화마그네슘
③ 탄화칼슘 ④ 탄화알루미늄

정답 ④
풀이
- $Al_4C_3 + H_2O \rightarrow Al(OH)_3 + CH_4$
- 탄화알루미늄은 물과 반응하여 수산화알루미늄과 메탄을 발생한다.
- 탄화리튬, 탄화마그네슘, 탄화칼슘은 물과 반응하여 아세틸렌(C_2H_2)을 발생시킨다.

제4류 위험물(인화성 액체)

Key point

자주 출제되는 제4류 위험물 발화점
1) 산화프로필렌: 449℃
2) 이황화탄소: 90℃
3) 휘발유: 280 ~ 456℃
4) 메탄올: 약 470℃
5) 다이에틸에터: 약 160℃
6) 아세트알데하이드: 약 175℃
7) 벤젠: 497.78℃

바로 확인 예제

제4류 위험물 중 제1석유류란 1기압에서 인화점이 몇 ℃인 것을 말하는가?
① 21℃ 미만 ② 21℃ 이상
③ 70℃ 미만 ④ 70℃ 이상

정답 ①

풀이 제1석유류란 아세톤, 휘발유, 그 밖에 1기압에서 인화점이 섭씨 21도 미만인 것을 말한다.

구분	내용
일반적 성질	• 물에 녹지 않는 비수용성 • 비중은 1보다 작아 물보다 가벼움 • 증기비중은 1보다 커서 공기보다 무겁기 때문에 낮은 곳에 체류하며 연소, 폭발의 위험 존재 • 일반적으로 전기의 부도체로 정전기가 축적되기 쉽고 정전기의 방전불꽃에 의하여 인화할 가능성이 있음 • 인화점에 의해 제1, 2, 3, 4석유류로 분류
위험성	• 증기와 공기가 혼합되면 연소할 가능성 있음 • 정전기에 의해 인화할 수 있음
저장 및 취급	• 통풍이 잘 되는 냉암소에 저장 • 누출 방지를 위해 밀폐용기 사용 • 정전기 발생에 주의하고 정전기에 의한 재해를 예방하는 조치 필요
소화방법	• 질식소화 ⇒ 이산화탄소 소화기, 포 소화설비, 분말 소화약제 등 • 억제소화 ⇒ 할로겐(할로젠)화합물 소화설비
위험물 기준	• 특수인화물: 이황화탄소, 다이에틸에터 그 밖에 1기압에서 발화점이 섭씨 100도 이하인 것 또는 인화점이 섭씨 영하 20도 이하이고 비점이 섭씨 40도 이하인 것 • 제1석유류: 아세톤, 휘발유 그 밖에 1기압에서 인화점이 섭씨 21도 미만인 것 • 제2석유류: 등유, 경유 그 밖에 1기압에서 인화점이 섭씨 21도 이상 70도 미만인 것 • 제3석유류: 중유, 크레오소트유, 그 밖에 1기압에서 인화점이 섭씨 70도 이상 섭씨 200도 미만인 것 • 제4석유류: 기어유, 실린더유 그 밖에 1기압에서 인화점이 섭씨 200도 이상 섭씨 250도 미만인 것 • 알코올류: 1분자를 구성하는 탄소원자의 수가 1개부터 3개까지인 포화1가 알코올(변성알코올 포함) • 동식물유류: 동물의 지육 등 또는 식물의 종자나 과육으로부터 추출한 것으로서 1기압에서 인화점이 섭씨 250도 미만인 것

01 특수인화물

지정수량 50L

1 이황화탄소(CS_2) ★★

비중	1.26	인화점	-30℃

(1) 일반적 성질
① 무색의 휘발성 액체
② 비수용성이며, 벤젠·알코올·에테르에 녹음

(2) 위험성
① 증기는 공기보다 무겁고 유독함
② 연소 시 이산화탄소와 이산화황을 발생하며, 파란 불꽃을 냄
$$CS_2 + 3O_2 \rightarrow CO_2 + 2SO_2$$

(3) 저장 및 소화방법
① 물속에 저장하여 가연성 증기 발생 억제
② 옥내소화전, 스프링클러설비, 물분무 소화설비 등을 이용한 주수소화 가능

2 다이에틸에터($C_2H_5OC_2H_5$) ★

비중	0.7	인화점	-45℃

(1) 일반적 성질
① 물에 약간 녹고 알코올에 잘 녹음
② 휘발성이 높고, 마취성 있음

(2) 위험성
① 전기부도체이므로 정전기 발생에 주의
② 공기와 장시간 접촉 시 폭발성의 과산화물 생성

(3) 저장방법
① 통풍 및 환기가 잘 되는 곳에 저장
② 과산화물 생성 방지 위해 갈색병에 저장
③ 용기는 밀봉하여 2% 이상의 공간용적 확보

(4) 소화방법
① 질식소화 ⇒ 이산화탄소 소화기, 포 소화설비, 분말 소화약제 등
② 억제소화 ⇒ 할로겐(할로젠)화합물 소화설비

바로 확인 예제

이황화탄소를 화재예방상 물속에 저장하는 이유는? ✈빈출
① 불순물을 물에 용해시키기 위해
② 가연성 증기의 발생을 억제하기 위해
③ 상온에서 수소가스를 발생시키기 때문에
④ 공기와 접촉하면 즉시 폭발하기 때문에

정답 ②
풀이 이황화탄소는 가연성 증기의 발생을 억제하기 위해 물속에 저장한다.

Key point
축합반응
1) 두 분자가 결합하면서 물이나 다른 작은 분자를 제거하는 반응
2) $2C_2H_5OH \xrightarrow{H_2SO_4}$

   $C_2H_5OC_2H_5 + H_2O$
3) 다이에틸에터($C_2H_5OC_2H_5$)는 에탄올(C_2H_5OH)과 진한 황산(H_2SO_4)을 혼합하여 가열하면 생성되는 물질로, 이 반응을 축합반응이라 함
4) 에탄올 두 분자가 결합하여 다이에틸에터를 형성하는 과정에서 물(H_2O)이 제거되고 진한 황산은 이 반응에서 탈수제 역할을 하며 물을 제거해 에터 결합을 형성하도록 도움

Key point
과산화물 검출시약
1) 다이에틸에터 중의 과산화물을 검출할 때 주로 아이오딘화칼륨(KI) 용액을 사용
2) 과산화물이 존재하면 아이오딘화칼륨이 산화되어 아이오딘(I_2)이 방출되며, 이때 황색 또는 갈색을 띰

바로 확인 예제

다음 중 인화점이 0℃보다 작은 것은 모두 몇 개인가?

$C_2H_5OC_2H_5$, CS_2, CH_3CHO

① 0개　　② 1개
③ 2개　　④ 3개

정답 ④
풀이
- 다이에틸에터($C_2H_5OC_2H_5$): -45℃
- 이황화탄소(CS_2): -30℃
- 아세트알데하이드(CH_3CHO): -38℃

3 아세트알데하이드(CH_3CHO) ★★

비중	0.78	인화점	-38℃

(1) 일반적 성질
　① 물, 알코올, 에테르에 잘 녹음
　② 휘발성과 환원성 강함
　③ 산소에 의해 산화되어 아세트산(초산)이 생성
　　　$2CH_3CHO + O_2 \rightarrow 2CH_3COOH$

(2) 위험성
　산화성 물질과 혼합 시 폭발 가능

(3) 저장방법
　① 직사광선을 피하여 차광성 있는 피복으로 가림
　② 폭발 방지 위해 저장용기 내부에 불활성 기체 봉입
　③ 저장 시 구리, 은, 수은, 마그네슘 등으로 만든 용기 사용하지 않음

(4) 소화방법
　① 질식소화 ⇒ 이산화탄소 소화기, 포 소화설비, 분말 소화약제 등
　② 억제소화 ⇒ 할로겐(할로젠)화합물 소화설비

바로 확인 예제

산화프로필렌에 대한 설명으로 틀린 것은?

① 무색의 휘발성 액체이고, 물에 녹는다.
② 인화점이 상온 이하이므로 가연성 증기 발생을 억제하여 보관해야 한다.
③ 은, 마그네슘 등의 금속과 반응하여 폭발성 혼합물을 생성한다.
④ 증기압이 낮고 연소범위가 좁아서 위험성이 높다.

정답 ④
풀이　산화프로필렌은 증기압이 높고(538mmHg), 연소범위가 넓어(2.8 ~ 37%) 위험성이 높다.

☞ Key point
산화프로필렌(CH_3CHOCH_2)은 구리, 은, 마그네슘 등의 금속과 접촉하면 폭발성 물질인 아세틸라이드를 생성함

4 산화프로필렌(CH_2CHOCH_3)

비중	0.83	인화점	-37℃

(1) 일반적 성질
　① 무색의 휘발성이 강한 액체
　② 물, 알코올, 에테르에 잘 녹음

(2) 저장방법
　① 저장 시 구리, 은, 수은, 마그네슘 등으로 만든 용기 사용하지 않음
　② 폭발 방지 위해 저장용기 내부에 불활성 기체 봉입

(3) 소화방법
　① 질식소화 ⇒ 이산화탄소 소화기, 포 소화설비, 분말 소화약제 등
　② 억제소화 ⇒ 할로겐(할로젠)화합물 소화설비

02 제1 석유류(비수용성)   지정수량 200L

1 휘발유 ★

| 비중 | 0.65 ~ 0.80 | 인화점 | −43 ~ −20℃ |

(1) 일반적 성질
  ① 물보다 가볍고 물에 녹지 않음
  ② 증기는 공기보다 무거워 낮은 곳에 체류

(2) 위험성
  ① 전기부도체이므로 정전기에 의한 폭발 우려가 있어 취급 시 주의
  ② 화기에 주의

(3) 저장방법
  직사광선 피하며 통풍이 잘 되는 곳에 저장

(4) 소화방법
  ① 질식소화 ⇒ 이산화탄소 소화기, 포 소화설비, 분말 소화약제 등
  ② 억제소화 ⇒ 할로겐(할로젠)화합물 소화설비

> **바로 확인 예제**
>
> 휘발유, 등유, 경유 등의 제4류 위험물에 화재가 발생하였을 때 소화방법으로 가장 옳은 것은?
> ① 포 소화설비로 질식소화시킨다.
> ② 다량의 물을 위험물에 직접 주수하여 소화한다.
> ③ 강산화성 소화제를 사용하여 중화시켜 소화한다.
> ④ 염소산칼륨 또는 염화나트륨이 주성분인 소화약제로 표면을 덮어 소화한다.
>
> **정답** ①
> **풀이** 제4류 위험물은 가연성 증기가 발생하여 연소하는 특징이 있으므로 질식소화에 의한 소화가 효과적이다.

2 메틸에틸케톤($CH_3COC_2H_5$)

| 비중 | 0.8 | 인화점 | −7℃ |

(1) 일반적 성질
  ① 휘발성이 강한 무색의 액체
  ② 물, 알코올, 에테르에 녹음

(2) 위험성
  ① 인화점이 0도보다 낮아 화재 위험이 큼
  ② 탈지작용이 있으므로 취급 시 피부에 닿지 않도록 주의

(3) 저장 및 취급방법
  ① 메틸에틸케톤은 인화성이 강한 물질로, 증기가 공기 중에 누출되면 폭발 위험이 있음
  ② 증기 배출을 위해 구멍을 설치하면 인화성 증기가 누출되어 위험을 초래할 수 있기 때문에 밀폐된 용기에 보관해야 함
  ③ 수지나 섬유소 용기에 저장하면 부식되거나 누출 위험이 있으므로 유리나 금속용기에 저장해야 함

> **바로 확인 예제**
>
> 벤젠과 톨루엔의 공통점이 아닌 것은?
> ① 물에 녹지 않는다.
> ② 냄새가 없다.
> ③ 휘발성 액체이다.
> ④ 증기는 공기보다 무겁다.
>
> 정답 ②
> 풀이 벤젠과 톨루엔은 모두 유기 용매 특유의 냄새를 가진 방향족 화합물이다.

3 톨루엔($C_6H_5CH_3$) ★★

| 비중 | 0.86 | 인화점 | 4℃ |

(1) 일반적 성질
① 진한 질산과 진한 황산을 나이트로화하면 트라이나이트로톨루엔 생성
② 물에 녹지 않고 알코올, 에테르, 벤젠에 녹음
③ 방향족 탄화수소
④ 증기는 공기보다 무거움
⑤ 무색의 휘발성 액체

(2) 위험성
① 연소하여 이산화탄소와 물 생성
② 마찰, 충격, 화기 피해야 함

(3) 소화방법
① 질식소화 ⇒ 이산화탄소 소화기, 포 소화설비, 분말 소화약제 등
② 억제소화 ⇒ 할로겐(할로젠)화합물 소화설비

4 벤젠(C_6H_6) ★

| 비중 | 0.879 | 인화점 | -11℃ |

(1) 일반적 성질
① 무색의 휘발성 액체
② 물에 녹지 않고 알코올, 에테르, 아세톤에 녹음
③ 증기는 공기보다 무거움
④ 방향족 탄화수소

(2) 위험성
① 벤젠 증기는 마취성과 독성이 있음
② 취급 시 정전기 발생에 주의

(3) 소화방법
① 질식소화 ⇒ 이산화탄소 소화기, 포 소화설비, 분말 소화약제 등
② 억제소화 ⇒ 할로겐(할로젠)화합물 소화설비

> **바로 확인 예제**
>
> 벤젠에 대한 설명으로 틀린 것은?
> ① 물보다 비중값이 작지만, 증기비중값은 공기보다 크다.
> ② 공명 구조를 가지고 있는 포화 탄화수소이다.
> ③ 연소 시 검은 연기가 심하게 발생한다.
> ④ 겨울철에 응고된 고체 상태에서도 인화의 위험이 있다.
>
> 정답 ②
> 풀이 벤젠은 공명 구조를 가지고 있는 불포화 탄화수소이다.

03 제1석유류(수용성) 지정수량 400L

1 아세톤(CH_3COCH_3) ★

비중	0.79	인화점	−18℃

(1) 일반적 성질
① 무색투명한 휘발성 액체
② 물, 알코올, 에테르에 녹음
③ 겨울철에도 인화의 위험 있음

(2) 위험성
피부에 닿으면 탈지작용

(3) 저장방법
① 직사광선 피하며 통풍이 잘 되는 서늘한 곳에 보관
② 공기와 장기간 접촉하면 과산화물을 생성하므로 갈색병에 저장

(4) 소화방법
① 질식소화 ⇒ 이산화탄소 소화기, 포 소화설비, 분말 소화약제 등
② 억제소화 ⇒ 할로겐(할로젠)화합물 소화설비

2 피리딘(C_5H_5N)

비중	0.97	인화점	20℃

(1) 일반적 성질
① 무색의 악취를 가진 액체
② 약한 염기성을 띠는 화합물
③ 물, 에탄올, 에테르와 섞임
④ 공명 구조와 방향족성의 특징을 가짐

(2) 위험성
수용액 상태에서도 인화의 위험이 있으므로 화기에 주의 필요

04 알코올류

지정수량 400L

1 메틸알코올(CH_3OH)

| 비중 | 0.79 | 인화점 | 11℃ |

(1) 일반적 성질
① 무색투명한 휘발성 액체
② 물, 알코올, 에테르에 녹음

(2) 위험성
① 독성이 있음
② 산화하면 '메틸알코올 → 포름알데하이드 → 포름산(개미산, 의산)'이 됨

(3) 저장방법
직사광선 피하며 통풍이 잘 되는 서늘한 곳에 보관

(4) 소화방법
① 질식소화 ⇒ 이산화탄소 소화기, 포 소화설비, 분말 소화약제 등
② 억제소화 ⇒ 할로겐(할로젠)화합물 소화설비

2 에틸알코올(C_2H_5OH)

| 비중 | 0.79 | 인화점 | 13℃ |

(1) 일반적 성질
① 무색투명한 휘발성 액체
② 물, 알코올, 에테르에 녹음
③ 술의 원료

(2) 위험성
① 메틸알코올과 달리 독성이 없음
② 산화하면 '에틸알코올 → 아세트알데하이드 → 초산(아세트산)'이 됨

(3) 위험성
직사광선 피하며 통풍이 잘 되는 서늘한 곳에 보관

(4) 소화방법
① 질식소화 ⇒ 이산화탄소 소화기, 포 소화설비, 분말 소화약제 등
② 억제소화 ⇒ 할로겐(할로젠)화합물 소화설비

Key point

아이오딘포름 반응
1) 아이오딘포름 반응은 에틸알코올(C_2H_5OH)처럼 $-CH_3CH(OH)-$ 구조를 가진 물질을 구별할 때 사용됨
2) 에틸알코올을 아이오딘과 수산화칼륨(KOH) 혼합 용액에 넣고 가열하면 노란색 침전물(아이오딘포름, CHI_3)이 생성됨

05 제2 석유류

지정수량 비수용성 1,000L/수용성 2,000L

구분	비중	인화점
등유	0.79	40 ~ 70℃
경유	0.83	50 ~ 70℃
아세트산(CH_3COOH)	1.05	40℃
하이드라진(N_2H_4)	1.011	37.8℃

바로 확인 예제

위험물안전관리법령에 따른 제4류 위험물 중 제1석유류에 해당하지 않는 것은?
① 등유
② 벤젠
③ 메틸에틸케톤
④ 톨루엔

정답 ①
풀이
등유는 제2석유류에 해당한다.

06 제3 석유류

지정수량 비수용성 2,000L/수용성 4,000L

구분	비중	인화점
중유	1.05	40℃
아닐린($C_6H_5NH_2$)	1.02	70℃
나이트로벤젠($C_6H_5NO_2$)	1.218	88℃
글리세린($C_3H_5(OH)_3$)	1.26	160℃

07 동식물유류

지정수량 10,000L

(1) 일반적 성질

아이오딘값에 따라 건성유, 반건성유, 불건성유로 나뉨

(2) 위험성

건성유는 불포화결합이 많아 공기 중 산소와 결합하기 쉬우므로 자연발화 위험이 큼

(3) 종류 ★★★

구분	아이오딘값	불포화도	종류
건성유	130 이상	큼	대구유, 정어리유, 상어유, 해바라기유, 동유, 아마인유, 들기름
반건성유	100 초과 130 미만	중간	면실유, 청어유, 쌀겨유, 옥수수유, 채종유, 참기름, 콩기름
불건성유	100 이하	작음	소기름, 돼지기름, 고래기름, 올리브유, 팜유, 땅콩기름, 피마자유, 야자유

바로 확인 예제

동식물유류에 대한 설명으로 틀린 것은?
① 건성유는 자연발화의 위험성이 높다.
② 불포화도가 높을수록 아이오딘가가 크며 산화되기 쉽다.
③ 아이오딘값이 130 이하인 것이 건성유이다.
④ 1기압에서 인화점이 섭씨 250도 미만이다.

정답 ③
풀이

구분	아이오딘값	불포화도
건성유	130 이상	큼
반건성유	100 초과 130 미만	중간
불건성유	100 이하	작음

chapter 07 제5류 위험물(자기반응성 물질)

일반적 성질	• 유기화합물이며(하이드라진유도체 제외) 가연성 물질 • 비중이 1보다 큼 • 분자 자체에 산소를 함유하고 있어 산소 공급 없이도 가열, 충격 등에 의해 연소 폭발 • 시간경과에 따라 자연발화 위험
위험성	• 분해 시 스스로 산소 발생 • 강산화제와 혼합 시 위험도 증가
저장 및 취급	충격, 마찰 등을 피함
소화방법	• 주수소화 ⇒ 물분무 소화설비, 옥내소화전, 강화액 소화설비 등 • 질식소화는 효과 없음

상온 중 액체 또는 고체인 위험물 품명 ★★★	품명	위험물	상태
	질산에스터류	질산메틸 질산에틸 나이트로글리콜 나이트로글리세린	액체
		나이트로셀룰로오스 셀룰로이드	고체
	나이트로화합물	트라이나이트로톨루엔 트라이나이트로페놀 다이나이트로벤젠 테트릴	고체

[공통특징]
주수소화: 옥내소화전, 물분무 소화설비, 스프링클러설비, 강화액 소화설비 등 이용

01 질산에스터류

1 질산메틸(CH_3ONO_2)

비중	1.22	인화점	—

(1) 일반적 성질

   물에 녹지 않고 에테르, 알코올에 잘 녹음

(2) 위험성

   ① 폭발성이 크고 폭약, 로켓용 연료로 사용
   ② 가열, 충격, 마찰 피해야 함

2 질산에틸($C_2H_5ONO_2$)

| 비중 | 1.11 | 인화점 | – |

(1) 일반적 성질
① 물에 녹지 않고 에테르, 알코올에 잘 녹음
② 방향성 가짐

(2) 저장방법
통풍이 잘 되는 냉암소에 저장

3 나이트로글리콜[$C_2H_4(ONO_2)_2$]

| 비중 | 1.49 | 인화점 | 217℃ |

(1) 일반적 성질
① 물에 녹지 않고 에테르, 알코올에 잘 녹음
② 다이너마이트 재료로 사용

(2) 위험성
증기는 맹독성을 가짐

(3) 저장방법
마찰 및 충격을 피하고 통풍이 잘 되는 냉암소에 저장

4 나이트로글리세린[$C_3H_5(ONO_2)_3$]

| 비중 | 1.6 | 인화점 | 210℃ |

(1) 일반적 성질
① 물에 녹지 않고 에테르, 알코올에 잘 녹음
② 규조토에 나이트로글리세린 흡수시켜 다이너마이트 생성
③ 충격, 마찰에 매우 예민하고 겨울철에는 동결할 우려가 있음
④ 분해하여 이산화탄소, 질소, 산소, 물을 생성
$$4C_3H_5(ONO_2)_3 \rightarrow 12CO_2 + 6N_2 + O_2 + 10H_2O$$

(2) 저장방법
통풍이 잘 되는 냉암소에 저장

5 나이트로셀룰로오스

| 비중 | 1.5 | 인화점 | 180℃ |

(1) 일반적 성질
① 물에 녹지 않고 벤젠, 알코올에 잘 녹음
② 질화도에 따라 강면약과 약면약으로 나뉨(질화도가 클수록 위험성 증가)

바로 확인 예제

다이너마이트의 원료로 사용되며 건조한 상태에서는 타격, 마찰에 의하여 폭발의 위험이 있으므로 운반 시 물 또는 알코올을 첨가하여 습윤시키는 위험물은?

① 벤조일퍼옥사이드
② 트라이나이트로톨루엔
③ 나이트로셀룰로오스
④ 다이나이트로나프탈렌

정답 ③

풀이 나이트로셀룰로오스는 제5류 위험물로 다이너마이트의 원료로 사용되며 건조한 상태에서는 타격, 마찰에 의하여 폭발의 위험이 있으므로 운반 시 물 또는 알코올을 첨가하여 습윤시킨다.

(2) 위험성
① 운반 또는 저장 시 물, 알코올과 혼합하면 위험성 감소됨
② 가열, 충격, 마찰에 의하여 연소, 폭발함
③ 건조한 상태에서 발화의 위험이 있음

(3) 저장방법
① 물 또는 알코올 등을 첨가하여 습윤시켜 저장
② 열원, 충격, 마찰 등을 피하고 냉암소에 저장

6 셀룰로이드

| 비중 | 1.32 ~ 1.35 | 인화점 | 170 ~ 190℃ |

(1) 일반적 성질
① 질소가 함유된 유기물
② 물에 잘 녹지 않고 아세톤과 알코올에 녹음

(2) 위험성
장시간 방치하면 햇빛, 고온 등에 의해 분해가 촉진되어 자연발화 위험

(3) 저장방법
마찰 및 충격을 피하고 통풍이 잘 되는 냉암소에 저장

02 유기과산화물
제2종 지정수량 100kg

1 과산화벤조일[$(C_6H_5CO)_2O_2$ - 벤조일퍼옥사이드]

| 비중 | 1.33 | 인화점 | 125℃ |

(1) 일반적 성질
① 상온에서 안정함
② 물에 잘 녹지 않고 알코올에 약간 녹음
③ 강한 산화성 물질

(2) 위험성
① 유기물, 환원성과의 접촉 피하고 마찰 및 충격 피함
② 건조 방지를 위해 희석제 사용

바로 확인 예제

온도 및 습도가 높은 장소에서 취급할 때 자연발화의 위험이 가장 큰 물질은?
① 아닐린 ② 황화인
③ 질산나트륨 ④ 셀룰로이드

정답 ④
풀이 셀룰로이드는 매우 불안정한 물질로, 특히 고온이나 습도가 높은 환경에서 쉽게 발화할 수 있는 위험이 있다.

[공통특징]
주수소화: 옥내소화전, 물분무 소화설비, 스프링클러설비, 강화액 소화설비 등 이용

바로 확인 예제

과산화벤조일의 지정수량은 얼마인가?
① 10kg   ② 50L
③ 100kg   ④ 1,000L

정답 ①
풀이 과산화벤조일은 제5류 위험물로 지정수량은 10kg이다.

03 나이트로화합물

1 트라이나이트로톨루엔[$C_6H_2(NO_2)_3CH_3$ - TNT]

비중	1.66	인화점	300℃

(1) 일반적 성질
  ① 담황색 결정
  ② 물에 녹지 않고 알코올에는 가열하면 녹으며, 아세톤, 에테르, 벤젠에 잘 녹음
  ③ 장기간 저장 가능
  ④ 톨루엔에 진한 질산과 진한 황산으로 나이트로화하여 제조

(2) 위험성
  ① 폭약의 원료로 사용
  ② 운반 시 10%의 물을 넣어 운반

2 트라이나이트로페놀[$C_6H_2(NO_2)_3OH$ - 피크린산(TNP)]

비중	1.8	인화점	300℃

(1) 일반적 성질
  ① 찬물에 미량 녹고, 온수, 알코올, 에테르, 벤젠에 잘 녹음
  ② 쓴맛이 있고, 독성이 있음
  ③ 휘황색을 띤 침상결정

(2) 위험성
  ① 구리, 납, 철 등과 반응하여 피크린산염 생성
  ② 단독으로는 충격, 마찰에 안정하지만 아이오딘, 알코올, 황 등과의 혼합물은 충격 및 마찰에 의해 폭발
  ③ 금속과 반응하여 폭발성이 강한 금속 피크레이트를 형성

(3) 저장방법
  철이나 구리로 만든 용기에 저장하는 것은 매우 위험하므로 밀폐된 금속용기나 방폭처리가 된 특수용기에 보관 필요

3 다이나이트로톨루엔[$C_6H_3CH_3(NO_2)_2$]

비중	1.32	인화점	400℃

(1) 일반적 성질
  황색의 결정

(2) 저장방법
  통풍이 잘 되는 냉암소에 저장

[공통특징]

주소소화: 옥내소화전, 물분무 소화설비, 스프링클러설비, 강화액 소화설비 등 이용

Key point

테트릴
1) 충격과 마찰에 예민하며 폭발위력이 큰 물질로, 뇌관의 첨장약으로 사용됨
2) 주로 폭발물에서 민감하게 반응해야 하는 부위에 사용되며, 안정성보다는 높은 민감도가 요구되는 경우에 사용됨

바로 확인 예제

트라이나이트로페놀의 성질에 대한 설명 중 틀린 것은?
① 폭발에 대비하여 철, 구리로 만든 용기에 저장한다.
② 휘황색을 띤 침상결정이다.
③ 비중이 약 1.8로 물보다 무겁다.
④ 단독으로는 테트릴보다 충격, 마찰에 둔감한 편이다.

정답 ①
풀이 트라이나이트로페놀은 금속과 반응하여 폭발성이 강한 금속 피크레이트를 형성할 수 있다. 따라서 철이나 구리로 만든 용기에 저장하는 것은 매우 위험하며, 안전한 용기에 저장해야 한다.

바로 확인 예제

제5류 위험물의 화재 시 소화방법에 대한 설명으로 옳은 것은?
① 가연성 물질로서 연소속도가 빠르므로 질식소화가 효과적이다.
② 할로겐(할로젠)화합물 소화기가 적응성이 있다.
③ CO_2 및 분말 소화기가 적응성이 있다.
④ 다량의 주수에 의한 냉각소화가 효과적이다.

정답 ④
풀이 제5류 위험물은 다량의 주수에 의한 냉각소화가 가장 효과적이다.

Chapter 08 제6류 위험물(산화성 액체)

> **Key point**
> 제6류 위험물은 이산화탄소 소화설비, 할로겐(할로젠)화합물 소화설비에 적응성이 없음

일반적 성질	• 산화성 액체이며 무기화합물로 이루어짐 • 비중은 1보다 크고 표준상태에서 모두 액체 • 불연성, 조연성, 강산화제의 특징을 가짐 • 분자 내에 산소 함유하고 있어 분해 시 산소 발생
위험성	물과 접촉 시 발열반응(과산화수소 제외)
저장 및 취급	• 화기 및 직사광선 피해 저장 • 물, 가연물, 유기물과 접촉 금지
소화방법	• 소량 누출 시에는 다량의 물로 희석할 수 있지만 원칙적으로 주수소화는 금지(단, 초기화재 시 다량의 물로 세척) • 포 소화설비나 마른모래(건조사)
위험물 기준	• 질산 ⇒ 비중 1.49 이상 • 과산화수소 ⇒ 농도 36wt% 이상

01 과산화수소(H_2O_2) ★★★   지정수량 300kg

비중	1.465	인화점	152℃

(1) 일반적 성질

① 물, 알코올, 에테르에 잘 녹고 석유, 벤젠에 녹지 않음
② 표백제 또는 살균제로 이용
③ 산화제이지만 환원제로서 작용하는 경우도 있음

(2) 위험성

① 열, 햇빛에 의해 분해 촉진
② 60wt% 이상에서 단독으로 분해폭발
③ 암모니아의 접촉은 폭발의 위험이 있으므로 피해야 함
④ 밀폐된 용기에 보관 시 분해로 인해 발생한 산소가 축적되어 폭발의 위험이 있을 수 있음

(3) 저장 및 소화방법

① 뚜껑에 작은 구멍을 뚫은 갈색 용기에 보관
② 햇빛에 의해 분해가 촉진되므로 햇빛 차단하거나 갈색병에 보관
③ 불투명 용기를 사용하여 직사광선이 닿지 않게 함
④ 인산과 요산은 분해 방지 안정제 역할을 함
⑤ 다량의 물을 사용하여 소화

> **바로 확인 예제**
>
> 위험물안전관리법령상 과산화수소가 제6류 위험물에 해당하는 농도 기준으로 옳은 것은?
> ① 36wt% 이상
> ② 36vol% 이상
> ③ 1.49wt% 이상
> ④ 1.49vol% 이상
>
> **정답** ①
> **풀이** 제6류 위험물인 과산화수소의 위험물 기준은 그 농도가 36wt% 이상인 것을 말한다.

02 과염소산($HClO_4$)   지정수량 300kg

비중	1.76	인화점	39℃

(1) 위험성
 ① 가열하면 유독성의 염화수소 발생되며 분해
 ② 물과 반응하여 발열

(2) 저장 및 소화방법
 ① 물과의 접촉 피하고 강산화제, 환원제 등과 격리 보관
 ② 직사광선 피하고 통풍이 잘 되는 냉암소에 저장
 ③ 다량의 물로 분무주수하거나 분말 소화약제 사용

> **바로 확인 예제**
>
> 질산과 과염소산의 공통성질로 옳은 것은?
> ① 강한 산화력과 환원력이 있다.
> ② 물과 접촉하면 반응이 없으므로 화재 시 주수소화가 가능하다.
> ③ 가연성이 없으며 가연물 연소 시에 소화를 돕는다.
> ④ 모두 산소를 함유하고 있다.
>
> **정답** ④
> **풀이** 질산과 과염소산은 제6류 위험물(산화성 액체)로 불연성 물질이고, 둘 다 산소를 포함하고 있으며, 그 산소는 산화반응을 촉진하는 중요한 역할을 한다.

03 질산(HNO_3) ★   지정수량 300kg

비중	1.49	인화점	122℃

(1) 일반적 성질
 단백질과 크산토프로테인반응을 일으켜 노란색으로 변함

(2) 위험성
 ① 물과 반응하여 발열
 ② 빛에 의해 분해되어 이산화질소 생성
 ③ 환원성 물질과 혼합하면 발화할 수 있음
 ④ 강한 산화제로 유기물질과 반응할 경우 발화 및 폭발의 위험성이 높아짐

(3) 저장 및 소화
 ① 햇빛에 의해 분해되므로 갈색병에 보관
 ② 소량 화재인 경우 다량의 물로 희석소화하고, 다량의 경우 포나 마른모래 등으로 소화

> **바로 확인 예제**
>
> 묽은 질산이 칼슘과 반응하였을 때 발생하는 기체는?
> ① 산소   ② 질소
> ③ 수소   ④ 수산화칼슘
>
> **정답** ③
> **풀이**
> • $Ca + 2HNO_3 \rightarrow Ca(NO_3)_2 + H_2$
> • 칼슘은 묽은 질산과 반응하여 질산칼슘과 수소를 발생한다.

04 할로젠간화합물   지정수량 300kg

구분	비중	인화점
삼플루오린화브로민(BrF_3)	1.76	39℃
오플루오린화브로민(BrF_5)	1.76	39℃
오플루오린화아이오딘(IF_5)	1.76	39℃

단원별 출제예상문제

01
다음 위험물 중 보호액으로 물을 사용하는 것은?

① 황린
② 루비듐
③ 적린
④ 오황화인

해설
황린은 공기 중에서 자연발화할 위험이 있으므로 물속에 저장한다.

02
위험물의 저장 및 취급에 대한 설명으로 틀린 것은?

① H_2O_2: 직사광선을 차단하고 찬 곳에 저장한다.
② MgO_2: 습기의 존재하에서 산소를 발생하므로 특히 방습에 주의한다.
③ $NaNO_3$: 조해성이 있으므로 습기에 주의한다.
④ K_2O_2: 물과 반응하지 않으므로 물속에 저장한다.

해설
- $2K_2O_2 + 2H_2O \rightarrow 4KOH + O_2$
- 과산화칼륨은 물과 반응하여 수산화칼륨과 산소를 발생하며 폭발하므로 물과 접촉하면 안 된다.

03 ★빈출
클로로벤젠 300,000L의 소요단위는 얼마인가?

① 20
② 30
③ 200
④ 300

해설
- 클로로벤젠의 지정수량: 1,000L
- 위험물의 1소요단위: 지정수량의 10배
- 소요단위: $\dfrac{\text{저장수량}}{\text{지정수량} \times 10} = \dfrac{300,000L}{1,000L \times 10} = 30$단위

04 ★빈출
위험물안전관리법령상 제5류 위험물 중 질산에스터류에 해당하는 것은?

① 나이트로벤젠
② 나이트로셀룰로오스
③ 트라이나이트로페놀
④ 트라이나이트로톨루엔

해설

품명	위험물	상태
질산에스터류	질산메틸 질산에틸 나이트로글리콜 나이트로글리세린	액체
	나이트로셀룰로오스 셀룰로이드	고체
나이트로화합물	트라이나이트로톨루엔 트라이나이트로페놀 다이나이트로벤젠 테트릴	고체

05
유기과산화물에 대한 설명으로 틀린 것은?

① 소화방법으로는 질식소화가 가장 효과적이다.
② 벤조일퍼옥사이드, 메틸에틸케톤퍼옥사이드 등이 있다.
③ 저장 시 고온체나 화기의 접근을 피한다.
④ 지정수량은 10kg이다.

해설
제5류 위험물인 유기과산화물은 주로 주수소화를 이용한다.

정답 01 ① 02 ④ 03 ② 04 ② 05 ①

06

휘발유의 일반적인 성질에 대한 설명으로 틀린 것은?

① 인화점은 0℃보다 낮다.
② 액체비중은 1보다 작다.
③ 증기비중은 1보다 작다.
④ 연소범위는 약 1.4 ~ 7.6%이다.

해설

휘발유의 증기비중은 약 3~4로 1보다 크다.

07 빈출

염소산칼륨 20킬로그램과 아염소산나트륨 10킬로그램을 과염소산과 함께 저장하는 경우 지정수량 1배로 저장하려면 과염소산은 얼마나 저장할 수 있는가?

① 20킬로그램 ② 40킬로그램
③ 80킬로그램 ④ 120킬로그램

해설

- 각 위험물별 지정수량
  - 염소산칼륨(1류): 50kg
  - 아염소산나트륨(1류): 50kg
  - 과염소산(6류): 300kg
- 저장하는 과염소산의 용량: x
- 지정수량의 합 = $(\frac{20}{50}) + (\frac{10}{50}) + (\frac{x}{300}) = 1$

  $\therefore x = 120$kg

08

다음 중 물과 반응하여 산소를 발생하는 것은?

① $KClO_3$ ② Na_2O_2
③ $KClO_4$ ④ CaC_2

해설

- $2Na_2O_2 + 2H_2O \rightarrow 4NaOH + O_2$
- 과산화나트륨은 물과 반응하여 수산화나트륨과 산소를 발생한다.

09

삼황화인의 연소 생성물을 옳게 나열한 것은?

① P_2O_5, SO_2 ② P_2O_5, H_2S
③ H_3PO_4, SO_2 ④ H_3PO_4, H_2S

해설

- $P_4S_3 + 8O_2 \rightarrow 2P_2O_5 + 3SO_2$
- 삼황화인은 연소 시 오산화인과 이산화황을 생성한다.

10

다음 물질 중 인화점이 가장 낮은 것은?

① 톨루엔 ② 아세톤
③ 벤젠   ④ 다이에틸에터

해설

각 위험물별 인화점
- 톨루엔: 4℃
- 아세톤: -18℃
- 벤젠: -11℃
- 다이에틸에터: -45℃

11

위험물안전관리법령상 위험물의 지정수량이 틀리게 짝지어진 것은?

① 황화인 - 50kg   ② 적린 - 100kg
③ 철분 - 500kg   ④ 금속분 - 500kg

해설

황화인의 지정수량은 100kg이다.

정답 06 ③ 07 ④ 08 ② 09 ① 10 ④ 11 ①

Chapter 09 위험물별 특징

01 위험물별 피복유형 ★

유별	종류	피복
제1류	알칼리금속과산화물	차광성, 방수성
	그 외	차광성
제2류	철분, 금속분, 마그네슘	방수성
제3류	자연발화성 물질	차광성
	금수성 물질	방수성
제4류	특수인화물	차광성
제5류		차광성
제6류		차광성

바로 확인 예제

위험물안전관리법령상 위험물의 운반에 관한 기준에서 적재하는 위험물의 성질에 따라 직사광선으로부터 보호하기 위하여 차광성 있는 피복으로 가려야 하는 위험물은?
① S   ② Mg
③ C_6H_6 ④ $HClO_4$

정답 ④

풀이 과염소산($HClO_4$)은 제6류 위험물로 매우 강력한 산화제이며, 직사광선에 노출되면 분해되어 폭발 위험이 커지기 때문에 직사광선으로부터 보호하기 위해 차광성 있는 피복으로 가려야 한다.

02 위험물별 유별 주의사항 및 게시판 ★★★

유별	종류	운반용기 외부 주의사항	게시판
제1류	알칼리금속 과산화물	가연물접촉주의, 화기·충격주의, 물기엄금	물기엄금
	그 외	가연물접촉주의, 화기·충격주의	–
제2류	철분, 금속분, 마그네슘	화기주의, 물기엄금	화기주의
	인화성 고체	화기엄금	화기엄금
	그 외	화기주의	화기주의
제3류	자연발화성 물질	화기엄금, 공기접촉엄금	화기엄금
	금수성 물질	물기엄금	물기엄금
제4류	–	화기엄금	화기엄금
제5류	–	화기엄금, 충격주의	화기엄금
제6류	–	가연물접촉주의	–

게시판 크기: 표지는 한 변의 길이가 0.3m, 다른 한 변의 길이는 0.6m 이상

바로 확인 예제

위험물제조소의 게시판에 '화기주의'라고 쓰여 있다. 제 몇 류 위험물제조소인가? ★빈출
① 제1류   ② 제2류
③ 제3류   ④ 제4류

정답 ②

풀이
- 제2류 위험물(인화성 고체 제외): 화기주의
- 제2류 위험물 중 인화성 고체: 화기엄금

03 게시판 종류 및 바탕, 문자색 ★★

종류	바탕색	문자색
위험물제조소, 위험물취급소	백색	흑색
위험물	흑색	황색
주유 중 엔진정지	황색	흑색
화기엄금 또는 화기주의	적색	백색
물기엄금	청색	백색

> **바로 확인 예제**
>
> 주유취급소의 표지 및 게시판의 기준에서 "위험물 주유취급소" 표지와 "주유 중 엔진정지" 게시판의 바탕색을 차례대로 옳게 나타낸 것은? ★빈출
>
> ① 백색, 백색　② 백색, 황색
> ③ 황색, 백색　④ 황색, 황색
>
> **정답** ②
> **풀이** "위험물 주유취급소" 표지의 바탕색은 백색, "주유 중 엔진정지" 게시판의 바탕색은 황색으로 한다.

04 위험물별 특징 정리

유별	종류	운반용기 외부 주의사항	게시판	소화방법	피복
제1류	알칼리금속 과산화물	가연물접촉주의 화기·충격주의 물기엄금	물기엄금	주수금지	차광성 방수성
	그 외	가연물접촉주의 화기·충격주의	-	주수소화	차광성
제2류	철분, 금속분, 마그네슘	화기주의 물기엄금	화기주의	주수금지	방수성
	인화성 고체	화기엄금	화기엄금	주수소화 질식소화	-
	그 외	화기주의	화기주의	주수소화	
제3류	자연발화성 물질	화기엄금 공기접촉엄금	화기엄금	주수소화	차광성
	금수성 물질	물기엄금	물기엄금	주수금지	방수성
제4류	-	화기엄금	화기엄금	질식소화	차광성 (특수인화물)
제5류	-	화기엄금 충격주의	화기엄금	주수소화	차광성
제6류		가연물접촉주의	-	주수소화	차광성

> **Key point**
> 인화점이 21도 미만인 액체위험물의 옥외저장탱크 주입구에 설치하는 게시판에는 "옥외저장탱크 주입구"라고 표시하고, 게시판은 백색바탕에 흑색문자로 할 것

Chapter 09 단원별 출제예상문제

01 ★빈출

제조소의 게시판 사항 중 위험물의 종류에 따른 주의사항이 옳게 연결된 것은?

① 제2류 위험물(인화성 고체 제외) - 화기엄금
② 제3류 위험물 중 금수성 물질 - 물기엄금
③ 제4류 위험물 - 화기주의
④ 제5류 위험물 - 물기엄금

해설
- 제3류 위험물 중 금수성 물질 - 물기엄금
- 제3류 위험물 중 자연발화성 물질 - 화기엄금
- 제2류 위험물(인화성 고체 제외) - 화기주의
- 제4류 위험물 - 화기엄금
- 제5류 위험물 - 화기엄금

02

운반을 위하여 위험물을 적재하는 경우에 차광성이 있는 피복으로 가려주어야 하는 것은?

① 특수인화물 ② 제1석유류
③ 알코올류   ④ 동식물유류

해설
차광성 있는 피복으로 가려야 하는 위험물
- 제1류 위험물
- 제3류 위험물 중 자연발화성 물질
- 제4류 위험물 중 특수인화물
- 제5류 위험물
- 제6류 위험물

03 ★빈출

제1류 위험물 중 알칼리금속의 과산화물을 저장 또는 취급하는 위험물제조소에 표시하여야 하는 주의사항은?

① 화기엄금   ② 물기엄금
③ 화기주의   ④ 물기주의

해설

유별	종류	게시판
제1류	알칼리금속의 과산화물	물기엄금
	그 외	-
제2류	철분, 금속분, 마그네슘	화기주의
	인화성 고체	화기엄금
	그 외	화기주의
제3류	자연발화성 물질	화기엄금
	금수성 물질	물기엄금
제4류	-	화기엄금
제5류	-	화기엄금
제6류		-

04 ★빈출

$NaClO_2$을 수납하는 운반용기의 외부에 표시하여야 할 주의사항으로 옳은 것은?

① 화기엄금 및 충격주의
② 화기주의 및 물기엄금
③ 화기·충격주의 및 가연물접촉주의
④ 화기엄금 및 공기접촉엄금

해설
$NaClO_2$는 아염소산나트륨으로 제1류 위험물에 해당한다. 제1류 위험물(알칼리금속의 과산화물 제외)은 수납하는 운반용기의 외부에 화기·충격주의, 가연물접촉주의를 표시한다.

정답 01 ② 02 ① 03 ② 04 ③

위험물 운반

01 위험물 운반기준

1 적재방법 ★★★

(1) 고체위험물
운반용기 내용적의 95% 이하의 수납율로 수납

(2) 액체위험물
운반용기 내용적의 98% 이하의 수납율로 수납하되, 55℃의 온도에서 누설되지 않도록 충분한 공간용적을 유지

(3) 알킬알루미늄등
운반용기 내용적의 90% 이하의 수납율로 수납하되, 50℃의 온도에서 5% 이상의 공간용적을 유지

(4) 운반용기에 수납하여 적재
① 위험물은 규정에 의한 운반용기에 법령에서 정한 기준에 따라 수납하여 적재하여야 함
  - 부식, 손상 등 이상이 없을 것
  - 금속제의 운반용기, 경질플라스틱제의 운반용기 또는 플라스틱내용기 부착의 운반용기에 있어서는 다음에 정하는 시험 및 점검에서 누설 등 이상이 없을 것
② 다만, 덩어리 상태의 황을 운반하기 위하여 적재하는 경우 또는 위험물을 동일 구내에 있는 제조소등의 상호 간에 운반하기 위하여 적재하는 경우에는 그러하지 아니함

(5) 운반용기 수납
① 위험물이 온도 변화 등에 의하여 누설되지 아니하도록 운반용기를 밀봉하여 수납
② 위험물은 당해 위험물이 용기 밖으로 쏟아지거나 위험물을 수납한 운반용기가 전도·낙하 또는 파손되지 아니하도록 적재하여야 함

2 운반용기 외부에 행하는 표시사항

① 위험물의 품명 및 위험등급
② 위험물의 화학명 및 수용성(제4류 위험물로서 수용성인 것에 한함)
③ 위험물 수량
④ 규정에 의한 주의사항

Key point
1) 위험물은 당해 위험물이 용기 밖으로 쏟아지거나 위험물을 수납한 운반용기가 전도, 낙하 또는 파손되지 아니하도록 적재할 것
2) 운반용기는 수납구를 위로 향하게 하여 적재할 것

바로 확인 예제

위험물안전관리법령에 근거한 위험물 운반 및 수납 시 주의사항에 대한 설명 중 틀린 것은?
① 위험물을 수납하는 용기는 위험물이 누설되지 않게 밀봉시켜야 한다.
② 온도 변화로 가스가 발생해 운반용기 안의 압력이 상승할 우려가 있는 경우(발생한 가스가 위험성이 있는 경우 제외)에는 가스 배출구가 설치된 운반용기에 수납할 수 있다.
③ 액체위험물은 운반용기 내용적의 98% 이하의 수납율로 수납하되 55℃의 온도에서 누설되지 아니하도록 충분한 공간용적을 유지하도록 하여야 한다.
④ 고체위험물은 운반용기 내용적의 98% 이하의 수납율로 수납하여야 한다.

정답 ④
풀이 고체위험물은 운반용기 내용적의 95% 이하의 수납율로 수납하여야 한다.

Key point
기계에 의하여 하역하는 구조로 된 운반용기의 외부에 행하는 표시는 운반용기 외부에 행하는 표시사항 외에 다음의 사항을 포함하여야 함
1) 운반용기의 제조년월 및 제조자의 명칭
2) 겹쳐쌓기 시험하중
3) 운반용기의 종류에 따라 규정한 중량

3 운반용기 특징

① 운반용기의 재질은 강판·알루미늄판·양철판·유리·금속판·종이·플라스틱·섬유판·고무류·합성섬유·삼·짚 또는 나무로 함(도자기 안 됨)
② 운반용기는 견고하여 쉽게 파손될 우려가 없고, 그 입구로부터 수납된 위험물이 샐 우려가 없도록 하여야 함

> **바로 확인 예제**
>
> 위험물안전관리법령에 명기된 위험물의 운반용기 재질에 포함되지 않는 것은?
> ① 고무류 ② 유리
> ③ 도자기 ④ 종이
>
> **정답** ③
> **풀이** 운반용기의 재질은 강판·알루미늄판·양철판·유리·금속판·종이·플라스틱·섬유판·고무류·합성섬유·삼·짚 또는 나무로 한다.

02 위험물 운반방법

(1) 위험물 또는 위험물을 수납한 운반용기가 현저하게 마찰 또는 동요를 일으키지 아니하도록 운반해야 함
(2) 지정수량 이상의 위험물을 차량으로 운반하는 경우에는 해당 차량에 소방청장이 정하여 고시하는 바에 따라 운반하는 위험물의 위험성을 알리는 표지를 설치하여야 함
   ① 한 변의 길이가 0.3m 이상, 다른 한 변의 길이가 0.6m 이상인 직사각형의 판으로 할 것
   ② 바탕은 흑색으로 하고, 황색의 반사도료로 '위험물'이라고 표기할 것
(3) 지정수량 이상의 위험물을 차량으로 운반하는 경우에 있어서 다른 차량에 바꾸어 싣거나 휴식, 고장 등으로 차량을 일시 정차시킬 때에는 안전한 장소를 택하고 운반하는 위험물의 안전 확보에 주의해야 함
(4) 지정수량 이상의 위험물을 차량으로 운반하는 경우에는 당해 위험물에 적응성이 있는 소형수동식소화기를 당해 위험물의 소요단위에 상응하는 능력단위 이상 갖추어야 함
(5) 위험물의 운반 도중 위험물이 현저하게 새는 등 재난발생의 우려가 있는 경우에는 응급조치를 강구하는 동시에 가까운 소방관서 그 밖의 관계기관에 통보하여야 함

03 위험물 운송기준

1 위험물 안전관리자 ★★

① 안전관리자를 선임한 제조소등의 관계인은 그 안전관리자를 해임하거나 안전관리자가 퇴직한 때에는 해임하거나 퇴직한 날부터 30일 이내에 다시 안전관리자를 선임하여야 함
② 안전관리자를 선임한 경우에는 선임한 날부터 14일 이내 행정안전부령으로 정하는 바에 따라 소방본부장 또는 소방서장에게 신고하여야 함

> **바로 확인 예제**
>
> 위험물안전관리자를 해임한 후 며칠 이내에 후임자를 선임하여야 하는가?
> ① 14일 ② 15일
> ③ 20일 ④ 30일
>
> **정답** ④
> **풀이** 제조소등의 관계인은 그 안전관리자를 해임하거나 안전관리자가 퇴직한 때에는 해임하거나 퇴직한 날부터 30일 이내에 다시 안전관리자를 선임하여야 한다.

2 위험물운송자

① 이동탱크저장소에 의해 위험물을 운송하는 자(운송책임자 및 이동탱크저장소 운전자를 말하며, 이하 "위험물운송자")는 당해 위험물을 취급할 수 있는 국가기술자격자 또는 안전교육을 받은 자여야 함
② 안전관리자, 탱크시험자, 위험물운반자, 위험물운송자 등 위험물의 안전관리와 관련된 업무를 수행하는 자는 소방청장이 실시하는 안전교육을 받아야 함
③ 운송책임자의 범위, 감독 또는 지원 방법 등에 관한 구체적인 기준은 행정안전부령으로 정함
④ 위험물운송자는 이동탱크저장소에 의하여 위험물을 운송하는 때에는 행정안전부령으로 정하는 기준을 준수하는 등 당해 위험물의 안전 확보를 위해 세심한 주의를 기울여야 함

3 운송책임자의 자격

① 당해 위험물의 취급에 관한 국가기술자격을 취득하고 관련 업무에 1년 이상 종사한 경력이 있는 자
② 위험물의 운송에 관한 안전교육을 수료하고 관련 업무에 2년 이상 종사한 경력이 있는 자

4 운송책임자의 감독, 지원을 받아 운송하는 위험물 ★★

① 알킬알루미늄
② 알킬리튬
③ 알킬알루미늄, 알킬리튬을 함유하는 위험물

5 운송책임자의 감독 또는 지원 방법

(1) 운송책임자가 이동탱크저장소에 동승하는 방법

운송책임자가 이동탱크저장소에 동승하여 운송 중인 위험물의 안전 확보에 관하여 운전자에게 필요한 감독 또는 지원을 하는 방법. 다만 운전자가 운송책임자의 자격이 있는 경우에는 운송책임자의 자격이 없는 자가 동승할 수 있음

(2) 운송의 감독 또는 지원을 위하여 마련한 별도의 사무실에 운송책임자가 대기하면서 다음의 사항을 이행하는 방법

① 운송경로를 미리 파악하고 관할소방관서 또는 관련업체(비상대응에 관한 협력을 얻을 수 있는 업체를 말한다)에 대한 연락체계를 갖추는 것
② 이동탱크저장소의 운전자에 대해 수시로 안전 확보 상황을 확인하는 것
③ 비상시의 응급처치에 관해 조언을 하는 것
④ 그 밖에 위험물의 운송 중 안전 확보에 관해 필요한 정보를 제공하고 감독, 지원하는 것

바로 확인 예제

위험물안전관리법령상 운송책임자의 감독·지원을 받아 운송하여야 하는 위험물에 해당하는 것은?

① 특수인화물
② 알킬리튬
③ 질산구아니딘
④ 하이드라진유도체

정답 ②

풀이 운송하는 위험물이 알킬알루미늄, 알킬리튬이거나 이 둘을 함유하는 위험물일 때에는 운송책임자의 감독 또는 지원을 받아 이를 운송하여야 한다.

> **바로 확인 예제**
>
> 이동탱크저장소에 의한 위험물의 운송 시 준수하여야 하는 기준에서 다음 중 어떤 위험물을 운송할 때 위험물운송자는 위험물안전카드를 휴대하여야 하는가? ★빈출
> ① 특수인화물 및 제1석유류
> ② 알코올류 및 제2석유류
> ③ 제3석유류 및 동식물유류
> ④ 제4석유류
>
> 정답 ①
> 풀이 위험물(제4류 위험물에 있어서는 특수인화물 및 제1석유류에 한함)운송자는 위험물안전카드를 휴대하여야 한다.

6 위험물안전카드를 휴대해야 하는 위험물 ★

위험물(제4류 위험물에 있어서는 특수인화물 및 제1석유류에 한한다)을 운송하게 하는 자는 위험물안전카드를 위험물운송자로 하여금 휴대하게 할 것

7 이동탱크저장소에 의한 위험물운송 시 준수사항

(1) 위험물운송자는 장거리(고속국도 340km 이상, 그 밖의 도로 200km 이상)의 운송을 하는 때에는 2명 이상의 운전자로 함 ★★

(2) 다만, 다음의 3가지 경우에는 그러하지 아니함
  ① 운전책임자의 동승: 운송책임자가 별도의 사무실이 아닌 이동탱크저장소에 함께 동승한 경우, 이때는 운송책임자가 운전자의 역할을 하지 않는 경우임
  ② 운송위험물의 위험성이 낮은 경우: 운송하는 위험물이 제2류 위험물, 제3류 위험물(칼슘 또는 알루미늄의 탄화물과 이것만을 함유한 것), 제4류 위험물(특수인화물 제외)인 경우
  ③ 적당한 휴식을 취하는 경우: 운송 도중에 2시간 이내마다 20분 이상씩 휴식하는 경우

(3) 위험물(제4류 위험물에 있어서는 특수인화물 및 제1석유류에 한한다)을 운송하게 하는 자는 위험물안전카드를 위험물운송자로 하여금 휴대하게 할 것 ★★

Chapter 10 단원별 출제예상문제

01

위험물안전관리법령상 이동탱크저장소에 의한 위험물운송 시 위험물운송자는 장거리에 걸치는 운송을 하는 때에는 2명 이상의 운전자로 하여야 한다. 다음 중 그러하지 않아도 되는 경우가 아닌 것은?

① 적린을 운송하는 경우
② 알루미늄의 탄화물을 운송하는 경우
③ 이황화탄소를 운송하는 경우
④ 운송도중에 2시간 이내마다 20분 이상씩 휴식하는 경우

해설

위험물운송자는 장거리(고속국도 340km 이상, 그 밖의 도로 200km 이상)의 운송을 하는 때에는 2명 이상의 운전자로 한다. 다만, 다음의 3가지 경우에는 그러하지 아니하다.
- 운전책임자의 동승: 운송책임자가 별도의 사무실이 아닌 이동탱크저장소에 함께 동승한 경우, 이때는 운송책임자가 운전자의 역할을 하지 않는 경우이다.
- 운송위험물의 위험성이 낮은 경우: 운송하는 위험물이 제2류 위험물, 제3류 위험물(칼슘 또는 알루미늄의 탄화물과 이것만을 함유한 것), 제4류 위험물(특수인화물 제외)인 경우
- 적당한 휴식을 취하는 경우: 운송 도중에 2시간 이내마다 20분 이상씩 휴식하는 경우

02

위험물안전관리법령상 위험물의 운반에 관한 기준에 따르면 위험물은 규정에 의한 운반용기에 법령에서 정한 기준에 따라 수납하여 적재하여야 한다. 다음 중 적용 예외의 경우에 해당하는 것은? (단, 지정수량의 2배인 경우이며, 위험물을 동일 구내에 있는 제조소등의 상호 간에 운반하기 위하여 적재하는 경우는 제외한다.)

① 덩어리 상태의 황을 운반하기 위하여 적재하는 경우
② 금속분을 운반하기 위하여 적재하는 경우
③ 삼산화크로뮴을 운반하기 위하여 적재하는 경우
④ 염소산나트륨을 운반하기 위하여 적재하는 경우

해설

위험물은 규정에 의한 운반용기에 기준에 따라 수납하여 적재하여야 한다. 다만, 덩어리 상태의 황을 운반하기 위하여 적재하는 경우 또는 위험물을 동일 구내에 있는 제조소등의 상호 간에 운반하기 위하여 적재하는 경우에는 그러하지 아니하다

03

위험물안전관리법령상 위험물의 운송에 있어서 운송책임자의 감독 또는 지원을 받아 운송하여야 하는 위험물에 속하지 않는 것은?

① $Al(CH_3)_3$
② CH_3Li
③ $Cd(CH_3)_2$
④ $Al(C_4H_9)_3$

해설

운송하는 위험물이 알킬알루미늄, 알킬리튬이거나 이 둘을 함유하는 위험물일 때에는 운송책임자의 감독 또는 지원을 받아 이를 운송하여야 한다.

04

위험물안전관리법령상 위험물의 운반에 관한 기준에서 액체위험물은 운반용기 내용적의 몇 % 이하의 수납율로 수납하여야 하는가?

① 80
② 85
③ 90
④ 98

해설

액체위험물은 운반용기 내용적의 98% 이하의 수납율로 수납해야 한다.

05

위험물안전관리법령상 이동탱크저장소에 의한 위험물의 운송 시 위험물운송자가 위험물안전카드를 휴대하지 않아도 되는 물질은?

① 휘발유
② 과산화수소
③ 경유
④ 벤조일퍼옥사이드

해설

위험물(제4류 위험물에 있어서는 특수인화물 및 제1석유류에 한한다)을 운송하게 하는 자는 위험물안전카드를 위험물운송자로 하여금 휴대하게 하여야 한다.
→ 경유는 제4류 위험물 중 제2석유류이므로 위험물카드를 소지하지 않아도 된다.

정답 01 ③ 02 ① 03 ③ 04 ④ 05 ③

chapter 11 위험물제조소

01 위험물제조소 관련 용어 정의 ★

구분	정의
위험물	인화성 또는 발화성 등의 성질을 가지는 것으로서 대통령령이 정하는 물품
지정수량	위험물의 종류별로 위험성을 고려하여 대통령령이 정하는 수량으로 제조소등의 설치허가 등에 있어 최저의 기준이 되는 수량
제조소	위험물을 제조할 목적으로 지정수량 이상의 위험물을 취급하기 위해 규정에 따른 허가를 받은 장소
저장소	지정수량 이상의 위험물을 저장하기 위한 대통령령이 정하는 장소로 규정에 따른 허가를 받은 장소
취급소	지정수량 이상의 위험물을 제조 외의 목적으로 취급하기 위한 대통령령이 정하는 장소로서 규정에 따른 허가를 받은 장소
제조소등	제조소, 저장소, 취급소

02 위험물제조소등 분류 ★

위험물제조소등		
제조소	저장소	취급소
-	옥외 · 내저장소 옥외 · 내탱크저장소 이동탱크저장소 간이탱크저장소 지하탱크저장소 암반탱크저장소	일반취급소 주유취급소 판매취급소 이송취급소

바로 확인 예제

위험물저장소에 해당하지 않는 것은?
① 옥외저장소
② 지하탱크저장소
③ 이동탱크저장소
④ 판매저장소

정답 ④
풀이

위험물제조소등		
제조소	저장소	취급소
-	옥외 · 내저장소 옥외 · 내탱크저장소 이동탱크저장소 간이탱크저장소 지하탱크저장소 암반탱크저장소	일반취급소 주유취급소 판매취급소 이송취급소

03 안전거리 ★★

구분	거리
사용전압 7,000V 초과 35,000V 이하의 특고압 가공전선	3m 이상
사용전압 35,000V 초과의 특고압 가공전선	5m 이상
주거용으로 사용	10m 이상
고압가스, 액화석유가스, 도시가스를 저장, 취급하는 시설	20m 이상
• 학교, 병원급 의료기관 • 공연장, 영화상영관 및 그 밖에 이와 유사한 시설로서 수용인원 300명 이상인 것 • 아동복지시설, 노인복지시설, 장애인복지시설, 한부모가족복지시설, 어린이집, 성매매피해자등을 위한 지원시설, 정신건강증진시설, 보호시설 및 그 밖에 이와 유사한 시설로서 수용인원 20명 이상인 것	30m 이상
지정문화유산 및 천연기념물 등	50m 이상

> **Key point**
> 제조소의 안전거리는 제조소, 옥내저장소, 옥외탱크저장소와 같다.

> **바로 확인 예제**
> 위험물제조소의 안전거리 기준으로 틀린 것은?
> ① 「초·중등교육법」 및 「고등교육법」에 의한 학교 – 20m 이상
> ② 「의료법」에 의한 병원급 의료기관 – 30m 이상
> ③ 「문화유산의 보존 및 활용에 관한 법률」 규정에 의한 지정문화유산 – 50m 이상
> ④ 사용전압이 35,000V를 초과하는 특고압가공전선 – 5m 이상
>
> **정답** ①
> **풀이** 학교, 병원급 의료기관, 수용인원 300명 이상의 공연장, 영화상영관 및 이와 유사한 시설과 수용인원 20명 이상의 복지시설, 어린이집 등의 안전거리는 30m 이상이다.

04 보유공지 ★★

위험물을 취급하는 건축물 그 밖의 시설 주위에는 취급하는 위험물의 최대수량에 따라 다음 표에 의한 너비의 공지를 보유해야 함

취급하는 위험물의 최대수량	공지의 너비
지정수량의 10배 이하	3m 이상
지정수량의 10배 초과	5m 이상

05 위험물제조소

1 건축물 구조 ★

① 지하층이 없도록 하여야 함
② 벽·기둥·바닥·보·서까래 및 계단은 불연재료로 함
③ 연소의 우려가 있는 외벽은 출입구 외의 개구부가 없는 내화구조의 벽으로 하여야 함(제6류 위험물을 취급하는 건축물에 있어 위험물이 스며들 우려가 있는 부분에 대하여는 아스팔트 그 밖에 부식되지 아니하는 재료로 피복)

> **바로 확인 예제**
> 위험물제조소의 위치·구조 및 설비의 기준에 대한 설명 중 틀린 것은?
> ① 벽, 기둥 및 바닥은 내화구조로 하고 보와 서까래는 불연재료로 하여야 한다.
> ② 제조소의 표지판은 한 변이 30cm 이상, 다른 한 변이 60cm 이상의 크기로 한다.
> ③ '화기엄금'을 표시하는 게시판은 적색바탕에 백색문자로 한다.
> ④ 지정수량 10배를 초과한 위험물을 취급하는 제조소는 보유공지의 너비가 5m 이상이어야 한다.
>
> **정답** ①
> **풀이** 벽, 기둥, 바닥, 보, 서까래 및 계단은 불연재료로 한다.

④ 지붕은 폭발력이 위로 방출될 정도의 가벼운 불연재료로 덮어야 함
⑤ 위험물을 취급하는 건축물의 창 및 출입구에 유리를 이용하는 경우에는 망입유리로 하여야 함
⑥ 출입구와 비상구에는 60분+방화문·60분 방화문 또는 30분 방화문을 설치하되, 연소의 우려가 있는 외벽에 설치하는 출입구에는 수시로 열 수 있는 자동폐쇄식의 60분+방화문·60분 방화문을 설치하여야 함
⑦ 액체위험물을 취급하는 건축물의 바닥은 위험물이 스며들지 못하는 재료를 사용하고, 적당한 경사를 두어 그 최저부에 집유설비를 하여야 함

2 환기설비 ★

① 환기는 자연배기방식으로 할 것
② 급기구는 당해 급기구가 설치된 실의 바닥면적 150m²마다 1개 이상으로 하되, 급기구의 크기는 800cm² 이상으로 할 것. 다만 바닥면적이 150m² 미만인 경우에는 다음의 크기로 하여야 함

바닥면적	급기구 면적
60m² 미만	150cm² 이상
60m² 이상 90m² 미만	300cm² 이상
90m² 이상 120m² 미만	450cm² 이상
120m² 이상 150m² 미만	600cm² 이상

③ 급기구는 낮은 곳에 설치하고 가는 눈의 구리망 등으로 인화방지망을 설치할 것
④ 환기구는 지붕 위 또는 지상 2m 이상의 높이에 회전식 고정벤티레이터 또는 루프팬 방식(roof fan: 지붕에 설치하는 배기장치)으로 설치할 것

3 배출설비

① 배출설비는 예외적인 경우를 제외하고는 국소방식으로 하여야 함
② 배출설비는 강제배출 방식으로 함
③ 급기구는 높은 곳에 설치하고, 가는 눈의 구리망 등으로 인화방지망을 설치
④ 배출구는 지상 2m 이상으로서 연소의 우려가 없는 장소에 설치하고, 배출 덕트가 관통하는 벽부분의 바로 가까이에 화재 시 자동으로 폐쇄되는 방화댐퍼를 설치
⑤ 국소방식 배출능력은 1시간당 배출장소 용적의 20배 이상인 것으로 하여야 함

Key point

제조소 옥외에 있는 위험물취급탱크로서 액체위험물(이황화탄소 제외)을 취급하는 것의 주위에는 다음 기준에 의해 방유제를 설치한다.
1) 탱크 1기 ⇒ 탱크용량 × 0.5
2) 탱크 2기 ⇒ (최대 탱크용량 × 0.5)+(나머지 탱크용량 × 0.1)

바로 확인 예제

위험물제조소의 배출설비의 배출능력은 1시간당 배출장소 용적의 몇 배 이상인 것으로 해야 하는가? (단, 전역방식의 경우는 제외한다.)
① 5 ② 10
③ 15 ④ 20

정답 ④
풀이
- 배출설비는 국소방식으로 하여야 한다(원칙).
- 배출능력은 1시간당 배출장소 용적의 20배 이상인 것으로 하여야 한다. 다만, 전역방식의 경우에는 바닥면적 1m²당 18m² 이상으로 할 수 있다.

4 압력계 및 안전장치와 피뢰설비

(1) 위험물을 가압하는 설비 또는 그 취급하는 위험물의 압력이 상승할 우려가 있는 설비에는 압력계 및 다음에 해당하는 안전장치를 설치하여야 함
  ① 자동적으로 압력의 상승을 정지시키는 장치
  ② 감압 측에 안전밸브를 부착한 감압밸브
  ③ 안전밸브를 겸하는 경보장치
  ④ 파괴판 → 위험물의 성질에 따라 안전밸브의 작동이 곤란한 가압설비에 한하여 설치

(2) 제6류 위험물을 취급하는 경우를 제외하고 지정수량의 10배 이상의 위험물을 취급하는 제조소에는 피뢰침을 설치하여야 함

5 위험물제조소등 안전거리 단축기준

방화상 유효한 담의 높이는 다음에 의하여 산정한 높이 이상으로 함

(1) $H \leq pD^2 + a$인 경우, $h = 2$
(2) $H > pD^2 + a$인 경우, $h = H - p(D^2 - d^2)$
(3) D, H, a, d, h 및 p는 다음과 같음
  ① D: 제조소등과 인근 건축물 또는 공작물과의 거리(m)
  ② H: 인근 건축물 또는 공작물의 높이(m)
  ③ a: 제조소등의 외벽의 높이(m)
  ④ d: 제조소등과 방화상 유효한 담과의 거리(m)
  ⑤ h: 방화상 유효한 담의 높이(m)
  ⑥ p: 상수

Key point

위험물제조소 일반점검표 중 안전장치 점검내용
1) 부식·손상 유무
2) 고정상황의 적부
3) 기능의 적부

바로 확인 예제

위험물제조소등의 안전거리의 단축기준과 관련해서 $H \leq pD^2 + a$인 경우 방화상 유효한 담의 높이는 2m 이상으로 한다. 다음 중 a에 해당되는 것은?

① 인근 건축물의 높이(m)
② 제조소등의 외벽의 높이(m)
③ 제조소등과 공작물과의 거리(m)
④ 제조소등과 방화상 유효한 담과의 거리(m)

정답 ②

풀이 방화상 유효한 담의 높이는 다음에 의하여 산정한 높이 이상으로 한다.
- $H \leq pD^2 + a$인 경우, $h = 2$
- D: 제조소등과 인근 건축물 또는 공작물과의 거리(m)
- H: 인근 건축물 또는 공작물의 높이(m)
- a: 제조소등의 외벽의 높이(m)
- d: 제조소등과 방화상 유효한 담과의 거리(m)
- h: 방화상 유효한 담의 높이(m)
- p: 상수(위험물의 종류와 성질에 따른 계수: 위험물의 연소 성질에 따라 달라짐)

06 위험물 성질에 따른 제조소의 특례

1 알킬알루미늄등을 취급하는 제조소의 특례
① 알킬알루미늄등을 취급하는 설비의 주위에는 누설범위를 국한하기 위한 설비와 누설된 알킬알루미늄등을 안전한 장소에 설치된 저장실에 유입시킬 수 있는 설비를 갖출 것
② 알킬알루미늄등을 취급하는 설비에는 불활성 기체를 봉입하는 장치를 갖출 것 ★★

2 아세트알데하이드등을 취급하는 제조소의 특례
① 아세트알데하이드등을 취급하는 설비는 은·수은·동·마그네슘 또는 이들을 성분으로 하는 합금으로 만들지 아니할 것 ★★
② 아세트알데하이드등을 취급하는 설비에는 연소성 혼합기체의 생성에 의한 폭발을 방지하기 위한 불활성 기체 또는 수증기를 봉입하는 장치를 갖출 것
③ 아세트알데하이드등을 취급하는 탱크(옥외에 있는 탱크 또는 옥내에 있는 탱크로서 그 용량이 지정수량의 5분의 1 미만인 것은 제외)에는 냉각장치 또는 저온을 유지하기 위한 장치(보냉장치) 및 연소성 혼합기체의 생성에 의한 폭발을 방지하기 위한 불활성 기체를 봉입하는 장치를 갖출 것
→ 다만, 지하에 있는 탱크가 아세트알데하이드등의 온도를 저온으로 유지할 수 있는 구조인 경우에는 냉각장치 및 보냉장치를 갖추지 아니할 수 있음

3 하이드록실아민등을 취급하는 제조소의 특례
① 하이드록실아민등을 취급하는 설비에는 철 이온 등의 혼입에 의한 위험한 반응을 방지하기 위한 조치를 강구할 것
② 지정수량 이상의 하이드록실아민등을 취급하는 제조소의 위치는 규정에 따른 건축물의 벽 또는 이에 상당하는 공작물의 외측으로부터 해당 제조소의 외벽 또는 이에 상당하는 공작물의 외측까지의 사이에 다음 식에 의하여 요구되는 거리 이상의 안전거리를 둘 것
- D: $51.1(\sqrt[3]{N})$
- D: 거리(m)
- N: 해당 제조소에서 취급하는 하이드록실아민등의 지정수량의 배수

바로 확인 예제

알킬알루미늄등 또는 아세트알데하이드등을 취급하는 제조소의 특례기준으로서 옳은 것은?
① 알킬알루미늄등을 취급하는 설비에는 불활성 기체 또는 수증기를 봉입하는 장치를 설치한다.
② 알킬알루미늄등을 취급하는 설비는 은·수은·동·마그네슘을 성분으로 하는 것으로 만들지 않는다.
③ 아세트알데하이드등을 취급하는 탱크에는 냉각장치 또는 보냉장치 및 불활성 기체 봉입장치를 설치한다.
④ 아세트알데하이드등을 취급하는 설비의 주위에는 누설범위를 국한하기 위한 설비와 누설되었을 때 안전한 장소에 설치된 저장실에 유입시킬 수 있는 설비를 갖춘다.

정답 ③
풀이 아세트알데하이드등을 취급하는 탱크에는 냉각장치 또는 저온을 유지하기 위한 장치(보냉장치) 및 연소성 혼합기체의 생성에 의한 폭발을 방지하기 위한 불활성 기체를 봉입하는 장치를 갖추어야 한다.

Chapter 11 단원별 출제예상문제

01

다음은 위험물안전관리법령에서 정한 아세트알데하이드등을 취급하는 제조소의 특례에 관한 내용이다. ( ) 안에 해당하지 않는 물질은?

> 아세트알데하이드등을 취급하는 설비는 ( ), ( ), ( ), 마그네슘 또는 이들을 성분으로 하는 합금으로 만들지 아니할 것

① Ag
② Hg
③ Cu
④ Fe

해설

아세트알데하이드등을 취급하는 설비는 은(Ag)·수은(Hg)·동(Cu)·마그네슘(Mg) 또는 이들을 성분으로 하는 합금으로 만들지 아니할 것

02

위험물안전관리법령상 지정수량의 10배를 초과하는 위험물을 취급하는 제조소에 확보하여야 하는 보유공지의 너비의 기준은?

① 1m 이상
② 3m 이상
③ 5m 이상
④ 7m 이상

해설

위험물을 취급하는 건축물 그 밖의 시설의 주위에는 그 취급하는 위험물의 최대수량에 따라 다음 표에 의한 너비의 공지를 보유해야 한다.

취급하는 위험물의 최대수량	공지의 너비
지정수량의 10배 이하	3m 이상
지정수량의 10배 초과	5m 이상

03

위험물제조소 건축물의 구조 기준이 아닌 것은?

① 출입구에는 60분 방화문·60분+방화문 또는 30분 방화문을 설치할 것
② 지붕은 폭발력이 위로 방출될 정도의 가벼운 불연재료로 덮을 것
③ 벽·기둥·바닥·보·서까래 및 계단을 불연재료로, 연소의 우려가 있는 외벽은 출입구 외의 개구부가 없는 내화구조의 벽으로 하여야 한다.
④ 산화성 고체, 가연성 고체위험물을 취급하는 건축물의 바닥은 위험물이 스며들지 못하는 재료를 사용할 것

해설

제6류 위험물을 취급하는 건축물에 있어서 위험물이 스며들 우려가 있는 부분에 대하여는 아스팔트 그 밖에 부식되지 아니하는 재료로 피복하여야 한다.
→ 액체위험물을 취급하는 건축물의 바닥은 위험물이 스며들지 못하는 재료를 사용하여야 하므로, 고체위험물을 취급하는 경우는 위의 기준이 적용되지 않는다.

04

위험물제조소의 환기설비 설치 기준으로 옳지 않은 것은?

① 환기구는 지붕위 또는 지상 2m 이상의 높이에 설치할 것
② 급기구는 바닥면적 150m²마다 1개 이상으로 할 것
③ 환기는 자연배기방식으로 할 것
④ 급기구는 높은 곳에 설치하고 인화방지망을 설치할 것

해설

급기구는 낮은 곳에 설치하고 가는 눈의 구리망 등으로 인화방지망을 설치할 것

정답 01 ④ 02 ③ 03 ④ 04 ④

위험물저장소

01 옥내저장소

1 저장창고 구조 ★★

(1) 저장창고는 위험물의 저장을 전용으로 하는 독립된 건축물로 하여야 함

(2) 저장창고는 지면에서 처마까지 높이 6m 미만인 단층건물로 하고 바닥은 지반면보다 높아야 함

(3) 단, 제2류 위험물 또는 제4류 위험물 저장하는 창고로서 다음 기준에 적합한 경우에는 20m 이하로 할 수 있음
  ① 벽, 기둥, 보 및 바닥: 내화구조
  ② 출입구: 60분 + 방화문·60분 방화문 설치
  ③ 피뢰침 설치(다만, 안전상 지장 없는 경우 설치 안 해도 됨)

(4) 저장창고의 벽·기둥 및 바닥은 내화구조로 하고, 보와 서까래는 불연재료로 하여야 함

(5) 지정수량의 10배 이하의 위험물의 저장창고 또는 제2류 위험물(인화성고체는 제외한다)과 제4류의 위험물(인화점이 70℃ 미만인 것은 제외한다)만의 저장창고에 있어서는 연소의 우려가 없는 벽·기둥 및 바닥은 불연재료로 함

(6) 출입구
  ① 저장창고의 출입구에는 60분 + 방화문·60분 방화문 또는 30분방화문을 설치
  ② 연소의 우려가 있는 외벽에 있는 출입구에는 수시로 열 수 있는 자동폐쇄식의 60분 + 방화문 또는 60분 방화문을 설치

(7) 물이 스며 나오거나 스며들지 아니하는 구조로 해야 하는 바닥
  ① 제1류 위험물 중 알칼리금속의 과산화물 또는 이를 함유하는 것
  ② 제2류 위험물 중 철분, 마그네슘, 금속분 또는 이 중 어느 하나 이상을 함유하는 것
  ③ 제3류 위험물 중 금수성 물질
  ④ 제4류 위험물

(8) 액상의 위험물의 저장창고의 바닥
  위험물이 스며들지 아니하는 구조로 하고, 적당하게 경사지게 하여 그 최저부에 집유설비를 하여야 함

Key point
제5류 위험물은 물기 습윤 시 안정해지는 특징이 있으므로 물이 스며드는 구조로 하여도 됨

바로 확인 예제
위험물안전관리법령상 옥내저장소 저장창고의 바닥은 물이 스며 나오거나 스며들지 아니하는 구조로 하여야 한다. 다음 중 반드시 이 구조로 하지 않아도 되는 위험물은?
① 제1류 위험물 중 일칼리금속의 과산화물
② 제4류 위험물
③ 제5류 위험물
④ 제2류 위험물 중 철분

정답 ③
풀이 제1류 위험물 중 알칼리금속의 과산화물 또는 이를 함유하는 것, 제2류 위험물 중 철분·금속분·마그네슘 또는 이 중 어느 하나 이상을 함유하는 것, 제3류 위험물 중 금수성 물질 그리고 제4류 위험물의 저장창고의 바닥은 물이 스며 나오거나 스며들지 아니하는 구조로 하여야 한다.

(9) 옥내저장소에서 위험물 저장 기준
　① 옥내저장소에서 동일 품명의 위험물이더라도 자연발화할 우려가 있는 위험물 또는 재해가 현저하게 증대할 우려가 있는 위험물을 다량 저장하는 경우에는 **지정수량의 10배 이하마다 구분하여 상호 간 0.3m 이상의 간격을 두어 저장**하여야 함
　② 옥내저장소에서 위험물을 저장하는 경우에는 다음의 규정에 의한 높이를 초과하여 용기를 겹쳐 쌓지 아니하여야 함 ★★
　　• **기계에 의해 하역하는 구조로 된 용기만을 겹쳐 쌓는 경우: 6m**
　　• 제4류 위험물 중 제3석유류, 제4석유류 및 동식물유류를 수납하는 용기만을 겹쳐 쌓는 경우: 4m
　　• 그 밖의 경우: 3m
　③ 옥내저장소에서는 용기에 수납하여 저장하는 위험물의 온도가 55℃를 넘지 아니하도록 필요한 조치를 강구하여야 한다.

2 다층건물의 옥내저장소의 기준
　① 저장창고는 각 층의 바닥을 지면보다 높게 하고, 층고(바닥면으로부터 상층의 바닥까지의 높이)를 6m 미만으로 하여야 함
　② **하나의 저장창고의 바닥면적 합계는 1,000m² 이하로 하여야 함**
　③ **저장창고의 벽·기둥·바닥 및 보를 내화구조로 하고, 계단을 불연재료로 하**며, 연소의 우려가 있는 외벽은 출입구 외의 개구부를 갖지 아니하는 벽으로 하여야 함
　④ 2층 이상의 층의 바닥에는 개구부를 두지 아니하여야 함[다만, 내화구조의 벽과 60분＋방화문·60분 방화문 또는 30분 방화문으로 구획된 계단실에 있어서는 그러하지 아니함]

3 지정과산화물을 저장, 취급하는 옥내저장소의 기준
　① 서까래의 간격은 30cm 이하로 할 것
　② 저장창고의 출입구에는 60분＋방화문·60분 방화문을 설치할 것
　③ **저장창고의 창은 바닥면으로부터 2m 이상의 높이에 두되, 하나의 벽면에 두는 창의 면적의 합계를 당해 벽면의 면적의 80분의 1 이내로 하고, 하나의 창의 면적을 0.4m² 이내로 할 것** ★★
　④ 저장창고는 150m² 이내마다 격벽으로 완전하게 구획할 것
　⑤ 저장창고의 외벽은 두께 20cm 이상의 철근콘크리트조나 철골철근콘크리트조 또는 두께 30cm 이상의 보강콘크리트블록조로 할 것

바로 확인 예제
옥내저장소에서 위험물 용기를 겹쳐 쌓는 경우에 있어서 제4류 위험물 중 제3석유류만을 수납하는 용기를 겹쳐 쌓을 수 있는 높이는 최대 몇 m인가?
① 3　　② 4
③ 5　　④ 6

정답 ②
풀이 옥내저장소에서 위험물을 저장하는 경우에는 다음의 규정에 의한 높이를 초과하여 용기를 겹쳐 쌓지 아니하여야 한다.
• 기계에 의하여 하역하는 구조로 된 용기만을 겹쳐 쌓는 경우에 있어서는 6m
• 제4류 위험물 중 제3석유류, 제4석유류 및 동식물유류를 수납하는 용기만을 겹쳐 쌓는 경우에 있어서는 4m
• 그 밖의 경우에 있어서는 3m

Key point
지정과산화물은 두께 0.3m 이상의 철근콘크리트조로 된 뚜껑을 설치할 것

바로 확인 예제
지정과산화물 옥내저장소의 저장창고 출입구 및 창의 설치기준으로 틀린 것은?
① 창은 바닥면으로부터 2m 이상의 높이에 설치한다.
② 하나의 창의 면적을 0.4m² 이내로 한다.
③ 하나의 벽면에 두는 창의 면적의 합계를 해당 벽면의 면적의 80분의 10이 초과되도록 한다.
④ 출입구에는 60분＋방화문·60분 방화문을 설치한다.

정답 ③
풀이 저장창고의 창은 바닥면으로부터 2m 이상의 높이에 두되, 하나의 벽면에 두는 창의 면적의 합계를 당해 벽면의 면적의 80분의 1 이내로 한다.

4 보유공지 ★

① 옥내저장소의 주위에는 그 저장 또는 취급하는 위험물의 최대수량에 따라 다음 표에 의한 너비의 공지를 보유해야 함
② 다만, 지정수량의 20배를 초과하는 옥내저장소와 동일한 부지 내에 있는 다른 옥내저장소와의 사이에는 다음 표에 정하는 공지 너비의 3분의 1의 공지를 보유할 수 있음

위험물 최대수량	공지의 너비	
	벽, 기둥 및 바닥: 내화구조	그 밖의 건축물
지정수량의 5배 이하	–	0.5m 이상
지정수량의 5배 초과 10배 이하	1m 이상	1.5m 이상
지정수량의 10배 초과 20배 이하	2m 이상	3m 이상
지정수량의 20배 초과 50배 이하	3m 이상	5m 이상
지정수량의 50배 초과 200배 이하	5m 이상	10m 이상
지정수량의 200배 초과	10m 이상	15m 이상

5 옥내저장소에 안전거리를 두지 않을 수 있는 경우

① 제4석유류 또는 동식물유류의 위험물을 저장 또는 취급하는 옥내저장소로서 그 최대수량이 지정수량의 20배 미만인 것
② 제6류 위험물을 저장 또는 취급하는 옥내저장소
③ 지정수량의 20배(하나의 저장창고의 바닥면적이 150m^2 이하인 경우에는 50배) 이하의 위험물을 저장 또는 취급하는 옥내저장소로서 다음의 기준에 적합한 것
- 저장창고의 벽·기둥·바닥·보 및 지붕이 내화구조인 것
- 저장창고의 출입구에 수시로 열 수 있는 자동폐쇄방식의 60분＋방화문·60분 방화문이 설치되어 있을 것
- 저장창고에 창을 설치하지 아니할 것

바로 확인 예제

위험물안전관리법령상 옥내저장소의 안전거리를 두지 않을 수 있는 경우는?

① 지정수량 20배 이상의 동식물유류
② 지정수량 20배 미만의 특수인화물
③ 지정수량 20배 미만의 제4석유류
④ 지정수량 20배 이상의 제5류 위험물

정답 ③
풀이 지정수량 20배 미만의 제4석유류 또는 동식물유류의 위험물을 저장 또는 취급하는 옥내저장소에는 안전거리를 두지 않을 수 있다.

02 옥외저장소

1 덩어리 상태의 황만을 지반면에 설치한 경계표시의 안쪽에서 저장 또는 취급 시 기준 ★★

① 하나의 경계표시의 내부 면적은 100m² 이하일 것
② 2 이상의 경계표시를 설치한 경우에 있어서 각각의 경계표시 내부의 면적을 합산한 면적은 1,000m² 이하로 할 것
③ 경계표시는 불연재료로 만드는 동시에 황이 새지 않는 구조로 할 것
④ 경계표시의 높이는 1.5m 이하로 할 것
⑤ 황을 저장 또는 취급하는 장소의 주위에는 배수구와 분리장치를 설치할 것

2 저장할 수 있는 위험물

① 제2류 위험물 중 황 또는 인화성 고체(인화점 0℃ 미만은 취급불가)
② 제4류 위험물 중 특수인화물 제외한 것(제1석유류는 인화점이 0℃ 이상인 것에 한함)
③ 제6류 위험물

3 보유공지 ★★

① 경계표시 주위에는 그 저장 또는 취급하는 위험물의 최대수량에 따라 다음 표에 의한 너비의 공지를 보유할 것
② 다만, 제4류 위험물 중 제4석유류와 제6류 위험물을 저장 또는 취급하는 옥외저장소의 보유공지는 다음 표에 의한 공지 너비의 3분의 1 이상의 너비로 할 수 있음

위험물 최대수량	공지의 너비
지정수량의 10배 이하	3m 이상
지정수량의 10배 초과 20배 이하	5m 이상
지정수량의 20배 초과 50배 이하	9m 이상
지정수량의 50배 초과 200배 이하	12m 이상
지정수량의 200배 초과	15m 이상

바로 확인 예제

옥외저장소에 덩어리 상태의 황을 지반면에 설치한 경계표시의 안쪽에서 저장할 경우 하나의 경계표시의 내부 면적은 몇 m² 이하이어야 하는가?
① 75　② 100
③ 300　④ 500

정답 ②
풀이 옥외저장소에 덩어리 상태의 황을 지반면에 설치한 경계표시의 안쪽에서 저장할 경우 하나의 경계표시의 내부면적은 100m² 이하이어야 한다.

03 옥내탱크저장소

1 옥내탱크저장소의 기준

① 옥내저장탱크는 단층건물에 설치된 탱크전용실에 설치할 것
② 옥내저장탱크와 탱크전용실의 벽과의 사이 및 옥내저장탱크 상호 간에는 0.5m 이상의 간격을 유지할 것 ★★
③ 옥내저장탱크의 용량(동일한 탱크전용실에 옥내저장탱크를 2 이상 설치하는 경우에는 각 탱크의 용량의 합계를 말한다)은 지정수량의 40배(제4석유류 및 동식물유류 외의 제4류 위험물에 있어서 당해 수량이 20,000L를 초과할 때에는 20,000L) 이하일 것
④ 옥내탱크저장소 구성
- 탱크전용실 벽·기둥 및 바닥: 내화구조
- 보: 불연재료
- 연소의 우려가 있는 외벽: 출입구 외에는 개구부가 없도록 할 것. 다만, 인화점이 70℃ 이상인 제4류 위험물만의 옥내저장탱크를 설치하는 탱크전용실에 있어서는 연소의 우려가 없는 외벽·기둥 및 바닥을 불연재료로 할 수 있음
- 탱크전용실의 창 및 출입구에는 60분 + 방화문·60분방화문 또는 30분방화문을 설치하는 동시에, 연소의 우려가 있는 외벽에 두는 출입구에는 수시로 열 수 있는 자동폐쇄식의 60분 + 방화문 또는 60분방화문을 설치할 것
- 탱크전용실의 창 또는 출입구에 유리를 이용하는 경우에는 망입유리로 할 것

2 1층 또는 지하층에 설치하는 탱크전용실에만 저장·취급하는 위험물

① 제2류 위험물 중 덩어리 황, 황화인, 적린
② 제3류 위험물 중 황린
③ 제6류 위험물 중 질산

3 단층건물 외의 건축물에 설치하는 탱크전용실에 저장·취급하는 위험물

① 제2류 위험물 중 황화인, 적린 및 덩어리 황
② 제3류 위험물 중 황린
③ 제4류 위험물 중 인화점이 38℃ 이상인 위험물
④ 제6류 위험물 중 질산

바로 확인 예제

위험물안전관리법령상 옥내탱크저장소의 기준에서 옥내저장탱크 상호 간에는 몇 m 이상의 간격을 유지하여야 하는가? (단, 탱크의 점검 및 보수에 지장이 없는 경우는 제외한다.)

① 0.3   ② 0.5
③ 0.7   ④ 1.0

정답 ②
풀이 옥내저장탱크와 탱크전용실의 벽과의 사이 및 옥내저장탱크의 상호 간에는 0.5m 이상의 간격을 유지할 것. 다만, 탱크의 점검 및 보수에 지장이 없는 경우에는 그러하지 아니하다.

4 옥내탱크저장소에서 인화점 섭씨 70도 이상의 제4류 위험물만을 저장, 취급하는 곳에 설치하는 소화설비

① 물분무 소화설비
② 고정식 포 소화설비
③ 이동식 이외의 불활성 가스 소화설비
④ 이동식 이외의 할로겐(할로젠)화합물 소화설비
⑤ 이동식 이외의 분말 소화설비

04 옥외탱크저장소

1 보유공지 ★★

옥외저장탱크의 주위에는 그 저장 또는 취급하는 위험물의 최대수량에 따라 옥외저장탱크의 측면으로부터 다음 표에 의한 너비의 공지를 보유해야 함

위험물의 최대수량	공지의 너비
지정수량의 500배 이하	3m 이상
지정수량의 500배 초과 1,000배 이하	5m 이상
지정수량의 1,000배 초과 2,000배 이하	9m 이상
지정수량의 2,000배 초과 3,000배 이하	12m 이상
지정수량의 3,000배 초과 4,000배 이하	15m 이상
지정수량의 4,000배 초과	탱크의 수평단면의 최대지름과 높이 중 큰 것 이상 ① 소: 15m 이상 ② 대: 30m 이하

> **바로 확인 예제**
>
> 위험물안전관리법령상 지정수량의 3천배 초과 4천배 이하의 위험물을 저장하는 옥외탱크저장소에 확보하여야 하는 보유공지의 너비는 얼마인가? ★빈출
>
> ① 6m 이상 ② 9m 이상
> ③ 12m 이상 ④ 15m 이상
>
> **정답** ④
> **풀이**
>
> | 저장 또는 취급하는 위험물의 최대수량 | 공지의 너비 |
> |---|---|
> | 지정수량의 500배 이하 | 3m 이상 |
> | 지정수량의 500배 초과 1,000배 이하 | 5m 이상 |
> | 지정수량의 1,000배 초과 2,000배 이하 | 9m 이상 |
> | 지정수량의 2,000배 초과 3,000배 이하 | 12m 이상 |
> | 지정수량의 3,000배 초과 4,000배 이하 | 15m 이상 |

2 외부구조 및 설비

(1) 밸브 없는 통기관 ★★

① 지름은 30mm 이상일 것
② 끝부분은 수평면보다 45° 이상 구부려 빗물 등의 침투를 막는 구조로 할 것
③ 인화점이 38℃ 미만인 위험물만을 저장 또는 취급하는 탱크에 설치하는 통기관에는 화염방지장치를 설치하고, 그 외의 탱크에 설치하는 통기관에는 40메쉬(mesh) 이상의 구리망 또는 동등 이상의 성능을 가진 인화방지장치를 설치할 것(다만, 인화점이 70℃ 이상인 위험물만을 해당 위험물의 인화점 미만의 온도로 저장 또는 취급하는 탱크에 설치하는 통기관에는 인화방지장치를 설치하지 않을 수 있음)

> ④ 통기관 밸브는 저장탱크에 위험물을 주입하는 경우를 제외하고는 항상 개방되어 있는 구조로 하는 한편, 폐쇄하였을 경우 10kPa 이하의 압력에서 개방되는 구조로 할 것

(2) 대기밸브부착 통기관 ★★
① 5kPa 이하의 압력 차이로 작동할 수 있을 것
② 가는 눈의 구리망 등으로 인화방지망 설치할 것

(3) 펌프설비 기준
① 펌프설비의 주위에는 너비 3m 이상의 공지를 보유할 것
② 펌프실의 바닥의 주위에는 높이 0.2m 이상의 턱을 만들고 바닥은 콘크리트 등 위험물이 스며들지 아니하는 재료로 적당히 경사지게 하여 그 최저부에는 집유설비를 설치할 것
③ 펌프실 외의 장소에 설치하는 펌프설비에는 그 직하의 지반면의 주위에 높이 0.15m 이상의 턱을 만들고 당해 지반면은 콘크리트 등 위험물이 스며들지 아니하는 재료로 적당히 경사지게 하여 그 최저부에는 집유설비를 할 것
  → 이 경우 제4류 위험물(온도 20℃의 물 100g에 용해되는 양이 1g 미만인 것에 한한다)을 취급하는 펌프설비에 있어서는 당해 위험물이 직접 배수구에 유입하지 아니하도록 집유설비에 유분리장치를 설치하여야 함

3 옥외탱크저장소 게시판에 기재하는 내용
① 위험물의 지정수량의 배수
② 위험물의 저장최대수량 또는 취급최대수량
③ 위험물의 유별·품명
④ 안전관리자 성명 또는 직명

바로 확인 예제

위험물안전관리법령상 제4류 위험물 옥외저장탱크의 대기밸브부착 통기관은 몇 kPa 이하의 압력 차이로 작동할 수 있어야 하는가?
① 2   ② 3
③ 4   ④ 5

정답 ④
풀이 제4류 위험물 옥외저장탱크의 대기밸브부착 통기관은 5kPa 이하의 압력 차이로 작동할 수 있어야 한다.

바로 확인 예제

위험물안전관리법령상 위험물옥외탱크저장소에 방화에 관하여 필요한 사항을 게시한 게시판에 기재하여야 하는 내용이 아닌 것은?
① 위험물의 지정수량의 배수
② 위험물의 저장최대수량
③ 위험물의 품명
④ 위험물의 성질

정답 ④
풀이
- 제조소에는 보기 쉬운 곳에 방화에 관하여 필요한 사항을 게시한 게시판을 설치하여야 한다.
- 게시판에는 저장 또는 취급하는 위험물의 유별·품명 및 저장최대수량 또는 취급최대수량, 지정수량의 배수 및 안전관리자의 성명 또는 직명을 기재할 것

4 방유제 ★★★

(1) 용량
  ① 탱크 1기 ⇒ 탱크용량의 110% 이상
  ② 탱크 2기 이상 ⇒ 최대인 것 용량의 110% 이상
  ③ 인화성 없는 액체 ⇒ 100%로 함

(2) 높이: 0.5m 이상 3m 이하

(3) 두께: 0.2m 이상

(4) 면적: 80,000m² 이하

(5) 방유제 내에 설치하는 옥외저장탱크 수: 10 이하(방유제 내에 설치하는 모든 옥외저장탱크의 용량이 20만L 이하이고, 당해 옥외저장탱크에 저장 또는 취급하는 위험물의 인화점이 70℃ 이상 200℃ 미만인 경우에는 20) 이하로 할 것. 다만, 인화점이 200℃ 이상인 위험물을 저장 또는 취급하는 옥외저장탱크에 있어서는 그러하지 아니함

(6) 방유제는 옥외저장탱크의 지름에 따라 그 탱크의 옆판으로부터 다음의 거리를 유지
  ① 지름 15m 미만인 경우: 탱크 높이의 3분의 1 이상 ★
  ② 지름 15m 이상인 경우: 탱크 높이의 2분의 1 이상 ★

(7) 간막이 둑
  용량이 1,000만L 이상인 옥외저장탱크의 주위에 설치하는 방유제에는 다음 규정에 따라 당해 탱크마다 간막이 둑을 설치할 것
  ① 간막이 둑의 높이는 0.3m(방유제 내에 설치되는 옥외저장탱크의 용량의 합계가 2억L를 넘는 방유제에 있어서는 1m) 이상으로 하되, 방유제의 높이보다 0.2m 이상 낮게 할 것
  ② 간막이 둑은 흙 또는 철근콘크리트로 할 것
  ③ 간막이 둑의 용량은 간막이 둑 안에 설치된 탱크의 용량의 10% 이상일 것

05 지하탱크저장소

1 위치, 구조 및 설비기준

(1) 위험물을 저장 또는 취급하는 저장탱크는 지면하에 설치된 탱크전용실에 설치하여야 함. 다만, 제4류 위험물의 지하저장탱크가 다음 기준에 적합한 때에는 그러하지 아니함
  ① 당해 탱크를 지하철, 지하가 또는 지하터널로부터 수평거리 10m 이내의 장소 또는 지하건축물 내의 장소에 설치하지 않을 것

바로 확인 예제

위험물안전관리법령상 옥외탱크저장소의 기준에 따라 다음의 인화성 액체위험물을 저장하는 옥외저장탱크 1~4호를 동일의 방유제 내에 설치하는 경우 방유제에 필요한 최소 용량으로서 옳은 것은? (단, 암반탱크 또는 특수액체위험물탱크의 경우는 제외한다.)

- 1호 탱크: 등유 1,500kL
- 2호 탱크: 가솔린 1,000kL
- 3호 탱크: 경유 500kL
- 4호 탱크: 중유 250kL

① 1,650kL ② 1,500kL
③ 500kL   ④ 250kL

정답 ①
풀이
방유제용량 = 최대탱크용량 × 1.1
        = 1,500 × 1.1
        = 1,650kL

Key point

지하저장탱크의 압력탱크 외의 탱크는 70kPa의 압력, 압력탱크는 최대상용압력의 1.5배의 압력으로 각각 10분간 수압시험을 실시하여 새거나 변형되지 아니하여야 함. 이 경우 수압시험은 기밀시험과 비파괴시험을 동시에 실시하는 방법으로 대신할 수 있음

② 당해 탱크를 그 수평투영의 세로 및 가로보다 각각 0.6m 이상 크고 두께가 0.3m 이상인 철근콘크리트조의 뚜껑으로 덮을 것
③ 뚜껑에 걸리는 중량이 직접 당해 탱크에 걸리지 아니하는 구조일 것
④ 당해 탱크를 견고한 기초 위에 고정할 것
⑤ 당해 탱크를 지하의 가장 가까운 벽, 피트, 가스관 등의 시설물 및 대지경계선으로부터 0.6m 이상 떨어진 곳에 매설할 것

(2) 탱크전용실
① 지하의 가장 가까운 벽, 피트, 가스관 등의 시설물 및 대지경계선으로부터 0.1m 이상 떨어진 곳에 설치해야 함
② 지하저장탱크와 탱크전용실의 안쪽과의 사이는 0.1m 이상의 간격 유지해야 함 ★★
③ 당해 탱크의 주위에 마른모래 또는 습기 등에 의하여 응고되지 아니하는 입자지름 5mm 이하의 마른자갈분을 채워야 함
④ 탱크전용실은 벽·바닥 및 뚜껑을 다음 기준에 적합한 철근콘크리트구조 또는 이와 동등 이상의 강도가 있는 구조로 설치해야 함 ★★
   • 벽·바닥 및 뚜껑의 두께는 0.3m 이상일 것
   • 벽·바닥 및 뚜껑의 내부에는 지름 9mm부터 13mm까지의 철근을 가로 및 세로로 5cm부터 20cm까지의 간격으로 배치할 것
   • 벽·바닥 및 뚜껑의 재료에 수밀콘크리트를 혼입하거나 벽·바닥 및 뚜껑의 중간에 아스팔트층을 만드는 방법으로 적정한 방수조치를 할 것

(3) 지하저장탱크의 윗부분
지면으로부터 0.6m 이상 아래에 있어야 함

(4) 지하저장탱크를 2 이상 인접해 설치하는 경우
① 그 상호 간에 1m 이상의 간격을 유지하여야 함 ★
② 당해 2 이상의 지하저장탱크의 용량의 합계가 지정수량의 100배 이하인 때에는 0.5m 이상의 간격 유지하여야 함
③ 다만, 그 사이에 탱크전용실의 벽이나 두께 20cm 이상의 콘크리트 구조물이 있는 경우에는 그러하지 아니함

바로 확인 예제

지하탱크저장소 탱크전용실의 안쪽과 지하저장탱크와의 사이는 몇 m 이상의 간격을 유지하여야 하는가?
① 0.1   ② 0.2
③ 0.3   ④ 0.5

정답 ①
풀이 지하저장탱크와 탱크전용실의 안쪽과의 사이는 0.1m 이상의 간격을 유지하여야 한다.

Key point

지하저장탱크의 과충전방지장치 설치 방법
1) 탱크 용량을 초과하는 위험물이 주입될 때 자동으로 그 주입구를 폐쇄하거나 위험물의 공급을 자동으로 차단하는 방법
2) 탱크 용량의 90%가 찰 때 경보음을 울리는 방법

06 간이저장탱크

1 위치, 구조 및 설비기준

① 간이저장탱크 용량: 600L 이하 ★★
② 간이저장탱크 두께: 3.2mm 이상의 강판으로 흠이 없도록 제작하여야 하며, 70kPa의 압력으로 10분간의 수압시험을 실시하여 새거나 변형되지 않아야 함 ★★
③ 간이저장탱크 수: 하나의 간이탱크저장소에 설치하는 간이저장탱크는 그 수를 3 이하로 하고, 동일한 품질의 위험물의 간이저장탱크를 2 이상 설치하지 아니하여야 함
④ 간이저장탱크 외면: 녹을 방지하기 위해 도장해야 함. 다만, 탱크 재질이 부식의 우려가 없는 스테인리스 강판 등인 경우에는 그러하지 아니함

07 이동탱크저장소

1 이동저장탱크의 구조 ★★

(1) 탱크의 구조
① 탱크(맨홀 및 주입관의 뚜껑 포함)는 두께 3.2mm 이상의 강철판 또는 이와 동등 이상의 강도, 내식성 및 내열성이 있다고 인정하여 소방청장이 정하여 고시하는 재료 및 구조로 위험물이 새지 않도록 제작할 것
② 압력탱크(최대상용압력이 46.7kPa 이상인 탱크) 외의 탱크는 70kPa의 압력으로, 압력탱크는 최대상용압력의 1.5배의 압력으로 각각 10분간의 수압시험을 실시하여 새거나 변형되지 않을 것(이 경우 수압시험은 용접부에 대한 비파괴시험과 기밀시험으로 대체 가능)

(2) 칸막이
4,000L 이하마다 3.2mm 이상의 강철판 또는 이와 동등 이상의 강도, 내열성 및 내식성이 있는 금속성의 것으로 칸막이 설치

(3) 안전장치
상용압력이 20kPa 이하인 탱크에 있어서는 20kPa 이상 24kPa 이하의 압력에서, 상용압력이 20kPa를 초과하는 탱크에 있어서는 상용압력의 1.1배 이하의 압력에서 작동하는 것으로 할 것

(4) 방파판
① 두께 1.6mm 이상의 강철판 또는 이와 동등 이상의 강도, 내열성 및 내식성이 있는 금속성의 것으로 할 것

바로 확인 예제

위험물을 저장하는 간이탱크저장소의 구조 및 설비의 기준으로 옳은 것은?
① 탱크의 두께 2.5mm 이상, 용량 600L 이하
② 탱크의 두께 2.5mm 이상, 용량 800L 이하
③ 탱크의 두께 3.2mm 이상, 용량 600L 이하
④ 탱크의 두께 3.2mm 이상, 용량 800L 이하

정답 ③
풀이
- 간이저장탱크의 용량은 600L 이하이어야 한다.
- 간이저장탱크는 두께 3.2mm 이상의 강판으로 흠이 없도록 제작하여야 하며, 70kPa의 압력으로 10분간의 수압시험을 실시하여 새거나 변형되지 아니하여야 한다.

Key point
이동탱크 뒷면 중 보기 쉬운 곳에는 해당 탱크에 저장 또는 취급하는 위험물의 최대수량, 품명, 유별 및 적재중량을 게시한 게시판을 설치할 것

Key point
이동저장탱크로부터 위험물을 저장 또는 취급하는 탱크에 인화점이 40℃ 미만인 위험물을 주입할 때에는 이동탱크저장소의 원동기를 정지시켜야 함. 이동탱크저장소에는 당해 이동탱크저장소의 완공검사합격확인증 및 정기점검기록을 비치하여야 함

② 하나의 구획부분에 2개 이상의 방파판을 이동탱크저장소의 진행방향과 평행으로 설치하되, 각 방파판은 그 높이 및 칸막이로부터의 거리를 다르게 할 것
③ 하나의 구획부분에 설치하는 각 방파판의 면적의 합계는 당해 구획부분의 최대 수직단면적의 50% 이상으로 할 것. 다만, 수직단면이 원형이거나 짧은 지름이 1m 이하의 타원형일 경우에는 40% 이상으로 할 수 있음

(5) 방호틀
① 두께 2.3mm 이상의 강철판 또는 이와 동등 이상의 기계적 성질이 있는 재료로서 산모양의 형상으로 하거나 이와 동등 이상의 강도가 있는 형상으로 할 것
② 정상부분은 부속장치보다 50mm 이상 높게 하거나 이와 동등 이상의 성능이 있는 것으로 할 것

2 탱크 외부도장 ★

유별	제1류	제2류	제3류	제5류	제6류
색상	회색	적색	청색	황색	청색

암기법 회적청황청

---

08 탱크의 용량

1 탱크의 용량

(1) 위험물을 저장 또는 취급하는 탱크의 용량은 해당 **탱크의 내용적에서 공간용적을 뺀** 용적으로 함

(2) 공간용적 ★★
① 일반적인 탱크의 공간용적은 탱크의 내용적의 100분의 5 이상 100분의 10 이하의 용적으로 함
② 소화설비(소화약제 방출구를 탱크 안의 윗부분에 설치하는 것에 한함)를 설치하는 탱크의 공간용적은 당해 소화설비의 소화약제 방출구 아래의 0.3m 이상 1m 미만 사이의 면으로부터 윗부분의 용적으로 함
③ 암반탱크에 있어서는 당해 탱크 내에 용출하는 7일간의 지하수의 양에 상당하는 용적과 당해 탱크의 내용적의 100분의 1의 용적 중에서 보다 큰 용적을 공간용적으로 함

바로 확인 예제

위험물 이동저장탱크의 외부도장 색상으로 적합하지 않은 것은?
① 제2류 – 적색
② 제3류 – 청색
③ 제5류 – 황색
④ 제6류 – 회색

정답 ④
풀이

유별	1	2	3	5	6
색상	회색	적색	청색	황색	청색

바로 확인 예제

위험물을 저장 또는 취급하는 탱크의 용량산정 방법에 관한 설명으로 옳은 것은?
① 탱크의 내용적에서 공간용적을 뺀 용적으로 한다.
② 탱크의 공간용적에서 내용적을 뺀 용적으로 한다.
③ 탱크의 공간용적에 내용적을 더한 용적으로 한다.
④ 탱크의 볼록하거나 오목한 부분을 뺀 용적으로 한다.

정답 ①
풀이 위험물을 저장 또는 취급하는 탱크의 용량은 해당 탱크의 내용적에서 공간용적을 뺀 용적으로 한다.

2 탱크의 용적산정기준 ★★★

(1) 탱크용량

$$\text{탱크용량} = \text{탱크내용적} - \text{공간용적}$$
$$= (\text{탱크의 내용적}) \times (1 - \text{공간용적비율})$$

(2) 원통형 탱크의 내용적

① 횡으로 설치한 것

$$V = \pi r^2 (l + \frac{l_1 + l_2}{3})(1 - \text{공간용적})$$

$$\text{원의 면적} \times (\text{가운데 체적길이} + \frac{\text{양끝 체적길이 합}}{3}) \times (1 - \text{공간용적})$$

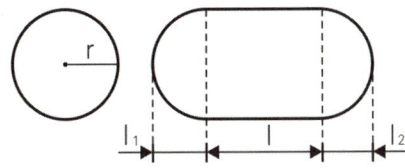

② 종으로 설치한 것

$$V = \pi r^2 l$$

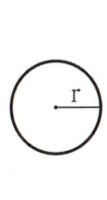 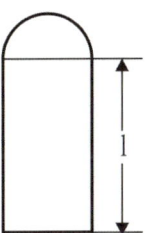

(3) 양쪽이 볼록한 타원형 탱크의 내용적

$$\frac{\pi ab}{4}(l + \frac{l_1 + l_2}{3})$$

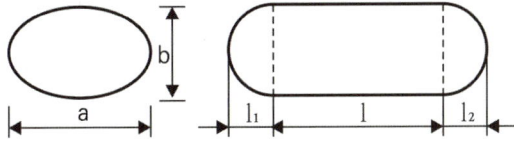

바로 확인 예제

그림과 같은 위험물 탱크에 대한 내용적 계산방법으로 옳은 것은? 빈출

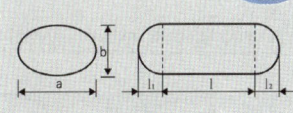

① $\frac{\pi ab}{3}(l + \frac{l_1 + l_2}{3})$

② $\frac{\pi ab}{4}(l + \frac{l_1 + l_2}{3})$

③ $\frac{\pi ab}{4}(l + \frac{l_1 + l_2}{4})$

④ $\frac{\pi ab}{3}(l + \frac{l_1 + l_2}{4})$

정답 ②

풀이
양쪽이 볼록한 타원형 탱크의 내용적
$= \frac{\pi ab}{4}(l + \frac{l_1 + l_2}{3})$

Chapter 12 단원별 출제예상문제

01 빈출

옥외탱크저장소에서 취급하는 위험물의 최대수량에 따른 보유공지 너비가 틀린 것은? (단, 원칙적인 경우에 한한다.)

① 지정수량 500배 이하 - 3m 이상
② 지정수량 500배 초과 1,000배 이하 - 5m 이상
③ 지정수량 1,000배 초과 2,000배 이하 - 9m 이상
④ 지정수량 2,000배 초과 3,000배 이하 - 15m 이상

해설

옥외저장탱크의 보유공지

저장 또는 취급하는 위험물의 최대수량	공지의 너비
지정수량의 500배 이하	3m 이상
지정수량의 500배 초과 1,000배 이하	5m 이상
지정수량의 1,000배 초과 2,000배 이하	9m 이상
지정수량의 2,000배 초과 3,000배 이하	12m 이상
지정수량의 3,000배 초과 4,000배 이하	15m 이상

02 빈출

그림과 같은 타원형 탱크의 내용적은 약 몇 m³인가?

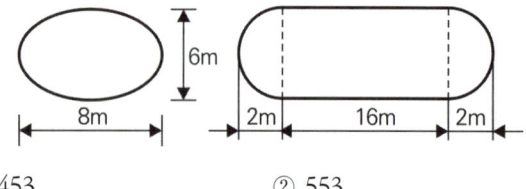

① 453
② 553
③ 653
④ 753

해설

양쪽이 볼록한 타원형 탱크의 내용적

$$V = \frac{\pi ab}{4}\left(l + \frac{l_1 + l_2}{3}\right)$$

$$= \frac{\pi \times 8 \times 6}{4} \times \left(16 + \frac{2+2}{3}\right) = 653 m^3$$

03

제4석유류를 저장하는 옥내탱크저장소의 기준으로 옳은 것은? (단, 단층건축물에 탱크전용실을 설치하는 경우이다.)

① 옥내저장탱크의 용량은 지정수량의 40배 이하일 것
② 탱크전용실은 벽, 기둥, 바닥, 보를 내화구조로 할 것
③ 탱크전용실에는 창을 설치하지 아니할 것
④ 탱크전용실에 펌프설비를 설치하는 경우에는 그 주위에 0.2m 이상의 높이로 턱을 설치할 것

해설

옥내저장탱크의 용량(동일한 탱크전용실에 옥내저장탱크를 2 이상 설치하는 경우에는 각 탱크의 용량의 합계를 말한다)은 지정수량의 40배(제4석유류 및 동식물유류 외의 제4류 위험물에 있어서 당해 수량이 20,000L를 초과할 때에는 20,000L) 이하이어야 한다.

04

다음 ( ) 안에 알맞은 수치를 차례대로 옳게 나열한 것은?

> 위험물암반탱크의 공간용적은 당해 탱크 내에 용출하는 ( )일간의 지하수 양에 상당하는 용적과 당해 탱크 내용적의 100분의 ( )의 용적 중에서 보다 큰 용적을 공간용적으로 한다.

① 1, 1
② 7, 1
③ 1, 5
④ 7, 5

해설

위험물암반탱크의 공간용적은 당해 탱크 내에 용출하는 7일간의 지하수 양에 상당하는 용적과 당해 탱크 내용적의 100분의 1의 용적 중에서 보다 큰 용적을 공간용적으로 한다.

정답 01 ④ 02 ③ 03 ① 04 ②

05

다음 그림과 같은 위험물을 저장하는 탱크의 내용적은 약 몇 m³인가? (단, r은 10m, l은 25m이다.)

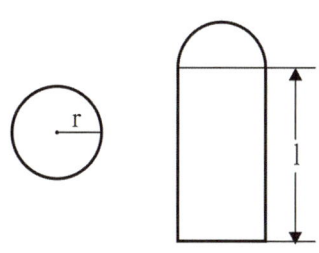

① 3,612
② 4,754
③ 5,812
④ 7,854

해설

종으로 설치한 원형 탱크 내용적
$V = \pi r^2 l = \pi \times 10^2 \times 25$
$= 7,854 m^3$

06

위험물안전관리법령상 이동저장탱크(압력탱크)에 대해 실시하는 수압시험은 용접부에 대한 어떤 시험으로 대신할 수 있는가?

① 비파괴시험과 기밀시험
② 비파괴시험과 충수시험
③ 충수시험과 기밀시험
④ 방폭시험과 충수시험

해설

압력탱크(최대상용압력이 46.7kPa 이상인 탱크를 말한다) 외의 탱크는 70kPa의 압력으로, 압력탱크는 최대상용압력의 1.5배의 압력으로 각각 10분간의 수압시험을 실시하여 새거나 변형되지 아니할 것. 이 경우 수압시험은 용접부에 대한 비파괴시험과 기밀시험으로 대신할 수 있다.

07

위험물 지하탱크저장소의 탱크전용실 설치기준으로 틀린 것은?

① 철근콘크리트 구조의 벽은 두께 0.3m 이상으로 한다.
② 지하저장탱크와 탱크전용실의 안쪽과의 사이는 50cm 이상의 간격을 유지한다.
③ 철근콘크리트 구조의 바닥은 두께 0.3m 이상으로 한다.
④ 벽, 바닥 등에 적정한 방수 조치를 강구한다.

해설

지하저장탱크와 탱크전용실의 안쪽과의 사이는 0.1m 이상의 간격을 유지해야 한다.

08

옥외저장소에서 저장 또는 취급할 수 있는 위험물이 아닌 것은? (단, 국제해상위험물규칙에 적합한 용기에 수납된 위험물의 경우는 제외한다.)

① 제2류 위험물 중 황
② 제1류 위험물 중 과염소산염류
③ 제6류 위험물
④ 제2류 위험물 중 인화점이 10℃인 인화성 고체

해설

옥외저장소에 저장할 수 있는 위험물 유별
- 제2류 위험물 중 황, 인화성 고체(인화점이 0℃ 이상인 것에 한함)
- 제4류 위험물 중 제1석유류(인화점이 0℃ 이상인 것에 한함), 알코올류, 제2석유류, 제3석유류, 제4석유류, 동식물유류
- 제6류 위험물

정답   05 ④   06 ①   07 ②   08 ②

위험물취급소

01 주유취급소

1 건축물 등의 제한

주유취급소에는 주유 또는 그에 부대하는 업무를 위하여 사용되는 다음의 건축물 또는 시설 외에는 다른 건축물 그 밖의 공작물을 설치할 수 없음
① 주유 또는 등유·경유를 옮겨 담기 위한 작업장
② 주유취급소의 업무를 행하기 위한 사무소
③ 자동차 등의 점검 및 간이정비를 위한 작업장
④ 자동차 등의 세정을 위한 작업장
⑤ 주유취급소에 출입하는 사람을 대상으로 한 점포·휴게음식점 또는 전시장
⑥ 주유취급소의 관계자가 거주하는 주거시설
⑦ 전기자동차용 충전설비(전기를 동력원으로 하는 자동차에 직접 전기를 공급하는 설비를 말함)
⑧ 그 밖의 소방청장이 정하여 고시하는 건축물 또는 시설

2 위험물 취급기준 ★★

① 자동차에 주유할 때에는 고정주유설비를 이용하여 직접 주유할 것
② 자동차에 인화점 40℃ 미만의 위험물을 주유할 때에는 자동차의 원동기를 정지시킬 것
③ 고정주유설비에는 당해 주유설비에 접속한 전용탱크 또는 간이탱크의 배관 외의 것을 통하여서는 위험물을 공급하지 아니할 것
④ 고정주유설비에 접속하는 탱크에 위험물을 주입할 때에는 당해 탱크에 접속된 고정주유설비의 사용을 중지할 것
⑤ 고정주유설비의 중심선을 기점으로 도로경계선까지 4m 이상의 거리를 유지할 것
⑥ 이동저장탱크에 급유할 때에는 고정급유설비를 사용하여 직접 급유할 것

3 유리를 부착하는 기준

① 주유취급소 내의 지반면으로부터 70cm를 초과하는 부분에 한하여 유리를 부착할 것
② 하나의 유리판의 가로의 길이는 2m 이내일 것
③ 유리판의 테두리를 금속제의 구조물에 견고하게 고정하고 해당 구조물을 담 또는 벽에 견고하게 부착할 것

바로 확인 예제

위험물안전관리법령상 주유취급소에서의 위험물 취급기준에 따르면 자동차 등에 인화점 몇 ℃ 미만의 위험물을 주유할 때에는 자동차 등의 원동기를 정지시켜야 하는가? (단, 원칙적인 경우에 한한다.)
① 21 ② 25
③ 40 ④ 80

정답 ③
풀이 자동차 등에 인화점 40℃ 미만의 위험물을 주유할 때에는 자동차 등의 원동기를 정지시킬 것. 다만, 연료탱크에 위험물을 주유하는 동안 방출되는 가연성 증기를 회수하는 설비가 부착된 고정주유설비에 의하여 주유하는 경우에는 그러하지 아니하다.

바로 확인 예제

위험물안전관리법령상 고정주유설비는 주유설비의 중심선을 기점으로 하여 도로경계선까지 몇 m 이상의 거리를 유지해야 하는가?
① 1 ② 3
③ 4 ④ 6

정답 ③
풀이 고정주유설비는 주유설비의 중심선을 기점으로 도로경계선까지 4m 이상의 거리를 유지해야 한다.

④ 유리의 구조는 접합유리(두 장의 유리를 두께 0.76mm 이상의 폴리바이닐뷰티랄 필름으로 접합한 구조)로 하되, 「유리구획 부분의 내화시험방법(KS F 2845)」에 따라 시험하여 비차열 30분 이상의 방화성능이 인정될 것
⑤ 유리를 부착하는 범위는 전체의 담 또는 벽의 길이의 10분의 2를 초과하지 아니할 것

4 연속주유량 및 주유시간의 상한

1회의 연속주유량 및 주유시간의 상한을 미리 설정할 수 있는 구조일 것. 이 경우 연속주유량 및 주유시간의 상한은 다음과 같음
① 휘발유는 100L 이하, 4분 이하로 할 것
② 경유는 600L 이하, 12분 이하로 할 것

5 캐노피 설치기준

① 배관이 캐노피 내부를 통과할 경우에는 1개 이상의 점검구를 설치할 것
② 캐노피 외부의 점검이 곤란한 장소에 배관을 설치하는 경우에는 용접이음으로 할 것
③ 캐노피 외부의 배관이 일광열의 영향을 받을 우려가 있는 경우에는 단열재로 피복할 것

> **바로 확인 예제**
> 주유취급소에 캐노피를 설치하고자 한다. 위험물안전관리법령에 따른 캐노피의 설치기준이 아닌 것은?
> ① 캐노피의 면적은 주유취급소 공지 면적의 1/2 이하로 할 것
> ② 배관이 캐노피 내부를 통과할 경우에는 1개 이상의 점검구를 설치할 것
> ③ 캐노피 외부의 배관이 일광열의 영향을 받을 우려가 있는 경우에는 단열재로 피복할 것
> ④ 캐노피 외부의 점검이 곤란한 장소에 배관을 설치하는 경우에는 용접이음으로 할 것
>
> **정답** ①
> **풀이** 주유취급소에 설치하는 캐노피 기준
> • 배관이 캐노피 내부를 통과할 경우에는 1개 이상의 점검구를 설치할 것
> • 캐노피 외부의 점검이 곤란한 장소에 배관을 설치하는 경우에는 용접이음으로 할 것
> • 캐노피 외부의 배관이 일광열의 영향을 받을 우려가 있는 경우에는 단열재로 피복할 것

02 판매취급소

1 판매취급소

① 점포에서 위험물을 용기에 담아 판매하기 위해 지정수량의 40배 이하의 위험물을 취급하는 장소를 뜻함
② 제1종 판매취급소는 건축물의 1층에 설치
③ 저장 또는 취급하는 위험물의 수량에 따라 제1종(지정수량 20배 이하)과 제2종(지정수량 40배 이하)으로 구분

> **Key point**
> 일반적으로 페인트점, 화공약품점이 판매취급소에 해당

2 제1종 판매취급소 ★

(1) 저장, 취급하는 위험물의 수량이 지정수량의 20배 이하인 판매취급소

(2) 설치 가능한 위험물 배합실 기준
   ① 바닥면적은 6m² 이상 15m² 이하로 할 것
   ② 내화구조 또는 불연재료로 된 벽으로 구획할 것
   ③ 출입구에는 수시로 열 수 있는 자동폐쇄식의 60분 + 방화문·60분 방화문을 설치할 것
   ④ 출입구 문턱의 높이는 바닥면으로부터 0.1m 이상으로 할 것
   ⑤ 바닥은 위험물이 침투하지 아니하는 구조로 하여 적당한 경사를 두고 집유설비를 할 것
   ⑥ 내부에 체류한 가연성의 증기 또는 가연성의 미분을 지붕 위로 방출하는 설비를 할 것

3 제2종 판매취급소

(1) 저장, 취급하는 위험물의 수량이 지정수량의 40배 이하인 판매취급소

(2) 위치, 구조 및 설비의 기준
   ① 벽, 기둥, 바닥, 보를 내화구조로 하고 천장을 불연재료로 하며, 판매취급소로 사용되는 부분과 다른 부분과의 격벽은 내화구조로 할 것
   ② 상층의 바닥을 내화구조로 하고, 상층이 없는 경우에는 지붕을 내화구조로 할 것
   ③ 연소의 우려가 없는 부분에 한하여 창을 두되, 해당 창에는 60분 + 방화문·60분 방화문, 30분 방화문을 설치할 것
   ④ 출입구에는 60분 + 방화문·60분 방화문 또는 30분 방화문을 설치할 것
      → 다만, 해당 부분 중 연소의 우려가 있는 벽에 설치하는 출입구에는 수시로 열 수 있는 자동폐쇄식의 60분 + 방화문·60분 방화문 설치

03 이송취급소

1 배관의 안전거리

(1) 건축물(지하 내의 건축물 제외): 1.5m 이상

(2) 지하가 및 터널: 10m 이상

(3) 위험물의 유입 우려가 있는 수도시설: 300m 이상

Key point
1) 제조소와 달리 판매취급소는 안전거리 또는 보유공지에 관한 규제를 받지 않음
2) 위험물을 저장하는 탱크시설을 갖추지 않아도 됨

Key point
제1종 판매취급소 사용 부분에 상층이 있는 경우에 있어서는 그 상층 바닥을 내화구조로 하고, 상층이 없는 구조는 지붕을 내화구조 또는 불연재료로 할 것

바로 확인 예제
위험물안전관리법령상 판매취급소에 관한 설명으로 옳지 않은 것은?
① 건축물의 1층에 설치하여야 한다.
② 위험물을 저장하는 탱크시설을 갖추어야 한다.
③ 건축물의 다른 부분과는 내화구조의 격벽으로 구획하여야 한다.
④ 제조소와 달리 안전거리 또는 보유공지에 관한 규제를 받지 않는다.

정답 ②
풀이 탱크시설은 갖추지 않아도 된다.

(4) 다른 공작물: 0.3m 이상

(5) 배관의 외면과 지표면과의 거리
① 산이나 들: 0.9m 이상
② 그 밖의 지역: 1.2m 이상

(6) 도로의 경계(도로 밑 매설 시): 1m 이상

(7) 시가지 도로의 노면 아래에 매설하는 경우
① 배관의 외면과 노면과의 거리: 1.5m 이상
② 보호판 또는 방호구조물의 외면과 노면과의 거리: 1.2m 이상

(8) 시가지 외의 도로의 노면 아래에 매설하는 경우: 1.2m 이상

(9) 포장된 차도에 매설하는 경우: 배관의 외면과 토대의 최하부와의 거리는 0.5m 이상

(10) 하천 또는 수로의 밑에 매설하는 경우
① 하천 횡단: 4.0m
② 수로 횡단
- 하수도 또는 운하: 2.5m
- 그 외: 1.2m

2 밸브

① 원칙적으로 이송기지 또는 전용부지 내에 설치할 것
② 개폐상태를 설치장소에서 쉽게 확인할 수 있도록 할 것
③ 지하에 설치하는 경우에는 점검상자 안에 설치할 것
④ 당해 밸브의 관리에 관계하는 자가 아니면 수동으로 개폐할 수 없도록 할 것

3 경보설비 설치

① 이송기지: 비상벨장치 및 확성장치 설치
② 가연성 증기를 발생하는 위험물을 취급하는 펌프실 등: 가연성 증기 경보설비 설치

바로 확인 예제

이송취급소에 설치하는 경보설비의 기준에 따라 이송기지에 설치하여야 하는 경보설비로만 이루어진 것은?
① 확성장치, 비상벨장치
② 비상방송설비, 비상경보설비
③ 확성장치, 비상방송설비
④ 비상방송설비, 자동화재탐지설비

정답 ①
풀이 이송취급소 경보설비의 설치기준
- 이송기지에는 비상벨장치 및 확성장치를 설치할 것
- 가연성 증기를 발생하는 위험물을 취급하는 펌프실 등에는 가연성 증기 경보설비를 설치할 것

단원별 출제예상문제

01

주유설비에서 1회의 연속주유량과 주유시간의 상한을 미리 설정하도록 할 때, 기준으로 옳은 것은?

① 휘발유: 100L 이하·4분 이하, 경유: 600L 이하·12분 이하
② 휘발유: 100L 이하·5분 이하, 경유: 600L 이하·10분 이하
③ 휘발유: 120L 이하·4분 이하, 경유: 600L 이하·12분 이하
④ 휘발유: 100L 이하·4분 이하, 경유: 500L 이하·10분 이하

해설
1회의 연속주유량 및 주유시간의 상한을 미리 설정할 수 있는 구조일 것. 이 경우 연속주유량 및 주유시간의 상한은 다음과 같다.
- 휘발유는 100L 이하, 4분 이하로 할 것
- 경유는 600L 이하, 12분 이하로 할 것

02

다음은 위험물안전관리법령에 따른 판매취급소에 대한 정의이다. ( )에 알맞은 말은?

> 판매취급소라 함은 점포에서 위험물을 용기에 담아 판매하기 위하여 지정수량의 ( )배 이하의 위험물을 ( )하는 장소이다.

① 20, 취급   ② 40, 취급
③ 20, 저장   ④ 40, 저장

해설
판매취급소라 함은 점포에서 위험물을 용기에 담아 판매하기 위하여 지정수량의 40배 이하의 위험물을 취급하는 장소이다.

03

1종 판매취급소에 설치하는 위험물 배합실의 기준으로 틀린 것은?

① 바닥면적은 6m² 이상 15m² 이하일 것
② 내화구조 또는 불연재료로 된 벽으로 구획할 것
③ 출입구에는 수시로 열 수 있는 자동폐쇄식의 60분+방화문·60분 방화문을 설치할 것
④ 출입구 문턱의 높이는 바닥면으로부터 0.2m 이상으로 할 것

해설
출입구 문턱의 높이는 바닥면으로부터 0.1m 이상으로 할 것

04

이송취급소의 배관이 하천을 횡단하는 경우 하천 밑에 매설하는 배관의 외면과 계획하상(계획하상이 최심하상보다 높은 경우에는 최심하상)과의 거리는?

① 1.2m 이상   ② 2.5m 이상
③ 3.0m 이상   ④ 4.0m 이상

해설
이송취급소의 배관이 하천을 횡단하는 경우 하천 밑에 매설하는 배관의 외면과 계획하상(계획하상이 최심하상보다 높은 경우에는 최심하상)과의 거리는 4m 이상이다.

05

이송취급소의 교체밸브, 제어밸브 등의 설치기준으로 틀린 것은?

① 밸브는 원칙적으로 이송기지 또는 전용부지 내에 설치할 것
② 밸브는 그 개폐상태를 설치장소에서 쉽게 확인할 수 있도록 할 것
③ 밸브를 지하에 설치하는 경우에는 점검상자 안에 설치할 것
④ 밸브는 해당 밸브의 관리에 관계하는 자가 아니면 수동으로만 개폐할 수 있도록 할 것

해설
밸브는 당해 밸브의 관리에 관계하는 자가 아니면 수동으로 개폐할 수 없도록 할 것

정답 01 ① 02 ② 03 ④ 04 ④ 05 ④

제조소등에서 위험물 저장 및 취급

01 알킬알루미늄등, 아세트알데하이드등 저장 및 취급

1 알킬알루미늄등을 저장 또는 취급하는 이동탱크저장소 비치 물품

① 긴급시의 연락처
② 응급조치의 필요사항 기재하는 서류
③ 방호복
④ 고무장갑
⑤ 밸브 등을 죄는 결합공구
⑥ 휴대용 확성기

2 아세트알데하이드등 저장기준 ★

(1) 보냉장치 있는 경우

이동저장탱크에 저장하는 아세트알데하이드등 또는 다이에틸에터등의 온도는 당해 위험물의 비점 이하로 유지할 것

(2) 보냉장치 없는 경우

이동저장탱크에 저장하는 아세트알데하이드등 또는 다이에틸에터등의 온도는 40℃ 이하로 유지할 것

(3) 압력탱크에 저장하는 경우

옥외저장탱크·옥내저장탱크 또는 지하저장탱크 중 압력탱크에 저장하는 아세트알데하이드등 또는 다이에틸에터등의 온도는 40℃ 이하로 유지할 것

02 위험물 취급 중 소비에 관한 기준

① 분사도장작업은 방화상 유효한 격벽 등으로 구획된 안전한 장소에서 실시할 것
② 담금질 또는 열처리작업은 위험물이 위험한 온도에 이르지 아니하도록 하여 실시할 것
③ 버너를 사용하는 경우에는 버너의 역화를 방지하고 위험물이 넘치지 아니하도록 할 것

Key point

1) 이동저장탱크에 알킬알루미늄등을 저장하는 경우에는 20kPa 이하의 압력으로 불활성의 기체를 봉입
2) 이동저장탱크에 아세트알데하이드등을 저장하는 경우에는 항상 불활성의 기체를 봉입하여 둘 것

바로 확인 예제

옥외저장탱크·옥내저장탱크 또는 지하저장탱크 중 압력탱크에 저장하는 아세트알데하이드등의 온도는 몇 ℃ 이하로 유지하여야 하는가?

① 30　② 40
③ 55　④ 65

정답 ②

풀이 옥외저장탱크·옥내저장탱크 또는 지하저장탱크 중 압력탱크에 저장하는 아세트알데하이드등 또는 다이에틸에터등의 온도는 40℃ 이하로 유지할 것

03 휘발유 저장 시 이동저장탱크 유속

휘발유를 저장하던 이동저장탱크에 등유나 경유를 탱크 상부로부터 주입할 때 또는 등유나 경유를 저장하던 이동저장탱크에 휘발유를 주입할 때에는 다음의 기준에 따라 정전기 등에 의한 재해를 방지하기 위한 조치를 할 것

① 이동저장탱크의 상부로부터 위험물을 주입할 때에는 위험물의 액표면이 주입관의 끝부분을 넘는 높이가 될 때까지 그 주입관 내의 유속을 초당 1m 이하로 할 것

② 이동저장탱크의 밑부분으로부터 위험물을 주입할 때에는 위험물의 액표면이 주입관의 정상부분을 넘는 높이가 될 때까지 그 주입배관 내의 유속을 초당 1m 이하로 할 것

바로 확인 예제

휘발유를 저장하던 이동저장탱크의 상부로부터 등유나 경유를 주입할 때 액표면이 주입관의 끝부분을 넘는 높이가 될 때까지 그 주입관 내의 유속을 몇 m/s 이하로 하여야 하는가?

① 1 ② 2
③ 3 ④ 5

정답 ①

풀이 이동저장탱크의 상부로부터 위험물을 주입할 때에는 위험물의 액표면이 주입관의 끝부분을 넘는 높이가 될 때까지 그 주입관 내의 유속을 초당 1m 이하로 할 것

Chapter 14 단원별 출제예상문제

01

위험물안전관리법령상 제조소등에서의 위험물의 저장 및 취급에 관한 기준에 따르면 보냉장치가 있는 이동저장탱크에 저장하는 다이에틸에터의 온도는 얼마 이하로 유지하여야 하는가?

① 비점
② 인화점
③ 40℃
④ 30℃

해설

보냉장치가 있는 이동저장탱크에 저장하는 아세트알데하이드등 또는 다이에틸에터등의 온도는 당해 위험물의 비점 이하로 유지하여야 한다.

02

위험물안전관리법령상 위험물의 취급 기준 중 소비에 관한 기준으로 틀린 것은?

① 열처리작업은 위험물이 위험한 온도에 이르지 아니하도록 하여 실시하여야 한다.
② 담금질작업은 위험물이 위험한 온도에 이르지 아니하도록 하여 실시하여야 한다.
③ 분사도장작업은 방화상 유효한 격벽 등으로 구획한 안전한 장소에서 하여야 한다.
④ 버너를 사용하는 경우에는 버너의 역화를 유지하고 위험물이 넘치지 아니하도록 하여야 한다.

해설

위험물의 취급 중 소비에 관한 기준
• 분사도장작업은 방화상 유효한 격벽 등으로 구획된 안전한 장소에서 실시할 것
• 담금질 또는 열처리작업은 위험물이 위험한 온도에 이르지 아니하도록 하여 실시할 것
• 버너를 사용하는 경우에는 버너의 역화를 방지하고 위험물이 넘치지 아니하도록 할 것

03

이동저장탱크에 알킬알루미늄을 저장하는 경우에 불활성 기체를 봉입할 때의 압력은 몇 kPa 이하이어야 하는가?

① 10
② 20
③ 30
④ 40

해설

이동저장탱크에 알킬알루미늄등을 저장하는 경우에 불활성 기체를 봉입하는데 이때의 압력은 20kPa 이하이어야 한다.

정답 01 ① 02 ④ 03 ②

chapter 15 위험물안전관리법

01 안전교육

1 위험물안전관리법령에 의한 안전교육
① 탱크시험자의 업무에 대한 강습교육과 안전교육을 받으면 탱크시험자의 기술인력이 될 수 있음
② 안전관리자, 탱크시험자의 기술인력, 위험물운반자 및 위험물운송자는 소방청장이 실시하는 교육을 받아야 함
③ 제조소등 관계인은 교육대상자에 대해 필요한 안전교육을 받게 하여야 함
④ 시·도지사·소방본부장 또는 소방서장은 교육대상자가 교육을 받지 아니한 때에는 그 교육대상자가 교육을 받을 때까지 이 법의 규정에 따라 그 자격으로 행하는 행위를 제한할 수 있음

2 안전교육대상자
① 안전관리자로 선임된 자
② 탱크시험자의 기술인력으로 종사하는 자
③ 위험물운반자로 종사하는 자
④ 위험물운송자로 종사하는 자

3 안전관리자의 책무
① 위험물의 취급작업에 참여하여 당해 작업이 저장 또는 취급에 관한 기술기준과 예방규정에 적합하도록 해당 작업자(당해 작업에 참여하는 위험물취급자격자를 포함한다)에 대하여 지시 및 감독하는 업무
② 화재 등의 재난이 발생한 경우 응급조치 및 소방관서 등에 대한 연락업무
③ 위험물시설의 안전을 담당하는 자를 따로 두는 제조소등의 경우에는 그 담당자에게 다음의 규정에 의한 업무의 지시, 그 밖의 제조소등의 경우에는 다음의 규정에 의한 업무
  • 제조소등의 위치·구조 및 설비를 기술기준에 적합하도록 유지하기 위한 점검과 점검상황의 기록·보존
  • 제조소등의 구조 또는 설비의 이상을 발견한 경우 관계자에 대한 연락 및 응급조치
  • 화재가 발생하거나 화재발생의 위험성이 현저한 경우 소방관서 등에 대한 연락 및 응급조치

바로 확인 예제

위험물안전관리법령에 의한 안전교육에 대한 설명으로 옳은 것은?
① 제조소등의 관계인은 교육대상자에 대하여 안전교육을 받게 할 의무가 있다.
② 안전관리자, 탱크시험자의 기술인력, 위험물운반자 및 위험물운송자는 안전교육을 받을 의무가 없다.
③ 탱크시험자의 업무에 대한 강습교육을 받으면 탱크시험자의 기술인력이 될 수 있다.
④ 소방서장은 교육대상자가 교육을 받지 아니한 때에는 그 자격을 정지하거나 취소할 수 있다.

정답 ①
풀이
• 제조소등의 관계인은 위험물 안전관리법 제28조(안전교육) 제1항의 규정에 따른 교육대상자에 대하여 필요한 안전교육을 받게 하여야 한다.
• 안전관리자·탱크시험자·위험물운반자·위험물운송자 등 위험물의 안전관리와 관련된 업무를 수행하는 자로서 대통령령이 정하는 자는 해당 업무에 관한 능력의 습득 또는 향상을 위하여 소방청장이 실시하는 교육을 받아야 한다.

Key point
항공기·선박(선박법의 규정에 따른 선박)·철도 및 궤도에 의한 위험물의 저장·취급 및 운반에 있어서는 위험물안전관리법을 적용하지 아니함

- 제조소등의 계측장치 · 제어장치 및 안전장치 등의 적정한 유지 · 관리
- 제조소등의 위치 · 구조 및 설비에 관한 설계도서 등의 정비 · 보존 및 제조소등의 구조 및 설비의 안전에 관한 사무의 관리

④ 화재 등의 재해의 방지와 응급조치에 관하여 인접하는 제조소등과 그 밖의 관련되는 시설의 관계자와 협조체제의 유지
⑤ 위험물 취급에 관한 일지의 작성 · 기록
⑥ 그 밖에 위험물을 수납한 용기를 차량에 적재하는 작업, 위험물설비를 보수하는 작업 등 위험물의 취급과 관련된 작업의 안전에 관하여 필요한 감독의 수행

02 위험물 저장 또는 취급기준

1 지정수량 미만인 위험물의 저장, 취급

지정수량 미만인 위험물의 저장 또는 취급에 관한 기술상의 기준은 시 · 도의 조례로 정함

2 위험물의 저장, 취급의 제한

(1) 지정수량 이상의 위험물을 저장소가 아닌 장소에서 저장하거나 제조소등이 아닌 장소에서 취급하여서는 아니 됨

(2) 다음의 어느 하나에 해당하는 경우에는 제조소등이 아닌 장소에서 지정수량 이상의 위험물을 취급할 수 있음(이 경우 임시로 저장 또는 취급하는 장소에서의 저장 또는 취급의 기준과 임시로 저장 또는 취급하는 장소의 위치 · 구조 및 설비의 기준은 시 · 도의 조례로 정함)
 ① 시 · 도의 조례가 정하는 바에 따라 관할소방서장의 승인을 받아 지정수량 이상의 위험물을 90일 이내의 기간 동안 임시로 저장 또는 취급하는 경우
 ② 군부대가 지정수량 이상의 위험물을 군사목적으로 임시로 저장 또는 취급하는 경우

3 위험물시설의 설치 및 변경 등

(1) 제조소등을 설치하고자 할 때, 제조소등의 위치 · 구조 또는 설비 가운데 행정안전부령이 정하는 사항을 변경하고자 할 때는 시 · 도지사의 허가를 받아야 함

바로 확인 예제

위험물안전관리법령상 시 · 도의 조례가 정하는 바에 따르면 관할소방서장의 승인을 받아 지정수량 이상의 위험물을 임시로 제조소등이 아닌 장소에서 취급할 때 며칠 이내의 기간 동안 취급할 수 있는가?

① 7일   ② 90일
③ 30일   ④ 180일

정답 ③
풀이 시 · 도의 조례가 정하는 바에 따라 관할소방서장의 승인을 받아 지정수량 이상의 위험물을 90일 이내의 기간 동안 임시로 저장 또는 취급하는 경우 제조소 등이 아닌 장소에서 지정수량 이상의 위험물을 취급할 수 있다.

바로 확인 예제

제조소등의 위치·구조 또는 설비의 변경 없이 해당 제조소 등에서 저장하거나 취급하는 위험물의 품명·수량 또는 지정수량의 배수를 변경하고자 하는 자는 변경하고자 하는 날의 며칠 전까지 행정안전부령이 정하는 바에 따라 시·도지사에게 신고하여야 하는가?

① 1일   ② 14일
③ 21일   ④ 30일

정답 ①

풀이 제조소등의 위치·구조 또는 설비의 변경 없이 당해 제조소등에서 저장하거나 취급하는 위험물의 품명·수량 또는 지정수량의 배수를 변경하고자 하는 자는 변경하고자 하는 날의 1일 전까지 행정안전부령이 정하는 바에 따라 시·도지사에게 신고하여야 한다.

(2) 제조소등의 위치·구조 또는 설비의 변경 없이 당해 제조소등에서 저장하거나 취급하는 위험물의 품명·수량 또는 지정수량의 배수를 변경하고자 하는 자는 변경하고자 하는 날의 1일 전까지 행정안전부령이 정하는 바에 따라 시·도지사에게 신고하여야 함 ★

(3) 다음의 어느 하나에 해당하는 제조소등의 경우에는 허가를 받지 아니하고 당해 제조소등을 설치하거나 그 위치·구조 또는 설비를 변경할 수 있으며, 신고를 하지 아니하고 위험물의 품명·수량 또는 지정수량의 배수를 변경할 수 있음
　① 주택의 난방시설(공동주택의 중앙난방시설 제외)을 위한 저장소 또는 취급소
　② 농예용, 축산용 또는 수산용으로 필요한 난방시설 또는 건조시설을 위한 지정수량 20배 이하의 저장소 ★

03 예방규정, 정기점검

1 예방규정 ★

(1) 대통령령으로 정하는 제조소등의 관계인은 해당 제조소등의 화재예방과 화재 등 재해발생 시의 비상조치를 위하여 행정안전부령으로 정하는 바에 따라 예방규정을 정하여 해당 제조소등의 사용을 시작하기 전에 시·도지사에게 제출하여야 함 (예방규정을 변경한 때에도 같음)

(2) 대통령령으로 정하는 제조소등이란 다음의 어느 하나에 해당하는 제조소등을 말함
　① 지정수량의 10배 이상의 위험물을 취급하는 제조소
　② 지정수량의 100배 이상의 위험물을 저장하는 옥외저장소
　③ 지정수량의 150배 이상의 위험물을 저장하는 옥내저장소
　④ 지정수량의 200배 이상의 위험물을 저장하는 옥외탱크저장소
　⑤ 암반탱크저장소
　⑥ 이송취급소
　⑦ 지정수량의 10배 이상의 위험물을 취급하는 일반취급소

2 정기점검 및 정기검사 ★★

(1) 정기점검: 연 1회 이상

(2) 대통령령이 정하는 제조소등의 관계인은 그 제조소등에 대해 행정안전부령이 정하는 바에 따라 기술기준에 적합한지 여부를 정기적으로 점검하고 점검결과를 기록하여 보존해야 함

Key point

정기검사 대상인 제조소등
대통령령으로 정하는 제조소등이라 함은 액체위험물을 저장 또는 취급하는 50만리터 이상의 옥외탱크저장소를 말함

(3) 정기점검을 한 제조소등의 관계인은 점검을 한 날부터 30일 이내 점검결과를 시·도지사에게 제출해야 함
(4) 아래 정기점검의 대상이 되는 제조소등의 관계인 가운데 대통령령으로 정하는 제조소등의 관계인은 행정안전부령으로 정하는 바에 따라 소방본부장 또는 소방서장으로부터 해당 제조소등이 기술기준에 적합하게 유지하고 있는지 여부에 대하여 정기적으로 검사받아야 함
　① 다음의 제조소등
　　• 지정수량의 10배 이상의 위험물을 취급하는 제조소
　　• 지정수량의 100배 이상의 위험물을 저장하는 옥외저장소
　　• 지정수량의 150배 이상의 위험물을 저장하는 옥내저장소
　　• 지정수량의 200배 이상의 위험물을 저장하는 옥외탱크저장소
　　• 암반탱크저장소
　　• 이송취급소
　　• 지정수량의 10배 이상의 위험물을 취급하는 일반취급소
　② 지하탱크저장소
　③ 이동탱크저장소
　④ 위험물을 취급하는 탱크로서 지하에 매설된 탱크가 있는 제조소·주유취급소 또는 일반취급소

04 자체소방대

1 설치하여야 하는 사업소 ★★

① 제4류 위험물의 최대수량의 합이 지정수량의 3천배 이상 취급하는 제조소 또는 일반취급소(다만, 보일러로 위험물을 소비하는 일반취급소 등 행정안전부령으로 정하는 일반취급소는 제외한다)
② 제4류 위험물의 최대수량이 지정수량의 50만배 이상 저장하는 옥외탱크저장소

2 설치기준 ★★★

① 자체소방대를 설치하는 사업소의 관계인은 다음 표의 규정에 의하여 자체소방대에 화학소방자동차 및 자체소방대원을 두어야 함

> **Key point**
> 제독차가 갖추어야 하는 소화능력 및 설비의 기준
> 가성소다 및 규조토를 각각 50kg 이상 비치할 것

제조소 또는 일반취급소에서 취급하는 제4류 위험물의 최대수량 합	화학소방자동차 (대)	자체소방대원 수 (인)
지정수량의 3천배 이상 12만배 미만인 사업소	1	5
지정수량의 12만배 이상 24만배 미만인 사업소	2	10
지정수량의 24만배 이상 48만배 미만인 사업소	3	15
지정수량의 48만배 이상인 사업소	4	20
옥외탱크저장소에 저장하는 제4류 위험물의 최대수량이 지정수량의 50만배 이상인 사업소	2	10

② 포 수용액을 방사하는 화학소방자동차의 대수는 규정에 의한 화학소방자동차의 대수의 3분의 2 이상으로 하여야 함

05 행정처분

시·도지사는 제조소등의 관계인이 다음의 어느 하나에 해당하는 때에는 행정안전부령이 정하는 바에 따라 허가를 취소하거나 6월 이내의 기간을 정하여 제조소등의 전부 또는 일부의 사용정지를 명할 수 있음

① 변경허가를 받지 아니하고, 제조소등의 위치, 구조 또는 설비를 변경한 때
② 완공검사를 받지 않고 제조소등을 사용한 때
③ 안전조치 이행명령을 따르지 아니한 때
④ 수리, 개조 또는 이전의 명령을 위반한 때
⑤ 위험물안전관리자를 선임하지 아니한 때
⑥ 대리자를 지정하지 아니한 때
⑦ 정기점검을 하지 아니한 때
⑧ 정기검사를 받지 아니한 때
⑨ 저장, 취급기준 준수명령을 위반한 때

06 제조소등 용도폐지 및 지위승계

(1) 제조소등의 관계인(소유자·점유자 또는 관리자)은 당해 제조소등의 용도를 폐지(장래에 대하여 위험물시설로서의 기능을 완전히 상실시키는 것을 말함)한 때에는 행정안전부령이 정하는 바에 따라 제조소등의 용도를 폐지한 날부터 14일 이내에 시·도지사에게 신고하여야 함

(2) 제조소등의 용도폐지신고를 하려는 자는 신고서(전자문서로 된 신고서를 포함함)에 제조소등의 완공검사합격확인증을 첨부하여 시·도지사 또는 소방서장에게 제출해야 함

바로 확인 예제

자체소방대에 두어야 하는 화학소방자동차 중 포 수용액을 방사하는 화학소방자동차는 전체 법정 화학소방자동차 대수의 얼마 이상으로 하여야 하는가?

① 1/3   ② 2/3
③ 1/5   ④ 2/5

정답 ②
풀이 포 수용액을 방사하는 화학소방자동차의 대수는 규정에 의한 화학 소방자동차의 대수의 3분의 2 이상으로 하여야 한다.

바로 확인 예제

위험물제조소등의 용도폐지신고에 대한 설명으로 옳지 않은 것은?
① 용도폐지한 날부터 30일 이내에 신고하여야 한다.
② 완공검사합격확인증을 첨부한 용도폐지신고서를 제출하는 방법으로 신고한다.
③ 전자문서로 된 용도폐지신고서를 제출하는 경우에도 완공검사합격확인증을 제출하여야 한다.
④ 신고의무의 주체는 해당 제조소등의 관계인이다.

정답 ①
풀이 제조소등의 용도를 폐지한 날부터 14일 이내에 시·도지사에게 신고하여야 한다.

단원별 출제예상문제

01

제조소등의 관계인이 예방규정을 정하여야 하는 제조소등이 아닌 것은?

① 지정수량 100배의 위험물을 저장하는 옥외탱크저장소
② 지정수량 150배의 위험물을 저장하는 옥내저장소
③ 지정수량 10배의 위험물을 취급하는 제조소
④ 지정수량 5배의 위험물을 취급하는 이송취급소

해설

예방규정을 정하여야 하는 제조소등
- 지정수량의 10배 이상의 위험물을 취급하는 제조소
- 지정수량의 10배 이상의 위험물을 취급하는 일반취급소
- 지정수량의 100배 이상의 위험물을 저장하는 옥외저장소
- 지정수량의 150배 이상의 위험물을 저장하는 옥내저장소
- 지정수량의 200배 이상의 위험물을 저장하는 옥외탱크저장소
- 암반탱크저장소
- 이송취급소

02

대통령령이 정하는 제조소등의 관계인은 그 제조소등에 대하여 연 몇 회 이상 정기점검을 실시해야 하는가? (단, 특정옥외탱크저장소의 정기점검은 제외한다.)

① 1
② 2
③ 3
④ 4

해설

정기점검의 횟수
제조소등의 관계인은 당해 제조소등에 대하여 연 1회 이상 정기점검을 실시하여야 한다.

03

위험물안전관리법령상 제조소에서 취급하는 제4류 위험물의 최대수량의 합이 지정수량의 12만배 미만인 사업소에 두어야 하는 화학소방자동차 및 자체소방대원의 수의 기준으로 옳은 것은?

① 1대 - 5인
② 2대 - 10인
③ 3대 - 15인
④ 4대 - 20인

해설

자체소방대에 두는 화학소방자동차 및 소방대원

제4류 위험물의 최대수량의 합	소방차	소방대원
지정수량의 3천배 이상 12만배 미만	1대	5인
지정수량의 12만배 이상 24만배 미만	2대	10인
지정수량의 24만배 이상 48만배 미만	3대	15인
지정수량의 48만배 이상	4대	20인

04

정기점검대상 제조소등에 해당하지 않는 것은?

① 이동탱크저장소
② 지정수량 120배의 위험물을 저장하는 옥외저장소
③ 지정수량 120배의 위험물을 저장하는 옥내저장소
④ 이송취급소

해설

정기점검대상 제조소등
- 지정수량 10배 이상의 위험물을 취급하는 제조소
- 지정수량 100배 이상의 위험물을 저장하는 옥외저장소
- 지정수량 150배 이상의 위험물을 저장하는 옥내저장소
- 지정수량 200배 이상의 위험물을 저장하는 옥외탱크저장소
- 암반탱크저장소
- 이송취급소
- 지정수량 10배 이상의 위험물을 취급하는 일반취급소
- 지하탱크저장소
- 이동탱크저장소
- 위험물을 취급하는 탱크로서 지하에 매설된 탱크가 있는 제조소 · 주유취급소 또는 일반취급소

정답 01 ① 02 ① 03 ① 04 ③

위험물산업기사 필기

PART 04

최근 5개년 CBT 기출복원문제

Chapter 01 2025년 3회 CBT 기출복원문제
Chapter 02 2025년 2회 CBT 기출복원문제
Chapter 03 2025년 1회 CBT 기출복원문제
Chapter 04 2024년 3회 CBT 기출복원문제
Chapter 05 2024년 2회 CBT 기출복원문제
Chapter 06 2024년 1회 CBT 기출복원문제
Chapter 07 2023년 4회 CBT 기출복원문제
Chapter 08 2023년 2회 CBT 기출복원문제
Chapter 09 2023년 1회 CBT 기출복원문제
Chapter 10 2022년 4회 CBT 기출복원문제
Chapter 11 2022년 2회 CBT 기출복원문제
Chapter 12 2022년 1회 CBT 기출복원문제
Chapter 13 2021년 4회 CBT 기출복원문제
Chapter 14 2021년 2회 CBT 기출복원문제
Chapter 15 2021년 1회 CBT 기출복원문제

01 2025년 3회 CBT 기출복원문제

01 폴리염화비닐의 단위체와 합성법이 옳게 나열된 것은?

① $CH_2 = CHCl$, 첨가중합
② $CH_3 = CHCl$, 축합중합
③ $CH_2 = CHCN$, 첨가중합
④ $CH_2 = CHCN$, 축합중합

- 폴리염화비닐은 염화비닐(단위체: $CH_2 = CHCl$)이 첨가중합반응을 통해 고분자로 합성된 것이다.
- 첨가중합은 단위체가 중합될 때 작은 분자가 생성되지 않는 중합반응이다.

02 위험물안전관리법령상 물분무등소화설비에 포함되지 않는 것은?

① 포 소화설비
② 분말 소화설비
③ 스프링클러설비
④ 불활성 가스 소화설비

물분무등소화설비의 종류
- 물분무 소화설비
- 포 소화설비
- 불활성 가스 소화설비
- 할로젠화합물 소화설비
- 분말 소화설비

03 짚, 헝겊 등을 다음의 물질과 적셔서 대량으로 쌓아 두었을 경우 자연발화의 위험성이 가장 높은 것은?

① 동유
② 야자유
③ 올리브유
④ 피마자유

- 아이오딘값이 클수록 자연발화의 위험이 높다.
- 동유는 아이오딘값이 130 이상인 건성유로, 공기 중 산소와 쉽게 반응하여 자연발화의 위험성이 매우 높다.
- 동식물유류의 구분

구분	아이오딘값	종류
건성유	130 이상	대구유, 정어리유, 상어유, 해바라기유, 동유, 아마인유, 들기름
반건성유	100 초과 130 미만	면실유, 청어유, 쌀겨유, 옥수수유, 채종유, 참기름, 콩기름
불건성유	100 이하	소기름, 돼지기름, 고래기름, 올리브유, 팜유, 땅콩기름, 피마자유, 야자유

04 $[OH^-] = 1 \times 10^{-5}$ mol/L인 용액의 pH와 액성으로 옳은 것은?

① pH = 5, 산성
② pH = 5, 알칼리성
③ pH = 9, 산성
④ pH = 9, 알칼리성

- $pOH = -\log[OH^-] = -\log[1 \times 10^{-5}] = 5$
- pH와 pOH의 관계: pH + pOH = 14
- pH = 14 − 5 = 9
- pH가 7보다 크면 용액은 알칼리성(염기성)이다.
- ∴ pH = 9, 알칼리성

05 다음 물질 1g을 1kg의 물에 녹였을 때 빙점강하가 가장 큰 것은? (단, 빙점강하 상수값(어는점 내림상수)은 동일하다고 가정한다.)

① CH_3OH
② C_2H_5OH
③ $C_3H_5(OH)_3$
④ $C_6H_{12}O_6$

- 빙점강하는 용액에 녹아 있는 용질의 몰수와 용질이 해리되는 정도에 비례한다.
- 따라서 같은 질량일 때, 분자량이 작은 물질이 더 많은 몰수를 제공하므로 빙점강하가 더 크다.
- 각 물질의 분자량

물질	화학식	분자량
메탄올	CH_3OH	$12 + (1 \times 4) + 16 = 32$
에탄올	C_2H_5OH	$(12 \times 2) + (1 \times 6) + 16 = 46$
글리세롤	$C_3H_5(OH)_3$	$(12 \times 3) + (1 \times 8) + (16 \times 3) = 92$
포도당	$C_6H_{12}O_6$	$(12 \times 6) + (1 \times 12) + (16 \times 6) = 180$

→ CH_3OH(메탄올)의 분자량이 가장 작으므로 빙점강하가 가장 크게 나타난다.

정답 01 ① 02 ③ 03 ① 04 ④ 05 ①

06 구리줄을 불에 달구어 약 50℃ 정도의 메탄올에 담그면 자극성 냄새가 나는 기체가 발생한다. 이 기체는 무엇인가?

① 포름알데하이드
② 아세트알데하이드
③ 프로판
④ 메틸에테르

> • 구리줄을 가열하면 표면에 산화구리(CuO)가 형성되고, 산화구리를 메탄올에 담그면 산화제로 작용하여 메탄올이 산화된다.
> • $CH_3OH + CuO \rightarrow H_2CO + H_2O + Cu$
> • 메탄올(CH_3OH)은 산화구리(CuO)와 반응하여 포름알데하이드(H_2CO)를 생성한다.

07 A는 B 이온과 반응하나 C 이온과는 반응하지 않고, D는 C 이온과 반응한다고 할 때 A, B, C, D의 환원력 세기를 큰 것부터 차례대로 나타낸 것은? (단, A, B, C, D는 모두 금속이다.)

① A > B > D > C
② D > C > A > B
③ C > D > B > A
④ B > A > C > D

> • 환원력이란 금속이 전자를 잃고 양이온으로 변하려는 경향을 말한다. 환원력이 클수록 금속은 더 쉽게 산화(전자 방출)되며, 다른 물질을 환원시키는 능력이 강하다.
> • A는 B보다 환원력이 크고, C보다 환원력이 작다. → C > A > B
> • D는 C보다 환원력이 크다. → D > C
> • 따라서 D는 C보다 환원력이 강하고, A는 B보다 환원력이 크다.
> ∴ D > C > A > B

08 할로젠화합물 소화약제 중 HFC-23의 화학식은?

① CF_3I ② CHF_3
③ $CF_3CH_2CF_3$ ④ C_4F_{10}

> 할로젠화합물 소화약제 중 HFC-23의 화학식은 CHF_3이다. 이는 소화 후에 잔여물이 남지 않고, 중요한 전자장비나 통신장비 같은 민감한 환경에서 사용되기에 적합하다.

09 "Halon 1301"에서 각 숫자가 나타내는 것을 틀리게 표시한 것은?

① 첫째 자리 숫자 "1" - 탄소의 수
② 둘째 자리 숫자 "3" - 불소의 수
③ 셋째 자리 숫자 "0" - 아이오딘의 수
④ 넷째 자리 숫자 "1" - 브로민의 수

> • 할론넘버는 C, F, Cl, Br 순으로 매긴다.
> • Halon 1301의 해석은 다음과 같다.
> - 첫째 자리 "1": 탄소(C)의 수 → 1개의 탄소 원자
> - 둘째 자리 "3": 불소(F)의 수 → 3개의 불소 원자
> - 셋째 자리 "0": 염소(Cl)의 수 → 염소가 없음을 의미
> - 넷째 자리 "1": 브로민(Br)의 수 → 1개의 브로민 원자

10 금속분의 화재 시 주수소화를 할 수 없는 이유는?

① 산소가 발생하기 때문에
② 수소가 발생하기 때문에
③ 질소가 발생하기 때문에
④ 이산화탄소가 발생하기 때문에

> 금속분(예 나트륨, 칼륨, 마그네슘 등)은 물과 격렬히 반응하여 가연성인 수소를 발생하며 폭발을 유발하기 때문에 주수소화가 적합하지 않다. 예 $2Na + 2H_2O \rightarrow 2NaOH + H_2$

정답 06 ① 07 ② 08 ② 09 ③ 10 ②

11 불활성 가스 소화약제 중 IG-55의 구성성분을 모두 나타낸 것은?

① 질소
② 이산화탄소
③ 질소와 아르곤
④ 질소, 아르곤, 이산화탄소

- IG-55는 불활성 가스 소화약제 중 하나로, 질소(N_2)와 아르곤(Ar)이 각각 50%씩 혼합된 소화약제이다.
- IG-55는 화재발생 시 산소농도를 낮추어 화재를 진압하는 방식으로, 불활성 가스들이 화학적으로 반응하지 않고 물리적으로 산소농도를 낮추는 역할을 한다.
- IG-541은 질소(N_2) : 아르곤(Ar) : 이산화탄소(CO_2) = 52 : 40 : 8로 혼합되어 있다.
- IG-100은 질소(N_2) 100%이다.

12 다음 제1류 위험물 중 물과의 접촉이 가장 위험한 것은? ★빈출

① 아염소산나트륨 ② 과산화나트륨
③ 과염소산나트륨 ④ 다이크로뮴산암모늄

- $2Na_2O_2 + 2H_2O \rightarrow 4NaOH + O_2$
- 과산화나트륨은 물과 반응 시 수산화나트륨과 산소를 발생하며 폭발의 위험이 있기 때문에 물과의 접촉이 위험하다.

13 옥내저장소에서 위험물 용기를 겹쳐 쌓는 경우에 있어서 제4류 위험물 중 제3석유류만을 수납하는 용기를 겹쳐 쌓을 수 있는 높이는 최대 몇 m인가?

① 3 ② 4
③ 5 ④ 6

옥내저장소에서 위험물을 저장하는 경우에는 다음의 규정에 의한 높이를 초과하여 용기를 겹쳐 쌓지 아니하여야 한다(시행규칙 별표 18).
- 기계에 의하여 하역하는 구조로 된 용기만을 겹쳐 쌓는 경우: 6m
- 제4류 위험물 중 제3석유류, 제4석유류 및 동식물유류를 수납하는 용기만을 겹쳐 쌓는 경우: 4m
- 그 밖의 경우: 3m

14 주유취급소에서 고정주유설비는 도로경계선과 몇 m 이상의 거리를 유지하여야 하는가? (단, 고정주유설비의 중심선을 기점으로 한다.)

① 2 ② 4
③ 6 ④ 8

고정주유설비의 설치기준(시행규칙 별표 13)
고정주유설비의 중심선을 기점으로 하여 도로경계선까지 4m 이상, 부지경계선·담 및 건축물의 벽까지 2m(개구부가 없는 벽까지는 1m) 이상의 거리를 유지하여야 한다.

15 특정옥외탱크저장소라 함은 옥외탱크저장소 중 저장 또는 취급하는 액체위험물의 최대수량이 얼마 이상의 것을 말하는가?

① 50만리터 이상 ② 100만리터 이상
③ 150만리터 이상 ④ 200만리터 이상

옥외탱크저장소 중 저장 또는 취급하는 액체위험물의 최대수량이 50만리터 이상인 것을 특정·준특정옥외탱크저장소라 한다(시행규칙 제65조).

16 20%의 소금물을 전기분해하여 수산화나트륨 1몰을 얻는 데는 1A의 전류를 몇 시간 통해야 하는가? ★빈출

① 13.4 ② 26.8
③ 53.6 ④ 104.2

- 소금물(NaCl)을 전기분해하면 수산화나트륨(NaOH), 염소(Cl_2), 그리고 수소(H_2)가 생성된다.
- Na^+이온 1mol이 1mol의 수산화나트륨으로 변환되는 데 필요한 전자는 1mol이다.
- 패러데이 법칙에 따르면, 전기분해를 통해 1mol의 전자를 방출하는 데 필요한 전기량은 1패러데이(96,485쿨롱)이다.
- 1mol몰의 수산화나트륨을 얻으려면 96,485쿨롱(C)의 전하가 필요하므로 이를 1A의 전류로 몇 시간 동안 흘려야 하는지를 계산하면 다음과 같다.

$$t = \frac{96,485C}{1A} = 96,485초$$

$$\therefore t = \frac{96,485초}{3,600초/시간} = 26.8시간$$

정답 11 ③ 12 ② 13 ② 14 ② 15 ① 16 ②

17 방사성 원소인 U(우라늄)이 다음과 같이 변화되었을 때의 붕괴 유형은?

$$^{238}_{92}U \rightarrow ^{234}_{90}Th + ^{4}_{2}He$$

① α 붕괴
② β 붕괴
③ γ 붕괴
④ R 붕괴

- 알파(α) 붕괴는 헬륨 원자핵(2개의 양성자와 2개의 중성자)이 방출되는 과정으로, 알파(α) 붕괴가 일어나면 원자번호가 2 감소하고, 질량수가 4 감소한다.
- 원소기호의 왼쪽 상단에 있는 숫자(우라늄을 기준으로 238)는 질량수이고, 왼쪽 하단에 있는 숫자(우라늄을 기준으로 92)는 원자번호로, 숫자의 감소폭을 보면 우라늄이 알파(α) 붕괴하였다는 것을 알 수 있다.
- 우라늄-238이 알파(α) 붕괴하면 $^{238}_{92}U \rightarrow ^{234}_{90}Th + ^{4}_{2}He$와 같은 반응이 일어나는데, 이는 우라늄이 알파(α) 붕괴를 통해 토륨(Th)과 헬륨 원자핵(알파 입자)을 방출하는 전형적인 과정이다.

18 질산나트륨을 저장하고 있는 옥내저장소(내화구조의 격벽으로 완전히 구획된 실이 2 이상 있는 경우에는 동일한 실)에 함께 저장하는 것이 법적으로 허용되는 것은? (단, 위험물을 유별로 정리하여 서로 1m 이상의 간격을 두는 경우이다.)

① 적린
② 인화성 고체
③ 동식물유류
④ 과염소산

유별을 달리하더라도 1m 이상 간격을 둘 때 저장 가능한 경우
- 제1류 위험물(알칼리금속의 과산화물 또는 이를 함유한 것을 제외한다)과 제5류 위험물을 저장하는 경우
- 제1류 위험물과 제6류 위험물을 저장하는 경우
- 제1류 위험물과 제3류 위험물 중 자연발화성 물질(황린 또는 이를 함유한 것에 한한다)을 저장하는 경우
- 제2류 위험물 중 인화성 고체와 제4류 위험물을 저장하는 경우
- 제3류 위험물 중 알킬알루미늄등과 제4류 위험물(알킬알루미늄 또는 알킬리튬을 함유한 것에 한한다)을 저장하는 경우
- 제4류 위험물 중 유기과산화물 또는 이를 함유하는 것과 제5류 위험물 중 유기과산화물 또는 이를 함유한 것을 저장하는 경우
  → 질산나트륨은 제1류 위험물이므로 함께 저장 가능한 위험물은 제6류 위험물인 과염소산이다.

19 황린을 약 몇 도로 가열하면 적린이 되는가?
① 260℃
② 300℃
③ 320℃
④ 360℃

공기를 차단한 상태에서 황린을 약 250~260℃로 가열하면 적린이 생성된다.

20 다음 중 BLEVE 현상의 의미로 알맞은 것을 고르시오.
① 유류화재 시 탱크 밑면에 물이 고여 있는 경우 물이 증발하여 불붙은 기름을 분출하는 현상
② 물이 뜨거운 기름 표면 아래에서 끓을 때 화재를 수반하지 않고 용기에서 넘쳐흐르는 현상
③ 액화가스 저장탱크 주위에 화재가 발생했을 때 탱크 내부의 비등현상으로 인한 압력으로 탱크가 파열되고 이때 누설로 부유 또는 확산된 액화가스가 착화원과 접촉하여 공기 중으로 확산, 폭발하는 현상
④ 대기 중에서 대량의 가연성 가스나 가연성 액체가 유출하여 그것으로부터 발생하는 증기가 공기와 혼합되어 발화원에 의해 발생하는 폭발

보일오버	유류화재 시 탱크 밑면에 물이 고여 있는 경우 증발하여 불붙은 기름을 분출하는 현상
프로스오버	물이 뜨거운 기름 표면 아래에서 끓을 때 화재를 수반하지 않고 용기에서 넘쳐흐르는 현상
BLEVE	액화가스 저장탱크 주위에 화재가 발생했을 때 탱크 내부의 비등현상으로 인한 압력으로 탱크가 파열되고 이때 누설로 부유 또는 확산된 액화가스가 착화원과 접촉하여 공기 중으로 확산, 폭발하는 현상
UVCE	대기 중에서 대량의 가연성 가스나 가연성 액체가 유출하여 그것으로부터 발생하는 증기가 공기와 혼합되어 발화원에 의해 발생하는 폭발

정답 17 ① 18 ④ 19 ① 20 ③

21 게르마늄이 옥텟규칙을 만족하기 위해 어느 원자와 가까워져야 하는가?

① Si
② Sn
③ Kr
④ As

- 옥텟규칙: 원자가 화학적으로 안정한 상태(비활성기체)를 얻기 위해 가장 바깥 껍질에 전자가 8개가 되도록 전자를 얻거나, 잃거나, 공유하려는 경향
- 게르마늄(Ge) 전자배치: $1s^2 2s^2 2p^6 3s^2 3p^6 3d^{10} 4s^2 4p^2$로 4주기의 원소이다.
- 4주기의 원소 중 18족인 비활성기체는 Kr(크립톤)이다.

22 제3주기에서 음이온이 되기 쉬운 경향성은? [단, 0족(18족) 기체는 제외한다.]

① 금속성이 큰 것
② 원자의 반지름이 큰 것
③ 최외각 전자 수가 많은 것
④ 염기성 산화물을 만들기 쉬운 것

음이온이 되기 쉬운 원소는 전자를 얻으려는 경향이 크며, 이는 주로 최외각 전자 수가 많을수록(즉, 전자를 추가로 채워서 옥텟을 완성하려는 경향이 클수록) 증가한다.

23 고체유기물질을 정제하는 과정에서 그 물질이 순물질인지 알기 위해 가장 적합한 방법은 무엇인가?

① 육안으로 관찰
② 광학현미경 사용
③ 녹는점 측정
④ 전기전도도 측정

순물질은 일정한 녹는점을 가지며, 불순물이 섞여 있을 경우 녹는점이 낮아지거나 녹는 구간이 넓어진다. 따라서 녹는점 측정은 순수한 고체 물질을 판별하는 가장 적합한 방법이다.

24 어떤 공장에서 아세톤과 메탄올을 18L 용기에 각각 10개, 등유를 200L 드럼으로 3드럼을 저장하고 있다면 각각의 지정수량 배수의 총합은 얼마인가?

① 1.3
② 1.5
③ 2.3
④ 2.5

- 각 위험물별 지정수량
  - 아세톤(제4류): 400L
  - 메탄올(제4류): 400L
  - 등유(제4류): 1,000L
- 각 지정수량 배수의 총합 = $\frac{180}{400} + \frac{180}{400} + \frac{600}{1,000}$ = 1.5배

25 이산화탄소 소화약제의 소화작용을 옳게 나열한 것은?

① 질식소화, 부촉매소화
② 부촉매소화, 제거소화
③ 부촉매소화, 냉각소화
④ 질식소화, 냉각소화

이산화탄소 소화약제의 소화작용
- 질식소화: 이산화탄소는 공기 중에서 산소농도를 낮추어 화재가 발생하는 연소반응에 필요한 산소공급을 차단한다.
- 냉각소화: 이산화탄소는 기체 상태에서 방출될 때 급격한 팽창으로 인해 주변 온도를 낮추는 냉각효과를 제공한다.

정답 21 ③ 22 ③ 23 ③ 24 ② 25 ④

26 위험물제조소등에 옥내소화전설비를 압력수조를 이용한 가압송수장치로 설치하는 경우 압력수조의 최소압력은 몇 MPa인가? (단, 소방용 호스의 마찰손실수두압은 3.2MPa, 배관의 마찰손실수두압은 2.2MPa, 낙차의 환산수두압은 1.79MPa이다.)

① 5.4
② 3.99
③ 7.19
④ 7.54

> 옥내소화전설비에서 압력수조의 최소압력을 구하는 식
> P = p1 + p2 + p3 + 0.35MPa
> • P: 필요한 압력(단위 MPa)
> • p1: 소방용 호스의 마찰손실수두압(단위 MPa)
> • p2: 배관의 마찰손실수두압(단위 MPa)
> • p3: 낙차의 환산수두압(단위 MPa)
> ∴ P = 3.2 + 2.2 + 1.79 + 0.35 = 7.54MPa

27 위험물안전관리법령상 지정수량의 3천배 초과 4천배 이하의 위험물을 저장하는 옥외탱크저장소에 확보하여야 하는 보유공지의 너비는 얼마인가?

① 6m 이상
② 9m 이상
③ 12m 이상
④ 15m 이상

> 옥외탱크저장소의 보유공지
>
> | 저장 또는 취급하는 위험물의 최대수량 | 공지의 너비 |
> | --- | --- |
> | 지정수량의 500배 이하 | 3m 이상 |
> | 지정수량의 500배 초과 1,000배 이하 | 5m 이상 |
> | 지정수량의 1,000배 초과 2,000배 이하 | 9m 이상 |
> | 지정수량의 2,000배 초과 3,000배 이하 | 12m 이상 |
> | 지정수량의 3,000배 초과 4,000배 이하 | 15m 이상 |

28 다음 중 연소할 때 자기연소에 의하여 질식소화가 곤란한 위험물로 알맞은 것은?

① $C_3H_5(ONO_2)_3$
② CH_3COCH_3
③ CH_2CHOCH_3
④ $C_2H_5OC_2H_5$

> | 위험물 | 품명 |
> | --- | --- |
> | $C_3H_5(ONO_2)_3$ | 나이트로글리세린(제5류 위험물 중 질산에스터류) |
> | CH_3COCH_3 | 아세톤(제4류 위험물 중 제1석유류) |
> | CH_2CHOCH_3 | 산화프로필렌(제4류 위험물 중 특수인화물) |
> | $C_2H_5OC_2H_5$ | 다이에틸에터(제4류 위험물 중 특수인화물) |
>
> → 나이트로글리세린은 제5류 위험물인 자기반응성 물질로 자기연소를 하므로 냉각소화를 한다.

29 다음 중 소화약제의 종류에 해당하지 않는 것을 고르시오.

① CH_3BrCl
② $NaHCO_3$
③ CF_3Br
④ NH_4BrO_3

> | 화학식 | 특징 |
> | --- | --- |
> | CH_3BrCl | 할론1011로 할로젠화합물 소화약제 |
> | $NaHCO_3$ | 탄산수소나트륨으로 제1종 분말소화약제 |
> | CF_3Br | 할론1301로 할로젠화합물소화약제 |
> | NH_4BrO_3 | 브로민산암모늄으로 제1류 위험물 |
>
> → 제1류 위험물은 소화약제가 될 수 없다.

30 소화난이도등급 Ⅰ의 옥내저장소에 설치하여야 하는 소화설비에 해당하지 않는 것은?

① 옥외소화전설비
② 연결살수설비
③ 스프링클러설비
④ 물분무 소화설비

> 소화난이도등급 Ⅰ의 옥내저장소에 설치하여야 하는 소화설비(시행규칙 별표 17)
> • 처마높이가 6m 이상인 단층건물 또는 다른 용도의 부분이 있는 건축물에 설치한 옥내저장소: 스프링클러설비 또는 이동식 외의 물분무등소화설비
> • 그 밖의 것: 옥외소화전설비, 스프링클러설비, 이동식 외의 물분무등소화설비 또는 이동식 포 소화설비

정답 26 ④ 27 ④ 28 ① 29 ④ 30 ②

31 올레핀계 탄화수소의 일반식으로 옳은 것은?

① C_nH_{2n}
② C_nH_{2n+2}
③ C_nH_{2n+1}
④ C_nH_{2n-2}

- 올레핀(olefin)은 알켄(alkene)의 또 다른 이름으로, 이중결합(C = C)을 가진 불포화 탄화수소이다.
- 알켄(올레핀)의 일반식은 C_nH_{2n}(탄소 C가 n개일 때, 수소 H는 2n개)이다.

32 물과 반응하였을 때 발생하는 가연성 가스의 종류가 나머지 셋과 다른 하나는?

① 탄화리튬
② 탄화마그네슘
③ 탄화칼슘
④ 탄화알루미늄

- $Al_4C_3 + 12H_2O \rightarrow 4Al(OH)_3 + 3CH_4$
- 탄화알루미늄은 물과 반응하여 수산화알루미늄과 메탄을 발생한다.
- $Li_2C_2 + 2H_2O \rightarrow 2LiOH + C_2H_2$
- 탄화리튬은 물과 반응하여 수산화리튬과 아세틸렌을 발생한다.
- $MgC_2 + 2H_2O \rightarrow Mg(OH)_2 + C_2H_2$
- 탄화마그네슘은 물과 반응하여 수산화마그네슘과 아세틸렌을 발생한다.
- $CaC_2 + 2H_2O \rightarrow Ca(OH)_2 + C_2H_2$
- 탄화칼슘은 물과 반응하여 수산화칼슘과 아세틸렌을 발생한다.

33 소화기에 "A-2"로 표시되어 있었다면 숫자 "2"가 의미하는 것은 무엇인가?

① 소화기의 제조번호
② 소화기의 소요단위
③ 소화기의 능력단위
④ 소화기의 사용순위

- A: 적응화재
- 2: 능력단위

34 공기 중에 포함되어 있는 질소와 산소의 부피비는 0.79 : 0.21이므로 질소와 산소의 분자수의 비도 0.79 : 0.21이다. 이와 관계있는 법칙은?

① 아보가드로 법칙
② 일정 성분비의 법칙
③ 배수비례의 법칙
④ 질량보존의 법칙

- 아보가드로 법칙은 같은 온도와 압력에서 동일한 부피의 기체는 그 종류에 관계없이 같은 수의 분자를 포함한다는 법칙이다.
- 이 법칙에 따르면 공기 중에 질소와 산소의 부피비가 0.79 : 0.21이라는 사실로부터 분자수의 비도 0.79 : 0.21이라는 것을 알 수 있다.

35 탄산음료수의 병마개를 열면 거품이 솟아오르는 이유를 가장 올바르게 설명한 것은?

① 수증기가 생성되기 때문이다.
② 이산화탄소가 분해되기 때문이다.
③ 용기 내부압력이 줄어들어 기체의 용해도가 감소하기 때문이다.
④ 온도가 낮아질수록 기체는 용액 속에 더 많이 용해되기 때문이다.

- 탄산음료는 이산화탄소(CO_2)가 물에 녹아 있는 상태이다.
- 이산화탄소는 고압 상태에서 물에 잘 녹아 있지만, 병마개를 열면 내부압력이 줄어들면서 기체의 용해도가 감소하기 때문에 이산화탄소가 물에서 빠져나와 거품이 형성된다.

36 나이트로벤젠의 증기에 수소를 혼합한 뒤 촉매를 사용하여 환원시키면 무엇이 되는가?

① 페놀
② 톨루엔
③ 아닐린
④ 나프탈렌

나이트로벤젠($C_6H_5NO_2$)을 수소와 반응시키고 촉매를 사용하여 환원시키면 아닐린($C_6H_5NH_2$)이 생성된다.

정답 31 ① 32 ④ 33 ③ 34 ① 35 ③ 36 ③

37 다음 중 원자반지름이 가장 큰 것으로 알맞은 것은?

① C ② S
③ O ④ Ne

> **원자반지름의 변화 경향**
> - 같은 주기: 오른쪽으로 갈수록 양성자 수가 증가하여 전자들이 더 강하게 핵으로 끌려가므로 원자반지름이 작아진다.
> - 같은 족: 전자껍질 수가 증가하므로 핵에서 전자까지의 거리가 증가하여 원자반지름이 커진다.
>
> **각 원소의 위치**
>
> | 원소 | 주기 | 족 |
> |---|---|---|
> | C(탄소) | 2 | 14 |
> | O(산소) | 2 | 16 |
> | Ne(네온) | 2 | 18 |
> | S(황) | 3 | 16 |
>
> → S는 3주기 원소로 전자껍질이 하나 더 많아 원자반지름이 가장 크다.

38 위험물안전관리법령상 소화전용물통 8L의 능력단위는?

① 0.3 ② 0.5
③ 1.0 ④ 1.5

> **소화설비의 능력단위**
>
> | 소화설비 | 용량(L) | 능력단위 |
> |---|---|---|
> | 소화전용물통 | 8 | 0.3 |
> | 수조(물통 3개 포함) | 80 | 1.5 |
> | 수조(물통 6개 포함) | 190 | 2.5 |
> | 마른모래(삽 1개 포함) | 50 | 0.5 |
> | 팽창질석·팽창진주암(삽 1개 포함) | 160 | 1.0 |

39 질량수가 29인 칼륨의 양성자 수와 중성자 수로 알맞은 것은?

① 양성자 수: 19개, 중성자 수: 10개
② 양성자 수: 17개, 중성자 수: 10개
③ 양성자 수: 19개, 중성자 수: 19개
④ 양성자 수: 19개, 중성자 수: 17개

> - 질량 수 = 양성자 수 + 중성자 수
> - 칼륨(K)의 원자번호는 19번으로 양성자 수는 19개이다.
> - 질량 수가 29에서 양성자 수가 19개이므로 중성자 수는 10개이다.

40 위험물안전관리법령상 지정수량 10배 이상의 위험물을 저장하는 제조소에 설치하여야 하는 경보설비의 종류가 아닌 것은?

① 자동화재탐지설비
② 유도등
③ 휴대용확성기
④ 비상방송설비

> **경보설비**
> 지정수량 10배 이상의 위험물을 저장, 취급하는 제조소등(이동탱크저장소 제외)에는 화재발생 시 이를 알릴 수 있는 다음의 경보설비를 설치하여야 한다.
> - 자동화재탐지설비
> - 자동화재속보설비
> - 비상경보설비(비상벨장치 또는 경종 포함)
> - 확성장치(휴대용확성기 포함)
> - 비상방송설비

41 강화액 소화약제에 소화력을 향상시키기 위하여 첨가하는 물질로 옳은 것은?

① 탄산칼륨 ② 질소
③ 사염화탄소 ④ 아세틸렌

> 강화액 소화약제는 물에 탄산칼륨(K_2CO_3), 방청제 및 안정제 등을 첨가하여 -20℃에서도 응고하지 않도록 하며 물의 침투능력을 배가시킨 소화약제이다.

정답 37 ② 38 ① 39 ① 40 ② 41 ①

42 다음 중 페놀프탈레인 지시약의 변색범위로 알맞은 것은?

① pH 1~5　　② pH 15~20
③ pH 8~10　　④ pH 5~8

- 페놀프탈레인은 산성에서 무색이고 염기성에서 붉은색으로 변한다.
- 변색이 시작되는 pH의 범위를 변색범위라고 하며 페놀프탈레인은 pH 8~10 사이에서 색이 변한다.

43 메틸알코올과 에틸알코올이 각각 다른 시험관에 들어 있다. 이 두 가지를 구별할 수 있는 실험방법은?

① 금속나트륨을 넣어 본다.
② 환원시켜 생성물을 비교하여 본다.
③ KOH와 I_2의 혼합 용액을 넣고 가열하여 본다.
④ 산화시켜 나온 물질에 은거울 반응시켜 본다.

- 아이오딘포름 반응은 에틸알코올(C_2H_5OH)처럼 $-CH_3CH(OH)-$ 구조를 가진 물질을 구별할 때 사용된다.
- 에틸알코올을 아이오딘(I_2)과 수산화칼륨(KOH) 혼합 용액에 넣고 가열하면 노란색 침전물(아이오딘포름, CHI_3)이 생성된다.

44 다이클로로벤젠($C_6H_4Cl_2$)의 이성질체 수는?

① 1개　　② 2개
③ 3개　　④ 4개

- 벤젠 고리에 치환기가 2개 붙은 경우 치환 위치에 따라 서로 다른 구조이성질체가 생긴다.
- 따라서 다이클로로벤젠의 이성질체 수는 아래와 같다.
  - 오르토(ortho, o-): 1, 2-치환
  - 메타(meta, m-): 1, 3-치환
  - 파라(para, p-): 1, 4-치환

45 다음 중 비전해질 물질로 알맞은 것은?

① C_2H_5OH　　② HNO_3
③ CH_3COOH　　④ HCl

- 전해질: 물에 녹아 이온으로 해리되어 전기를 흐르게 하는 물질
- 비전해질: 물에 녹아도 이온으로 해리되지 않는 물질(분자상태 유지) → 에탄올(C_2H_5OH)은 물에 잘 섞이지만 이온화하지 않아 비전해질이다.

46 위험물안전관리법령상 알칼리금속과산화물의 화재에 적응성이 없는 소화설비는?

① 건조사
② 물통
③ 탄산수소염류 분말 소화설비
④ 팽창질석

- $2Na_2O_2 + 2H_2O \rightarrow 4NaOH + O_2$
- 과산화나트륨은 물과 반응하여 수산화나트륨과 산소를 발생한다.
- $2K_2O_2 + 2H_2O \rightarrow 4KOH + O_2$
- 과산화칼륨은 물과 반응하여 수산화칼륨과 산소를 발생한다.
- 과산화나트륨과 과산화칼륨 등 알칼리금속과산화물은 물과 반응하면 산소를 발생하며 폭발하기 때문에 주수소화에 적응성이 없다.

47 위험물안전관리법령상 위험물의 취급 기준 중 소비에 관한 기준으로 틀린 것은?

① 열처리작업은 위험물이 위험한 온도에 이르지 아니하도록 하여 실시하여야 한다.
② 담금질작업은 위험물이 위험한 온도에 이르지 아니하도록 하여 실시하여야 한다.
③ 분사도장작업은 방화상 유효한 격벽 등으로 구획한 안전한 장소에서 하여야 한다.
④ 버너를 사용하는 경우에는 버너의 역화를 유지하고 위험물이 넘치지 아니하도록 하여야 한다.

위험물의 취급 중 소비에 관한 기준(시행규칙 별표 18)
- 분사도장작업은 방화상 유효한 격벽 등으로 구획된 안전한 장소에서 실시할 것
- 담금질 또는 열처리작업은 위험물이 위험한 온도에 이르지 아니하도록 하여 실시할 것
- 버너를 사용하는 경우에는 버너의 역화를 방지하고 위험물이 넘치지 아니하도록 할 것

정답　42 ③　43 ③　44 ③　45 ①　46 ②　47 ④

48 95wt% 황산의 비중은 1.84이다. 이 황산의 몰농도는 약 얼마인가?

① 4.5　　② 8.9
③ 17.8　　④ 35.6

- 1L(= 1,000mL)의 황산 용액의 질량(비중 1.84)
  → 1.84g/mL × 1,000mL = 1,840g
- 황산 용액 중 순수 황산의 질량(95wt%의 황산)
  → 1,840g × 0.95 = 1,748g
- 황산(H_2SO_4)의 분자량 = 98g/mol
- 황산의 몰수 = $\dfrac{1,784g}{98g/mol}$ = 17.83mol
- 몰농도 = 1L 용액당 몰수
∴ 황산의 몰농도 = 17.83mol/L

49 제5류 위험물 중 상온(25℃)에서 동일한 물리적 상태(고체, 액체, 기체)로 존재하는 것으로만 나열한 것은?

① 나이트로글리세린, 나이트로셀룰로오스
② 질산메틸, 나이트로글리세린
③ 트라이나이트로톨루엔, 질산메틸
④ 나이트로글리콜, 트라이나이트로톨루엔

제5류 위험물의 상온에서의 물리적 상태

품명	위험물	상태
질산에스터류	질산메틸 질산에틸 나이트로글리콜 나이트로글리세린	액체
	나이트로셀룰로오스 셀룰로이드	고체
나이트로화합물	트라이나이트로톨루엔 트라이나이트로페놀 다이나이트로벤젠 테트릴	고체

50 제3류 위험물 중 금수성 물질을 제외한 위험물에 적응성이 있는 소화설비가 아닌 것은?

① 분말 소화설비
② 스프링클러설비
③ 옥내소화전설비
④ 포 소화설비

- 금수성 물질의 소화에는 탄산수소염류 등을 이용한 분말 소화약제 등 금수성 위험물에 적응성이 있는 분말 소화약제를 이용한다.
- 자연발화성만 가진 위험물의 소화에는 물 또는 강화액포와 같은 주수소화를 사용하는 것이 가능하며, 마른모래, 팽창질석 등 질식소화는 제3류 위험물 전체의 소화에 사용가능하다.

51 다음 중 자연발화의 원인으로 가장 거리가 먼 것은?

① 기화열에 의한 발열
② 산화열에 의한 발열
③ 분해열에 의한 발열
④ 흡착열에 의한 발열

- 자연발화의 원인으로 산화열, 분해열, 흡착열, 발효열이 있다.
- 기화열은 물질이 액체에서 기체로 변할 때(증발할 때) 열을 흡수하는 과정으로, 이 과정에서 열이 흡수되기 때문에 자연발화와는 거리가 멀다.

52 다음 중 산성 산화물에 해당하는 것은?

① BaO　　② CO_2
③ CaO　　④ MgO

산성 산화물
- 비금속원소가 산소와 결합한 산화물
- 물과 반응하면 산을 형성하거나 염기와 반응하여 염을 형성
  → CO_2(이산화탄소)는 비금속산화물로, 물과 반응하여 H_2CO_3(탄산)을 형성하므로 산성 산화물에 해당한다.

정답　48 ③　49 ②　50 ①　51 ①　52 ②

53 연소의 3요소 중 하나에 해당하는 역할이 나머지 셋과 다른 위험물은?

① 과산화수소 ② 과산화나트륨
③ 질산칼륨   ④ 황린

- 연소의 3요소: 가연물, 산소공급원, 점화원
- 과산화수소, 과산화나트륨, 질산칼륨: 산소공급원
- 황린: 가연물

54 다음과 같은 기체가 일정한 온도에서 반응하고 있다. 평형에서 기체 A, B, C가 각각 1몰, 2몰, 4몰이라면 평형상수 K의 값은 얼마인가?

$$A + 3B \rightarrow 2C + 열$$

① 0.5 ② 2
③ 3   ④ 4

- $\dfrac{[C]^c[D]^d}{[A]^a[B]^b} = K(평형상수)$
- $\dfrac{[C]^c[D]^d}{[A]^a[B]^b} = \dfrac{[4]^2}{[1]^1[2]^3} = 2$

55 분말 소화약제의 착색 색상으로 옳은 것은?

① $NH_4H_2PO_4$: 담홍색   ② $NH_4H_2PO_4$: 백색
③ $KHCO_3$: 담홍색   ④ $KHCO_3$: 백색

분말 소화약제의 종류

약제명	주성분	분해식	색상
제1종	탄산수소나트륨	$2NaHCO_3 \rightarrow Na_2CO_3 + CO_2 + H_2O$	백색
제2종	탄산수소칼륨	$2KHCO_3 \rightarrow K_2CO_3 + CO_2 + H_2O$	보라색 (담회색)
제3종	인산암모늄	• 1차: $NH_4H_2PO_4 \rightarrow NH_3 + H_3PO_4$ • 2차: $NH_4H_2PO_4 \rightarrow NH_3 + HPO_3 + H_2O$	담홍색
제4종	탄산수소칼륨 + 요소	–	회색

56 위험물안전관리법령상 옥내소화전설비의 설치기준에 따르면 수원의 수량은 옥내소화전이 가장 많이 설치된 층의 옥내소화전 설치개수(설치개수가 5개 이상인 경우는 5개)에 몇 m³를 곱한 양 이상이 되도록 설치하여야 하는가?

① 2.3   ② 2.6
③ 7.8   ④ 13.5

소화설비 설치기준에 따른 수원의 수량
- 옥내소화전 = 설치개수(최대 5개) × 7.8m³
- 옥외소화전 = 설치개수(최대 4개) × 13.5m³

57 다음 중 헤스의 법칙에 대한 설명으로 알맞은 것은?

① 일정한 온도에서 비휘발성이며, 비전해질인 용질이 녹은 묽은 용액의 증기압력 내림은 일정량의 용매에 녹아 있는 용질의 몰수에 비례한다.
② 화학반응이 어떤 경로를 거치든, 총 엔탈피 변화량은 항상 같다.
③ 묽은 용액의 삼투압은 용매나 용질의 종류에 상관없이 용액의 몰농도와 절대온도에 비례한다.
④ 기체의 용해도와 기압의 관계를 설명하는 법칙으로, 기체의 용해도는 그 기체가 용해된 액체의 표면 위에 가해진 기체의 부분압력에 비례함을 나타낸다.

법칙	특징
라울의 법칙	일정한 온도에서 비휘발성이며, 비전해질인 용질이 녹은 묽은 용액의 증기압력 내림은 일정량의 용매에 녹아 있는 용질의 몰수에 비례한다.
헤스의 법칙	화학반응이 어떤 경로를 거치든, 총 엔탈피 변화량은 항상 같다.
반트호프의 법칙	묽은 용액의 삼투압은 용매나 용질의 종류에 상관없이 용액의 몰농도와 절대온도에 비례한다.
헨리의 법칙	기체의 용해도와 기압의 관계를 설명하는 법칙으로, 기체의 용해도는 그 기체가 용해된 액체의 표면 위에 가해진 기체의 부분압력에 비례함을 나타낸다.

정답 53 ④ 54 ② 55 ① 56 ③ 57 ②

58 금수성 물질 저장시설에 설치하는 주의사항 게시판의 바탕색과 문자색을 옳게 나타낸 것은? ★빈출

① 적색바탕에 백색문자
② 백색바탕에 적색문자
③ 청색바탕에 백색문자
④ 백색바탕에 청색문자

게시판 종류별 바탕색과 문자색		
종류	바탕색	문자색
위험물제조소	백색	흑색
위험물	흑색	황색
주유 중 엔진정지	황색	흑색
화기엄금, 화기주의	적색	백색
물기엄금	청색	백색

제3류 위험물 중 금수성 물질 저장시설에 설치하는 게시판에 표시하는 주의사항은 물기엄금이고, 청색바탕에 백색문자로 표시한다.

59 주된 연소형태가 표면연소인 것은?

① 황
② 종이
③ 금속분
④ 나이트로셀룰로오스

- 표면연소란 고체물질이 기체로 변하지 않고 그 표면에서 산소와 직접 반응하여 연소하는 현상이다(예 목탄(숯), 코크스, 금속분 등).
- 금속분과 같은 고체 금속은 연소할 때 증발하지 않고, 표면에서 산소와 반응하여 산화물을 형성하면서 연소가 진행된다.

60 프로판 1kg을 완전연소시키기 위해 표준상태의 산소는 약 몇 m^3가 필요한가? ★빈출

① 2.55
② 5
③ 7.55
④ 10

- 프로판의 완전연소반응식: $C_3H_8 + 5O_2 \rightarrow 3CO_2 + 4H_2O$
- 프로판(C_3H_8)의 몰질량: $3 \times 12(C) + 8 \times 1(H) = 44g/mol$
- 프로판 1kg에 대한 몰수: $\frac{1,000g}{44g/mol} = 22.73mol$
- 산소의 몰수: 프로판이 연소할 때 1mol당 5mol의 산소가 필요
  → $22.73mol \times 5mol = 113.65mol$의 산소($O_2$)가 필요
- ∴ 산소의 부피(표준상태: 22.4L)
  = $113.65mol \times 22.4 = 2,545.76L = 2.55m^3$

정답 58 ③ 59 ③ 60 ①

2025년 2회 CBT 기출복원문제

01 할론 1301의 증기비중은? (단, 불소의 원자량은 19, 브로민의 원자량은 80, 염소의 원자량은 35.5이고 공기의 분자량은 29이다.)

① 2.14
② 4.15
③ 5.14
④ 6.15

- 할론넘버는 C, F, Cl, Br 순으로 매긴다.
- 할론 1301 = CF_3Br
- 증기비중 = $\dfrac{12 + (19 \times 3) + 80}{29}$ = 5.137

02 그림의 원통형 종으로 설치된 탱크에서 공간용적을 내용적의 10%라고 하면 탱크용량(허가용량)은 약 얼마인가?

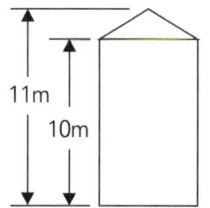 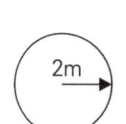

① 113.04
② 124.34
③ 129.06
④ 138.16

위험물저장탱크의 내용적
$V = \pi r^2 l (1 - 공간용적)$
$= \pi \times 2^2 \times 10 \times (1 - 0.1) = 113.04 m^3$

03 모두 염기성 산화물로만 나타낸 것은?

① CaO, Na_2O
② K_2O, SO_2
③ CO_2, SO_3
④ Al_2O_3, P_2O_5

- 염기성 산화물은 물과 반응하여 염기(수산화물)를 형성하는 산화물로 주로 금속원소들이 형성하는 산화물이 염기성을 띤다.
- CaO(산화칼슘)과 Na_2O(산화나트륨)는 모두 금속 산화물로, 물과 반응하여 염기성 수산화물을 형성한다.

04 다이크로뮴산칼륨에서 크로뮴의 산화수는?

① 6
② 9
③ 5
④ 7

- K(칼륨)의 산화수: +1
- O(산소)의 산화수: -2
- Cr(크로뮴)의 산화수: x
- $2(+1) + 2(x) + 7(-2) = 0$이므로, $x = +6$이다.

05 물(H_2O)의 끓는점이 황화수소(H_2S)의 끓는점보다 높은 이유는?

① 분자량이 작기 때문에
② 수소결합 때문에
③ pH가 높기 때문에
④ 극성결합 때문에

물(H_2O) 분자 간에는 강한 수소결합이 존재하는데, 이는 물이 끓기 위해 많은 에너지가 필요함을 의미한다. 반면에 황화수소(H_2S) 분자는 수소결합이 형성되지 않아 분자 간의 인력이 약하고, 따라서 더 낮은 온도에서 끓는다.

06 황이 산소와 결합하여 SO_2를 만들 때에 대한 설명으로 옳은 것은?

① 황은 환원된다.
② 황은 산화된다.
③ 불가능한 반응이다.
④ 산소는 산화되었다.

- $S + O_2 \rightarrow SO_2$
- 황(S)이 산소(O_2)와 결합하여 이산화황(SO_2)을 생성할 때, 황의 산화 상태가 변한다.
- 황의 산화수는 0에서 +4로 증가하는데, 산화수의 증가를 산화라고 한다. 따라서 황은 이 반응에서 산화된 것이다.

정답 01 ③ 02 ① 03 ① 04 ① 05 ② 06 ②

07 일정한 온도하에서 물질 A와 B가 반응을 할 때 A의 농도만 2배로 하면 반응속도가 2배가 되고 B의 농도만 2배로 하면 반응속도가 4배로 된다. 이 경우 반응속도식은? (단, 반응속도 상수는 k이다.) ★빈출

① $v = k[A][B]^2$
② $v = k[A]^2[B]$
③ $v = k[A][B]^{0.5}$
④ $v = k[A][B]$

- A의 농도를 2배로 하면 반응속도가 2배가 된다. 이는 A의 반응차수가 1차임을 의미한다.
- B의 농도를 2배로 하면 반응속도가 4배가 된다. 이는 B의 반응차수가 2차임을 의미한다.
∴ $v = k[A]^a[B]^b = k[A][B]^2$

08 탄산음료수의 병마개를 열면 거품이 솟아오르는 이유를 가장 올바르게 설명한 것은?

① 수증기가 생성되기 때문이다.
② 이산화탄소가 분해되기 때문이다.
③ 용기 내부압력이 줄어들어 기체의 용해도가 감소하기 때문이다.
④ 온도가 낮아질수록 기체는 용액 속에 더 많이 용해되기 때문이다.

- 탄산음료는 이산화탄소(CO_2)가 물에 녹아 있는 상태이다.
- 이산화탄소는 고압 상태에서 물에 잘 녹아들지만, 병마개를 열면 내부 압력이 줄어들면서 기체의 용해도가 감소하여 이산화탄소가 물에서 빠져나와 거품이 형성된다.

09 다음 화학반응 중 H_2O가 염기로 작용한 것은?

① $CH_3COOH + H_2O \rightarrow CH_3COO^- + H_3O^+$
② $NH_3 + H_2O \rightarrow NH_4^+ + OH^-$
③ $CO_3^{-2} + 2H_2O \rightarrow H_2CO_3 + 2OH^-$
④ $Na_2O + H_2O \rightarrow 2NaOH$

- $CH_3COOH + H_2O \rightarrow CH_3COO^- + H_3O^+$에서 CH_3COOH(아세트산)이 산으로 작용하여 H^+를 내놓고, H_2O가 그 H^+를 받아 H_3O^+(하이드로늄이온)를 형성한다.
- 이 반응에서 H_2O는 양성자를 받아들이는 염기로 작용한다.

10 위험물제조소등에 설치하여야 하는 자동화재탐지설비의 설치기준에 대한 설명 중 틀린 것은?

① 자동화재탐지설비의 경계구역은 건축물 그 밖의 공작물의 2 이상의 층에 걸치도록 할 것
② 하나의 경계구역에서 그 한 변의 길이는 50m(광전식 분리형 감지기를 설치할 경우에는 100m) 이하로 할 것
③ 자동화재탐지설비의 감지기는 지붕 또는 벽의 옥내에 면한 부분에 유효하게 화재의 발생을 감지할 수 있도록 설치할 것
④ 자동화재탐지설비에는 비상전원을 설치할 것

자동화재탐지설비의 경계구역은 건축물 그 밖의 공작물의 2 이상의 층에 걸치지 아니하도록 할 것. 다만, 하나의 경계구역의 면적이 500m² 이하이면서 당해 경계구역이 두 개의 층에 걸치는 경우이거나 계단·경사로·승강기의 승강로 그 밖에 이와 유사한 장소에 연기감지기를 설치하는 경우에는 그러하지 아니하다.

11 위험물의 운반용기 재질 중 액체 위험물의 외장용기로 사용할 수 없는 것은?

① 유리
② 나무
③ 파이버판
④ 플라스틱

유리는 깨지기 쉬운 성질 때문에 액체 위험물의 외장용기로 사용하기 적합하지 않다. 운반 중 충격이나 외부의 힘에 의해 쉽게 파손될 수 있어 위험을 초래한다.

정답 07 ① 08 ③ 09 ① 10 ① 11 ①

12 위험물안전관리법령상 위험물의 취급 기준 중 소비에 관한 기준으로 틀린 것은?

① 열처리작업은 위험물이 위험한 온도에 이르지 아니하도록 하여 실시하여야 한다.
② 담금질작업은 위험물이 위험한 온도에 이르지 아니하도록 하여 실시하여야 한다.
③ 분사도장작업은 방화상 유효한 격벽 등으로 구획한 안전한 장소에서 하여야 한다.
④ 버너를 사용하는 경우에는 버너의 역화를 유지하고 위험물이 넘치지 아니하도록 하여야 한다.

> 위험물의 취급 중 소비에 관한 기준(시행규칙 별표 18)
> • 분사도장작업은 방화상 유효한 격벽 등으로 구획된 안전한 장소에서 실시할 것
> • 담금질 또는 열처리작업은 위험물이 위험한 온도에 이르지 아니하도록 하여 실시할 것
> • 버너를 사용하는 경우에는 버너의 역화를 방지하고 위험물이 넘치지 아니하도록 할 것

13 저장·수송할 때 타격 및 마찰에 의한 폭발을 막기 위해 물이나 알코올로 습면시켜 취급하는 위험물은?

① 나이트로셀룰로오스
② 과산화벤조일
③ 글리세린
④ 에틸렌글리콜

> 나이트로셀룰로오스는 매우 민감하고 폭발성 있는 물질로, 건조된 상태에서는 충격, 마찰, 열에 의해 쉽게 폭발할 수 있다. 이를 방지하기 위해 저장·수송 시 물이나 알코올로 습윤한 상태에서 취급해야 한다.

14 원자에서 복사되는 빛은 선 스펙트럼을 만드는데 이것으로부터 알 수 있는 사실은?

① 빛이 파동의 성질을 가지고 있다는 사실
② 빛에 대한 광전자의 방출
③ 원자핵 내부의 구조
④ 전자껍질의 에너지의 불연속성

> • 선 스펙트럼은 불연속적인 파장의 빛으로 이루어져 있다.
> • 이는 전자들이 특정한 에너지 준위(껍질) 사이에서만 이동하면서 에너지를 흡수하거나 방출하기 때문이다.
> • 전자껍질(에너지 준위)은 연속적이지 않고, 특정한(불연속적인) 값만 가질 수 있다는 사실을 의미한다.

15 AgCl의 용해도는 0.0016g/L이다. 이 AgCl의 용해도곱(solubility product)은 약 얼마인가? (단, 원자량은 각각 Ag: 108, Cl: 35.5이다.)

① 1.24×10^{-10}
② 2.24×10^{-10}
③ 1.12×10^{-5}
④ 4×10^{-4}

> • AgCl의 몰질량 = Ag(108) + Cl(35.5) = 143.5g/mol
> • 몰농도 = $\dfrac{0.0016\text{g/L}}{143.5\text{g/mol}}$ = 1.114×10^{-5} mol/L
> • AgCl이 물에 용해될 때의 해리반응: AgCl ↔ Ag$^+$ + Cl$^-$
> • Ag$^+$와 Cl$^-$의 농도는 각각 1.114×10^{-5} mol/L이다.
> • 용해도곱 = [Ag$^+$][Cl$^-$]
>   = $(1.114 \times 10^{-5}) \times (1.114 \times 10^{-5})$
>   = 1.24×10^{-10}

16 축중합반응에 의하여 나일론-66을 제조할 때 사용되는 주원료로 옳은 것은?

① 아디프산과 헥사메틸렌다이아민
② 이소프렌과 아세트산
③ 염화비닐과 폴리에틸렌
④ 멜라민과 클로로벤젠

> • 나일론-66(Nylon-66)은 축중합반응으로 만들어지는 고분자(폴리아마이드) 섬유이다.
> • 나일론-66의 주원료는 아디프산과 헥사메틸렌다이아민이다.

정답 12 ④ 13 ① 14 ④ 15 ① 16 ①

17 같은 몰농도에서 비전해질 용액은 전해질 용액보다 비등점 상승도의 변화추이가 어떠한가?

① 크다.
② 작다.
③ 같다.
④ 전해질 여부와 무관하다.

- 비등점 상승은 용액에 용질이 녹아 있을 때 나타나는 현상으로, 용질의 종류에 따라 다르게 나타난다.
- 전해질은 용액에서 이온으로 분리되어 더 많은 입자를 형성하지만, 비전해질은 이온으로 분리되지 않기 때문에 용액에서 입자의 수가 상대적으로 적다.

18 올레핀계 탄화수소의 일반식으로 옳은 것은?

① C_nH_{2n}
② C_nH_{2n+2}
③ C_nH_{2n+1}
④ C_nH_{2n-2}

- 올레핀(olefin)은 알켄(alkene)의 또 다른 이름이다.
- 즉, 이중결합(C=C)을 가진 불포화 탄화수소이다.
- 알켄(올레핀)의 일반식은 C_nH_{2n}(탄소 C가 n개일 때, 수소 H는 2n개)이다.

19 0.01N CH_3COOH의 전리도가 0.01이면 pH는 얼마인가?

① 2
② 4
③ 6
④ 8

- $[H^+]$ = 전리도 × 농도
  = 0.01 × 0.01N = 0.0001M
  = 1×10^{-4}M
- 전리도가 0.01이라는 것은 아세트산이 1%만 전리된다는 의미이다.
- pH = $-\log[H^+]$ = $-\log(1 \times 10^{-4})$ = 4

20 공기포 발포배율을 측정하기 위해 중량 340g, 용량 1,800mL의 포 수집용기에 가득히 포를 채취하여 측정한 용기의 무게가 540g이었다면 발포배율은? (단, 포 수용액의 비중은 1로 가정한다.)

① 3배
② 5배
③ 7배
④ 9배

- 발포배율(팽창비) = $\dfrac{\text{내용적(용량)}}{\text{(전체 중량 - 빈 시료용기의 중량)}}$
  = $\dfrac{1,800ml}{540g - 340g}$ = 9배

21 연소의 3요소 중 하나에 해당하는 역할이 나머지 셋과 다른 위험물은?

① 과산화수소
② 과산화나트륨
③ 질산칼륨
④ 황린

- 연소의 3요소: 가연물, 산소공급원, 점화원
- 과산화수소, 과산화나트륨, 질산칼륨: 산소공급원
- 황린: 가연물

22 화약제조에 사용되는 물질인 질산칼륨에서 N의 산화수는 얼마인가?

① +1
② +3
③ +5
④ +7

- K(칼륨)의 산화수: +1
- O(산소)의 산화수: -2
- KNO_3(질산칼륨)에서 N(질소)의 산화수: x
- KNO_3 = 1 + x + (-2 × 3) = 0
  ∴ x = +5

정답 17 ② 18 ① 19 ② 20 ④ 21 ④ 22 ③

23 나이트로벤젠의 증기에 수소를 혼합한 뒤 촉매를 사용하여 환원시키면 무엇이 되는가?

① 페놀　　　　　② 톨루엔
③ 아닐린　　　　④ 나프탈렌

> 나이트로벤젠($C_6H_5NO_2$)을 수소와 반응시키고 촉매를 사용하여 환원시키면 아닐린($C_6H_5NH_2$)이 생성된다.

24 다음과 같은 순서로 커지는 성질이 아닌 것은?

$$F_2 < Cl_2 < Br_2 < I_2$$

① 구성 원자의 전기음성도
② 녹는점
③ 끓는점
④ 구성 원자의 반지름

> - 전기음성도는 원자가 전자를 끌어당기는 능력을 나타내며, 주기율표에서 위로 갈수록 커진다.
> - 따라서 $F_2 > Cl_2 > Br_2 > I_2$가 되어야 한다.

25 위험물제조소등에 옥내소화전설비를 압력수조를 이용한 가압송수장치로 설치하는 경우 압력수조의 최소압력은 몇 MPa 인가? (단, 소방용 호스의 마찰손실수두압은 3.2MPa, 배관의 마찰손실수두압은 2.2MPa, 낙차의 환산수두압은 1.79MPa 이다.)

① 5.4　　　　② 3.99
③ 7.19　　　④ 7.54

> 옥내소화전설비 압력수조의 최소압력을 구하는 방법
> - P = p1 + p2 + p3 + 0.35MPa
> - 필요한 압력 = 소방용 호스의 마찰손실수두압 + 배관의 마찰손실수두압 + 낙차의 환산수두압 + 0.35MPa
> - P: 필요한 압력(단위 MPa)
> - p1: 소방용 호스의 마찰손실수두압(단위 MPa)
> - p2: 배관의 마찰손실수두압(단위 MPa)
> - p3: 낙차의 환산수두압(단위 MPa)
> - P = 3.2 + 2.2 + 1.79 + 0.35 = 7.54MPa

26 이산화탄소 소화약제의 소화작용을 옳게 나열한 것은?

① 질식소화, 부촉매소화　② 부촉매소화, 제거소화
③ 부촉매소화, 냉각소화　④ 질식소화, 냉각소화

> 이산화탄소 소화약제의 소화작용
> - 질식소화: 이산화탄소는 공기 중에서 산소농도를 낮추어 화재가 발생하는 연소반응에 필요한 산소공급을 차단한다.
> - 냉각소화: 이산화탄소는 기체 상태에서 방출될 때 급격한 팽창으로 인해 주변 온도를 낮추는 냉각효과를 제공한다.

27 위험물을 취급함에 있어서 정전기를 유효하게 제거하기 위한 설비를 설치하고자 한다. 위험물안전관리법령상 공기 중의 상대습도를 몇 % 이상 되게 하여야 하는가?

① 50　　　　② 60
③ 70　　　　④ 80

> 정전기를 유효하게 제거하기 위해서는 상대습도를 70% 이상 되게 하여야 한다.

28 전기불꽃 에너지 공식에서 ( )에 알맞은 것은? (단, Q는 전기량, V는 방전전압, C는 전기용량을 나타낸다.)

$$E = \frac{1}{2}(\ ) = \frac{1}{2}(\ )$$

① QV, CV　　　　② QC, CV
③ QV, CV²　　　 ④ QC, QV²

> - 전기불꽃 에너지는 방전이나 전기적 스파크가 발생할 때의 에너지를 나타내며, 주로 방전된 전하와 전압에 따라 계산된다.
> - 전기불꽃 에너지 공식: $\frac{1}{2}QV = \frac{1}{2}CV^2$
>   - E: 전기불꽃 에너지(J, 줄)
>   - Q: 전기량(C, 쿨롱)
>   - V: 방전전압(V, 볼트)
>   - C: 전기용량(F, 패럿)

정답 23 ③　24 ①　25 ④　26 ④　27 ③　28 ③

29 알루미늄분의 연소 시 주수소화하면 위험한 이유를 옳게 설명한 것은?

① 물에 녹아 산이 된다.
② 물과 반응하여 유독가스가 발생한다.
③ 물과 반응하여 수소가스가 발생한다.
④ 물과 반응하여 산소가스가 발생한다.

> **알루미늄과 물의 반응식**
> - $2Al + 6H_2O \rightarrow 2Al(OH)_3 + 3H_2$
> - 알루미늄분은 물과 반응하여 수산화알루미늄과 수소를 발생하며 폭발하므로 주수소화가 금지된다.

30 위험물안전관리법령상 이동저장탱크(압력탱크)에 대해 실시하는 수압시험은 용접부에 대한 어떤 시험으로 대신할 수 있는가?

① 비파괴시험과 기밀시험
② 비파괴시험과 충수시험
③ 충수시험과 기밀시험
④ 방폭시험과 충수시험

> 압력탱크(최대상용압력이 46.7kPa 이상인 탱크를 말한다) 외의 탱크는 70kPa의 압력으로, 압력탱크는 최대상용압력의 1.5배의 압력으로 각각 10분간의 수압시험을 실시하여 새거나 변형되지 아니할 것. 이 경우 수압시험은 용접부에 대한 비파괴시험과 기밀시험으로 대신할 수 있다.

31 다음 [보기]에서 열거한 위험물의 지정수량을 모두 합산한 값은?

> 과아이오딘산, 과아이오딘산염류,
> 과염소산, 과염소산염류

① 450kg
② 500kg
③ 950kg
④ 1,200kg

> - 과아이오딘산(1류)의 지정수량: 300kg
> - 과아이오딘산염류(1류)의 지정수량: 300kg
> - 과염소산(6류)의 지정수량: 300kg
> - 과염소산염류(1류)의 지정수량: 50kg
> ∴ 각 지정수량의 합 = 300 + 300 + 300 + 50 = 950kg

32 위험물안전관리법령상 위험물저장소 건축물의 외벽이 내화구조인 것은 연면적 얼마를 1소요단위로 하는가?

① $50m^2$
② $75m^2$
③ $100m^2$
④ $150m^2$

> **소요단위(연면적)**
>
> | 구분 | 내화구조(m^2) | 비내화구조(m^2) |
> |---|---|---|
> | 제조소 취급소 | 100 | 50 |
> | 저장소 | 150 | 75 |

33 분말 소화약제 중 열분해 시 부착성이 있는 유리상의 메타인산이 생성되는 것은?

① Na_3PO_4
② $(NH_4)_3PO_4$
③ $NaHCO_3$
④ $NH_4H_2PO_4$

> **분말 소화약제의 종류**
>
> | 약제명 | 주성분 | 분해식 |
> |---|---|---|
> | 제1종 | 탄산수소나트륨 | $2NaHCO_3 \rightarrow Na_2CO_3 + CO_2 + H_2O$ |
> | 제2종 | 탄산수소칼륨 | $2KHCO_3 \rightarrow K_2CO_3 + CO_2 + H_2O$ |
> | 제3종 | 인산암모늄 | • 1차: $NH_4H_2PO_4 \rightarrow NH_3 + H_3PO_4$
• 2차: $NH_4H_2PO_4 \rightarrow NH_3 + HPO_3 + H_2O$ |
> | 제4종 | 탄산수소칼륨 + 요소 | – |
>
> 인산암모늄은 열분해하여 메타인산(HPO_3)을 생성하는데, 메타인산은 부착성이 있어 산소의 유입을 차단한다.

34 위험물제조소에 옥내소화전을 각 층에 8개씩 설치하도록 할 때 수원의 최소 수량은 얼마인가?

① $13m^3$
② $20.8m^3$
③ $39m^3$
④ $62.4m^3$

> **소화설비 설치기준**
> - 옥내소화전 = 설치개수(최대 5개) × $7.8m^3$
> - 옥외소화전 = 설치개수(최대 4개) × $13.5m^3$
> - 옥내소화전의 수원은 층별로 최대 5개까지만 계산된다.
> - 수원의 최소 수량 = 5개 × $7.8m^3$ = $39m^3$

정답 29 ③ 30 ① 31 ③ 32 ④ 33 ④ 34 ③

35 위험물안전관리법령상 위험물 저장·취급 시 화재 또는 재난을 방지하기 위하여 자체소방대를 두어야 하는 경우가 아닌 것은?

① 지정수량의 3천배 이상의 제4류 위험물을 저장·취급하는 제조소
② 지정수량의 3천배 이상의 제4류 위험물을 저장·취급하는 일반취급소
③ 지정수량의 2천배의 제4류 위험물을 취급하는 일반취급소와 지정수량이 1천배의 제4류 위험물을 취급하는 제조소가 동일한 사업소에 있는 경우
④ 지정수량의 3천배 이상의 제4류 위험물을 저장·취급하는 옥외탱크저장소

> **자체소방대를 설치하여야 하는 사업소(시행령 제18조)**
> • 제조소 또는 일반취급소에서 취급하는 제4류 위험물의 최대수량의 합이 지정수량의 3천배 이상인 경우(다만, 보일러로 위험물을 소비하는 일반취급소등 행정안전부령으로 정하는 일반취급소는 제외한다)
> • 옥외탱크저장소에 저장하는 제4류 위험물의 최대수량이 지정수량의 50만배 이상인 경우

36 위험물안전관리법령상 분말 소화설비의 기준에서 가압용 또는 축압용 가스로 알맞은 것은?

① 산소 또는 수소
② 수소 또는 질소
③ 질소 또는 이산화탄소
④ 이산화탄소 또는 산소

> 가압용 또는 축압용 가스는 소화제나 유체의 이동을 돕기 위해 압력을 제공하는 기체로, 비활성 기체인 질소 또는 이산화탄소가 자주 사용된다.

37 위험물안전관리법령상 제조소등에서의 위험물의 저장 및 취급에 관한 기준에 따르면 보냉장치가 있는 이동저장탱크에 저장하는 다이에틸에터의 온도는 얼마 이하로 유지하여야 하는가?

① 비점
② 인화점
③ 40℃
④ 30℃

> **아세트알데하이드등의 저장기준(시행규칙 별표 18)**
> • 보냉장치가 있는 이동저장탱크에 저장하는 아세트알데하이드등 또는 다이에틸에터등의 온도는 당해 위험물의 비점 이하로 유지할 것
> • 보냉장치가 없는 이동저장탱크에 저장하는 아세트알데하이드등 또는 다이에틸에터등의 온도는 40℃ 이하로 유지할 것

38 자연발화가 일어나는 물질과 대표적인 에너지원의 관계로 옳지 않은 것은?

① 셀룰로이드 - 흡착열에 의한 발열
② 활성탄 - 흡착열에 의한 발열
③ 퇴비 - 미생물에 의한 발열
④ 먼지 - 미생물에 의한 발열

> 셀룰로이드는 주로 분해열에 의해 발열한다.

39 분말 소화약제인 제1인산암모늄(인산이수소 암모늄)의 열분해 반응을 통해 생성되는 물질로 부착성 막을 만들어 공기를 차단시키는 역할을 하는 것은?

① HPO_3
② PH_3
③ NH_3
④ P_2O_3

> **분말 소화약제의 종류**
>
> | 약제명 | 주성분 | 분해식 |
> |---|---|---|
> | 제1종 | 탄산수소나트륨 | $2NaHCO_3 \rightarrow Na_2CO_3 + CO_2 + H_2O$ |
> | 제2종 | 탄산수소칼륨 | $2KHCO_3 \rightarrow K_2CO_3 + CO_2 + H_2O$ |
> | 제3종 | 인산암모늄 | • 1차: $NH_4H_2PO_4 \rightarrow NH_3 + H_3PO_4$
• 2차: $NH_4H_2PO_4 \rightarrow NH_3 + HPO_3 + H_2O$ |
> | 제4종 | 탄산수소칼륨+요소 | - |
>
> 인산암모늄은 열분해하여 메타인산(HPO_3)을 생성하는데, 메타인산은 부착성이 있어 산소의 유입을 차단한다.

정답 35 ④ 36 ③ 37 ① 38 ① 39 ①

40 위험물안전관리법령상 전역방출방식 또는 국소방출방식의 분말 소화설비의 기준에서 가압식의 분말 소화설비에는 얼마 이하의 압력으로 조정할 수 있는 압력조정기를 설치하여야 하는가?

① 2.0MPa ② 2.5MPa
③ 3.0MPa ④ 5MPa

> 분말 소화설비의 기준(위험물안전관리에 관한 세부기준 제136조)
> 전역방출방식 또는 국소방출방식의 분말 소화설비의 기준에서 가압식의 분말 소화설비에는 2.5MPa 이하의 압력으로 조정할 수 있는 압력조정기를 설치해야 한다.

41 다음 제1류 위험물 중 물과의 접촉이 가장 위험한 것은?

① 아염소산나트륨 ② 과산화나트륨
③ 과염소산나트륨 ④ 다이크로뮴산암모늄

> • $2Na_2O_2 + 2H_2O \rightarrow 4NaOH + O_2$
> • 과산화나트륨은 물과 반응 시 수산화나트륨과 산소를 발생하며 폭발의 위험이 있기 때문에 물과의 접촉은 위험하다.

42 다음 위험물 중 인화점이 약 −37℃인 물질로서 구리, 은, 마그네슘 등의 금속과 접촉하면 폭발성 물질인 아세틸라이드를 생성하는 것은?

① CH_3CHOCH_2 ② $C_2H_5OC_2H_5$
③ CS_2 ④ C_6H_6

> 산화프로필렌(CH_3CHOCH_2)은 제4류 위험물 중 특수인화물로 구리, 은, 마그네슘 등의 금속과 접촉하면 폭발성 물질인 아세틸라이드를 생성하므로 해당 재료로 만든 용기를 사용하지 않아야 한다.

43 제5류 위험물제조소에 설치하는 표지 및 주의사항을 표시한 게시판의 바탕색상을 각각 옳게 나타낸 것은?

① 표지: 백색, 주의사항을 표시한 게시판: 백색
② 표지: 백색, 주의사항을 표시한 게시판: 적색
③ 표지: 적색, 주의사항을 표시한 게시판: 백색
④ 표지: 적색, 주의사항을 표시한 게시판: 적색

> • 제조소에 설치하는 표지의 바탕은 백색으로, 문자는 흑색으로 한다.
> • 제5류 위험물제조소에 설치해야 하는 게시판에는 화기엄금을 표시해야 한다.
> • 화기엄금은 적색바탕에 백색글자로 한다.
>
> | 종류 | 바탕색 | 문자색 |
> |---|---|---|
> | 위험물제조소 | 백색 | 흑색 |
> | 위험물 | 흑색 | 황색 |
> | 주유 중 엔진정지 | 황색 | 흑색 |
> | 화기엄금 | 적색 | 백색 |
> | 물기엄금 | 청색 | 백색 |

44 다음 2가지 물질을 혼합하였을 때 그로 인한 발화 또는 폭발의 위험성이 가장 낮은 것은?

① 아염소산나트륨과 티오황산나트륨
② 질산과 이황화탄소
③ 아세트산과 과산화나트륨
④ 나트륨과 등유

> | 유별을 달리하는 위험물 혼재기준 | | | |
> |---|---|---|---|
> | 1 | 6 | | 혼재 가능 |
> | 2 | 5 | 4 | 혼재 가능 |
> | 3 | 4 | | 혼재 가능 |
>
> 나트륨(제3류)과 등유(제4류)는 혼재 가능한 위험물로 발화 또는 폭발의 위험성이 가장 낮다.

45 염소산칼륨이 고온에서 완전 열분해할 때 주로 생성되는 물질은?

① 칼륨과 물 및 산소 ② 염화칼륨과 산소
③ 이염화칼륨과 수소 ④ 칼륨과 물

> • $2KClO_3 \rightarrow 2KCl + 3O_2$
> • 염소산칼륨은 가열하면 분해하여 염화칼륨과 산소를 방출한다.

정답 40 ② 41 ② 42 ① 43 ② 44 ④ 45 ②

46 질산칼륨 수용액 속에 소량의 염화나트륨이 불순물로 포함되어 있다. 용해도 차이를 이용하여 이 불순물을 제거하는 방법으로 가장 적당한 것은?

① 증류
② 막분리
③ 재결정
④ 전기분해

> **재결정**
> - 온도에 따른 용해도의 차이를 이용하여 원하는 순수한 물질을 결정 형태로 다시 얻는 방법이다.
> - 질산칼륨(KNO_3)과 염화나트륨(NaCl)은 각각 온도에 따른 용해도 변화가 다르기 때문에 용액을 천천히 냉각시키면, 질산칼륨(KNO_3)과 염화나트륨(NaCl)의 용해도 차이를 이용해 순수한 질산칼륨(KNO_3)을 결정화시킬 수 있다.

47 금속칼륨의 성질에 대한 설명으로 옳은 것은?

① 중금속류에 속한다.
② 이온화 경향이 큰 금속이다.
③ 물속에 보관한다.
④ 고광택을 내므로 장식용으로 많이 쓰인다.

> 칼륨은 이온화 경향이 매우 커서, 다른 물질과 쉽게 반응하는 성질을 가지고 있다. 특히 물과 반응하면 강력하게 반응하며 수소를 방출한다.

48 제6류 위험물의 취급 방법에 대한 설명 중 옳지 않은 것은?

① 가연성 물질과의 접촉을 피한다.
② 지정수량의 1/10을 초과할 경우 제2류 위험물과의 혼재를 금한다.
③ 피부와 접촉하지 않도록 주의한다.
④ 위험물제조소에는 "화기엄금" 및 "물기엄금" 주의사항을 표시한 게시판을 반드시 설치하여야 한다.

유별	종류	운반용기 외부 주의사항	게시판
제1류	알칼리금속과산화물	가연물접촉주의, 화기·충격주의, 물기엄금	물기엄금
	그 외	가연물접촉주의, 화기·충격주의	-
제2류	철분, 금속분, 마그네슘	화기주의, 물기엄금	화기주의
	인화성 고체	화기엄금	화기엄금
	그 외	화기주의	화기주의
제3류	자연발화성 물질	화기엄금, 공기접촉엄금	화기엄금
	금수성 물질	물기엄금	물기엄금
제4류		화기엄금	화기엄금
제5류	-	화기엄금, 충격주의	화기엄금
제6류		가연물접촉주의	-

제6류 위험물제조소에는 별도의 주의사항을 표시한 게시판을 설치하지 않아도 되고, 운반용기 외부에 '가연물접촉주의'를 표시하여야 한다.

49 인화칼슘이 물과 반응하였을 때 발생하는 기체는?

① 수소
② 산소
③ 포스핀
④ 포스겐

> **인화칼슘과 물의 반응식**
> - $Ca_3P_2 + 6H_2O \rightarrow 3Ca(OH)_2 + 2PH_3$
> - 인화칼슘은 물과 반응하여 수산화칼슘과 포스핀을 발생한다.

50 취급하는 장치가 구리나 마그네슘으로 되어 있을 때 반응을 일으켜서 폭발성의 아세틸라이드를 생성하는 물질은?

① 이황화탄소
② 이소프로필알코올
③ 산화프로필렌
④ 아세톤

> - 산화프로필렌은 구리나 마그네슘과 반응하여 폭발성 아세틸라이드 화합물을 생성한다.
> - 아세틸라이드는 금속 아세틸렌의 화합물로 매우 불안정하고 폭발성을 가지는 특징이 있다.

정답 46 ③　47 ②　48 ④　49 ③　50 ③

51 TNT의 폭발, 분해 시 생성물이 아닌 것은?

① CO
② N_2
③ SO_2
④ H_2

- 트라이나이트로톨루엔[$C_6H_2(NO_2)_3CH_3$]은 탄소(C), 수소(H), 질소(N), 산소(O)를 포함한 화합물이므로, 폭발 시 주로 이들 원소로 구성된 물질들이 생성된다.
- 황(S)을 포함하지 않기 때문에 SO_2는 생성물이 아니다.
- 트라이나이트로톨루엔의 분해반응식: $2C_6H_2(NO_2)_3CH_3 \rightarrow 2C + 3N_2 + 5H_2 + 12CO$

52 다음 ( ) 안에 들어갈 수치로 옳은 것은?

물분무 소화설비의 제어밸브는 화재 시 신속한 조작을 위해 적절한 높이에 설치해야 한다. 제어밸브가 너무 낮으면 접근이 어렵고, 너무 높으면 긴급상황에서 조작이 불편하기 때문인데, 규정에 따르면 제어밸브는 바닥으로부터 최소 0.8m 이상, 최대 ( )m 이하의 위치에 설치해야 한다.

① 1.2
② 1.3
③ 1.5
④ 1.8

물분무 소화설비의 제어밸브 및 기타 밸브의 설치기준
- 제어밸브는 바닥으로부터 0.8m 이상 1.5m 이하의 위치에 설치할 것
- 제어밸브의 가까운 곳의 보기 쉬운 곳에 '제어밸브'라고 표시한 표지를 할 것

53 액체 0.2g을 기화시켰더니 그 증기의 부피가 97℃, 740mmHg에서 80mL였다. 이 액체의 분자량에 가장 가까운 값은?

① 40
② 46
③ 78
④ 121

- 이상기체 방정식(PV = nRT)을 이용하여 액체의 분자량을 구할 수 있다.
  - P: 압력($\frac{740}{760}$atm)
  - V: 부피(L)
  - n: 몰수(mol)
  - R: 기체상수(0.082L·atm/mol·K)
  - T: 370K(절대온도로 변환하기 위해 273을 더한다)
- 몰수(n) = $\frac{\frac{740}{760} \times 0.08}{0.082 \times 370}$ = 0.00256mol
- 분자량 = $\frac{질량}{몰수}$ = $\frac{0.2}{0.00256}$ = 78.1g/mol

54 다음의 금속원소를 반응성이 큰 순서부터 나열한 것은?

Na, Li, Cs, K, Rb

① Cs > Rb > K > Na > Li
② Li > Na > K > Rb > Cs
③ K > Na > Rb > Cs > Li
④ Na > K > Rb > Cs > Li

- 주어진 원소들은 모두 알칼리금속(1족 원소)이다. 알칼리금속원소들은 주기율표에서 아래로 갈수록 반응성이 커진다.
- 알칼리금속들의 반응성 순서는 원자번호가 클수록 반응성이 더 크므로 Cs > Rb > K > Na > Li의 순서가 된다.

55 벤젠(C_6H_6)을 약 300℃, 높은 압력에서 Ni(니켈) 촉매 존재하에 수소와 반응시켰을 때 얻어지는 물질은 무엇인가?

① Cyclopentane
② Cyclopropane
③ Cyclohexane
④ Cyclooctane

벤젠의 방향족 고리는 수소화 반응(Ni촉매, 고온·고압)에서 이중결합이 모두 끊어져 Cyclohexane(포화 고리 화합물)으로 전환된다.

정답 51 ③ 52 ③ 53 ③ 54 ① 55 ③

56 pH가 2인 용액은 pH가 4인 용액과 비교하면 수소이온농도가 몇 배인 용액이 되는가?

① 100배
② 2배
③ 10^{-1}배
④ 10^{-2}배

- pH = $-\log[H^+]$
- pH가 2인 용액의 수소이온농도: $[H^+] = 10^{-2}M$
- pH가 4인 용액의 수소이온농도: $[H^+] = 10^{-4}M$
- pH가 2인 용액과 pH가 4인 용액의 수소이온농도 차이
  $\frac{10^{-2}}{10^{-4}} = 10^2 = 100$

57 자철광 제조법으로 빨갛게 달군 철에 수증기를 통할 때의 반응식으로 옳은 것은?

① $3Fe + 4H_2O \rightarrow Fe_3O_4 + 4H_2$
② $2Fe + 3H_2O \rightarrow Fe_2O_3 + 3H_2$
③ $Fe + H_2O \rightarrow FeO + H_2$
④ $Fe + 2H_2O \rightarrow FeO_2 + 2H_2$

- $3Fe + 4H_2O \rightarrow Fe_3O_4 + 4H_2$
- 자철광(Fe_3O_4)을 제조하는 과정에서 빨갛게 달군 철에 수증기를 통하게 되면, 철이 수증기와 반응하여 자철광과 수소가 생성된다.

58 A는 B 이온과 반응하나 C 이온과는 반응하지 않고, D는 C 이온과 반응한다고 할 때 A, B, C, D의 환원력 세기를 큰 것부터 차례대로 나타낸 것은? (단, A, B, C, D는 모두 금속이다.)

① A > B > D > C
② D > C > A > B
③ C > D > B > A
④ B > A > C > D

- 환원력이란 금속이 전자를 잃고 양이온으로 변하려는 경향을 말한다. 환원력이 클수록 금속은 더 쉽게 산화(전자 방출)되며, 다른 물질을 환원시키는 능력이 강하다.
- A는 B보다 환원력이 크고, C보다 환원력이 작다. → C > A > B
- D는 C보다 환원력이 크다. → D > C
- 따라서 D는 C보다 환원력이 강하고, A는 B보다 환원력이 크다.
  ∴ D > C > A > B

59 20%의 소금물을 전기분해하여 수산화나트륨 1몰을 얻는 데는 1A의 전류를 몇 시간 통해야 하는가?

① 13.4
② 26.8
③ 53.6
④ 104.2

- 소금물(NaCl)이 전기분해되면 수산화나트륨(NaOH), 염소(Cl_2), 그리고 수소(H_2)가 생성된다.
- Na^+이온 1mol이 1mol의 수산화나트륨(NaOH)으로 변환되는 데 필요한 전자는 1mol이다.
- 패러데이 법칙에 따르면, 전기분해를 통해 1mol의 전자를 방출하는 데 필요한 전기량은 1패러데이(96,485쿨롱)이다.
- 1mol의 수산화나트륨(NaOH)을 얻으려면 96,485쿨롱(C)의 전하가 필요하므로 이를 1A의 전류로 몇 시간 동안 흘려야 하는지를 계산하면 $\frac{96,485C}{1A}$ = 96,485초이다.
- 이를 시간 단위로 변환하면 $\frac{96,485초}{3,600초/시간}$ = 26.8시간이다.

60 물 200g에 A 물질 2.9g을 녹인 용액의 어는점은? (단, 물의 어는점 내림상수는 1.86℃·kg/mol이고, A 물질의 분자량은 58이다.)

① -0.017℃
② -0.465℃
③ 0.932℃
④ -1.871℃

- 어는점 내림은 다음과 같은 식을 이용하여 계산한다.
  $\Delta T_f = K_f \times m$
  - ΔT_f: 어는점 내림(온도 변화)
  - K_f: 물의 어는점 내림상수(1.86℃·kg/mol)
  - m: 몰랄농도
- 몰랄농도 m은 다음과 같이 계산한다.
  $m = \frac{녹인\ 물질의\ 몰수}{용매의\ 질량(kg)} = \frac{0.05mol}{0.2kg} = 0.25mol/kg$
- A 물질의 몰수 = $\frac{질량}{분자량} = \frac{2.9g}{58g/mol} = 0.05mol$
- $\Delta T_f = 1.86℃ \times 0.25mol/kg = 0.465℃$
  → 어는점은 내림이므로 0℃ - 0.465℃ = -0.465℃이다.

정답 56 ① 57 ① 58 ② 59 ② 60 ②

2025년 1회 CBT 기출복원문제

01 콜로이드 용액을 친수콜로이드와 소수콜로이드로 구분할 때 소수콜로이드에 해당하는 것은?

① 녹말　　② 아교
③ 단백질　　④ 수산화철(Ⅲ)

- 콜로이드는 입자의 크기가 작아서 용액과 같은 상태를 유지하지만, 완전히 용해되지 않은 혼합물을 말하고, 친수성과 소수성에 따라 구분된다.
- 수산화철(Ⅲ)은 물과 친화력이 낮은 콜로이드로, 물에 잘 녹지 않고 쉽게 침전되는 성질을 가지는 대표적인 소수콜로이드이다.

02 위험물을 저장하기 위해 제작한 이동저장탱크의 내용적이 20,000L인 경우 위험물 허가를 위해 산정할 수 있는 이 탱크의 최대 용량은 지정수량의 몇 배인가? (단, 저장하는 위험물은 비수용성 제2석유류이며 비중은 0.8, 차량의 최대 적재량은 15톤이다.)

① 21배　　② 18.75배
③ 12배　　④ 9.375배

- 비수용성 제2석유류 지정수량: 1,000kg
- 탱크의 내용적이 20,000L이지만, 저장하는 비수용성 제2석유류의 비중이 0.8이므로 저장탱크의 실제 적재량은 20,000L × 0.8 = 16,000L이다.
- 차량의 최대 적재량이 15,000kg(15톤)이고, 비수용성 제2석유류의 비중이 0.8이므로 부피를 다음과 같이 변환할 수 있다.
  $\frac{15,000kg}{0.8} = 18,750L$
- 16,000L의 실제 적재량이 지정수량의 몇 배인지 계산하면 다음과 같다.
  $\frac{16,000L}{1,000L} = 16배$
- 탱크가 차량에 실리는 경우 차량의 최대 적재량인 18,750L까지 적재 가능하므로, 실제로 고려할 수 있는 최대 적재량을 기준으로 계산하면 $\frac{18,750L}{1,000L} = 18.75배$이다.

03 이산화탄소 소화기는 어떤 현상에 의해서 온도가 내려가 드라이아이스를 생성하는가?

① 줄-톰슨 효과　　② 사이펀
③ 표면장력　　④ 모세관

- 줄-톰슨 효과는 기체가 고압 상태에서 저압 상태로 팽창할 때, 그 과정에서 온도가 감소하는 현상을 말한다.
- 이산화탄소 소화기는 고압 상태의 이산화탄소가 저압 환경으로 방출되면서 급격히 팽창하게 되는데, 이때 줄-톰슨 효과로 인해 온도가 급격히 낮아지고, 드라이아이스가 생성된다.

04 황린과 적린의 공통점으로 옳은 것은?

① 독성
② 발화점
③ 연소생성물
④ CS_2에 대한 용해성

황린과 적린은 모두 연소하면 오산화인(P_2O_5)을 생성한다.

05 다음 중 취급소의 종류로 틀린 것은 무엇인가?

① 이송취급소
② 특수취급소
③ 일반취급소
④ 주유취급소

취급소의 종류
일반취급소, 주유취급소, 판매취급소, 이송취급소

정답　01 ④　02 ②　03 ①　04 ③　05 ②

06 벤젠에 진한 질산과 진한 황산의 혼산을 반응시켜 얻어지는 화합물은?

① 피크린산
② 아닐린
③ TNT
④ 나이트로벤젠

- 벤젠에 진한 질산과 진한 황산의 혼합물을 반응시키면 나이트로화 반응이 일어나며, 나이트로벤젠이 생성된다.
- 이 반응에서 황산은 촉매 역할을 하고, 질산에서 나이트로기를 벤젠 고리에 결합시키는 역할을 한다.

07 물 500g 중에 설탕($C_{12}H_{22}O_{11}$) 171g이 녹아 있는 설탕물의 몰랄농도(m)는?

① 2.0
② 1.5
③ 1.0
④ 0.5

- 설탕($C_{12}H_{22}O_{11}$)의 분자량 = (12 × 12) + (1 × 22) + (16 × 11) = 342g/mol
- 설탕의 몰수 = $\dfrac{질량}{몰질량}$ = $\dfrac{171g}{342g/mol}$ = 0.5mol
- 몰랄농도(m) = $\dfrac{용질의\ 몰수}{용매의\ 질량(kg)}$ = $\dfrac{0.5mol}{0.5kg}$ = 1.0mol/kg

08 Na_2O_2과 반응하여 제6류 위험물을 생성하는 것은?

① 아세트산
② 물
③ 이산화탄소
④ 일산화탄소

- Na_2O_2 + $2CH_3COOH$ → $2CH_3COONa$ + H_2O_2
- 과산화나트륨(Na_2O_2)은 아세트산과 반응하여 아세트산나트륨과 과산화수소(제6류 위험물)를 발생한다.

09 위험물제조소의 게시판에 '화기주의'라고 쓰여 있다. 제 몇 류 위험물 제조소인가?

① 제1류
② 제2류
③ 제3류
④ 제4류

- 제2류 위험물(인화성 고체 제외): 화기주의
- 제2류 위험물 중 인화성 고체: 화기엄금

10 다음 A ~ D 중 분말 소화약제로만 나타낸 것은?

A. 탄산수소나트륨
B. 탄산수소칼륨
C. 황산구리
D. 제1인산암모늄

① A, B, C, D
② A, D
③ A, B, C
④ A, B, D

분말 소화약제의 종류

약제명	주성분	분해식
제1종	탄산수소나트륨	$2NaHCO_3$ → Na_2CO_3 + CO_2 + H_2O
제2종	탄산수소칼륨	$2KHCO_3$ → K_2CO_3 + CO_2 + H_2O
제3종	인산암모늄	• 1차: $NH_4H_2PO_4$ → NH_3 + H_3PO_4 • 2차: $NH_4H_2PO_4$ → NH_3 + HPO_3 + H_2O
제4종	탄산수소칼륨 + 요소	−

11 다량의 비수용성 제4류 위험물의 화재 시 물로 소화하는 것이 적합하지 않은 이유는?

① 가연성 가스가 발생한다.
② 연소면을 확대한다.
③ 인화점이 내려간다.
④ 물이 열분해한다.

비수용성 제4류 위험물(예 휘발유, 경유 등)은 대부분 물보다 가볍고 물에 녹지 않으므로 화재 시 물을 사용하면 기름이 물 위에 떠서 연소 면적이 확대될 수 있다.

정답 06 ④ 07 ③ 08 ① 09 ② 10 ④ 11 ②

12 탄소 1mol이 완전연소하는 데 필요한 최소 이론공기량은 약 몇 L인가? (단, 0℃, 1기압 기준이며, 공기 중 산소의 농도는 21vol%이다.)

① 10.7
② 22.4
③ 107
④ 224

- 탄소의 완전연소식: $C + O_2 \rightarrow CO_2$
- 탄소 1mol이 연소할 때 필요한 산소량은 1mol이고, 표준상태에서 부피는 22.4L이다.
- 공기 중 산소의 농도는 21vol%이므로, 산소 22.4L에 대한 최소 이론공기량은 $\frac{22.4L}{0.21}$ = 107L이다.

13 이황화탄소를 물속에 저장하는 이유로 가장 타당한 것은?

① 공기와 접촉하면 즉시 폭발하므로
② 가연성 증기의 발생을 방지하므로
③ 온도의 상승을 방지하므로
④ 불순물을 물에 용해시키므로

이황화탄소는 증발하여 가연성 증기를 형성하는 특성이 있으므로 가연성 증기의 발생을 억제하기 위해 물속에 저장한다.

14 불활성 가스 소화약제 중 IG-541의 구성성분을 옳게 나타낸 것은?

① 헬륨, 네온, 아르곤
② 질소, 아르곤, 이산화탄소
③ 질소, 이산화탄소, 헬륨
④ 헬륨, 네온, 이산화탄소

- 불활성 가스 소화약제 중 IG-541은 질소(N_2), 아르곤(Ar), 이산화탄소(CO_2)가 52대 40대 8로 혼합된 소화약제이다.
- IG-541은 연소를 억제하는 주요 방식으로 산소농도를 낮추는 역할을 한다.

15 물과 접촉하였을 때 에탄이 발생되는 물질은?

① CaC_2
② $(C_2H_5)_3Al$
③ $C_6H_3(NO_2)_3$
④ $C_2H_5ONO_2$

트라이에틸알루미늄과 물의 반응식
- $(C_2H_5)_3Al + 3H_2O \rightarrow Al(OH)_3 + 3C_2H_6$
- 트라이에틸알루미늄은 물과 반응하여 수산화알루미늄과 에탄을 발생한다.

16 위험물안전관리법령상 알칼리금속과산화물의 화재에 적응성이 없는 소화설비는?

① 건조사
② 물통
③ 탄산수소염류 분말 소화설비
④ 팽창질석

- 알칼리금속과산화물에는 과산화나트륨과 과산화칼륨 같은 물질이 있다.
- $2Na_2O_2 + 2H_2O \rightarrow 4NaOH + O_2$
- 과산화나트륨은 물과 반응하여 수산화나트륨과 산소를 발생한다.
- $2K_2O_2 + 2H_2O \rightarrow 4KOH + O_2$
- 과산화칼륨은 물과 반응하여 수산화칼륨과 산소를 발생한다.
- 과산화나트륨과 과산화칼륨 등 알칼리금속과산화물은 물과 반응하여 산소를 발생하며 폭발하기 때문에 주수소화에 적응성이 없다.

정답 12 ③ 13 ② 14 ② 15 ② 16 ②

17 다음 중 물이 산으로 작용하는 반응은?

① $NH_4^+ + H_2O \rightarrow NH_3 + H_3O^+$
② $HCOOH + H_2O \rightarrow HCOO^- + H_3O^+$
③ $CH_3COO^- + H_2O \rightarrow CH_3COOH + OH^-$
④ $HCl + H_2O \rightarrow H_3O^+ + Cl^-$

> **브뢴스테드-로우리의 산-염기 이론**
> • 산은 양성자(H^+)를 내놓고 염기는 양성자(H^+)를 받는다.
> • 물(H_2O)이 산으로 작용한다는 것은 물이 양성자(H^+)를 내놓는다는 의미이다.
> • $CH_3COO^- + H_2O \rightarrow CH_3COOH + OH^-$의 반응에서 물($H_2O$)은 산으로 작용하여 양성자($H^+$)를 CH_3COO^-(아세트산염 이온)에게 준다. 이로 인해 CH_3COOH(아세트산)이 생성되고, 물은 OH^-(수산화이온)을 남기므로 물이 산으로 작용한 것이다.

18 산화에 의하여 카르보닐기를 가진 화합물을 만들 수 있는 것은?

① $CH_3 - CH_2 - CH_2 - COOH$
② $CH_3 - CH - CH_3$
            $|$
            OH
③ $CH_3 - CH_2 - CH_2 - OH$
④ $CH_2 - CH_2$
     $|$ $|$
     OH OH

> • 2차 알코올이 산화하면 카르보닐기를 생성한다.
> • 이소프로필알코올$[(CH_3)_2CHOH]$은 메틸기($-CH_3$)가 2개이므로 2차 알코올에 해당한다.
> • 따라서 이소프로필알코올은 카르보닐기를 생성한다.

19 20℃에서 4L를 차지하는 기체가 있다. 동일한 압력 40℃에서는 몇 L를 차지하는가? ★빈출

① 0.23 ② 1.23
③ 4.27 ④ 5.27

> • 샤를의 법칙에 따라 다음의 관계가 성립한다.
> • $\dfrac{V_1}{T_1} = \dfrac{V_2}{T_2} \rightarrow \dfrac{4L}{293K} = \dfrac{V_2}{313K}$
> ∴ $V_2 = 4.27L$

20 네슬러 시약에 의하여 적갈색으로 검출되는 물질은 어느 것인가?

① 질산이온 ② 암모늄이온
③ 아황산이온 ④ 일산화탄소

> **네슬러 시약**
> 암모늄이온(NH_4^+)이나 암모니아(NH_3)를 검출하는 데 사용되는 시약으로, 암모늄이온이 네슬러 시약과 반응하면 적갈색 또는 갈색침전이 형성된다.

21 액체 0.2g을 기화시켰더니 그 증기의 부피가 97℃, 740mmHg에서 80mL였다. 이 액체의 분자량에 가장 가까운 값은? ★빈출

① 40 ② 46
③ 78 ④ 121

> • 이상기체 방정식($PV = nRT$)을 이용하여 액체의 분자량을 구할 수 있다.
> - P: 압력($\dfrac{740}{760}$atm)
> - V: 부피(L)
> - n: 몰수(mol)
> - R: 기체상수(0.082L·atm/mol·K)
> - T: 370K(절대온도로 변환하기 위해 273을 더한다)
> • 몰수(n) = $\dfrac{\dfrac{740}{760} \times 0.08}{0.082 \times 370}$ = 0.00256mol
> • 분자량 = $\dfrac{질량}{몰수}$ = $\dfrac{0.2}{0.00256}$ = 78.1g/mol

22 모두 염기성 산화물로만 나타낸 것은?

① CaO, Na_2O ② K_2O, SO_2
③ CO_2, SO_3 ④ Al_2O_3, P_2O_5

> • 염기성 산화물은 물과 반응하여 염기(수산화물)를 형성하는 산화물로 금속원소들이 형성하는 산화물은 염기성을 띤다.
> • CaO(산화칼슘)과 Na_2O(산화나트륨)는 모두 금속 산화물로, 물과 반응하여 염기성 수산화물을 형성한다.

정답 17 ③ 18 ② 19 ③ 20 ② 21 ③ 22 ①

23 다음 화합물 중에서 가장 작은 결합각을 가지는 것은?

① BF_3
② NH_3
③ H_2
④ $BeCl_2$

> - BF_3: 평면 삼각형 구조로, 모든 결합각은 120°이다.
> - NH_3: 삼각뿔 구조로, 비공유 전자쌍(고립 전자쌍)이 있어 결합각이 줄어들어 결합각은 약 107°이다.
> - H_2: 직선구조로, 수소 원자 사이의 결합이 단일결합으로 되어 결합각은 180°이다.
> - $BeCl_2$: 직선형 구조로, 결합각은 180°이다.

24 칼륨과 나트륨의 공통성질이 아닌 것은?

① 물보다 비중 값이 작다.
② 수분과 반응하여 수소를 발생한다.
③ 광택이 있는 무른 금속이다.
④ 지정수량이 50kg이다.

> 칼륨과 나트륨은 제3류 위험물로 지정수량이 10kg이다.

25 위험물안전관리법령상 소화설비의 설치기준에서 제조소등에 전기설비(전기배선, 조명기구 등은 제외)가 설치된 경우에는 해당 장소의 면적 몇 m²마다 소형수동식소화기를 1개 이상 설치하여야 하는가?

① 50
② 75
③ 100
④ 150

> 전기설비의 소화설비 설치기준(시행규칙 별표 17)
> 제조소등에 전기설비(전기배선, 조명기구 등은 제외한다)가 설치된 경우에는 당해 장소의 면적 100m²마다 소형수동식소화기를 1개 이상 설치할 것

26 분말 소화약제의 착색 색상으로 옳은 것은? ★빈출

① $NH_4H_2PO_4$: 담홍색
② $NH_4H_2PO_4$: 백색
③ $KHCO_3$: 담홍색
④ $KHCO_3$: 백색

분말 소화약제의 종류

약제명	주성분	분해식	색상
제1종	탄산수소나트륨	$2NaHCO_3 \rightarrow Na_2CO_3 + CO_2 + H_2O$	백색
제2종	탄산수소칼륨	$2KHCO_3 \rightarrow K_2CO_3 + CO_2 + H_2O$	보라색 (담회색)
제3종	인산암모늄	$NH_4H_2PO_4 \rightarrow NH_3 + HPO_3 + H_2O$	담홍색
제4종	탄산수소칼륨 + 요소	-	회색

27 인화점이 38℃ 미만인 제4류 위험물을 취급하는 것을 주된 작업 내용으로 하는 장소에 스프링클러설비를 설치할 경우, 확보하여야 하는 1분당 방사밀도는 몇 L/m² 이상이어야 하는가? (단, 살수기준면적은 500m²이다.)

① 16.3L/m²
② 12.2L/m²
③ 9.8L/m²
④ 8.1L/m²

> - 제4류 위험물을 저장 또는 취급하는 장소의 살수기준면적에 따라 스프링클러설비의 살수밀도가 다음 표에 정하는 기준 이상인 경우에는 당해 스프링클러설비가 제4류 위험물에 대해 적응성이 있다(시행규칙 별표 17).

살수기준 면적(m²)	방사밀도(L/m²분)		비고
	인화점 38℃ 미만	인화점 38℃ 이상	
279 미만	16.3 이상	12.2 이상	살수기준면적은 내화구조의 벽 및 바닥으로 구획된 하나의 실의 바닥면적을 말하고, 하나의 실의 바닥면적이 465m² 이상인 경우의 살수기준면적은 465m²로 한다. 다만, 위험물의 취급을 주된 작업 내용으로 하지 아니하고 소량의 위험물을 취급하는 설비 또는 부분이 넓게 분산되어 있는 경우에는 방사밀도는 8.2L/m²분 이상, 살수기준면적은 279m² 이상으로 할 수 있다.
279 이상 372 미만	15.5 이상	11.8 이상	
372 이상 465 미만	13.9 이상	9.8 이상	
465 이상	12.2 이상	8.1 이상	

> - 인화점은 38℃ 미만이고, 위험물을 취급하는 각 실의 바닥면적은 500m²로 살수기준면적 465 이상에 해당하므로 1분당 방사밀도는 12.2L/m² 이상이어야 한다.

정답 23 ② 24 ④ 25 ③ 26 ① 27 ②

28 고체의 일반적인 연소형태에 속하지 않는 것은?

① 표면연소 ② 확산연소
③ 자기연소 ④ 증발연소

> **고체의 일반적인 연소형태**
> • 표면연소   • 분해연소
> • 자기연소   • 증발연소
> → 확산연소는 기체의 연소형태이다.

29 다음 중 아이오딘값이 가장 작은 것은?

① 아마인유 ② 들기름
③ 정어리기름 ④ 야자유

구분	아이오딘값	종류
건성유	130 이상	대구유, 정어리유, 상어유, 해바라기유, 동유, 아마인유, 들기름
반건성유	100 초과 130 미만	면실유, 청어유, 쌀겨유, 옥수수유, 채종유, 참기름, 콩기름
불건성유	100 이하	소기름, 돼지기름, 고래기름, 올리브유, 팜유, 땅콩기름, 피마자유, 야자유

30 위험물을 저장 또는 취급하는 탱크의 용량산정 방법에 관한 설명으로 옳은 것은?

① 탱크의 내용적에서 공간용적을 뺀 용적으로 한다.
② 탱크의 공간용적에서 내용적을 뺀 용적으로 한다.
③ 탱크의 공간용적에 내용적을 더한 용적으로 한다.
④ 탱크의 볼록하거나 오목한 부분을 뺀 용적으로 한다.

> **탱크 용적의 산정기준(시행규칙 제5조)**
> 위험물을 저장 또는 취급하는 탱크의 용량은 해당 탱크의 내용적에서 공간용적을 뺀 용적으로 한다.

31 다음 제4류 위험물 중 인화점이 가장 낮은 것은?

① 아세톤
② 아세트알데하이드
③ 산화프로필렌
④ 다이에틸에터

> **제4류 위험물의 인화점**
> • 아세톤: −18℃
> • 아세트알데하이드: −38℃
> • 산화프로필렌: −37℃
> • 다이에틸에터: −45℃

32 다음 중 특수인화물이 아닌 것은?

① CS_2 ② $C_2H_5OC_2H_5$
③ CH_3CHO ④ HCN

> 사이안화수소(HCN)는 제4류 위험물 중 제1석유류이다.

33 위험물안전관리법령상 유별을 달리하는 위험물의 혼재기준에서 과염소산과 혼재할 수 있는 위험물의 유별에 해당하는 것은? (단, 지정수량의 1/10을 초과하는 경우이다.)

① 제1류 ② 제2류
③ 제3류 ④ 제4류

> • 과염소산($HClO_4$)는 제6류 위험물로 제1류 위험물과 혼재 가능하다.
> • 유별을 달리하는 위험물 혼재기준
>
> | 1 | 6 | | 혼재 가능 |
> |---|---|---|---|
> | 2 | 5 | 4 | 혼재 가능 |
> | 3 | 4 | | 혼재 가능 |

정답 28 ② 29 ④ 30 ① 31 ④ 32 ④ 33 ①

34 위험물에 화재가 발생하였을 경우 물과의 반응으로 인해 주수소화가 적당하지 않은 것은?

① CH_3ONO_2
② $KClO_3$
③ Li_2O_2
④ P

- $2Li_2O_2 + 2H_2O \rightarrow 4LiOH + O_2$
- 과산화리튬은 물과 반응하여 수산화리튬과 산소를 발생하며 폭발의 위험이 있으므로 주수소화가 적당하지 않다.

35 위험물안전관리법령상 위험물 운반 시 차광성이 있는 피복으로 덮지 않아도 되는 것은?

① 제1류 위험물
② 제2류 위험물
③ 제3류 위험물 중 자연발화성 물질
④ 제4류 위험물

제2류 위험물은 방수성 있는 피복으로 덮는다.

36 염소산나트륨이 열분해하였을 때 발생하는 기체는?

① 나트륨
② 염화수소
③ 염소
④ 산소

- $2NaClO_3 \rightarrow 2NaCl + 3O_2$
- 염소산나트륨은 열분해하여 염화나트륨과 산소를 발생한다.

37 어떤 기체의 확산속도는 SO_2의 2배이다. 이 기체의 분자량은 얼마인가? (단, SO_2의 분자량은 64이다.)

① 4
② 8
③ 16
④ 32

- 기체의 확산속도와 분자량의 관계를 나타내는 그레이엄의 법칙을 적용해서 풀 수 있다.
- 그레이엄의 법칙 = $\dfrac{확산속도_1}{확산속도_2} = \sqrt{\dfrac{분자량_2}{분자량_1}}$
- 기체의 확산속도는 SO_2의 확산속도의 2배라고 했으므로, $\dfrac{확산속도_{기체}}{확산속도_{SO_2}} = 2$이다.
- SO_2의 분자량은 64이므로, 그레이엄의 법칙을 적용하면, $\sqrt{\dfrac{64}{M}} = 2$이다.
- 따라서 M = 16g/mol이다.

38 산화프로필렌 300L, 메탄올 400L, 벤젠 200L를 저장하고 있는 경우 각각 지정수량 배수의 총합은 얼마인가?

① 4
② 6
③ 8
④ 10

- 각 위험물별 지정수량
  - 산화프로필렌: 50L
  - 메탄올: 400L
  - 벤젠: 200L
- 지정수량 배수의 총합 = $\dfrac{300}{50} + \dfrac{400}{400} + \dfrac{200}{200} = 8$배

39 다음은 열역학 제 몇 법칙에 대한 내용인가?

> 0K(절대영도)에서 물질의 엔트로피는 0이다.

① 열역학 제0법칙
② 열역학 제1법칙
③ 열역학 제2법칙
④ 열역학 제3법칙

- 열역학 제0법칙: 온도가 평형에 있는 두 시스템이 제3의 시스템과도 평형에 있을 때, 서로 열적 평형 상태에 있다.
- 열역학 제1법칙: 에너지 보존 법칙으로, 에너지는 생성되거나 소멸되지 않고 형태만 변할 수 있다.
- 열역학 제2법칙: 자발적인 과정에서 엔트로피는 증가하는 경향이 있으며, 열은 높은 온도에서 낮은 온도로만 자발적으로 흐른다.
- 열역학 제3법칙: 절대영도 0K에서 모든 완전 결정체의 엔트로피는 0이다.

정답 34 ③ 35 ② 36 ④ 37 ③ 38 ③ 39 ④

40 위험물제조소의 환기설비 설치 기준으로 옳지 않은 것은?

① 환기구는 지붕위 또는 지상 2m 이상의 높이에 설치할 것
② 급기구는 바닥면적 150m²마다 1개 이상으로 할 것
③ 환기는 자연배기방식으로 할 것
④ 급기구는 높은 곳에 설치하고 인화방지망을 설치할 것

> 위험물제조소의 환기설비 설치 기준(시행규칙 별표 4)
> • 환기는 자연배기방식으로 할 것
> • 급기구는 당해 급기구가 설치된 실의 바닥면적 150m²마다 1개 이상으로 하되, 급기구의 크기는 800cm² 이상으로 할 것
> • 급기구는 낮은 곳에 설치하고 가는 눈의 구리망 등으로 인화방지망을 설치할 것
> • 환기구는 지붕위 또는 지상 2m 이상의 높이에 회전식 고정벤티레이터 또는 루프팬 방식(roof fan: 지붕에 설치하는 배기장치)으로 설치할 것

41 pH = 9인 수산화나트륨 용액 100mL 속에는 나트륨이온이 몇 개 들어 있는가? (단, 아보가드로수는 6.02×10^{23}이다.)

① 6.02×10^9개
② 6.02×10^{17}개
③ 6.02×10^{18}개
④ 6.02×10^{21}개

> • pH와 pOH의 관계는 pH + pOH = 14이다.
> • pOH = 14 − 9 = 5이므로, $[OH^-] = 10^{-pOH} = 10^{-5}M$이다[수산화나트륨 용액의 수산화이온($OH^-$) 농도는 $10^{-5}M$].
> • 수산화나트륨(NaOH)은 완전히 해리되므로, $[Na^+] = [OH^-]$이다. 따라서 Na^+ 농도는 $10^{-5}M$이다.
> • 따라서 100mL(= 0.1L)의 용액에 들어 있는 나트륨이온의 몰수는 10^{-6}mol $\times 6.02 \times 10^{23}$개/mol = 6.02×10^{17}개이다.

42 미지농도의 염산 용액 100mL를 중화하는 데 0.2N NaOH 용액 250mL가 소모되었다. 이 염산의 농도는 몇 N인가?

① 0.05
② 0.2
③ 0.25
④ 0.5

> • 염산(HCl)과 수산화나트륨(NaOH)의 중화반응을 통해 염산의 농도를 구해야 한다.
> • 이를 위해 노르말 농도($N_{HCl} \times V_{HCl} = N_{NaOH} \times V_{NaOH}$)를 사용한다.
> − N_{HCl} = 염산의 노르말 농도
> − V_{HCl} = 염산의 부피(100mL = 0.1L)
> − N_{NaOH} = NaOH의 노르말 농도(0.2N)
> − V_{NaOH} = NaOH의 부피(250mL = 0.25L)
> • $N_{HCl} \times 0.1 = 0.2 \times 0.25$이므로, 염산의 농도는 0.5N이다.

43 산화와 환원에 대한 설명으로 옳지 않은 것은?

① 산소를 얻는 반응은 산화이다.
② 수소를 잃는 반응은 산화이다.
③ 전자를 얻는 반응은 환원이다.
④ 산화수가 감소하는 것은 산화이다.

> • 산화: 산소를 얻거나, 수소를 잃거나, 전자(e^-)를 잃거나, 산화수가 증가하는 반응
> • 환원: 산소를 잃거나, 수소를 얻거나, 전자(e^-)를 얻거나, 산화수가 감소하는 반응
> • 산화수가 감소하는 것은 환원임

44 삼황화인과 오황화인의 공통점이 아닌 것은?

① 물과 접촉하여 인화수소가 발생한다.
② 가연성 고체이다.
③ 분자식이 P와 S로 이루어져 있다.
④ 연소 시 오산화인과 이산화황이 생성된다.

> 삼황화인(2류)과 오황화인(2류)의 차이점
> • 삼황화인은 물과 반응하지 않는다.
> • 오황화인은 물과 반응 시 황화수소, 인산을 발생한다.

정답 40 ④ 41 ② 42 ④ 43 ④ 44 ①

45 메틸에틸케톤은 어떤 종류의 화재에 해당하는가?

① A급 화재
② B급 화재
③ C급 화재
④ D급 화재

> 메틸에틸케톤은 제4류 위험물 중 제1석유류로 B급화재인 유류화재에 속한다.

46 다음 중 단원자분자에 해당하는 것은 무엇인가?

① O_2(산소)
② N_2(질소)
③ Ne(네온)
④ Cl_2(염소)

> - 단원자분자란 하나의 원자 자체로 안정된 상태를 이루는 분자이고 주로 18족원소가 대표적이다.
> - 네온(Ne)은 18족 불활성기체로, 단일 원자 상태(Ne)로 존재한다.

47 황산구리 수용액을 Pt 전극을 써서 전기분해하여 음극에서 63.5g의 구리를 얻고자 한다. 10A의 전류를 약 몇 시간 흐르게 하여야 하는가? (단, 구리의 원자량은 63.5이다.)

① 2.36
② 5.36
③ 8.16
④ 9.16

> - 패러데이의 법칙에 따르면, 전기분해에서 석출된 물질의 질량은 전하량에 비례하며, 이 전하량은 다음 공식으로 구할 수 있다.
> - $Q = I \times t$
>   - Q: 전하량(쿨롱, C)
>   - I: 전류(암페어, A)
>   - t: 시간(초, s)
> - 구리 63.5g은 1mol이므로, 구리(Cu^{2+})는 2mol의 전자가 필요하다. 따라서 필요한 전하량 Q는 다음과 같다.
> - $Q = 2 \times 96,485 = 192,970C$
> - 전류(I)가 10A로 흐를 때의 시간을 계산하면, 전하량 Q는 I × t로 구할 수 있으므로, 192,970C = 10A × t이다.
> - $t = \dfrac{192,970C}{10A} = 19,297$초이므로, 이를 시간 단위로 변환하면,
> - $t = \dfrac{19,297초}{3,600초/시간} = 5.36$시간이다.

48 1기압의 수소 3L와 2기압의 산소 4L를 5L 실린더에 넣었을 때, 총 기압은 얼마가 되는가? (단, 온도는 일정하다.)

① 2.0기압
② 2.2기압
③ 2.5기압
④ 3.0기압

> - 보일의 법칙에 따르면, 온도가 일정할 때 기체의 부피는 압력에 반비례하고 다음의 식이 성립된다.
> - $P_1 \times V_1 = P_2 \times V_2$
> - 수소 압력변화: 1기압 × 3L = P_2 × 5L이므로 P_2는 0.6기압이다.
> - 산소 압력변화: 2기압 × 4L = P_2 × 5L이므로 P_2는 1.6기압이다.
> - 따라서 총 기압은 0.6 + 1.6 = 2.2기압이다.

49 27°C에서 500mL에 6g의 비전해질을 녹인 용액의 삼투압은 7.4기압이었다. 이 물질의 분자량은 약 얼마인가?

① 20.78
② 39.89
③ 58.16
④ 77.65

> - $PV = \dfrac{wRT}{M}$
> - $M = \dfrac{wRT}{PV} = \dfrac{6 \times 0.082 \times 300}{7.4 \times 0.5} = 39.891g/mol$
> P = 압력, V = 부피, w = 질량, M = 분자량, R = 기체상수(0.082를 곱한다), T = 300K(절대온도로 변환하기 위해 273을 더한다).

50 아세톤에 관한 설명 중 틀린 것은?

① 무색 휘발성이 강한 액체이다.
② 조해성이 있으며 물과 반응 시 발열한다.
③ 겨울철에도 인화의 위험성이 있다.
④ 증기는 공기보다 무거우며 액체는 물보다 가볍다.

> 아세톤은 제4류 위험물로 물, 알코올, 에테르에 녹는다.

정답 45 ② 46 ③ 47 ② 48 ② 49 ② 50 ②

51 가연성 가스나 증기의 농도를 연소한계 이하로 하여 소화하는 방법은?

① 희석소화
② 제거소화
③ 질식소화
④ 냉각소화

> 희석소화는 불활성 기체(예 질소, 이산화탄소 등)를 사용하여 가연성 가스의 농도를 낮추어 연소가 불가능한 수준으로 만드는 소화방법이다.

52 마그네슘 분말이 이산화탄소 소화약제와 반응하여 생성될 수 있는 유독기체의 분자량은?

① 26
② 28
③ 32
④ 44

> • $Mg + CO_2 \rightarrow MgO + CO$
> • 마그네슘 분말은 이산화탄소와 반응하여 산화마그네슘과 유독성의 일산화탄소를 발생한다.
> • 일산화탄소(CO)의 분자량은 12(C) + 16(O) = 28g/mol이다.

53 위험물안전관리법령상 위험등급 I 의 위험물에 해당하는 것은?

① 무기과산화물
② 황화인, 적린, 황
③ 제1석유류
④ 알코올류

> • 무기과산화물은 위험등급 I 이다.
> • 황화인, 적린, 황, 제1석유류, 알코올류는 위험등급 II 이다.

54 옥내저장소에서 위험물 용기를 겹쳐 쌓는 경우에 있어서 제4류 위험물 중 제3석유류만을 수납하는 용기를 겹쳐 쌓을 수 있는 높이는 최대 몇 m인가?

① 3
② 4
③ 5
④ 6

> 옥내저장소에서 위험물을 저장하는 경우에는 다음의 규정에 의한 높이를 초과하여 용기를 겹쳐 쌓지 아니하여야 한다(시행규칙 별표 18).
> • 기계에 의하여 하역하는 구조로 된 용기만을 겹쳐 쌓는 경우 : 6m
> • 제4류 위험물 중 제3석유류, 제4석유류 및 동식물유류를 수납하는 용기만을 겹쳐 쌓는 경우 : 4m
> • 그 밖의 경우 : 3m

55 10℃의 물 2g을 100℃의 수증기로 만드는 데 필요한 열량은?

① 180cal
② 340cal
③ 719cal
④ 1,258cal

> • 물을 10℃에서 100℃로 가열하는 데 드는 열량은 다음과 같다.
> • 물의 비열 × 온도변화량 × 물의 양 = 1cal/g℃ × 90℃ × 2g = 180cal
> • 물의 증발잠열은 539cal/g이므로 물 2g이 증발하는 데 드는 열량은 539cal/g × 2g = 1,078cal이다.
> • 따라서 100℃의 수증기로 만드는 데 필요한 열량은 열량 + 증발잠열 = 180cal + 1,078cal = 1,258cal이다.

56 Rn은 α선 및 β선을 2번씩 방출하고 다음과 같이 변했다. 마지막 Po의 원자번호는 얼마인가? (단, Rn의 원자번호는 86, 원자량은 222이다.)

$$Rn \xrightarrow{\alpha} Po \xrightarrow{\alpha} Pb \xrightarrow{\beta} Bi \xrightarrow{\beta} Po$$

① 78
② 81
③ 84
④ 87

> • 알파(α) 붕괴는 헬륨 원자핵(2개의 양성자와 2개의 중성자로 구성됨)을 방출하는 과정이다.
>   → 알파(α) 붕괴가 발생하면 원자번호는 2 감소하고, 질량수는 4 감소한다.
> • 베타(β) 붕괴는 중성자가 양성자로 변환되면서 전자(β 입자)가 방출되는 과정이다.
>   → 베타(β) 붕괴가 발생하면 원자번호는 1 증가하고, 질량수는 변화 없다.
> • 따라서 Rn에서 α(알파)선 방출을 2번, β(베타)선 방출을 2번 했으므로 다음과 같은 결과가 나온다.
>   - 원자량 = 222 - 4 - 4 = 214
>   - 원자번호 = 86 - 2 - 2 + 1 + 1 = 84

정답 51 ① 52 ② 53 ① 54 ② 55 ④ 56 ③

57 다음은 원소의 원자번호와 원소기호를 표시한 것이다. 전이원소만으로 나열된 것은?

① 20Ca, 21Sc, 22Ti
② 21Sc, 22Ti, 29Cu
③ 26Fe, 30Zn, 38Sr
④ 21Sc, 22Ti, 38Sr

- 전이원소는 주기율표의 3족~12족에 속하는 원소들로, 일반적으로 d-오비탈에 전자가 채워지는 원소들이다.
- 21Sc(스칸듐): 전이원소(3족에 속함)
- 22Ti(티타늄): 전이원소(4족에 속함)
- 29Cu(구리): 전이원소(11족에 속함)

58 자연발화가 일어날 수 있는 조건으로 가장 옳은 것은?

① 주위의 온도가 낮을 것
② 표면적이 작을 것
③ 열전도율이 작을 것
④ 발열량이 작을 것

자연발화 조건
- 주위의 온도가 높을 것
- 습도가 높을 것
- 표면적이 넓을 것
- 열전도율이 작을 것
- 발열량이 클 것

59 강화액 소화약제에 소화력을 향상시키기 위하여 첨가하는 물질로 옳은 것은?

① 탄산칼륨
② 질소
③ 사염화탄소
④ 아세틸렌

- 강화액 소화약제는 주로 물에 특정 화학물질을 첨가하여 소화 성능을 향상시키는 방식이다.
- 탄산칼륨(K_2CO_3)은 강화액 소화약제의 소화력을 높이기 위해 자주 첨가되며, 주로 주방화재에서 발생하는 기름화재를 진압하는 데 사용된다.

60 위험물안전관리법에서 정한 정전기를 유효하게 제거할 수 있는 방법에 해당하지 않는 것은?

① 위험물 이송 시 배관 내 유속을 빠르게 하는 방법
② 공기를 이온화하는 방법
③ 접지에 의한 방법
④ 공기 중의 상대습도를 70% 이상으로 하는 방법

정전기 방지대책
- 접지에 의한 방법
- 공기를 이온화함
- 공기 중의 상대 습도를 70% 이상으로 함

정답 57 ② 58 ③ 59 ① 60 ①

04 2024년 3회 CBT 기출복원문제

01 다음 화합물의 0.1mol 수용액 중에서 가장 약한 산성을 나타내는 것은?

① H_2SO_4
② HCl
③ CH_3COOH
④ HNO_3

> 아세트산(CH_3COOH)은 약산으로, 수용액에서 부분적으로만 이온화된다. 따라서 산성도가 상대적으로 약하다.

02 같은 몰농도에서 비전해질 용액은 전해질 용액보다 비등점 상승도의 변화추이가 어떠한가?

① 크다.
② 작다.
③ 같다.
④ 전해질 여부와 무관하다.

> • 비등점 상승은 용액에 용질이 녹아 있을 때 나타나는 현상으로, 용질의 종류에 따라 다르게 나타난다.
> • 전해질은 용액에서 이온으로 분리되어 더 많은 입자를 형성하지만, 비전해질은 이온으로 분리되지 않기 때문에 용액에서 입자의 수가 상대적으로 적다.

03 물 2.5L 중에 어떤 불순물이 10mg 함유되어 있다면 약 몇 ppm으로 나타낼 수 있는가?

① 0.4
② 1
③ 4
④ 40

> • ppm(농도) = $\frac{용질의\ 질량(mg)}{용액의\ 질량(kg)} \times 10^6$
> – 용질의 질량: 10mg
> – 물의 부피: 2.5L
> • ppm(농도) = $\frac{10mg}{2.5kg} \times 10^6$ = 4ppm

04 표준상태에서 기체 A 1L의 무게는 1.964g이다. A의 분자량은?

① 44
② 16
③ 4
④ 2

> 기체 A 1L의 질량이 1.964g이라고 주어졌으므로, 22.4L의 질량은 다음과 같다.
> 1mol의 질량 = 1.964g/L × 22.4L = 44g/mol

05 C_3H_8 22.0g을 완전연소시켰을 때 필요한 공기의 부피는 약 얼마인가? (단, 0℃, 1기압 기준이며, 공기 중의 산소량은 21%이다.)

① 56L
② 112L
③ 224L
④ 267L

> • 프로판의 완전연소 반응식: $C_3H_8 + 5O_2 \rightarrow 3CO_2 + 4H_2O$
> • 프로판은 완전연소하여 이산화탄소와 물을 생성한다.
> • C_3H_8의 분자량: (3 × 12) + (8 × 1) = 44g/mol
> • 프로판 22.0g에 대한 몰수: $\frac{22.0g}{44g/mol}$ = 0.5mol
> • 프로판이 연소할 때 5mol의 산소가 필요하므로, 프로판 0.5mol을 완전연소시키기 위해 필요한 산소의 몰수는 0.5 × 5 = 2.5mol이다.
> • 표준상태에서 1mol의 기체는 22.4L를 차지하므로, 2.5mol의 산소는 2.5mol × 22.4L = 56L의 부피를 차지한다.
> • 공기 중 산소가 21% 존재하므로 공기의 부피는 $\frac{56L}{0.21}$ = 267L이다.

정답 01 ③ 02 ② 03 ③ 04 ① 05 ④

06 다음 할로겐(할로젠)족 분자 중 수소와의 반응성이 가장 높은 것은?

① Br_2
② F_2
③ Cl_2
④ I_2

> **플루오린(F_2)**
> 할로겐(할로젠) 중에서 전자친화도가 가장 크고, 반응성이 매우 강하다. 따라서 플루오린은 수소와 매우 격렬하게 반응하여 HF(플루오린화 수소)를 형성한다.

07 20개의 양성자와 20개의 중성자를 가지고 있는 것은?

① Zr
② Ca
③ Ne
④ Zn

> - 양성자 수는 원소의 원자번호에 해당한다.
> - 중성자 수는 원자의 질량에서 양성자 수를 뺀 값으로 계산할 수 있다.
> - Ca(칼슘)은 원자번호가 20이고, 원자의 질량이 약 40이므로 중성자 수는 20개이다.

08 다음과 같은 반응에서 평형을 왼쪽으로 이동시킬 수 있는 조건은?

$$A_2(g) + 2B_2(g) \rightleftarrows 2AB_2(g) + 열$$

① 압력 감소, 온도 감소
② 압력 증가, 온도 증가
③ 압력 감소, 온도 증가
④ 압력 증가, 온도 감소

> 평형 이동은 르 샤틀리에의 원리에 따라 결정된다.
> - 압력 감소는 기체 분자 수가 많은 쪽으로 평형을 이동시킨다. 즉, 반응물 쪽(왼쪽)에 기체 분자가 많다면, 압력을 감소시키면 평형이 왼쪽으로 이동한다.
> - 온도 증가는 흡열반응(열을 흡수하는 쪽)으로 평형을 이동시킨다. 즉, 반응이 흡열이면, 온도를 증가시키면 평형이 왼쪽으로 이동한다.

09 방사능 붕괴의 형태 중 $^{226}_{88}Ra$이 α 붕괴할 때 생기는 원소는?

① $^{222}_{86}Rn$
② $^{232}_{90}Th$
③ $^{231}_{91}Pa$
④ $^{238}_{92}U$

> - 방사성 원소가 α 붕괴할 때, 원자는 알파(α) 입자인 헬륨 원자핵($^{4}_{2}He$)을 방출한다.
> - 알파(α) 붕괴는 원자의 질량수가 4 감소하고, 원자번호가 2 감소하는 과정이다.
> - 알파(α) 붕괴는 다음과 같이 일어난다.
>   - 질량수 4 감소 → 226 - 4 = 222
>   - 원자번호 2 감소 → 88 - 2 = 86
> - 따라서 $^{222}_{86}Rn$(라돈)이 생성된다.

10 20%의 소금물을 전기분해하여 수산화나트륨 1몰을 얻는 데는 1A의 전류를 몇 시간 통해야 하는가?

① 13.4
② 26.8
③ 53.6
④ 104.2

> - 소금물(NaCl)이 전기분해되면 수산화나트륨(NaOH), 염소(Cl_2), 그리고 수소(H_2)가 생성된다.
> - Na^+이온 1mol이 1mol의 수산화나트륨(NaOH)으로 변환되는 데 필요한 전자는 1mol이다.
> - 패러데이 법칙에 따르면, 전기분해를 통해 1mol의 전자를 방출하는 데 필요한 전기량은 1패러데이(96,485쿨롱)이다.
> - 1mol몰의 수산화나트륨(NaOH)을 얻으려면 96,485쿨롱의 전하가 필요하므로 이를 1A의 전류로 몇 시간 동안 흘려야 하는지를 계산하면 $\frac{96,485C}{1A}$ = 96,485초이다.
> - 이를 시간 단위로 변환하면 $\frac{96,485초}{3,600초/시간}$ = 26.8시간이다.

정답 06 ② 07 ② 08 ③ 09 ① 10 ②

11 물 500g 중에 설탕($C_{12}H_{22}O_{11}$) 171g이 녹아 있는 설탕물의 몰랄농도(m)는?

① 2.0 ② 1.5
③ 1.0 ④ 0.5

- 설탕($C_{12}H_{22}O_{11}$)의 분자량 = (12 × 12) + (1 × 22) + (16 × 11) = 342g/mol
- 설탕의 몰수 = $\dfrac{질량}{몰질량}$ = $\dfrac{171g}{342g/mol}$ = 0.5mol
- 몰랄농도(m) = $\dfrac{용질의\ 몰수}{용매의\ 질량(kg)}$ = $\dfrac{0.5mol}{0.5kg}$ = 1.0mol/kg

12 다음 중 불균일 혼합물은 어느 것인가?

① 공기   ② 소금물
③ 화강암   ④ 사이다

불균일 혼합물
- 구성성분들이 고르게 섞이지 않고, 성분들이 눈에 보이거나 구별 가능한 혼합물이다.
- 화강암은 다양한 광물(예 석영, 장석, 흑운모 등)이 불균일하게 섞여 있어 성분들이 구별 가능한 불균일 혼합물이다.
- 균일 혼합물에는 공기, 소금물, 설탕물, 사이다 등이 있다.

13 불꽃 반응 결과 노란색을 나타내는 미지의 시료를 녹인 용액에 $AgNO_3$ 용액을 넣으니 백색침전이 생겼다. 이 시료의 성분은?

① Na_2SO_4 ② $CaCl_2$
③ NaCl   ④ KCL

- 미지의 시료를 녹인 용액에 $AgNO_3$(질산은) 용액을 넣었을 때 백색침전이 생긴 이유는 Cl^-(염화이온)이 Ag^+와 반응하여 염화은(AgCl)이라는 백색침전을 형성하기 때문이다.
- 불꽃 반응 결과에서 나트륨(Na)의 노란색과 $AgNO_3$ 용액에서의 백색침전 반응을 통해 시료의 성분은 NaCl(염화나트륨)임을 알 수 있다.

14 자철광 제조법으로 빨갛게 달군 철에 수증기를 통할 때의 반응식으로 옳은 것은?

① $3Fe + 4H_2O \rightarrow Fe_3O_4 + 4H_2$
② $2Fe + 3H_2O \rightarrow Fe_2O_3 + 3H_2$
③ $Fe + H_2O \rightarrow FeO + H_2$
④ $Fe + 2H_2O \rightarrow FeO_2 + 2H_2$

- $3Fe + 4H_2O \rightarrow Fe_3O_4 + 4H_2$
- 자철광(Fe_3O_4)을 제조하는 과정에서 빨갛게 달군 철에 수증기를 통하게 되면, 철이 수증기와 반응하여 자철광과 수소가 생성된다.

15 먹물에 아교나 젤라틴을 약간 풀어주면 탄소입자가 쉽게 침전되지 않는다. 이때 가해준 아교는 무슨 콜로이드로 작용하는가?

① 서스펜션   ② 소수
③ 복합   ④ 보호

먹물에 아교나 젤라틴을 첨가하면, 아교가 콜로이드 입자 주위에 보호층을 형성하여 입자가 서로 뭉치는 것을 막아주는 역할을 하기 때문에 탄소입자가 쉽게 침전되지 않고 안정화된다.

16 황의 산화수가 나머지 셋과 다른 하나는?

① Ag_2S ② H_2SO_4
③ SO_4^{2-} ④ $Fe_2(SO_4)_3$

- 은(Ag)의 산화수가 +1이고, 황의 산화수를 x라고 하면, $2 × (+1) + x = 0$의 식이 나오고, $x = -2$가 된다.
- 수소(H)의 산화수가 +1, 산소(O)의 산화수가 -2이고, 황의 산화수를 x라고 하면, $2 × (+1) + x + 4 × (-2) = 0$의 식이 나오고, $x = +6$이 된다.
- 산소(O)의 산화수가 -2이고, 황의 산화수를 x라고 하면, $x + 4 × (-2) = -2$(전체 이온의 전하가 -2이므로)의 식이 나오고, $x = +6$이 된다.
- SO_4^{2-}(황산이온)에서 산소(O)의 산화수가 -2이고, 황의 산화수를 x라고 하면, $x + 4 × (-2) = -2$의 식이 나오므로, $x = +6$이 된다.
- $Fe_2(SO_4)_3$(황산철)에는 SO_4^{2-} 이온이 3개 들어 있다. SO_4^{2-} 이온에서 황의 산화수는 +6이므로, $Fe_2(SO_4)_3$에서 황의 산화수도 +6이 된다.

정답 11 ③ 12 ③ 13 ③ 14 ① 15 ④ 16 ①

17 실제 기체는 어떤 상태일 때 이상기체 방정식에 잘 맞는가?

① 온도가 높고 압력이 높을 때
② 온도가 낮고 압력이 낮을 때
③ 온도가 높고 압력이 낮을 때
④ 온도가 낮고 압력이 높을 때

- 온도가 높을 때: 분자들이 빠르게 움직이면서 서로 간의 인력에서 기체 분자 간의 상호작용이 거의 없게 되므로 이상기체에 가까운 상태가 된다.
- 압력이 낮을 때: 기체 분자들이 넓은 공간에 퍼져 있어 서로 간의 충돌 횟수가 적어진다. 기체 분자 간의 부피와 상호작용이 무시할 수 있을 정도로 작아지므로, 이상기체 방정식에 가까운 상태가 된다.

18 네슬러 시약에 의하여 적갈색으로 검출되는 물질은 어느 것인가?

① 질산이온
② 암모늄이온
③ 아황산이온
④ 일산화탄소

네슬러 시약
암모늄이온(NH_4^+)이나 암모니아(NH_3)를 검출하는 데 사용되는 시약으로, 암모늄이온이 네슬러 시약과 반응하면 적갈색 또는 갈색침전이 형성된다.

19 다음 중 침전을 형성하는 조건은?

① 이온곱 > 용해도곱
② 이온곱 = 용해도곱
③ 이온곱 < 용해도곱
④ 이온곱 + 용해도곱 = 1

- 침전을 형성하는 조건은 이온곱(Q)이 용해도곱(K_{sp})보다 클 때이다.
- 이는 해당 이온들이 용액에서 더 이상 용해될 수 없고, 과잉의 이온들이 침전 형태로 나오는 상황을 의미한다.

20 다음과 같은 기체가 일정한 온도에서 반응을 하고 있다. 평형에서 기체 A, B, C가 각각 1몰, 2몰, 4몰이라면 평형상수 K의 값은 얼마인가?

$$A + 3B \rightarrow 2C + 열$$

① 0.5
② 2
③ 3
④ 4

- $\dfrac{[C]^c[D]^d}{[A]^a[B]^b} = K(평형상수)$
- $\dfrac{[C]^c[D]^d}{[A]^a[B]^b} = \dfrac{[4]^2}{[1]^1[2]^3} = 2$

21 다음 위험물의 저장창고에 화재가 발생하였을 때 소화방법으로 주수소화가 적당하지 않은 것은?

① $NaClO_3$
② S
③ NaH
④ TNT

- $NaH + H_2O \rightarrow NaOH + H_2$
- 수소화나트륨(NaH)은 물과 반응하여 수소가스를 발생시키므로 주수소화는 적절하지 않고 건조한 모래 등 물과 반응하지 않는 소화제를 사용하여야 한다.

22 고체의 일반적인 연소형태에 속하지 않는 것은?

① 표면연소
② 확산연소
③ 자기연소
④ 증발연소

고체의 일반적인 연소형태
- 표면연소
- 분해연소
- 자기연소
- 증발연소
→ 확산연소는 기체의 연소형태이다.

정답 17 ③ 18 ② 19 ① 20 ② 21 ③ 22 ②

23 최소착화에너지를 측정하기 위해 콘덴서를 이용하여 불꽃 방전 실험을 하고자 한다. 콘덴서의 전기용량을 C, 방전전압을 V, 전기량을 Q라 할 때 착화에 필요한 최소 전기에너지 E를 옳게 나타낸 것은?

① $E = \frac{1}{2}CQ^2$　② $E = \frac{1}{2}C^2V$
③ $E = \frac{1}{2}QV^2$　④ $E = \frac{1}{2}CV^2$

> **최소착화에너지**
> - 최소 착화에너지 E는 콘덴서에 저장된 전기에너지로 표현한 것으로, 방전 시 발생하는 에너지가 착화를 유발할 수 있는 최소 에너지를 제공하며, 그 식은 다음과 같다.
> - $E = \frac{1}{2}CV^2$
>   - E: 착화에 필요한 최소 전기에너지(단위: 줄, J)
>   - C: 콘덴서의 전기용량(단위: 패럿, F)
>   - V: 방전전압(단위: 볼트, V)

24 포 소화설비의 가압송수장치에서 압력수조의 압력 산출 시 필요 없는 것은? ★빈출

① 낙차의 환산수두압
② 배관의 마찰손실수두압
③ 노즐선의 마찰손실수두압
④ 소방용 호스의 마찰손실수두압

> 포 소화설비의 가압송수장치에서 압력수조의 압력은 다음 식에 의하여 구한 수치 이상으로 한다.
> - P = p1 + p2 + p3 + p4
> - P: 필요한 압력(단위 MPa)
> - p1: 고정식 포 방출구의 설계압력 또는 이동식 포 소화설비 노즐 방사압력(단위 MPa)
> - p2: 배관의 마찰손실수두압(단위 MPa)
> - p3: 낙차의 환산수두압(단위 MPa)
> - p4: 이동식 포 소화설비의 소방용 호스의 마찰손실수두압(단위 MPa)

25 이산화탄소 소화기는 어떤 현상에 의해서 온도가 내려가 드라이아이스를 생성하는가?

① 줄-톰슨 효과　② 사이펀
③ 표면장력　　　④ 모세관

> - 줄-톰슨 효과는 기체가 고압 상태에서 저압 상태로 팽창할 때, 그 과정에서 온도가 감소하는 현상을 말한다.
> - 이산화탄소 소화기는 고압 상태의 이산화탄소가 저압 환경으로 방출되면서 급격히 팽창하게 되는데, 이때 줄-톰슨 효과로 인해 온도가 급격히 낮아지고, 드라이아이스가 생성된다.

26 위험물안전관리법령상 소화전용물통 8L의 능력단위는? ★빈출

① 0.3　② 0.5
③ 1.0　④ 1.5

> **소화설비의 능력단위**
>
> | 소화설비 | 용량(L) | 능력단위 |
> |---|---|---|
> | 소화전용물통 | 8 | 0.3 |
> | 수조(물통 3개 포함) | 80 | 1.5 |
> | 수조(물통 6개 포함) | 190 | 2.5 |
> | 마른모래(삽 1개 포함) | 50 | 0.5 |
> | 팽창질석·팽창진주암(삽 1개 포함) | 160 | 1.0 |

27 알루미늄분의 연소 시 주수소화하면 위험한 이유를 옳게 설명한 것은?

① 물에 녹아 산이 된다.
② 물과 반응하여 유독가스가 발생한다.
③ 물과 반응하여 수소가스가 발생한다.
④ 물과 반응하여 산소가스가 발생한다.

> **알루미늄과 물의 반응식**
> - $2Al + 6H_2O \rightarrow 2Al(OH)_3 + 3H_2$
> - 알루미늄분은 물과 반응하여 수산화알루미늄과 수소를 발생하며 폭발하므로 주수소화가 금지된다.

정답　23 ④　24 ③　25 ①　26 ①　27 ③

28 다음 ( ) 안에 들어갈 수치로 옳은 것은?

> 물분무 소화설비의 제어밸브는 화재 시 신속한 조작을 위해 적절한 높이에 설치해야 한다. 제어밸브가 너무 낮으면 접근이 어렵고, 너무 높으면 긴급상황에서 조작이 불편하기 때문인데, 규정에 따르면 제어밸브는 바닥으로부터 최소 0.8m 이상, 최대 ( )m 이하의 위치에 설치해야 한다.

① 1.2 ② 1.3
③ 1.5 ④ 1.8

물분무 소화설비의 제어밸브 및 기타 밸브의 설치기준
- 제어밸브는 바닥으로부터 0.8m 이상 1.5m 이하의 위치에 설치할 것
- 제어밸브의 가까운 곳의 보기 쉬운 곳에 '제어밸브'라고 표시한 표지를 할 것

29 10℃의 물 2g을 100℃의 수증기로 만드는 데 필요한 열량은?

① 180cal ② 340cal
③ 719cal ④ 1,258cal

- 물을 10℃에서 100℃로 가열하는 데 드는 열량은 다음과 같다.
  물의 비열 × 온도변화량 × 물의 양
  = 1cal/g℃ × 90℃ × 2g = 180cal
- 물의 증발잠열은 539cal/g이므로 물 2g이 증발하는 데 드는 열량은 539cal/g × 2g = 1,078cal이다.
- 따라서 100℃의 수증기로 만드는 데 필요한 열량은 열량 + 증발잠열 = 180 + 1,078 = 1,258cal이다.

30 위험물안전관리법령상 제4류 위험물에 적응성이 없는 소화설비는?

① 옥내소화전설비
② 포 소화설비
③ 불활성 가스 소화설비
④ 할로겐(할로젠)화합물 소화설비

제4류 위험물은 포 소화설비, 불활성 가스 소화설비, 할로겐(할로젠)화합물 소화설비 등에 적응성이 있다.

31 위험물제조소에서 옥내소화전이 1층에 4개, 2층에 6개가 설치되어 있을 때 수원의 수량은 몇 L 이상이 되도록 설치하여야 하는가?

① 13,000 ② 15,600
③ 39,000 ④ 46,800

소화설비 설치기준
- 옥내소화전 = 설치개수(최대 5개) × 7.8m³
- 옥외소화전 = 설치개수(최대 4개) × 13.5m³
- 옥내소화전의 수원의 수량은 옥내소화전이 가장 많이 설치된 층의 옥내소화전 설치개수(설치개수가 5개 이상인 경우는 5개)를 계산한다.
- 따라서 옥내소화전이 가장 많이 설치된 2층의 6개 중 최대 5개까지만 계산할 수 있다.
- ∴ 5개 × 7.8m³ = 39m³ = 39,000L

32 위험물안전관리법령상 위험물저장소 건축물의 외벽이 내화구조인 것은 연면적 얼마를 1소요단위로 하는가?

① 50m² ② 75m²
③ 100m² ④ 150m²

소요단위(연면적)

구분	내화구조(m²)	비내화구조(m²)
제조소 취급소	100	50
저장소	150	75

33 다음 중 자연발화의 원인으로 가장 거리가 먼 것은?

① 기화열에 의한 발열 ② 산화열에 의한 발열
③ 분해열에 의한 발열 ④ 흡착열에 의한 발열

- 자연발화의 원인으로 산화열, 분해열, 흡착열, 발효열이 있다.
- 기화열은 물질이 액체에서 기체로 변할 때(증발할 때) 열을 흡수하는 과정으로, 이 과정에서 열이 흡수되기 때문에 자연발화와는 거리가 멀다.

정답 28 ③ 29 ④ 30 ① 31 ③ 32 ④ 33 ①

34 위험물의 취급을 주된 작업내용으로 하는 다음의 장소에 스프링클러설비를 설치할 경우 확보하여야 하는 1분당 방사밀도는 몇 L/m² 이상이어야 하는가? (단, 내화구조의 바닥 및 벽에 의하여 2개의 실로 구획되고, 각 실의 바닥면적은 500m²이다.)

- 취급하는 위험물: 제4류 제3석유류
- 위험물을 취급하는 장소의 바닥면적: 1,000m²

① 8.1　　② 12.2
③ 13.9　　④ 16.3

- 제4류 위험물을 저장 또는 취급하는 장소의 살수기준면적에 따라 스프링클러설비의 살수밀도가 다음 표에 정하는 기준 이상인 경우에는 당해 스프링클러설비가 제4류 위험물에 대해 적응성이 있다 (시행규칙 별표 17).

살수기준 면적(m²)	방사밀도(L/m² 분)		비고
	인화점 38℃ 미만	인화점 38℃ 이상	
279 미만	16.3 이상	12.2 이상	살수기준면적은 내화구조의 벽 및 바닥으로 구획된 하나의 실의 바닥면적을 말하고, 하나의 실의 바닥면적이 465m² 이상인 경우의 살수기준면적은 465m²로 한다. 다만, 위험물의 취급을 주된 작업내용으로 하지 아니하고 소량의 위험물을 취급하는 설비 또는 부분이 넓게 분산되어 있는 경우에는 방사밀도는 8.2L/m²분 이상, 살수기준면적은 279m² 이상으로 할 수 있다.
279 이상 372 미만	15.5 이상	11.8 이상	
372 이상 465 미만	13.9 이상	9.8 이상	
465 이상	12.2 이상	8.1 이상	

- 제3석유류의 인화점은 70℃ 이상이고, 위험물을 취급하는 각 실의 바닥면적은 500m²로 살수기준면적 465 이상에 해당하므로 1분당 방사밀도는 8.1L/m² 이상이어야 한다.

35 이산화탄소 소화약제의 소화작용을 옳게 나열한 것은?

① 질식소화, 부촉매소화
② 부촉매소화, 제거소화
③ 부촉매소화, 냉각소화
④ 질식소화, 냉각소화

이산화탄소 소화약제의 소화작용
- 질식소화: 이산화탄소는 공기 중에서 산소농도를 낮추어 화재가 발생하는 연소반응에 필요한 산소공급을 차단한다.
- 냉각소화: 이산화탄소는 기체 상태에서 방출될 때 급격한 팽창으로 인해 주변 온도를 낮추는 냉각효과를 제공한다.

36 위험물안전관리법령상 물분무등소화설비에 포함되지 않는 것은?

① 포 소화설비　　② 분말 소화설비
③ 스프링클러설비　　④ 불활성 가스 소화설비

물분무등소화설비의 종류
- 물분무 소화설비
- 포 소화설비
- 불활성 가스 소화설비
- 할로겐(할로젠)화합물 소화설비
- 분말 소화설비

37 포 소화약제의 혼합 방식 중 포 원액을 송수관에 압입하기 위하여 포 원액용 펌프를 별도로 설치하여 혼합하는 방식은?

① 라인 프로포셔너 방식
② 프레져 프로포셔너 방식
③ 펌프 프로포셔너 방식
④ 프레져 사이드 프로포셔너 방식

- 라인 프로포셔너 방식: 펌프와 발포기의 중간에 설치된 벤츄리 관의 벤츄리 작용에 의하여 포 소화약제를 흡입·혼합하는 방식
- 프레져 프로포셔너 방식: 펌프와 발포기의 중간에 설치된 벤츄리 관의 벤츄리 작용과 펌프 가압수의 포 소화약제 저장탱크에 대한 압력에 의하여 포 소화약제를 흡입·혼합하는 방식
- 펌프 프로포셔너 방식: 펌프의 토출관과 흡입관 사이의 배관 도중에 설치한 흡입기에 펌프에서 토출된 물의 일부를 보내고, 농도조절밸브에서 조정된 포 소화약제의 필요량을 포 소화약제 탱크에서 펌프흡입 측으로 보내어 이를 혼합하는 방식
- 프레져 사이드 프로포셔너 방식: 펌프의 토출관에 압입기를 설치하여 포 소화약제 압입용 펌프로 포 소화약제를 압입시켜 혼합하는 방식

정답　34 ①　35 ④　36 ③　37 ④

38 할로겐(할로젠)화합물 소화약제의 조건으로 옳은 것은?

① 비점이 높을 것
② 기화되기 쉬울 것
③ 공기보다 가벼울 것
④ 연소성이 좋을 것

> 할로겐(할로젠)화합물 소화약제는 화재 시 기화되어 화염을 차단하고 열을 흡수하여 소화를 진행하므로, 기화되기 쉬운 성질이 있어야 효과적으로 작동할 수 있다.

39 위험물안전관리법령상 전기설비에 적응성이 없는 소화설비는?

① 포 소화설비
② 불활성 가스 소화설비
③ 물분무 소화설비
④ 할로겐(할로젠)화합물 소화설비

> - 포 소화설비는 물을 기반으로 한 소화약제를 사용하기 때문에, 전기설비에 사용하면 전기적 위험이 발생할 수 있다.
> - 물분무 소화설비는 전기설비 화재에 감전 위험을 최소화하면서 냉각과 질식효과를 통해 소화를 진행하는 소화설비이다. 미세한 물방울을 분사해 화재를 진압하면서도 물의 전도성을 줄여 전기 화재에 상대적으로 안전하게 사용될 수 있다.

40 제1석유류를 저장하는 옥외탱크저장소에 특형 포 방출구를 설치하는 경우, 방출율은 액표면적 1m²당 1분에 몇 L 이상이어야 하는가?

① 9.5L   ② 8.0L
③ 6.5L   ④ 3.7L

> 포 소화설비의 기준(위험물안전관리에 관한 세부기준 제133조)
> 특형의 포 방출구를 설치하는 경우 제4류 위험물 중 인화점이 21℃ 미만일 때 방출율은 액표면적 1m²당 1분에 8.0L 이상이어야 한다.

41 연소반응을 위한 산소공급원이 될 수 없는 것은?

① 과망가니즈산칼륨   ② 염소산칼륨
③ 탄화칼슘   ④ 질산칼륨

> 탄화칼슘(CaC_2)은 산소를 포함하거나 공급하는 물질이 아니며, 주로 아세틸렌(C_2H_2) 가스를 발생시키는 물질로 사용된다. 따라서 연소반응을 위한 산소공급원이 될 수 없다.

42 TNT의 폭발, 분해 시 생성물이 아닌 것은?

① CO ② N_2
③ SO_2 ④ H_2

> - 트라이나이트로톨루엔[$C_6H_2(NO_2)_3CH_3$]은 탄소(C), 수소(H), 질소(N), 산소(O)를 포함한 화합물이므로, 폭발 시 주로 이들 원소로 구성된 물질들이 생성된다.
> - 황(S)을 포함하지 않기 때문에 SO_2는 생성물이 아니다.
> - 트라이나이트로톨루엔의 분해반응식 :
> $2C_6H_2(NO_2)_3CH_3 \rightarrow 2C + 3N_2 + 5H_2 + 12CO$

43 이황화탄소의 인화점, 발화점, 끓는점에 해당하는 온도를 낮은 것부터 차례대로 나타낸 것은?

① 끓는점 < 인화점 < 발화점
② 끓는점 < 발화점 < 인화점
③ 인화점 < 끓는점 < 발화점
④ 인화점 < 발화점 < 끓는점

구분	인화점	끓는점	발화점
온도(℃)	-30℃	46℃	90℃

정답 38 ② 39 ① 40 ② 41 ③ 42 ③ 43 ③

44 위험물안전관리법령상 과산화수소가 제6류 위험물에 해당하는 농도 기준으로 옳은 것은?

① 36wt% 이상
② 36vol% 이상
③ 1.49wt% 이상
④ 1.49vol% 이상

> 제6류 위험물인 과산화수소의 위험물 기준은 그 농도가 36wt% 이상인 것을 말한다.

45 다음 중 인화점이 가장 낮은 것은?

① 실린더유
② 가솔린
③ 벤젠
④ 메틸알코올

> 각 위험물별 인화점
> • 실린더유: 약 200℃ 이상
> • 가솔린: -43 ~ -20℃
> • 벤젠: 약 -11℃
> • 메틸알코올: 약 11℃

46 물과 접촉하였을 때 에탄이 발생되는 물질은?

① CaC_2
② $(C_2H_5)_3Al$
③ $C_6H_3(NO_2)_3$
④ $C_2H_5ONO_2$

> 트라이에틸알루미늄과 물의 반응식
> • $(C_2H_5)_3Al + 3H_2O \rightarrow Al(OH)_3 + 3C_2H_6$
> • 트라이에틸알루미늄은 물과 반응하여 수산화알루미늄과 에탄을 발생한다.

47 다음은 위험물안전관리법령에서 정한 아세트알데하이드등을 취급하는 제조소의 특례에 관한 내용이다. ( ) 안에 해당하지 않는 물질은?

> 아세트알데하이드등을 취급하는 설비는 ( ), ( ), ( ), 마그네슘 또는 이들을 성분으로 하는 합금으로 만들지 아니할 것

① Ag
② Hg
③ Cu
④ Fe

> 아세트알데하이드등을 취급하는 제조소의 특례(시행규칙 별표 4)
> 아세트알데하이드등을 취급하는 설비는 은(Ag)·수은(Hg)·동(Cu)·마그네슘(Mg) 또는 이들을 성분으로 하는 합금으로 만들지 아니할 것

48 위험물안전관리법령에 근거한 위험물 운반 및 수납 시 주의사항에 대한 설명 중 틀린 것은?

① 위험물을 수납하는 용기는 위험물이 누설되지 않게 밀봉시켜야 한다.
② 온도 변화로 가스가 발생해 운반용기 안의 압력이 상승할 우려가 있는 경우(발생한 가스가 위험성이 있는 경우 제외)에는 가스 배출구가 설치된 운반용기에 수납할 수 있다.
③ 액체위험물은 운반용기 내용적의 98% 이하의 수납율로 수납하되 55℃의 온도에서 누설되지 아니하도록 충분한 공간용적을 유지하도록 하여야 한다.
④ 고체위험물은 운반용기 내용적의 98% 이하의 수납율로 수납하여야 한다.

> 고체위험물은 운반용기 내용적의 95% 이하의 수납율로 수납하여야 한다.

49 인화칼슘이 물과 반응하여 발생하는 기체는?

① 포스겐
② 포스핀
③ 메탄
④ 이산화황

> 인화칼슘과 물의 반응식
> • $Ca_3P_2 + 6H_2O \rightarrow 3Ca(OH)_2 + 2PH_3$
> • 인화칼슘은 물과 반응하여 수산화칼슘과 포스핀가스를 발생한다.

정답 44 ① 45 ② 46 ② 47 ④ 48 ④ 49 ②

50 위험물제조소의 배출설비 기준 중 국소방식의 경우 배출능력은 1시간당 배출장소 용적의 몇 배 이상으로 해야 하는가?

① 10배　　　　② 20배
③ 30배　　　　④ 40배

> 위험물제조소의 배출설비 기준(시행규칙 별표 4)
> • 배출설비는 국소방식으로 하여야 한다(원칙).
> • 배출능력은 1시간당 배출장소 용적의 20배 이상인 것으로 하여야 한다. 다만, 전역방식의 경우에는 바닥면적 1m²당 18m³ 이상으로 할 수 있다.

51 제1류 위험물 중 무기과산화물 150kg, 질산염류 300kg, 다이크로뮴산염류 3,000kg을 저장하고 있다. 각각 지정수량의 배수의 총합은 얼마인가? ★빈출

① 5　　　　② 6
③ 7　　　　④ 8

> • 지정수량의 배수 = $\frac{저장수량의 합}{지정수량}$
> • 각 위험물별 지정수량의 배수
>   – 무기과산화물(50kg): $\frac{150}{50}$ = 3
>   – 질산염류(300kg): $\frac{300}{300}$ = 1
>   – 다이크로뮴산염류(1,000kg): $\frac{3,000}{1,000}$ = 3
> • 지정수량의 배수의 총합: 3 + 1 + 3 = 7

52 불활성 가스 소화약제 중 IG-55의 구성성분을 모두 나타낸 것은?

① 질소　　　　② 이산화탄소
③ 질소와 아르곤　　　　④ 질소, 아르곤, 이산화탄소

> • IG-55는 불활성 가스 소화약제 중 하나로, 질소(N_2)와 아르곤(Ar)이 각각 50%씩 혼합된 소화약제이다.
> • IG-55는 화재발생 시 산소농도를 낮추어 화재를 진압하는 방식으로, 불활성 가스들이 화학적으로 반응하지 않고 물리적으로 산소농도를 낮추는 역할을 한다.

53 ABC급 화재에 적응성이 있으며 열분해되어 부착성이 좋은 메타인산을 만드는 분말 소화약제는? ★빈출

① 제1종　　　　② 제2종
③ 제3종　　　　④ 제4종

분말 소화약제의 종류

약제명	주성분	분해식	적응화재
제1종	탄산수소나트륨	$2NaHCO_3 \rightarrow Na_2CO_3 + CO_2 + H_2O$	BC
제2종	탄산수소칼륨	$2KHCO_3 \rightarrow K_2CO_3 + CO_2 + H_2O$	BC
제3종	인산암모늄	$NH_4H_2PO_4 \rightarrow NH_3 + HPO_3 + H_2O$	ABC
제4종	탄산수소칼륨 + 요소	–	BC

인산암모늄은 열분해하여 메타인산(HPO_3)을 생성하는데, 메타인산은 부착성이 있어 산소의 유입을 차단한다.

54 위험물안전관리법령상 $C_6H_2(NO_2)_3OH$의 품명에 해당하는 것은? ★빈출

① 유기과산화물　　　　② 질산에스터류
③ 나이트로화합물　　　　④ 아조화합물

품명	위험물	상태
질산에스터류	질산메틸 질산에틸 나이트로글리콜 나이트로글리세린	액체
	나이트로셀룰로오스 셀룰로이드	고체
나이트로화합물	트라이나이트로톨루엔 트라이나이트로페놀 다이나이트로벤젠 테트릴	고체

트라이나이트로페놀[$C_6H_2(NO_2)_3OH$]의 품명은 나이트로화합물이다.

정답 50 ②　51 ③　52 ③　53 ③　54 ③

55 위험물을 저장 또는 취급하는 탱크의 용량은?

① 탱크의 내용적에서 공간용적을 뺀 용적으로 한다.
② 탱크의 내용적으로 한다.
③ 탱크의 공간용적으로 한다.
④ 탱크의 내용적에 공간용적을 더한 용적으로 한다.

> **탱크 용적의 산정기준(시행규칙 제5조)**
> 위험물을 저장 또는 취급하는 탱크의 용량은 해당 탱크의 내용적에서 공간용적을 뺀 용적으로 한다.

56 각각 지정수량의 10배인 위험물을 운반할 경우 제5류 위험물과 혼재 가능한 위험물에 해당하는 것은? ★빈출

① 제1류 위험물 ② 제2류 위험물
③ 제3류 위험물 ④ 제6류 위험물

> **유별을 달리하는 위험물 혼재기준**
>
> | | | | |
> |---|---|---|---|
> | 1 | 6 | | 혼재 가능 |
> | 2 | 5 | 4 | 혼재 가능 |
> | 3 | 4 | | 혼재 가능 |

57 지정수량의 10배 이상의 위험물을 취급하는 제조소에는 피뢰침을 설치하여야 하지만 제 몇 류 위험물을 취급하는 경우는 이를 제외할 수 있는가?

① 제2류 위험물 ② 제4류 위험물
③ 제5류 위험물 ④ 제6류 위험물

> **피뢰침 설치 시 확인해야 할 주의점**
> • 지정수량의 10배 이상 취급 시 설치한다.
> • 제6류 위험물을 취급하는 경우는 제외한다.

58 1기압 27℃에서 아세톤 58g을 완전히 기화시키면 부피는 약 몇 L가 되는가? ★빈출

① 22.4 ② 24.6
③ 27.4 ④ 58.0

> • 이상기체 방정식($PV = nRT$)을 이용하여 문제를 푼다.
>   – P: 압력(1atm)
>   – V: 부피(L)
>   – n: 몰수(mol)
>   – R: 기체상수($0.082 L \cdot atm/mol \cdot K$)
>   – T: 300K(절대온도로 변환하기 위해 273을 더한다)
> • 아세톤(CH_3COCH_3)의 몰질량: 58g/mol
> • 아세톤의 몰수(n) = $\dfrac{58g}{58g/mol}$ = 1mol
> • $V = \dfrac{nRT}{P} = \dfrac{1 \times 0.082 \times 300}{1}$ = 24.63L

59 다음 제4류 위험물 중 인화점이 가장 낮은 것은?

① 아세톤 ② 아세트알데하이드
③ 산화프로필렌 ④ 다이에틸에터

> **제4류 위험물의 인화점**
> • 아세톤: −18℃
> • 아세트알데하이드: −38℃
> • 산화프로필렌: −37℃
> • 다이에틸에터: −45℃

60 위험물을 저장하는 간이탱크저장소의 구조 및 설비의 기준으로 옳은 것은?

① 탱크의 두께 2.5mm 이상, 용량 600L 이하
② 탱크의 두께 2.5mm 이상, 용량 800L 이하
③ 탱크의 두께 3.2mm 이상, 용량 600L 이하
④ 탱크의 두께 3.2mm 이상, 용량 800L 이하

> **간이탱크저장소의 구조 및 설비기준(시행규칙 별표 9)**
> • 간이저장탱크의 용량은 600L 이하이어야 한다.
> • 간이저장탱크는 두께 3.2mm 이상의 강판으로 흠이 없도록 제작하여야 하며, 70kPa의 압력으로 10분간의 수압시험을 실시하여 새거나 변형되지 아니하여야 한다.

정답 55 ① 56 ② 57 ④ 58 ② 59 ④ 60 ③

05 2024년 2회 CBT 기출복원문제

01 전자배치가 $1s^2 2s^2 2p^6 3s^2 3p^5$인 원자의 M껍질에는 몇 개의 전자가 들어 있는가?

① 2
② 4
③ 7
④ 17

- 주어진 전자배치 $1s^2 2s^2 2p^6 3s^2 3p^5$는 17개의 전자를 가진 원자의 전자배치이며 염소(Cl)의 모양이다.
- 이 원자의 M껍질은 주양자수 n = 3인 껍질로, 3s와 3p 오비탈에 해당한다.
  - 3s 오비탈: 2개의 전자 보유
  - 3p 오비탈: 5개의 전자 보유
- 따라서 M껍질에는 총 7개의 전자가 들어 있다.

02 어떤 기체의 확산속도는 SO_2의 2배이다. 이 기체의 분자량은 얼마인가? (단, SO_2의 분자량은 64이다.)

① 4
② 8
③ 16
④ 32

- 기체의 확산속도와 분자량의 관계를 나타내는 그레이엄의 법칙을 적용해서 풀 수 있다.
- 그레이엄의 법칙 = $\dfrac{확산속도_1}{확산속도_2} = \sqrt{\dfrac{분자량_2}{분자량_1}}$
- 기체의 확산속도는 SO_2의 확산속도의 2배라고 했으므로, $\dfrac{확산속도_{기체}}{확산속도_{SO_2}} = 2$이다.
- SO_2의 분자량은 64이므로, 그레이엄의 법칙을 적용하면, $\sqrt{\dfrac{64}{M}} = 2$이다.
- 따라서 M = 16g/mol이다.

03 방사성 원소에서 방출되는 방사선 중 전기장의 영향을 받지 않아 휘어지지 않는 선은?

① α선
② β선
③ γ선
④ α, β, γ선

γ(감마)선은 입자가 아닌 빛과 비슷한 전자기파이다. 햇빛을 전기장으로 휘지 못하는 것처럼, γ(감마)선도 전기장의 영향을 받지 않고 직진한다.

04 다음 중 배수비례의 법칙이 성립하는 화합물을 나열한 것은?

① CH_4, CCl_4
② SO_2, SO_3
③ H_2O, H_2S
④ SN_3, BH_3

배수비례의 법칙
- 배수비례의 법칙은 두 원소가 여러 가지 화합물을 형성할 때, 한 원소의 일정한 양과 결합하는 다른 원소의 질량은 일정한 간격의 정수 비율로 나타난다는 법칙이다.
- SO_2와 SO_3는 황(S)과 산소(O)가 서로 다른 비율로 결합하여 형성된 화합물이다. 즉 SO_2는 황 1몰과 산소 2몰로, SO_3는 황 1몰과 산소 3몰로 결합하여, 산소의 비율이 2 : 3의 간단한 정수비를 이루므로 배수비례의 법칙이 성립한다.

05 다음 화합물 수용액 농도가 모두 0.5M일 때 끓는점이 가장 높은 것은?

① $C_6H_{12}O_6$(포도당)
② $C_{12}H_{22}O_{11}$(설탕)
③ $CaCl_2$(염화칼슘)
④ NaCl(염화나트륨)

모두 농도는 같으므로 입자가 더 많이 해리되는 물질일수록 끓는점 상승이 크다.

화합물	전해질 여부	해리 후 입자 수	i 값
$C_6H_{12}O_6$(포도당)	비전해질	해리 안됨	1
$C_{12}H_{22}O_{11}$(설탕)	비전해질	해리 안됨	1
$CaCl_2$(염화칼슘)	전해질	Ca^{2+} + $2Cl^-$	3
NaCl(염화나트륨)	전해질	Na^+ + Cl^-	2

i(반트호프 인자)는 용질이 물에 녹은 후 얼마나 많은 입자로 해리되는가를 나타낸다.
- 비전해질: 물에 녹지만 이온으로 해리되지 않음
- 전해질: 물에 녹으면 양이온과 음이온으로 해리됨

정답 01 ③ 02 ③ 03 ③ 04 ② 05 ③

06 일정한 온도하에서 물질 A와 B가 반응을 할 때 A의 농도만 2배로 하면 반응속도가 2배가 되고 B의 농도만 2배로 하면 반응속도가 4배로 된다. 이 경우 반응속도식은? (단, 반응속도 상수는 k이다.)

① $v = k[A][B]^2$ ② $v = k[A]^2[B]$
③ $v = k[A][B]^{0.5}$ ④ $v = k[A][B]$

- A의 농도를 2배로 하면 반응속도가 2배가 된다. 이는 A의 반응차수가 1차임을 의미한다.
- B의 농도를 2배로 하면 반응속도가 4배가 된다. 이는 B의 반응차수가 2차임을 의미한다.
- $\therefore v = k[A]^a[B]^b = k[A][B]^2$

07 $CH_3COOH \rightarrow CH_3COO^- + H^+$의 반응식에서 전리평형상수 K는 다음과 같다. K값을 변화시키기 위한 조건으로 옳은 것은?

$$k = \frac{[CH_3COO^-][H^+]}{[CH_3COOH]}$$

① 온도를 변화시킨다. ② 압력을 변화시킨다.
③ 농도를 변화시킨다. ④ 촉매량을 변화시킨다.

- K값에 영향을 주는 유일한 요소는 온도이다.
- 평형상수는 반응이 흡열인지 발열인지 온도가 변화함에 따라 달라진다.

08 다음 화학반응식 중 실제로 반응이 오른쪽으로 진행되는 것은?

① $2KI + F_2 \rightarrow 2KF + I_2$
② $2KBr + I_2 \rightarrow 2KI + Br_2$
③ $2KF + Br_2 \rightarrow 2KBr + F_2$
④ $2KCl + Br_2 \rightarrow 2KBr + Cl_2$

F_2는 할로겐(할로젠) 중에서 가장 산화력이 강하다. 따라서 F_2는 I^-를 산화하여 I_2로 만들고 오른쪽으로 반응이 진행된다.

09 황산구리 수용액을 Pt 전극을 써서 전기분해하여 음극에서 63.5g의 구리를 얻고자 한다. 10A의 전류를 약 몇 시간 흐르게 하여야 하는가? (단, 구리의 원자량은 63.5이다.)

① 2.36 ② 5.36
③ 8.16 ④ 9.16

- 패러데이의 법칙에 따르면, 전기분해에서 석출된 물질의 질량은 전하량에 비례하며, 이 전하량은 다음 공식으로 구할 수 있다.
- $Q = I \times t$ [Q: 전하량(쿨롱, C), I: 전류(암페어, A), t: 시간(초, s)]
- $Cu^{2+} + 2e^- \rightarrow Cu$이므로 1mol의 구리($\frac{63.5g}{63.5g/mol} = 1mol$)를 얻기 위해 필요한 전자수는 2mol이다.
- 따라서 필요한 전하량은 $2mol \times 96,485C/mol = 192,970C$
- 이를 초로 변환하면 $t = \frac{Q}{I} = \frac{192,970}{10} = 19,297$초이고 시간으로 변환하면 $t = \frac{19,297}{3,600} = 5.36$시간이다.

10 산(acid)의 성질을 설명한 것 중 틀린 것은?

① 수용액 속에서 H^+를 내는 화합물이다.
② pH값이 작을수록 강산이다.
③ 금속과 반응하여 수소를 발생하는 것이 많다.
④ 붉은색 리트머스 종이를 푸르게 변화시킨다.

산(acid)은 붉은색 리트머스 종이를 푸르게 변화시키는 것이 아니라, 푸른색 리트머스 종이를 붉게 변화시킨다.

11 볼타전지에 관한 설명으로 틀린 것은?

① 이온화 경향이 큰 쪽의 물질이 (-)극이다.
② (+)극에서는 방전 산화반응이 일어난다.
③ 전자는 도선을 따라 (-)극에서 (+)극으로 이동한다.
④ 전류의 방향은 전자의 이동 방향과 반대이다.

전자는 (-)극에서 (+)극으로 이동하고, (+)극에서는 전자를 받아 환원반응이 일어난다.

정답 06 ① 07 ① 08 ① 09 ② 10 ④ 11 ②

12 주기율표에서 원소를 차례대로 나열할 때 기준이 되는 것은?

① 원자의 부피 ② 원자핵의 양성자 수
③ 원자가 전자수 ④ 원자반지름의 크기

- 주기율표에서 원소를 차례대로 나열할 때의 기준은 원자핵의 양성자 수, 즉 원자번호이다.
- 이 배열에 의해 주기적 성질이 나타나며, 원소의 화학적 성질이 비슷한 원소끼리 같은 족에 배치된다.

13 1기압에서 2L의 부피를 차지하는 어떤 이상기체를 온도의 변화 없이 압력을 4기압으로 하면 부피는 얼마가 되겠는가?

① 8L ② 2L
③ 1L ④ 0.5L

- 보일의 법칙에 따르면, 온도가 일정할 때 기체의 부피는 압력에 반비례하고 다음의 식이 성립된다.
  $P_1 \times V_1 = P_2 \times V_2$
- $1 \times 2 = 4 \times V_2$가 되므로, 부피는 0.5L이다.

14 반투막을 이용하여 콜로이드 입자를 전해질이나 작은 분자로부터 분리 정제하는 것을 무엇이라 하는가?

① 틴들현상 ② 브라운 운동
③ 투석 ④ 전기영동

- 투석은 반투막을 이용해 콜로이드 입자를 작은 분자나 이온으로부터 분리하는 방법이다.
- 반투막은 작은 분자나 이온은 통과시키고 큰 콜로이드 입자는 통과시키지 않기 때문에 이를 통해 정제할 수 있다.

15 결합력이 큰 것부터 작은 순서로 나열한 것은?

① 공유결합 > 수소결합 > 반데르발스 결합
② 수소결합 > 공유결합 > 반데르발스 결합
③ 반데르발스 결합 > 수소결합 > 공유결합
④ 수소결합 > 반데르발스 결합 > 공유결합

- 공유결합: 원자 간 전자쌍을 공유하는 매우 강한 결합이다.
- 수소결합: 전기음성도가 큰 원자(F, O, N)와 수소 간에 형성되는 약한 결합으로, 공유결합보다는 약하지만 반데르발스 결합보다는 강하다.
- 반데르발스 결합: 가장 약한 상호작용으로, 분자 간에 일시적으로 발생하는 힘이다.

16 A는 B 이온과 반응하나 C 이온과는 반응하지 않고, D는 C 이온과 반응한다고 할 때 A, B, C, D의 환원력 세기를 큰 것부터 차례대로 나타낸 것은? (단, A, B, C, D는 모두 금속이다.)

① A > B > D > C
② D > C > A > B
③ C > D > B > A
④ B > A > C > D

- 환원력이란 금속이 전자를 잃고 양이온으로 변하려는 경향을 말한다. 환원력이 클수록 금속은 더 쉽게 산화(전자 방출)되며, 다른 물질을 환원시키는 능력이 강하다.
- A는 B보다 환원력이 크고, C보다 환원력이 작다. → C > A > B
- D는 C보다 환원력이 크다. → D > C
- 따라서 D는 C보다 환원력이 강하고, A는 B보다 환원력이 크다.
  ∴ D > C > A > B

17 한 분자 내에 배위결합과 이온결합을 동시에 가지고 있는 것은?

① NH_4Cl ② C_6H_6
③ CH_3OH ④ $NaCl$

- 배위결합: 암모늄이온(NH_4^+)은 질소 원자가 전자를 모두 제공하여 수소이온(H^+)과 결합하는 배위결합을 가지고 있다.
- 이온결합: 암모늄이온(NH_4^+)와 염화이온(Cl^-) 사이에는 이온결합이 존재한다.

정답 12 ② 13 ④ 14 ③ 15 ① 16 ② 17 ①

18 다음은 표준 수소전극과 짝지어 얻은 반쪽반응 표준환원 전위값이다. 이들 반쪽 전지를 짝지었을 때 얻어지는 전지의 표준 전위차 $E°$는?

> $Cu^{2+} + 2e^- \rightarrow Cu$, $E° = +0.34V$
> $Ni^{2+} + 2e^- \rightarrow Ni$, $E° = -0.23V$

① +0.11V ② -0.11V
③ +0.57V ④ -0.57V

- $Cu^{2+} + 2e^- \rightarrow Cu$ 반응에서의 표준환원 전위: +0.34V
- $Ni^{2+} + 2e^- \rightarrow Ni$ 반응에서의 표준환원 전위: -0.23V
- 환원반응은 $Cu^{2+} + 2e^- \rightarrow Cu$에서 일어나고, 산화반응은 $Ni \rightarrow Ni^{2+} + 2e^-$에서 일어난다.
- 따라서 전지의 표준 전위차 $E° = 0.34V - (-0.23V) = 0.34V + 0.23V = +0.57V$이다.

19 0.01N CH_3COOH의 전리도가 0.01이면 pH는 얼마인가? ★빈출

① 2 ② 4
③ 6 ④ 8

- $[H^+]$ = 전리도 × 농도
  = 0.01 × 0.01N = 0.0001M
  = $1 × 10^{-4}$M
  (전리도가 0.01이라는 것은 아세트산이 1%만 전리된다는 의미)
- pH = $-\log[H^+]$
  = $-\log(1 × 10^{-4})$ = 4

20 1패러데이(Faraday)의 전기량으로 물을 전기분해하였을 때 생성되는 수소 기체는 0°C, 1기압에서 얼마의 부피를 갖는가? ★빈출

① 5.6L ② 11.2L
③ 22.4L ④ 44.8L

- 물의 전기분해 반응식: $2H_2O \rightarrow 2H_2 + O_2$
- 물의 전기분해 반응식을 살펴보면 산소와 수소가 발생되는데, 1mol의 수소 기체(H_2)가 생성되려면 $2H^+ + 2e^- \rightarrow H_2$이므로 2mol의 전자가 필요하다.
- 1패러데이(Faraday)의 전기량은 96,485쿨롱으로, 1mol의 전자를 전달하는 데 필요한 전기량이다. 따라서 1패러데이의 전기량으로는 0.5mol의 수소(H_2)가 생성된다.
- 표준온도와 압력(0°C와 1기압)에서 1mol의 기체는 22.4L의 부피를 차지하므로 수소 기체의 부피는 0.5mol × 22.4L = 11.2L이다.

21 1기압, 100°C에서 물 36g이 모두 기화되었다. 생성된 기체는 약 몇 L인가? ★빈출

① 11.2 ② 22.4
③ 44.8 ④ 61.2

- 이상기체 방정식($PV = nRT$)을 이용하여 문제를 푼다.
  - P: 압력(1atm)
  - V: 부피(L)
  - n: 몰수(mol)
  - R: 기체상수(0.082L·atm/mol·K)
  - T: 373K(절대온도로 변환하기 위해 273을 더한다)
- 물(H_2O)의 분자량은 18g/mol이므로, 물 36g은 2mol이다.
- $V = \dfrac{nRT}{P} = \dfrac{2 × 0.082 × 373}{1} = 61.2L$

22 다음 중 고체 가연물로서 증발연소를 하는 것은?

① 숯 ② 나무
③ 나프탈렌 ④ 나이트로셀룰로오스

나프탈렌, 파라핀(양초) 등은 증발연소를 한다.

23 위험물안전관리법령상 제조소등에서의 위험물의 저장 및 취급에 관한 기준에 따르면 보냉장치가 있는 이동저장탱크에 저장하는 다이에틸에터의 온도는 얼마 이하로 유지하여야 하는가?

① 비점 ② 인화점
③ 40°C ④ 30°C

아세트알데하이드등의 저장기준(시행규칙 별표 18)
- 보냉장치가 있는 이동저장탱크에 저장하는 아세트알데하이드등 또는 다이에틸에터등의 온도는 당해 위험물의 비점 이하로 유지할 것
- 보냉장치가 없는 이동저장탱크에 저장하는 아세트알데하이드등 또는 다이에틸에터등의 온도는 40°C 이하로 유지할 것

정답 18 ③ 19 ② 20 ② 21 ④ 22 ③ 23 ①

24 위험물안전관리법령상 이동탱크저장소에 의한 위험물의 운송 시 위험물운송자가 위험물안전카드를 휴대하지 않아도 되는 물질은?

① 휘발유
② 과산화수소
③ 경유
④ 벤조일퍼옥사이드

> 위험물(제4류 위험물에 있어서는 특수인화물 및 제1석유류에 한한다)을 운송하게 하는 자는 위험물안전카드를 위험물운송자로 하여금 휴대하게 하여야 한다.
> → 경유는 제4류 위험물 중 제2석유류이므로 위험물카드를 소지하지 않아도 된다.

25 분말 소화약제인 탄산수소나트륨 10kg이 1기압, 270℃에서 방사되었을 때 발생하는 이산화탄소의 양은 약 몇 m³인가?

① 2.65
② 3.65
③ 18.22
④ 36.44

> • 탄산수소나트륨의 분해반응식은 다음과 같다.
> $2NaHCO_3 \rightarrow Na_2CO_3 + H_2O + CO_2$
> • $NaHCO_3$의 몰질량은 약 84g/mol이고, 주어진 탄산수소나트륨의 질량은 10kg이므로 몰수는 $\frac{10,000g}{84g/mol}$ = 119.05mol이다.
> • 2mol의 $NaHCO_3$는 1mol의 CO_2를 생성하므로 생성되는 CO_2의 몰수는 $\frac{119.05}{2}$ = 59.525mol이다.
> • 이산화탄소의 부피는 이상기체 방정식(PV = nRT)을 이용하여 문제를 푼다.
>   – P: 압력(1atm)
>   – V: 부피(L)
>   – n: 몰수(mol)
>   – R: 기체상수(0.082L·atm/mol·K)
>   – T: 543K(절대온도로 변환하기 위해 273을 더한다)
> • V = $\frac{nRT}{P}$ = $\frac{59.525 \times 0.082 \times 543}{1}$ = 2,650.41L
> ∴ V = $\frac{2,650.41L}{1,000}$ = 2.65m³

26 이산화탄소가 불연성인 이유를 옳게 설명한 것은?

① 산소와의 반응이 느리기 때문이다.
② 산소와 반응하지 않기 때문이다.
③ 착화되어도 곧 불이 꺼지기 때문이다.
④ 산화반응이 일어나도 열 발생이 없기 때문이다.

> 이산화탄소는 연소가 일어나기 위해 필요한 연료와 산소의 반응에 참여하지 않는다. 즉 이산화탄소는 연소 과정에서 산소와 결합하여 화합물을 생성하지 않기 때문에 불연성 물질로 구분된다.

27 다음 위험물의 저장창고에서 화재가 발생하였을 때 주수에 의한 냉각소화가 적절치 않은 위험물은?

① $NaClO_3$
② Na_2O_2
③ $NaNO_3$
④ $NaBrO_3$

> • $2Na_2O_2 + 2H_2O \rightarrow 4NaOH + O_2$
> • 과산화나트륨(Na_2O_2)은 물과 반응하면 수산화나트륨과 산소를 발생하므로, 주수에 의한 냉각소화는 금지된다.

28 표준상태에서 벤젠 2mol이 완전연소하는 데 필요한 이론 공기요구량은 몇 L인가? (단, 공기 중 산소는 21vol%이다.)

① 168
② 336
③ 1,600
④ 3,200

> • 벤젠의 연소반응식: $2C_6H_6 + 15O_2 \rightarrow 12CO_2 + 6H_2O$
> • 벤젠은 15mol의 산소와 연소하여 12mol의 이산화탄소와 6mol의 물을 생성한다.
> • 필요 산소량 = 15mol × 22.4L = 336L이고, 공기 중의 산소는 21%이므로, 필요 이론 공기요구량은 $\frac{336L}{0.21}$ = 1,600L이다.

정답 24 ③ 25 ① 26 ② 27 ② 28 ③

29 건축물 화재 시 성장기에서 최성기로 진행될 때 실내온도가 급격히 상승하기 시작하면서 화염이 실내 전체로 급격히 확대되는 연소현상은?

① 슬롭오버(Slop over)
② 플래시오버(Flash over)
③ 보일오버(Boil over)
④ 프로스오버(Froth over)

> 플래시오버(Flash over)
> • 실내 화재가 어느 한 지점에서 발생하여 실내의 모든 가연물이 동시에 발화하게 되는 현상으로, 온도가 급격히 상승하고 화염이 방 전체를 덮는 상태를 말한다.
> • 화재에서 매우 위험한 단계로, 화재의 확산이 급격하게 이루어진다.

30 위험물안전관리법령상 옥내소화전설비의 기준으로 옳지 않은 것은?

① 소화전함은 화재발생 시 화재 등에 의한 피해의 우려가 많은 장소에 설치하여야 한다.
② 호스접속구는 바닥으로부터 1.5m 이하의 높이에 설치한다.
③ 가압송수장치의 시동을 알리는 표시등은 적색으로 한다.
④ 별도의 정해진 조건을 충족하는 경우는 가압송수장치의 시동표시등을 설치하지 않을 수 있다.

> 옥내소화전설비의 기준(위험물안전관리에 관한 세부기준 제129조)
> 옥내소화전의 개폐밸브 및 방수용 기구를 격납하는 상자(이하 "소화전함")는 불연재료로 제작하고 점검에 편리하고 화재발생 시 연기가 충만할 우려가 없는 장소 등 쉽게 접근이 가능하고 화재 등에 의한 피해를 받을 우려가 적은 장소에 설치할 것

31 위험물시설에 설비하는 자동화재탐지설비의 하나의 경계구역 면적과 그 한 변의 길이의 기준으로 옳은 것은? (단, 광전식 분리형 감지기를 설치하지 않은 경우이다.)

① 300m² 이하, 50m 이하
② 300m² 이하, 100m 이하
③ 600m² 이하, 50m 이하
④ 600m² 이하, 100m 이하

> 하나의 경계구역의 면적은 600m² 이하로 하고 그 한 변의 길이는 50m(광전식 분리형 감지기를 설치할 경우에는 100m) 이하로 한다(시행규칙 별표 17).

32 다음 물질 중 분진폭발의 위험이 가장 낮은 것은?

① 마그네슘 가루   ② 아연 가루
③ 밀가루   ④ 시멘트 가루

> 분진폭발의 원인물질로 작용할 위험성이 가장 낮은 물질은 시멘트, 모래, 석회분말 등이다.

33 위험물안전관리법령상 전역방출방식 또는 국소방출방식의 분말 소화설비의 기준에서 가압식의 분말 소화설비에는 얼마 이하의 압력으로 조정할 수 있는 압력조정기를 설치하여야 하는가?

① 2.0MPa   ② 2.5MPa
③ 3.0MPa   ④ 5MPa

> 분말 소화설비의 기준(위험물안전관리에 관한 세부기준 제136조)
> 전역방출방식 또는 국소방출방식의 분말 소화설비의 기준에서 가압식의 분말 소화설비에는 2.5MPa 이하의 압력으로 조정할 수 있는 압력조정기를 설치해야 한다.

34 불활성 가스 소화약제 중 IG-541의 구성성분을 옳게 나타낸 것은?

① 헬륨, 네온, 아르곤
② 질소, 아르곤, 이산화탄소
③ 질소, 이산화탄소, 헬륨
④ 헬륨, 네온, 이산화탄소

> • 불활성 가스 소화약제 중 IG-541은 질소(N_2), 아르곤(Ar), 이산화탄소(CO_2)가 52대 40대 8로 혼합된 소화약제이다.
> • IG-541은 연소를 억제하는 주요 방식으로 산소농도를 낮추는 역할을 한다.

정답 29② 30① 31③ 32④ 33② 34②

35 강화액 소화약제에 소화력을 향상시키기 위하여 첨가하는 물질로 옳은 것은?

① 탄산칼륨
② 질소
③ 사염화탄소
④ 아세틸렌

- 강화액 소화약제는 주로 물에 특정 화학물질을 첨가하여 소화 성능을 향상시키는 방식이다.
- 탄산칼륨(K_2CO_3)은 강화액 소화약제의 소화력을 높이기 위해 자주 첨가되며, 주로 주방화재에서 발생하는 기름화재를 진압하는 데 사용된다.

36 화재의 위험성이 감소한다고 판단할 수 있는 경우는?

① 주변의 온도가 낮을수록
② 폭발 하한값이 작아지고 폭발범위가 넓을수록
③ 산소농도가 높을수록
④ 착화온도가 낮아지고 인화점이 낮을수록

- 주변의 온도가 낮을수록 화재의 위험성은 감소한다.
- 폭발 하한값이 작아지고 폭발범위가 넓을수록 폭발할 수 있는 농도의 범위가 커지기 때문에 화재 및 폭발 위험성이 증가한다.
- 산소농도가 높을수록 연소가 더 쉽게 일어나기 때문에 화재의 위험성이 증가한다.
- 착화온도와 인화점이 낮을수록 물질이 더 쉽게 발화할 수 있기 때문에 화재의 위험성이 증가한다.

37 공기포 발포배율을 측정하기 위해 중량 340g, 용량 1,800mL의 포 수집용기에 가득히 포를 채취하여 측정한 용기의 무게가 540g이었다면 발포배율은? (단, 포 수용액의 비중은 1로 가정한다.)

① 3배
② 5배
③ 7배
④ 9배

$$발포배율(팽창비) = \frac{내용적(용량)}{(전체\ 중량 - 빈\ 시료용기의\ 중량)}$$
$$= \frac{1,800ml}{540g - 340g} = 9배$$

38 할로겐(할로젠)화합물 중 CH_3I에 해당하는 할론번호는?

① 1031
② 1301
③ 13001
④ 10001

- 할론넘버는 C, F, Cl, Br 순으로 매긴다.
- CH_3I는 아이오도메탄(메틸 아이오딘)으로, 이에 해당하는 할론번호는 Halon 10001이다.
- 할론 명명법에서 I(아이오딘)가 들어가는 이유는 I 원자가 화합물에 포함된 경우를 명확히 표시하기 위해서이다. 일반적으로 할론 화합물은 C, F, Cl, Br 순서로 원소를 고려하여 명명하지만, 드물게 I가 포함되는 할론 화합물이 존재하는 경우, I의 개수를 명시적으로 포함시켜야 하기 때문에 I를 추가하여 표시한다.

39 금속분의 연소 시 주수소화하면 위험한 이유로 옳은 것은?

① 물에 녹아 산이 된다.
② 물과 작용하여 유독가스를 발생한다.
③ 물과 작용하여 수소가스를 발생한다.
④ 물과 작용하여 산소가스를 발생한다.

금속분 연소 시에 주수소화하면 수소를 발생하여 위험하기 때문에 마른모래 등에 의한 질식소화를 해야 한다.

40 프로판 $2m^3$이 완전연소할 때 필요한 이론 공기량은 약 몇 m^3인가? (단, 공기 중 산소농도는 21vol%이다.) 빈출

① 23.81
② 35.72
③ 47.62
④ 71.43

- 프로판의 완전연소 반응식: $C_3H_8 + 5O_2 \rightarrow 3CO_2 + 4H_2O$
- 1mol의 프로판이 완전연소하기 위해 5mol의 산소가 필요하므로 필요한 산소량은 5mol × 22.4L = 112L이다.
- 공기 중 산소농도가 21%이므로 필요한 공기량은 다음과 같다.

$$\frac{산소량}{산소농도} = \frac{112L}{0.21} = 533.33L$$

- 1mol의 프로판을 연소시키기 위해 약 533.33L의 공기가 필요하다.
- 따라서 프로판 $2m^3$이 완전연소할 때 필요한 이론 공기량은 다음과 같다.

$$\frac{533.33L}{22.4L} \times 2m^3 = 47.62m^3$$

정답 35 ① 36 ① 37 ④ 38 ④ 39 ③ 40 ③

41 위험물안전관리법령에 따라 ( ) 안에 들어갈 용어로 알맞은 것은?

> 주유취급소 중 건축물의 2층 이상의 부분을 점포, 휴게음식점 또는 전시장의 용도로 사용하는 것에 있어서는 당해 건축물의 2층 이상으로부터 주유취급소의 부지 밖으로 통하는 출입구와 당해 출입구로 통하는 통로·계단 및 출입구에 ( )을(를) 설치하여야 한다.

① 피난사다리   ② 경보기
③ 유도등   ④ CCTV

> 주유취급소 중 건축물의 2층 이상의 부분을 점포, 휴게음식점 또는 전시장의 용도로 사용하는 것에 있어 해당 건축물의 2층 이상으로부터 직접 주유취급소의 부지 밖으로 통하는 출입구와 해당 출입구로 통하는 통로·계단 및 출입구에 설치하여야 하는 것은 유도등이다(시행규칙 별표 17).

42 주유취급소에 다음과 같이 전용탱크를 설치하였다. 최대로 저장·취급할 수 있는 용량은 얼마인가? (단, 고속도로 외의 도로변에 설치하는 자동차용 주유취급소인 경우이다.)

> • 간이탱크: 2기
> • 폐유탱크등: 1기
> • 고정주유설비 및 급유설비에 접속하는 전용탱크: 2기

① 103,200리터   ② 104,600리터
③ 123,200리터   ④ 124,200리터

> **탱크용량 주유 취급**
> • 간이탱크저장소: 600L
> • 폐유탱크: 2,000L
> • 고정주유설비: 50,000L
> ∴ 탱크용량 = (600L × 2) + 2,000L + (50,000L × 2)
>   = 103,200L

43 위험물안전관리법령상 다음 [보기]의 ( ) 안에 알맞은 수치는?

> ─[보기]─
> 이동저장탱크로부터 위험물을 저장 또는 취급하는 탱크에 인화점이 ( )℃ 미만인 위험물을 주입할 때에는 이동탱크저장소의 원동기를 정지시킬 것

① 40   ② 50
③ 60   ④ 70

> 이동저장탱크로부터 위험물을 저장 또는 취급하는 탱크에 인화점이 40℃ 미만인 위험물을 주입할 때에는 이동탱크저장소의 원동기를 정지시켜야 한다(시행규칙 별표 18).

44 위험물안전관리법령상 옥외탱크저장소의 위치·구조 및 설비의 기준에서 간막이 둑을 설치할 경우, 그 용량의 기준으로 옳은 것은?

① 간막이 둑 안에 설치된 탱크의 용량의 110% 이상일 것
② 간막이 둑 안에 설치된 탱크의 용량 이상일 것
③ 간막이 둑 안에 설치된 탱크의 용량의 10% 이상일 것
④ 간막이 둑 안에 설치된 탱크의 간막이 둑 높이 이상 부분의 용량 이상일 것

> **옥외탱크저장소의 위치·구조 및 설비의 기준(시행규칙 별표 6)**
> 용량이 1,000만L 이상인 옥외저장탱크의 주위에 설치하는 방유제에는 다음의 규정에 따라 당해 탱크마다 간막이 둑을 설치할 것
> • 간막이 둑의 높이는 0.3m(방유제 내에 설치되는 옥외저장탱크의 용량의 합계가 2억L를 넘는 방유제에 있어서는 1m) 이상으로 하되, 방유제의 높이보다 0.2m 이상 낮게 할 것
> • 간막이 둑은 흙 또는 철근콘크리트로 할 것
> • 간막이 둑의 용량은 간막이 둑 안에 설치된 탱크의 용량의 10% 이상일 것

정답 41 ③   42 ①   43 ①   44 ③

45 옥내저장소에서 위험물 용기를 겹쳐 쌓는 경우에 있어서 제4류 위험물 중 제3석유류만을 수납하는 용기를 겹쳐 쌓을 수 있는 높이는 최대 몇 m인가?

① 3
② 4
③ 5
④ 6

> 옥내저장소에서 위험물을 저장하는 경우에는 다음의 규정에 의한 높이를 초과하여 용기를 겹쳐 쌓지 아니하여야 한다(시행규칙 별표 18).
> • 기계에 의하여 하역하는 구조로 된 용기만을 겹쳐 쌓는 경우에 있어서는 6m
> • 제4류 위험물 중 제3석유류, 제4석유류 및 동식물유류를 수납하는 용기만을 겹쳐 쌓는 경우에 있어서는 4m
> • 그 밖의 경우에 있어서는 3m

46 다음 중 발화점이 가장 높은 것은?

① 등유
② 벤젠
③ 다이에틸에터
④ 휘발유

> 각 위험물별 발화점
> • 등유 : 210℃
> • 벤젠 : 497.78℃
> • 다이에틸에터 : 약 160℃
> • 휘발유 : 280 ~ 456℃

47 위험물안전관리법령에 따른 질산에 대한 설명으로 틀린 것은?

① 지정수량은 300kg이다.
② 위험등급은 Ⅰ이다.
③ 농도가 36wt% 이상인 것에 한하여 위험물로 간주된다.
④ 운반 시 제1류 위험물과 혼재할 수 있다.

> • 질산은 제6류 위험물로 그 비중이 1.49 이상인 것에 한하여 위험물로 간주된다. 지정수량은 300kg이고, 위험등급은 Ⅰ이며, 운반 시 제1류 위험물과 혼재할 수 있다.
> • 과산화수소는 제6류 위험물로 그 농도가 36wt% 이상인 것에 한하여 위험물로 간주된다.

48 위험물안전관리법령상 옥내저장소의 안전거리를 두지 않을 수 있는 경우는?

① 지정수량 20배 이상의 동식물유류
② 지정수량 20배 미만의 특수인화물
③ 지정수량 20배 미만의 제4석유류
④ 지정수량 20배 이상의 제5류 위험물

> 옥내저장소의 안전거리 제외 대상(시행규칙 별표 5)
> 다음의 1에 해당하는 옥내저장소는 안전거리를 두지 아니할 수 있다.
> • 제4석유류 또는 동식물유류의 위험물을 저장 또는 취급하는 옥내저장소로서 그 최대수량이 지정수량의 20배 미만인 것
> • 제6류 위험물을 저장 또는 취급하는 옥내저장소
> • 지정수량의 20배(하나의 저장창고의 바닥면적이 150m² 이하인 경우에는 50배) 이하의 위험물을 저장 또는 취급하는 옥내저장소

49 다음 중 아이오딘값이 가장 작은 것은?

① 아마인유
② 들기름
③ 정어리기름
④ 야자유

구분	아이오딘값	종류
건성유	130 이상	대구유, 정어리유, 상어유, 해바라기유, 동유, 아마인유, 들기름
반건성유	100 초과 130 미만	면실유, 청어유, 쌀겨유, 옥수수유, 채종유, 참기름, 콩기름
불건성유	100 이하	소기름, 돼지기름, 고래기름, 올리브유, 팜유, 땅콩기름, 피마자유, 야자유

정답 45 ② 46 ② 47 ③ 48 ③ 49 ④

50 다음 표의 빈칸 (ㄱ), (ㄴ)에 알맞은 품명은?

품명	지정수량
(ㄱ)	100kg
(ㄴ)	1,000kg

① ㄱ: 철분, ㄴ: 인화성 고체
② ㄱ: 적린, ㄴ: 인화성 고체
③ ㄱ: 철분, ㄴ: 마그네슘
④ ㄱ: 적린, ㄴ: 마그네슘

품명	지정수량
황화인, 적린, 황	100kg
철분, 금속분, 마그네슘	500kg
인화성 고체	1,000kg

51 질산나트륨을 저장하고 있는 옥내저장소(내화구조의 격벽으로 완전히 구획된 실이 2 이상 있는 경우에는 동일한 실)에 함께 저장하는 것이 법적으로 허용되는 것은? (단, 위험물을 유별로 정리하여 서로 1m 이상의 간격을 두는 경우이다.)

① 적린
② 인화성 고체
③ 동식물유류
④ 과염소산

유별을 달리하더라도 1m 이상 간격을 둘 때 저장 가능한 경우
• 제1류 위험물(알칼리금속의 과산화물 또는 이를 함유한 것을 제외한다)과 제5류 위험물을 저장하는 경우
• 제1류 위험물과 제6류 위험물을 저장하는 경우
• 제1류 위험물과 제3류 위험물 중 자연발화성 물질(황린 또는 이를 함유한 것에 한한다)을 저장하는 경우
• 제2류 위험물 중 인화성 고체와 제4류 위험물을 저장하는 경우
• 제3류 위험물 중 알킬알루미늄등과 제4류 위험물(알킬알루미늄 또는 알킬리튬을 함유한 것에 한한다)을 저장하는 경우
• 제4류 위험물 중 유기과산화물 또는 이를 함유하는 것과 제5류 위험물 중 유기과산화물 또는 이를 함유한 것을 저장하는 경우
→ 질산나트륨은 제1류 위험물이므로 함께 저장 가능한 위험물은 제6류 위험물인 과염소산이다.

52 위험물안전관리법령에 따른 제1류 위험물과 제6류 위험물의 공통적 성질로 옳은 것은?

① 산화성 물질이며 다른 물질을 환원시킨다.
② 환원성 물질이며 다른 물질을 환원시킨다.
③ 산화성 물질이며 다른 물질을 산화시킨다.
④ 환원성 물질이며 다른 물질을 산화시킨다.

• 제1류 위험물(산화성 고체)과 제6류 위험물(산화성 액체)은 모두 산화성 물질로 분류된다.
• 이 물질들은 다른 물질을 산화시키는 성질을 가지고 있으며, 화재나 폭발의 위험성을 높일 수 있다.

53 그림과 같은 타원형 위험물탱크의 내용적은 약 얼마인가? (단, 단위는 m이다.)

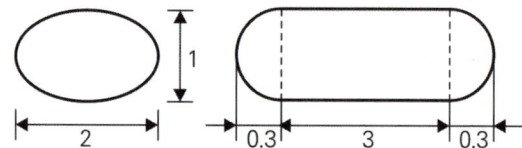

① 5.03m³
② 7.52m³
③ 9.03m³
④ 19.05m³

타원형 위험물탱크의 내용적
$$V = \frac{\pi ab}{4} \times (l + \frac{l_1 + l_2}{3}) = \frac{\pi \times 2 \times 1}{4} \times (3 + \frac{0.3 + 0.3}{3})$$
$$= 5.03 m^3$$

54 위험물안전관리법령상 유별을 달리하는 위험물의 혼재기준에서 제6류 위험물과 혼재할 수 있는 위험물의 유별에 해당하는 것은? (단, 지정수량의 1/10을 초과하는 경우이다.)

① 제1류
② 제2류
③ 제3류
④ 제4류

정답 50 ② 51 ④ 52 ③ 53 ① 54 ①

유별을 달리하는 위험물 혼재기준			
1	6		혼재 가능
2	5	4	혼재 가능
3	4		혼재 가능

55 자기반응성 물질의 일반적인 성질로 옳지 않은 것은?

① 강산류와의 접촉은 위험하다.
② 연소속도가 대단히 빨라서 폭발이 있다.
③ 물질 자체가 산소를 함유하고 있어 내부연소를 일으키기 쉽다.
④ 물과 격렬하게 반응하여 폭발성 가스를 발생한다.

- 자기반응성 물질은 열, 마찰, 충격 등에 의해 스스로 분해되어 폭발이나 연소를 일으키는 물질로, 물질 자체가 산소를 함유하고 있어서 내부연소를 일으키기 쉽다.
- 물과 격렬하게 반응하여 폭발성 가스를 발생하는 물질은 보통 금속나트륨과 같은 금수성 물질이다.

56 과산화수소의 성질 또는 취급방법에 관한 설명 중 틀린 것은?

① 햇빛에 의하여 분해한다.
② 인산, 요산 등의 분해방지 안정제를 넣는다.
③ 공기와의 접촉은 위험하므로 저장용기는 밀전(密栓)하여야 한다.
④ 에탄올에 녹는다.

과산화수소는 밀폐된 용기에 보관 시 분해로 인해 발생한 산소가 축적되어 폭발의 위험이 있을 수 있다. 따라서 밀폐보다 환기가 가능한 환경에서 보관하는 것이 좋다.

57 질산암모늄에 관한 설명 중 틀린 것은?

① 상온에서 고체이다.
② 폭약의 제조 원료로 사용할 수 있다.
③ 흡습성과 조해성이 있다.
④ 물과 반응하여 발열하고 다량의 가스를 발생한다.

질산암모늄은 물에 쉽게 녹으며, 이 과정에서 흡열과정이 일어나 주변의 열을 흡수하므로 온도가 낮아진다. 즉, 질산암모늄은 물과 반응해서 다량의 가스를 발생시키지 않으며, 물에 매우 잘 녹는다.

58 가솔린 저장량이 2,000L일 때 소화설비 설치를 위한 소요단위는?

① 1 ② 2
③ 3 ④ 4

- 가솔린의 지정수량: 200L
- 위험물의 1소요단위: 지정수량의 10배
- 소요단위 = $\dfrac{\text{저장량}}{\text{지정수량} \times 10} = \dfrac{2{,}000L}{200L \times 10} = 1$단위

59 위험물안전관리법령상 위험등급 I의 위험물이 아닌 것은?

① 염소산염류 ② 황화인
③ 알킬리튬 ④ 과산화수소

황화인의 위험등급은 II등급이다.

60 다음 중 조해성이 있는 황화인만 모두 선택하여 나열한 것은?

$$P_4S_3, \ P_2S_5, \ P_4S_7$$

① $P_4S_3, \ P_2S_5$ ② $P_4S_3, \ P_4S_7$
③ $P_2S_5, \ P_4S_7$ ④ $P_4S_3, \ P_2S_5, \ P_4S_7$

- 조해성이란 공기 중에서 수분을 흡수하여 녹는 성질을 의미한다.
- 황화인 중에서 조해성이 있는 황화인은 P_2S_5(오황화인), P_4S_7(칠황화인)이다.

정답 55 ④ 56 ③ 57 ④ 58 ① 59 ② 60 ③

06 2024년 1회 CBT 기출복원문제

01 n그램(g)의 금속을 묽은 염산에 완전히 녹였더니 m몰의 수소가 발생하였다. 이 금속의 원자가를 2가로 하면 이 금속의 원자량은?

① n/m
② 2n/m
③ n/2m
④ 2m/n

- 금속의 원자가가 2가라고 했으므로, 금속 M이 염산과 반응할 때 다음과 같은 반응이 일어난다.
  $M + 2HCl \rightarrow MCl_2 + H_2$
- 금속 M이 2가이므로 전자를 2개 주고 H^+ 2개가 H_2 기체 1몰이 되므로 여기서 금속 1몰이 반응하면 1몰의 수소(H_2)가 발생한다.
- 금속의 질량이 n그램(g)이고, 원자량을 A라고 하면 금속의 몰수는 $\frac{n}{A}$이다.
- 이 금속을 완전히 반응하여 m몰의 수소가 발생했으므로, 이 반응식에서 금속 1몰이 1몰의 수소를 생성하는 것을 고려하면, 금속의 몰수는 수소의 몰수 m과 같아야 한다.
- 따라서 위 식을 정리하면 $A = \frac{n}{m}$이다.

02 27℃에서 500mL에 6g의 비전해질을 녹인 용액의 삼투압은 7.4기압이었다. 이 물질의 분자량은 약 얼마인가?

① 20.78
② 39.89
③ 58.16
④ 77.65

- $PV = \frac{wRT}{M}$
- $M = \frac{wRT}{PV} = \frac{6 \times 0.082 \times 300}{7.4 \times 0.5} = 39.891 g/mol$

P = 압력, V = 부피, w = 질량, M = 분자량, R = 기체상수(0.082를 곱한다), T = 300K(절대온도로 변환하기 위해 273을 더한다)

03 $[OH^-] = 1 \times 10^{-5}$mol/L인 용액의 pH와 액성으로 옳은 것은?

① pH = 5, 산성
② pH = 5, 알칼리성
③ pH = 9, 산성
④ pH = 9, 알칼리성

- $pOH = -\log[OH^-] = -\log(1 \times 10^{-5}) = 5$
- pH와 pOH의 관계: $pH + pOH = 14$
- $pH = 14 - 5 = 9$
- pH가 7보다 크면 용액은 알칼리성(염기성)이다.
  ∴ pH = 9, 알칼리성

04 금속의 특징에 대한 설명 중 틀린 것은?

① 고체 금속은 연성과 전성이 있다.
② 고체 상태에서 결정구조를 형성한다.
③ 반도체, 절연체에 비하여 전기전도도가 크다.
④ 상온에서 모두 고체이다.

대부분의 금속은 상온에서 고체 상태이지만, 수은(Hg)은 예외적으로 상온에서 액체이다.

05 공기 중에 포함되어 있는 질소와 산소의 부피비는 0.79 : 0.21이므로 질소와 산소의 분자수의 비도 0.79 : 0.21이다. 이와 관계있는 법칙은?

① 아보가드로 법칙
② 일정 성분비의 법칙
③ 배수비례의 법칙
④ 질량보존의 법칙

- 공기 중에서 질소와 산소의 부피비기 0.79 : 0.21이라는 사실로부터 분자수의 비도 0.79 : 0.21이라는 것을 알 수 있다.
- 아보가드로 법칙은 같은 온도와 압력에서 동일한 부피의 기체는 그 종류에 관계없이 같은 수의 분자를 포함한다는 법칙이다.

정답 01 ① 02 ② 03 ④ 04 ④ 05 ①

06
어떤 기체가 탄소 원자 1개당 2개의 수소 원자를 함유하고 0°C, 1기압에서 밀도가 1.25g/L일 때 이 기체에 해당하는 것은?

① CH_2
② C_2H_4
③ C_3H_6
④ C_4H_8

- 분자량 = 밀도 × 22.4L/mol
  = 1.25g/L × 22.4L/mol = 28g/mol
- 탄소 원자 1개당 2개의 수소 원자를 포함하는 화합물 중 분자량이 28g/mol인 것은 에틸렌(C_2H_4)이다.

07
방사성 원소인 U(우라늄)이 다음과 같이 변화되었을 때의 붕괴 유형은?

$$^{238}_{92}U \rightarrow\ ^{234}_{90}Th + ^{4}_{2}He$$

① α 붕괴
② β 붕괴
③ γ 붕괴
④ R 붕괴

- 알파(α) 붕괴는 헬륨 원자핵(2개의 양성자와 2개의 중성자)이 방출되는 과정으로, 알파(α) 붕괴가 일어나면 원자번호가 2 감소하고, 질량수가 4 감소한다.
- 원소기호의 왼쪽 상단에 있는 숫자(우라늄을 기준으로 238)는 질량수이고, 왼쪽 하단에 있는 숫자(우라늄을 기준으로 92)는 원자번호로, 숫자의 감소폭을 보면 우라늄이 알파(α) 붕괴하였다는 것을 알 수 있다.
- 우라늄 - 238이 알파(α) 붕괴하면 $^{238}_{92}U \rightarrow\ ^{234}_{90}Th + ^{4}_{2}He$와 같은 반응이 일어나고, 이는 우라늄이 알파(α) 붕괴를 통해 토륨(Th)과 헬륨 원자핵(알파 입자)을 방출하는 전형적인 과정이다.

08
전자배치가 $1s^22s^22p^63s^23p^5$인 원자의 M껍질에는 몇 개의 전자가 들어 있는가?

① 2
② 4
③ 7
④ 17

- 주어진 전자배치 $1s^22s^22p^63s^23p^5$는 17개의 전자를 가진 원자의 전자배치이며 염소(Cl)의 모양이다.
- 이 원자의 M껍질은 주양자수 n = 3인 껍질로, 3s와 3p 오비탈에 해당한다.
  - 3s 오비탈: 2개의 전자 보유
  - 3p 오비탈: 5개의 전자 보유
- 따라서 M껍질에는 총 7개의 전자가 들어 있다.

09
황산구리(Ⅱ) 수용액을 전기분해할 때 63.5g의 구리를 석출시키는 데 필요한 전기량은 몇 F인가? (단, Cu의 원자량은 63.5이다.)

① 0.635F
② 1F
③ 2F
④ 63.5F

- $Cu^+ + 2e^- \rightarrow Cu$
- 63.5g의 구리는 1mol이므로, 이를 석출시키기 위해 필요한 전기량은 2mol의 전자이다. 따라서 1F에서 $\frac{1mol}{2}$의 구리가 석출된다.
- 필요한 전기량을 x라 하면 다음과 같은 식을 세울 수 있다.
  1F : 0.5mol = xF : 1mol
- 따라서 x = 2F이다.

10
콜로이드 용액을 친수콜로이드와 소수콜로이드로 구분할 때 소수콜로이드에 해당하는 것은?

① 녹말
② 아교
③ 단백질
④ 수산화철(Ⅲ)

- 콜로이드는 입자의 크기가 작아서 용액과 같은 상태를 유지하지만, 완전히 용해되지 않은 혼합물을 말하고, 친수성과 소수성에 따라 구분된다.
- 수산화철(Ⅲ)은 물과 친화력이 낮은 콜로이드로, 물에 잘 녹지 않고 쉽게 침전되는 성질을 가지는 대표적인 소수콜로이드이다.

11
p 오비탈에 대한 설명 중 옳은 것은?

① 원자핵에서 가장 가까운 오비탈이다.
② s 오비탈보다는 약간 높은 모든 에너지 준위에서 발견된다.
③ X, Y의 2방향을 축으로 한 원형 오비탈이다.
④ 오비탈의 수는 3개, 들어갈 수 있는 최대 전자수는 6개이다.

오비탈별 최대 전자수				
오비탈	s	p	d	f
오비탈 수	1	3	5	7
최대 전자수	2	6	10	14

정답 06 ② 07 ① 08 ③ 09 ③ 10 ④ 11 ④

12 다음 물질 중 감광성이 가장 큰 것은?

① HgO   ② CuO
③ NaNO₃   ④ AgCl

> • 감광성이란 물질이 빛에 반응하여 성질이 변하는 성질을 말한다.
> • 염화은(AgCl)은 빛에 노출되면 분해되어 은(Ag)과 염소(Cl₂)로 분리되는 특징이 있고, 필름사진 속에서 빛을 감지하는 재료로 사용되므로 감광성이 가장 크다.

13 주기율표에서 3주기 원소들의 일반적인 물리·화학적 성질 중 오른쪽으로 갈수록 감소하는 성질들로만 이루어진 것은?

① 비금속성, 전자흡수성, 이온화에너지
② 금속성, 전자방출성, 원자반지름
③ 비금속성, 이온화에너지, 전자친화도
④ 전자친화도, 전자흡수성, 원자반지름

> • 주기율표에서 오른쪽으로 갈수록(같은 주기에서 원자번호가 증가함) 감소하는 성질은 금속성, 전자방출성(전자를 잃는 성질), 원자반지름이다.
> • 주기율표에서 오른쪽으로 갈수록 원자는 더 비금속적이 되며, 전자를 얻기 쉬워진다. 또한, 원자핵에 가까운 전자일수록 더 강하게 잡혀 있기 때문에 원자반지름이 작아진다.

14 물 200g에 A 물질 2.9g을 녹인 용액의 빙점은? (단, 물의 어는점 내림상수는 1.86℃·kg/mol이고, A물질의 분자량은 580이다.)

① -0.465℃   ② -0.932℃
③ -1.871℃   ④ -2.453℃

> • 몰랄농도(m): 용매 1,000g에 용해된 용질의 몰수로 나타낸 농도
> • $\Delta T_f = m \times K_f$
>   - ΔT_f: 빙점강하도
>   - m: 몰랄농도
>   - K_f: 물의 어는점 내림상수(1.86℃·kg/mol)
> • m농도 = $\frac{질량}{분자량} \times \frac{1,000g}{전체 용매(g)} = \frac{2.9g}{58} \times \frac{1,000g}{200g} = 0.25$
> • $\Delta T_f = m \times K_f = 0.25 \times 1.86 = 0.465℃$
> → 빙점을 구해야 하므로 0℃ - 0.465℃ = -0.465℃이다.

15 밑줄 친 원소의 산화수가 +5인 것은?

① H₃<u>P</u>O₄   ② K<u>Mn</u>O₄
③ K₂<u>Cr</u>₂O₇   ④ K₃[<u>Fe</u>(CN)₆]

> • H의 산화수는 +1, O의 산화수는 -2이다.
> • 화합물 전체의 전하가 0이므로, P의 산화수를 x라고 하면, $(3 \times +1) + x + (4 \times -2) = 0$이므로, $x = +5$이다.

16 다음 중 산소와 같은 족의 원소가 아닌 것은?

① S   ② Se
③ Te   ④ Bi

> Bi(비스무트)는 15족 원소로 질소와 같은 족에 속한다.

17 볼타전지에 관한 설명으로 틀린 것은?

① 이온화 경향이 큰 쪽의 물질이 (-)극이다.
② (+)극에서는 방전 산화반응이 일어난다.
③ 전자는 도선을 따라 (-)극에서 (+)극으로 이동한다.
④ 전류의 방향은 전자의 이동 방향과 반대이다.

> 전자는 (-)극에서 (+)극으로 이동하고, (+)극에서는 전자를 받아 환원반응이 일어난다.

18 이온결합 물질의 일반적인 성질에 관한 설명 중 틀린 것은?

① 녹는점이 비교적 높다.
② 단단하며 부스러지기 쉽다.
③ 고체와 액체 상태에서 모두 도체이다.
④ 물과 같은 극성 용매에 용해되기 쉽다.

> 이온결합 물질은 고체 상태에서는 전류를 거의 흐르게 하지 않지만, 액체 상태 또는 수용액 상태에서는 이온들이 자유롭게 움직여 전류를 흐르게 한다. 따라서 고체 상태에서는 부도체이다.

정답 12 ④ 13 ② 14 ① 15 ① 16 ④ 17 ② 18 ③

19 물 2.5L 중에 어떤 불순물이 10mg 함유되어 있다면 약 몇 ppm으로 나타낼 수 있는가?

① 0.4
② 1
③ 4
④ 40

- ppm(농도) = $\dfrac{\text{용질의 질량(mg)}}{\text{용액의 질량(kg)}} \times 10^6$
  - 용질의 질량: 10mg
  - 물의 부피: 2.5L
- ppm(농도) = $\dfrac{10\text{mg}}{2.5\text{kg}} \times 10^6$ = 4ppm

20 다음 반응식에서 브뢴스테드의 산·염기 개념으로 볼 때 산에 해당하는 것은?

$$H_2O + NH_3 \Leftrightarrow OH^- + NH_4^+$$

① NH_3와 NH_4^+
② NH_3와 OH^-
③ H_2O와 OH^-
④ H_2O와 NH_4^+

- 브뢴스테드-로우리 이론에 따르면 산은 양성자(H^+)를 주는 물질, 염기는 양성자(H^+)를 받는 물질이다.
- H_2O는 양성자(H^+)를 NH_3에 주고, 그 결과 OH^-가 된다. 따라서 H_2O는 양성자를 주는 산에 해당한다.
- NH_3는 양성자(H^+)를 받아 NH_4^+가 된다. 따라서 NH_3는 양성자를 받는 염기에 해당한다.
- NH_4^+는 역반응에서 다시 양성자를 주어 NH_3로 돌아갈 수 있는 산의 성질을 가지게 되므로 산 역할을 한다.

21 다음 위험물의 저장창고에 화재가 발생하였을 때 소화방법으로 주수소화가 적당하지 않은 것은?

① $NaClO_3$
② S
③ NaH
④ TNT

- NaH + H_2O → NaOH + H_2
- 수소화나트륨(NaH)은 물과 반응하여 수소가스를 발생시키므로 주수소화는 적절하지 않고 건조한 모래 등 물과 반응하지 않는 소화제를 사용하여야 한다.

22 위험물안전관리법령에 따른 옥내소화전설비의 기준에서 펌프를 이용한 가압송수장치의 경우 펌프의 전양정 H는 소정의 산식에 의한 수치 이상이어야 한다. 전양정 H를 구하는 식으로 옳은 것은? (단, h1은 소방용 호스의 마찰손실수두, h2는 배관의 마찰손실수두, h3은 낙차이며, h1, h2, h3의 단위는 모두 m이다.)

① H = h1 + h2 + h3
② H = h1 + h2 + h3 + 0.35m
③ H = h1 + h2 + h3 + 35m
④ H = h1 + h2 + 0.35m

옥내소화전설비에서 펌프의 전양정(H) 구하는 식
- H = h1 + h2 + h3 + 35m
- H: 펌프의 전양정(단위 m)
- h1: 소방용 호스의 마찰손실수두(단위 m)
- h2: 배관의 마찰손실수두(단위 m)
- h3: 낙차(단위 m)

23 분말 소화약제를 종별로 주성분을 바르게 연결한 것은?

① 1종 분말약제 - 탄산수소나트륨
② 2종 분말약제 - 인산암모늄
③ 3종 분말약제 - 탄산수소칼륨
④ 4종 분말약제 - 탄산수소칼륨 + 인산암모늄

분말 소화약제의 종류

약제명	주성분	분해식
제1종	탄산수소나트륨	$2NaHCO_3 \rightarrow Na_2CO_3 + CO_2 + H_2O$
제2종	탄산수소칼륨	$2KHCO_3 \rightarrow K_2CO_3 + CO_2 + H_2O$
제3종	인산암모늄	$NH_4H_2PO_4 \rightarrow NH_3 + HPO_3 + H_2O$
제4종	탄산수소칼륨 + 요소	-

정답 19 ③ 20 ④ 21 ③ 22 ③ 23 ①

24 이황화탄소를 화재예방상 물속에 저장하는 이유는?

① 불순물을 물에 용해시키기 위해
② 가연성 증기의 발생을 억제하기 위해
③ 상온에서 수소가스를 발생시키기 때문에
④ 공기와 접촉하면 즉시 폭발하기 때문에

> 이황화탄소는 가연성 증기의 발생을 억제하기 위해 물속에 저장한다.

25 위험물의 지정수량이 틀린 것은?

① 과산화칼륨: 50kg
② 질산나트륨: 50kg
③ 과망가니즈산나트륨: 1,000kg
④ 다이크로뮴산암모늄: 1,000kg

> 질산나트륨의 지정수량: 300kg

26 공기포 발포배율을 측정하기 위해 중량 340g, 용량 1,800mL의 포 수집용기에 가득히 포를 채취하여 측정한 용기의 무게가 540g이었다면 발포배율은? (단, 포 수용액의 비중은 1로 가정한다.)

① 3배
② 5배
③ 7배
④ 9배

> 발포배율(팽창비) = $\dfrac{\text{내용적(용량)}}{\text{(전체 중량 - 빈 시료용기의 중량)}}$
> = $\dfrac{1,800\text{mL}}{540\text{g} - 340\text{g}}$ = 9배

27 다음 중 제6류 위험물의 안전한 저장·취급을 위해 주의할 사항으로 가장 타당한 것은?

① 가연물과 접촉시키지 않는다.
② 0℃ 이하에서 보관한다.
③ 공기와의 접촉을 피한다.
④ 분해방지를 위해 금속분을 첨가하여 저장한다.

> 산화성 액체인 제6류 위험물을 저장·취급할 때에는 물, 가연물, 유기물과 접촉을 금지하고 화기 및 직사광선을 피해 저장한다.

28 벤젠과 톨루엔의 공통점이 아닌 것은?

① 물에 녹지 않는다.
② 냄새가 없다.
③ 휘발성 액체이다.
④ 증기는 공기보다 무겁다.

> 벤젠과 톨루엔은 모두 유기용매 특유의 냄새를 가진 방향족 화합물이다.

29 위험물안전관리법령상 정전기를 유효하게 제거하기 위해서는 공기 중의 상대습도를 몇 % 이상이 되게 하여야 하는가?

① 40%　　② 50%
③ 60%　　④ 70%

> 정전기 방지대책
> • 접지에 의한 방법
> • 공기를 이온화함
> • 공기 중의 상대습도를 70% 이상으로 함

30 할로겐(할로젠)화합물 중 CH_3I에 해당하는 할론번호는?

① 1031　　② 1301
③ 13001　　④ 10001

> • 할론넘버는 C, F, Cl, Br 순으로 매긴다.
> • CH_3I는 아이오도메탄(메틸 아이오딘)으로, 이에 해당하는 할론번호는 Halon 10001이다.
> • 할론 명명법에서 I(아이오딘)가 들어가는 이유는 I 원자가 화합물에 포함된 경우를 명확히 표시하기 위해서이다. 일반적으로 할론 화합물은 C, F, Cl, Br 순서로 원소를 고려하여 명명하지만, 드물게 I가 포함되는 할론 화합물이 존재하는 경우, I의 개수를 명시적으로 포함시켜야 하기 때문에 I를 추가하여 표시한다.

정답　24 ②　25 ②　26 ④　27 ①　28 ②　29 ④　30 ④

31 인화성 액체의 화재의 분류로 옳은 것은?

① A급 화재
② B급 화재
③ C급 화재
④ D급 화재

화재의 종류		
급수	화재	색상
A	일반	백색
B	유류	황색
C	전기	청색
D	금속	무색

32 수소의 공기 중 연소범위에 가장 가까운 값을 나타내는 것은?

① 2.5 ~ 82.0vol%
② 5.3 ~ 13.9vol%
③ 4.0 ~ 74.5vol%
④ 12.5 ~ 55.0vol%

> 수소의 공기 중 연소범위: 약 4.0 ~ 74.5vol%

33 위험물안전관리법령상 옥내소화전설비의 설치기준에 따르면 수원의 수량은 옥내소화전이 가장 많이 설치된 층의 옥내소화전 설치개수(설치개수가 5개 이상인 경우는 5개)에 몇 m³를 곱한 양 이상이 되도록 설치하여야 하는가?

① 2.3   ② 2.6
③ 7.8   ④ 13.5

> 소화설비 설치기준
> • 옥내소화전 = 설치개수(최대 5개) × 7.8m³
> • 옥외소화전 = 설치개수(최대 4개) × 13.5m³

34 위험물의 취급을 주된 작업내용으로 하는 다음의 장소에 스프링클러설비를 설치할 경우 확보하여야 하는 1분당 방사밀도는 몇 L/m² 이상이어야 하는가? (단, 내화구조의 바닥 및 벽에 의하여 2개의 실로 구획되고, 각 실의 바닥면적은 500m²이다.)

> • 취급하는 위험물: 제4류 제3석유류
> • 위험물을 취급하는 장소의 바닥면적: 1,000m²

① 8.1   ② 12.2
③ 13.9   ④ 16.3

> • 제4류 위험물을 저장 또는 취급하는 장소의 살수기준면적에 따라 스프링클러설비의 살수밀도가 다음 표에 정하는 기준 이상인 경우에는 당해 스프링클러설비가 제4류 위험물에 대해 적응성이 있다 (시행규칙 별표 17).

살수기준 면적(m²)	방사밀도(L/m² 분)		비고
	인화점 38℃ 미만	인화점 38℃ 이상	
279 미만	16.3 이상	12.2 이상	살수기준면적은 내화구조의 벽 및 바닥으로 구획된 하나의 실의 바닥면적을 말하고, 하나의 실의 바닥면적이 465m² 이상인 경우의 살수기준면적은 465m²로 한다. 다만, 위험물의 취급을 주된 작업내용으로 하지 아니하고 소량의 위험물을 취급하는 설비 또는 부분이 넓게 분산되어 있는 경우에는 방사밀도는 8.2L/m²분 이상, 살수기준면적은 279m² 이상으로 할 수 있다.
279 이상 372 미만	15.5 이상	11.8 이상	
372 이상 465 미만	13.9 이상	9.8 이상	
465 이상	12.2 이상	8.1 이상	

> • 제3석유류의 인화점은 70℃ 이상이고, 위험물을 취급하는 각 실의 바닥면적은 500m²로 살수기준면적 465 이상에 해당하므로 1분당 방사밀도는 8.1L/m² 이상이어야 한다.

정답 31 ② 32 ③ 33 ③ 34 ①

35 소화기와 주된 소화효과가 옳게 짝지어진 것은?

① 포 소화기 - 제거소화
② 할로겐(할로젠)화합물 소화기 - 냉각소화
③ 탄산가스 소화기 - 억제소화
④ 분말 소화기 - 질식소화

- 포 소화기: 질식소화와 냉각소화
- 할로겐(할로젠)화합물 소화기: 억제소화
- 탄산가스 소화기: 질식소화

36 다음은 위험물안전관리법령상 위험물제조소등에 설치하는 옥내소화전설비의 설치표시 기준 중 일부이다. ( )에 알맞은 수치를 차례로 옳게 나타낸 것은?

> 옥내소화전함의 상부의 벽면에 적색의 표시등을 설치하되, 당해 표시등의 부착면과 ( ) 이상의 각도가 되는 방향으로 ( ) 떨어진 곳에서 용이하게 식별이 가능하도록 할 것

① 5°, 5m ② 5°, 10m
③ 15°, 5m ④ 15°, 10m

옥내소화전설비의 기준(위험물안전관리에 관한 세부기준 제129조)
옥내소화전함의 상부의 벽면에 적색의 표시등을 설치하되, 당해 표시등의 부착면과 15° 이상의 각도가 되는 방향으로 10m 떨어진 곳에서 용이하게 식별이 가능하도록 할 것

37 제조소 건축물로 외벽이 내화구조인 것의 1소요단위는 연면적이 몇 m^2인가?

① 50 ② 100
③ 150 ④ 1,000

소요단위(연면적)

구분	내화구조(m^2)	비내화구조(m^2)
제조소 취급소	100	50
저장소	150	75

38 자체소방대에 두어야 하는 화학소방자동차 중 포 수용액을 방사하는 화학소방자동차는 전체 법정 화학소방자동차 대수의 얼마 이상으로 하여야 하는가?

① 1/3 ② 2/3
③ 1/5 ④ 2/5

화학소방차의 기준 등(시행규칙 제75조)
포 수용액을 방사하는 화학소방자동차의 대수는 규정에 의한 화학소방자동차의 대수의 3분의 2 이상으로 하여야 한다.

39 할로겐(할로젠)화합물 소화약제의 구비조건과 거리가 먼 것은?

① 전기절연성이 우수할 것
② 공기보다 가벼울 것
③ 증발 잔유물이 없을 것
④ 인화성이 없을 것

할로겐(할로젠)화합물 소화약제의 구비조건
할로겐(할로젠)화합물 소화약제는 주로 전기화재나 민감한 기기의 화재에 사용되는 소화약제로, 다음과 같은 구비조건을 가져야 한다.
- 전기절연성이 우수할 것: 전기화재에 사용되기 때문에, 전기절연성이 필수이다.
- 공기보다 무거울 것: 소화과정에서 소화약제가 화재 현장에 머무르며 불을 끄는 데 유리한 특성이다.
- 증발 잔유물이 없을 것: 전기 및 전자장비가 있는 화재에서 사용되므로, 잔유물이 남지 않아야 기기를 손상시키지 않는다.
- 인화성이 없을 것: 할로겐(할로젠)화합물은 소화약제로 사용되기 위해 비인화성이 요구된다.

정답 35 ④ 36 ④ 37 ② 38 ② 39 ②

40 마그네슘 분말의 화재 시 이산화탄소 소화약제는 소화적응성이 없다. 그 이유로 가장 적합한 것은?

① 분해반응에 의하여 산소가 발생하기 때문이다.
② 가연성의 일산화탄소 또는 탄소가 생성되기 때문이다.
③ 분해반응에 의하여 수소가 발생하고 이 수소는 공기 중의 산소와 폭명반응을 하기 때문이다.
④ 가연성의 아세틸렌가스가 발생하기 때문이다.

- $Mg + CO_2 \rightarrow MgO + CO$
- 마그네슘 분말은 이산화탄소와 반응하여 산화마그네슘과 가연성의 일산화탄소를 생성한다.
- $2Mg + CO_2 \rightarrow 2MgO + C$
- 마그네슘 분말은 이산화탄소와 반응하여 산화마그네슘과 가연성의 탄소를 생성한다.
- 마그네슘 분말이 이산화탄소와 반응하였을 때 두 가지 반응식이 나오는 이유는 이산화탄소가 부분적으로 환원(CO 발생)되었는지 완전히 환원(C 발생)되었는지의 차이이다.
- 마그네슘 분말은 이산화탄소와 반응하여 산소와 탄소를 분리시키고 이때 발생한 산소는 마그네슘의 연소를 더욱 촉진시킬 수 있다. 따라서 마그네슘 분말의 화재 시 이산화탄소 소화약제는 소화적응성이 없다.

41 위험물안전관리법령상 지정수량의 각각 10배를 운반할 때 혼재할 수 있는 위험물은?

① 과산화나트륨과 과염소산
② 과망가니즈산칼륨과 적린
③ 질산과 알코올
④ 과산화수소와 아세톤

유별을 달리하는 위험물 혼재기준			
1	6		혼재 가능
2	5	4	혼재 가능
3	4		혼재 가능

과산화나트륨(1류)과 과염소산(6류)은 혼재 가능하다.

42 다음 중 위험물의 저장 또는 취급에 관한 기술상의 기준과 관련하여 시·도의 조례에 의해 규제를 받는 경우는?

① 등유 2,000L를 저장하는 경우
② 중유 3,000L를 저장하는 경우
③ 윤활유 5,000L를 저장하는 경우
④ 휘발유 400L를 저장하는 경우

- 지정수량 미만인 위험물의 저장 또는 취급에 관한 기술상의 기준은 특별시·광역시·특별자치시·도 및 특별자치도(이하 "시·도")의 조례로 정한다(위험물안전관리법 제4조).
- 각 위험물의 지정수량
  - 등유: 1,000L - 중유: 2,000L
  - 윤활유: 6,000L - 휘발유: 200L
- 5,000L의 윤활유는 지정수량 미만이므로 시·도의 조례에 의해 규제를 받는다.

43 옥외탱크저장소에서 취급하는 위험물의 최대수량에 따른 보유공지 너비가 틀린 것은? (단, 원칙적인 경우에 한한다.)

① 지정수량 500배 이하 - 3m 이상
② 지정수량 500배 초과 1,000배 이하 - 5m 이상
③ 지정수량 1,000배 초과 2,000배 이하 - 9m 이상
④ 지정수량 2,000배 초과 3,000배 이하 - 15m 이상

옥외저장탱크의 보유공지	
저장 또는 취급하는 위험물의 최대수량	공지의 너비
지정수량의 500배 이하	3m 이상
지정수량의 500배 초과 1,000배 이하	5m 이상
지정수량의 1,000배 초과 2,000배 이하	9m 이상
지정수량의 2,000배 초과 3,000배 이하	12m 이상
지정수량의 3,000배 초과 4,000배 이하	15m 이상

44 옥외저장소에서 저장할 수 없는 위험물은? (단, 시·도 조례에서 별도로 정하는 위험물 또는 국제해상위험물규칙에 적합한 용기에 수납된 위험물은 제외한다.)

① 과산화수소
② 아세톤
③ 에탄올
④ 황

옥외저장소에 저장할 수 있는 위험물 유별
- 제2류 위험물 중 황, 인화성 고체(인화점이 0℃ 이상인 것에 한함)
- 제4류 위험물 중 제1석유류(인화점이 0℃ 이상인 것에 한함), 알코올류, 제2석유류, 제3석유류, 제4석유류, 동식물유류
- 제6류 위험물
→ 제4류 위험물 중 제1석유류인 아세톤은 인화점이 -18℃로 0℃ 이하이므로 옥외저장소에서 저장할 수 없다.

정답 40 ② 41 ① 42 ③ 43 ④ 44 ②

45 산화프로필렌 300L, 메탄올 400L, 벤젠 200L를 저장하고 있는 경우 각각 지정수량 배수의 총합은 얼마인가? ★빈출

① 4
② 6
③ 8
④ 10

- 각 위험물별 지정수량
  - 산화프로필렌: 50L
  - 메탄올: 400L
  - 벤젠: 200L
- 지정수량 배수의 총합 = $\frac{300}{50} + \frac{400}{400} + \frac{200}{200}$ = 8배

46 탄화칼슘에 대한 설명으로 틀린 것은?

① 화재 시 이산화탄소 소화기가 적응성이 있다.
② 비중은 약 2.2로 물보다 무겁다.
③ 질소 중에서 고온으로 가열하면 $CaCN_2$가 얻어진다.
④ 물과 반응하면 아세틸렌가스가 발생한다.

- $CaC_2 + 2CO_2 \rightarrow CaCO_3 + 2CO$
- 탄화칼슘은 이산화탄소와 반응하여 탄산칼슘과 일산화탄소를 발생시킨다.
- 화재 시 이산화탄소 소화기를 사용하면 가스를 밀폐시켜 위험을 가중시킬 수 있다.
- 인화성이 강한 물질이므로 건조사나 팽창질석과 같은 물질로 소화하는 것이 바람직하다.

47 다음 중 일반적인 연소의 형태가 나머지 셋과 다른 하나는?

① 나프탈렌
② 코크스
③ 양초
④ 황

- 표면연소: 코크스
- 증발연소: 나프탈렌, 양초, 황

48 마그네슘 리본에 불을 붙여 이산화탄소 기체 속에 넣었을 때 일어나는 현상은?

① 즉시 소화된다.
② 연소를 지속하며 유독성의 기체를 발생한다.
③ 연소를 지속하며 수소 기체를 발생한다.
④ 산소를 발생하며 서서히 소화된다.

- $Mg + CO_2 \rightarrow MgO + CO$
- 마그네슘은 이산화탄소와 반응하여 산화마그네슘과 유독성의 일산화탄소를 발생한다.

49 휘발유를 저장하던 이동저장탱크에 탱크의 상부로부터 등유나 경유를 주입할 때 액표면이 주입관의 끝부분을 넘는 높이가 될 때까지 그 주입관 내의 유속을 몇 m/s 이하로 하여야 하는가?

① 1
② 2
③ 3
④ 5

이동탱크저장소에서의 취급기준(시행규칙 별표 18)
휘발유를 저장하던 이동저장탱크에 등유나 경유를 주입할 때 또는 등유나 경유를 저장하던 이동저장탱크에 휘발유를 주입할 때에는 다음의 기준에 따라 정전기 등에 의한 재해를 방지하기 위한 조치를 할 것
- 이동저장탱크의 상부로부터 위험물을 주입할 때에는 위험물의 액표면이 주입관의 끝부분을 넘는 높이가 될 때까지 그 주입관 내의 유속을 초당 1m 이하로 할 것
- 이동저장탱크의 밑부분으로부터 위험물을 주입할 때에는 위험물의 액표면이 주입관의 정상부분을 넘는 높이가 될 때까지 그 주입배관 내의 유속을 초당 1m 이하로 할 것

50 위험물안전관리법령에 따른 질산에 대한 설명으로 틀린 것은?

① 지정수량은 300kg이다.
② 위험등급은 Ⅰ이다.
③ 농도가 36wt% 이상인 것에 한하여 위험물로 간주된다.
④ 운반 시 제1류 위험물과 혼재할 수 있다.

- 질산은 제6류 위험물로 그 비중이 1.49 이상인 것에 한하여 위험물로 간주된다. 지정수량은 300kg이고, 위험등급은 Ⅰ이며, 운반 시 제1류 위험물과 혼재할 수 있다.
- 과산화수소는 제6류 위험물로 그 농도가 36wt% 이상인 것에 한하여 위험물로 간주된다.

정답 45 ③ 46 ① 47 ② 48 ② 49 ① 50 ③

51 제5류 위험물제조소에 설치하는 표지 및 주의사항을 표시한 게시판의 바탕색상을 각각 옳게 나타낸 것은?

① 표지: 백색, 주의사항을 표시한 게시판: 백색
② 표지: 백색, 주의사항을 표시한 게시판: 적색
③ 표지: 적색, 주의사항을 표시한 게시판: 백색
④ 표지: 적색, 주의사항을 표시한 게시판: 적색

- 제조소에 설치하는 표지의 바탕은 백색으로, 문자는 흑색으로 한다.
- 제5류 위험물제조소에 설치해야 하는 게시판에는 화기엄금을 표시해야 한다.
- 화기엄금은 적색바탕에 백색글자로 한다.

종류	바탕색	문자색
위험물제조소	백색	흑색
위험물	흑색	황색
주유 중 엔진정지	황색	흑색
화기엄금	적색	백색
물기엄금	청색	백색

52 위험물안전관리법령상 제5류 위험물 중 질산에스터류에 해당하는 것은?

① 나이트로벤젠 ② 나이트로셀룰로오스
③ 트라이나이트로페놀 ④ 트라이나이트로톨루엔

품명	위험물	상태
질산에스터류	질산메틸 질산에틸 나이트로글리콜 나이트로글리세린	액체
	나이트로셀룰로오스 셀룰로이드	고체
나이트로화합물	트라이나이트로톨루엔 트라이나이트로페놀 다이나이트로벤젠 테트릴	고체

53 과산화나트륨 78g과 충분한 양의 물이 반응하여 생성되는 기체의 종류와 생성량을 옳게 나타낸 것은?

① 수소, 1g ② 산소, 16g
③ 수소, 2g ④ 산소, 32g

- 과산화나트륨과 물의 반응식: $2Na_2O_2 + 2H_2O \rightarrow 4NaOH + O_2$
- 과산화나트륨은 물과 반응하여 수산화나트륨과 산소를 생성한다.
- 과산화나트륨(Na_2O_2)의 분자량 = $(23 \times 2) + (16 \times 2) = 78g/mol$
  → 과산화나트륨 78g = 1mol
- 2mol의 과산화나트륨(156g)이 반응할 때 1mol의 산소(16g)가 생성되므로 과산화나트륨 1mol당 산소는 0.5mol이 생성된다.
- 따라서 산소의 생성량은 $0.5mol \times 32g = 16g$이다.

54 위험물안전관리법령상 제조소에서 취급하는 제4류 위험물의 최대수량의 합이 지정수량의 12만배 미만인 사업소에 두어야 하는 화학소방자동차 및 자체소방대원의 수의 기준으로 옳은 것은?

① 1대 - 5인 ② 2대 - 10인
③ 3대 - 15인 ④ 4대 - 20인

자체소방대에 두는 화학소방자동차 및 소방대원

제4류 위험물의 최대수량의 합	소방차	소방대원
지정수량의 3천배 이상 12만배 미만	1대	5인
지정수량의 12만배 이상 24만배 미만	2대	10인
지정수량의 24만배 이상 48만배 미만	3대	15인
지정수량의 48만배 이상	4대	20인

55 위험물을 저장하는 간이탱크저장소의 구조 및 설비의 기준으로 옳은 것은?

① 탱크의 두께 2.5mm 이상, 용량 600L 이하
② 탱크의 두께 2.5mm 이상, 용량 800L 이하
③ 탱크의 두께 3.2mm 이상, 용량 600L 이하
④ 탱크의 두께 3.2mm 이상, 용량 800L 이하

간이탱크저장소의 구조 및 설비기준(시행규칙 별표 9)
- 간이저장탱크의 용량은 600L 이하이어야 한다.
- 간이저장탱크는 두께 3.2mm 이상의 강판으로 흠이 없도록 제작하여야 하며, 70kPa의 압력으로 10분간의 수압시험을 실시하여 새거나 변형되지 아니하여야 한다.

정답 51 ② 52 ② 53 ③ 54 ① 55 ③

56 위험물제조소의 안전거리 기준으로 틀린 것은?

① 「초·중등교육법」 및 「고등교육법」에 의한 학교 - 20m 이상
② 「의료법」에 의한 병원급 의료기관 - 30m 이상
③ 「문화유산의 보존 및 활용에 관한 법률」 규정에 의한 지정문화유산 - 50m 이상
④ 사용전압이 35,000V를 초과하는 특고압가공전선 - 5m 이상

> 학교, 병원급 의료기관, 수용인원 300명 이상의 공연장, 영화상영관 및 이와 유사한 시설과 수용인원 20명 이상의 복지시설, 어린이집 등의 안전거리는 30m 이상이다.

57 위험물제조소등에 설치하여야 하는 자동화재탐지설비의 설치기준에 대한 설명 중 틀린 것은?

① 자동화재탐지설비의 경계구역은 건축물 그 밖의 공작물의 2 이상의 층에 걸치도록 할 것
② 하나의 경계구역에서 그 한 변의 길이는 50m(광전식 분리형 감지기를 설치할 경우에는 100m) 이하로 할 것
③ 자동화재탐지설비의 감지기는 지붕 또는 벽의 옥내에 면한 부분에 유효하게 화재의 발생을 감지할 수 있도록 설치할 것
④ 자동화재탐지설비에는 비상전원을 설치할 것

> **자동화재탐지설비의 설치기준(시행규칙 별표 17)**
> 자동화재탐지설비의 경계구역은 건축물 그 밖의 공작물의 2 이상의 층에 걸치지 아니하도록 할 것. 다만, 하나의 경계구역의 면적이 500m² 이하이면서 당해 경계구역이 두 개의 층에 걸치는 경우이거나 계단·경사로·승강기의 승강로 그 밖에 이와 유사한 장소에 연기감지기를 설치하는 경우에는 그러하지 아니하다.

58 셀룰로이드의 자연발화 형태를 가장 옳게 나타낸 것은?

① 잠열에 의한 발화
② 미생물에 의한 발화
③ 분해열에 의한 발화
④ 흡착열에 의한 발화

> 셀룰로이드는 열이 축적되면 자체적으로 분해되면서 가연성 기체를 방출하는데, 이 과정에서 발생하는 분해열이 발화점을 초과하면 발화할 수 있다.

59 다음은 위험물안전관리법령에 따른 판매취급소에 대한 정의이다. ( )에 알맞은 말은?

> 판매취급소라 함은 점포에서 위험물을 용기에 담아 판매하기 위하여 지정수량의 ( )배 이하의 위험물을 ( )하는 장소이다.

① 20, 취급
② 40, 취급
③ 20, 저장
④ 40, 저장

> 판매취급소라 함은 점포에서 위험물을 용기에 담아 판매하기 위하여 지정수량의 40배 이하의 위험물을 취급하는 장소이다.

60 정기점검대상 제조소등에 해당하지 않는 것은?

① 이동탱크저장소
② 지정수량 120배의 위험물을 저장하는 옥외저장소
③ 지정수량 120배의 위험물을 저장하는 옥내저장소
④ 이송취급소

> **정기점검대상 제조소등**
> - 지정수량 10배 이상의 위험물을 취급하는 제조소
> - 지정수량 100배 이상의 위험물을 저장하는 옥외저장소
> - 지정수량 150배 이상의 위험물을 저장하는 옥내저장소
> - 지정수량 200배 이상의 위험물을 저장하는 옥외탱크저장소
> - 암반탱크저장소
> - 이송취급소
> - 지정수량 10배 이상의 위험물을 취급하는 일반취급소
> - 지하탱크저장소
> - 이동탱크저장소
> - 위험물을 취급하는 탱크로서 지하에 매설된 탱크가 있는 제조소·주유취급소 또는 일반취급소

정답 56 ① 57 ① 58 ③ 59 ② 60 ③

07 2023년 4회 CBT 기출복원문제

01 다음 중 두 물질을 섞었을 때 용해성이 가장 낮은 것은?

① C_6H_6과 H_2O
② $NaCl$과 H_2O
③ C_2H_5OH과 H_2O
④ C_2H_5OH과 CH_3OH

- 두 물질을 섞었을 때 용해성이 가장 낮은 경우를 찾기 위해, 각 물질의 쌍의 극성 및 분자 간의 상호작용을 고려해야 한다.
- 벤젠(C_6H_6)은 비극성 분자이고, 물(H_2O)은 극성 분자로, 벤젠과 물은 거의 섞이지 않으므로 용해성이 매우 낮다.

02 pH = 9인 수산화나트륨 용액 100mL 속에는 나트륨이온이 몇 개 들어 있는가? (단, 아보가드로수는 6.02×10^{23}이다.) ★빈출

① 6.02×10^9개
② 6.02×10^{17}개
③ 6.02×10^{18}개
④ 6.02×10^{21}개

- pH와 pOH의 관계는 pH + pOH = 14이다.
- pOH = 14 - 9 = 5이므로, $[OH^-] = 10^{-pOH} = 10^{-5}$M이다[수산화나트륨 용액의 수산화이온($OH^-$) 농도는 10^{-5}M].
- 수산화나트륨(NaOH)은 완전히 해리되므로, $[Na^+] = [OH^-]$이다. 따라서 Na^+ 농도는 10^{-5}M이다.
- 따라서 100mL(= 0.1L)의 용액에 들어 있는 나트륨이온의 몰수는 10^{-6}mol × 6.02×10^{23}개/mol = 6.02×10^{17}개이다.

03 공업적으로 에틸렌을 $PdCl_2$ 촉매하에 산화시킬 때 주로 생성되는 물질은?

① CH_3OCH_3
② CH_3CHO
③ $HCOOH$
④ C_3H_7OH

공업적으로 에틸렌(C_2H_4)을 $PdCl_2$(염화팔라듐) 촉매로 산화시키는 반응에서 에틸렌에 산소가 추가되면서 아세트알데하이드(CH_3CHO)가 생성된다.

04 활성화에너지에 대한 설명으로 옳은 것은?

① 물질이 반응 전에 가지고 있는 에너지이다.
② 물질이 반응 후에 가지고 있는 에너지이다.
③ 물질이 반응 전과 후에 가지고 있는 에너지의 차이이다.
④ 물질이 반응을 일으키는 데 필요한 최소한의 에너지이다.

활성화에너지는 화학반응이 일어나기 위해 필요한 최소한의 에너지이다. 이는 반응물들이 반응하여 생성물로 변하기 위해 극복해야 하는 에너지 장벽을 의미한다.

05 폴리염화비닐의 단위체와 합성법이 옳게 나열된 것은?

① $CH_2 = CHCl$, 첨가중합
② $CH_3 = CHCl$, 축합중합
③ $CH_2 = CHCN$, 첨가중합
④ $CH_2 = CHCN$, 축합중합

- 폴리염화비닐은 염화비닐(단위체: $CH_2 = CHCl$)이 첨가중합반응을 통해 고분자로 합성된 것이다.
- 첨가중합은 단위체가 중합될 때 작은 분자가 생성되지 않는 중합반응이다.

06 메탄에 염소를 작용시켜 클로로포름을 만드는 반응을 무엇이라 하는가?

① 중화반응
② 부가반응
③ 치환반응
④ 환원반응

- 치환반응은 분자의 일부 원자(또는 원자 그룹)가 다른 원자로 바뀌는 반응을 말한다.
- 메탄(CH_4)에 염소(Cl_2)를 작용시켜 클로로포름($CHCl_3$)을 만드는 반응은 메탄의 수소 원자가 염소 원자로 순차적으로 치환되어 최종적으로 클로로포름이 생성되므로 치환반응이다.

정답 01 ① 02 ② 03 ② 04 ④ 05 ① 06 ③

07 할로겐(할로젠)화 수소의 결합에너지 크기를 비교하였을 때 옳게 표시한 것은?

① HI > HBr > HCl > HF
② HBr > HI > HF > HCl
③ HF > HCl > HBr > HI
④ HCl > HBr > HF > HI

- 일반적으로 할로겐(할로젠) 원자의 크기가 작을수록 결합이 강하고 결합에너지가 크다. 즉, 작은 원자일수록 결합 길이가 짧아지고 결합에너지가 커진다.
- 할로겐(할로젠) 원자들의 크기 순서는 F < Cl < Br < I이며, 이에 따라 결합에너지의 크기 순서는 HF > HCl > HBr > HI이다.

08 이온평형계에서 평형에 참여하는 이온과 같은 종류의 이온을 외부에서 넣어주면 그 이온의 농도를 감소시키는 방향으로 평형이 이동한다는 이론과 관계 있는 것은?

① 공통이온효과
② 가수분해효과
③ 물의 자체 이온화 현상
④ 이온용액의 총괄성

공통이온효과
- 이온평형계에서 평형에 참여하는 이온과 같은 종류의 이온을 외부에서 넣어주면, 그 이온의 농도를 감소시키는 방향으로 평형이 이동하는 현상을 말한다.
- 공통이온효과는 같은 이온을 포함하는 두 물질이 섞일 때 발생하는 현상으로, 평형에 영향을 미쳐 해당 이온의 농도를 줄이는 방향으로 평형이 이동하게 된다.

09 탄소 수가 5개인 포화 탄화수소 펜탄의 구조이성질체 수는 몇 개인가?

① 2개   ② 3개
③ 4개   ④ 5개

펜탄의 구조이성질체
- n - 펜탄: 탄소가 일렬로 연결된 구조
- 이소펜탄(2 - 메틸부탄): 네 개의 탄소로 이루어진 주사슬에 1개의 메틸기($-CH_3$)가 붙어 있는 구조
- 네오펜탄(2, 2 - 다이메틸프로판): 세 개의 탄소로 이루어진 주사슬에 2개의 메틸기가 붙어 있는 구조

10 다음 중 배수비례의 법칙이 성립하는 화합물을 나열한 것은?

① CH_4, CCl_4 ② SO_2, SO_3
③ H_2O, H_2S ④ SN_3, BH_3

배수비례의 법칙
- 배수비례의 법칙은 두 원소가 여러 가지 화합물을 형성할 때, 한 원소의 일정한 양과 결합하는 다른 원소의 질량은 일정한 간격의 정수 비율로 나타난다는 법칙이다.
- SO_2와 SO_3는 황(S)과 산소(O)가 서로 다른 비율로 결합하여 형성된 화합물이다. 즉, SO_2는 황 1몰과 산소 2몰로, SO_3는 황 1몰과 산소 3몰로 결합하여, 산소의 비율이 2 : 3의 간단한 정수비를 이루므로 배수비례의 법칙이 성립한다.

11 어떤 기체의 확산속도는 SO_2의 2배이다. 이 기체의 분자량은 얼마인가? (단, SO_2의 분자량은 64이다.)

① 4   ② 8
③ 16   ④ 32

- 기체의 확산속도와 분자량의 관계를 나타내는 그레이엄의 법칙을 적용해서 풀 수 있다.
- 그레이엄의 법칙 = $\dfrac{확산속도_1}{확산속도_2} = \sqrt{\dfrac{분자량_2}{분자량_1}}$
- 기체의 확산속도는 SO_2의 확산속도의 2배라고 했으므로, $\dfrac{확산속도_{기체}}{확산속도_{SO_2}} = 2$이다.
- SO_2의 분자량은 64이므로, 그레이엄의 법칙을 적용하면, $\sqrt{\dfrac{64}{M}} = 2$이다.
- 따라서 M = 16g/mol이다.

정답 07 ③ 08 ① 09 ② 10 ② 11 ③

12 방사성 원소에서 방출되는 방사선 중 전기장의 영향을 받지 않아 휘어지지 않는 선은?

① α선　　② β선
③ γ선　　④ α, β, γ선

> γ(감마)선은 입자가 아닌 빛과 비슷한 전자기파이다. 햇빛을 전기장으로 휘지 못하는 것처럼, γ(감마)선도 전기장의 영향을 받지 않고 직진한다.

13 제3주기에서 음이온이 되기 쉬운 경향성은? (단, 0족(18족) 기체는 제외한다.)

① 금속성이 큰 것
② 원자의 반지름이 큰 것
③ 최외각 전자수가 많은 것
④ 염기성 산화물을 만들기 쉬운 것

> 음이온이 되기 쉬운 원소는 전자를 얻으려는 경향이 크며, 이는 주로 최외각 전자수가 많을수록(즉, 전자를 추가로 채워서 옥텟을 완성하려는 경향이 클수록) 증가한다.

14 Mg^{2+}의 전자수는 몇 개인가?

① 2　　② 10
③ 12　　④ 6

> - Mg^{2+}이온은 마그네슘(Mg) 원자가 2개의 전자를 잃어 형성된 이온이다. 마그네슘 원자의 원자번호는 12이므로, 중성 상태일 때 전자는 12개이다.
> - 하지만 Mg^{2+}는 2개의 전자를 잃었기 때문에 전자수는 12(중성 상태의 전자수) − 2(잃은 전자수) = 10개이다.
> - 따라서 Mg^{2+}이온의 전자수는 10개이다.

15 프로판 1kg을 완전연소시키기 위해 표준상태의 산소가 약 몇 m^3가 필요한가?

① 2.55　　② 5
③ 7.55　　④ 10

> - 프로판의 완전연소 반응식: $C_3H_8 + 5O_2 \rightarrow 3CO_2 + 4H_2O$
> - 프로판(C_3H_8)의 몰질량 = 3 × 12(C) + 8 × 1(H) = 44g/mol
> - 프로판(C_3H_8) 1kg에 해당하는 몰수 = $\frac{1,000g}{44g/mol}$ = 22.73mol
> - 프로판이 연소할 때 1mol당 5mol의 산소가 필요하므로, 프로판 22.73mol을 완전연소시키기 위해서 22.73mol × 5 = 113.65mol의 산소(O_2)가 필요하다.
> - 표준상태에서 기체 1mol의 부피는 22.4L이므로, 프로판 1kg을 완전연소시키기 위해 필요한 산소의 부피는 113.65mol × 22.4L = 2,545.76L = 약 2.55m^3이다.

16 NaOH 1g이 250mL 메스플라스크에 녹아 있을 때 NaOH 수용액의 농도는?

① 0.1N　　② 0.3N
③ 0.5N　　④ 0.7N

> - NaOH의 분자량 = 40g/mol(Na = 23, O = 16, H = 1)
> - NaOH의 몰수 = $\frac{물질의\ 질량}{몰질량}$ = $\frac{1g}{40g/mol}$ = 0.025mol
> - NaOH는 1가 염기이므로, 몰농도와 노르말 농도는 동일하게 계산되고, 노르말 농도는 다음과 같이 계산된다.
> - N = $\frac{몰수}{용액의\ 부피(L)}$ = $\frac{0.025mol}{0.25L}$ = 0.1N

17 이상기체상수 R값이 0.082라면 그 단위로 옳은 것은?

① $\frac{atm \cdot mol}{L \cdot K}$　　② $\frac{mmHg \cdot mol}{L \cdot K}$

③ $\frac{atm \cdot L}{mol \cdot K}$　　④ $\frac{mmHg \cdot L}{mol \cdot K}$

> 이상기체상수 R의 값이 0.082일 때, 그 단위는 리터-기압/몰-켈빈 (L·atm/mol·K)이다.

정답　12 ③　13 ③　14 ②　15 ①　16 ①　17 ③

18 다음 중 수용액의 pH가 가장 작은 것은?

① 0.01N HCl ② 0.1N HCl
③ 0.01N CH_3COOH ④ 0.1N NaOH

- pH가 가장 작은 것은 가장 강한 산성을 나타내는 물질이다.
- 0.1N HCl(강산): HCl은 강산으로 완전히 해리되므로, 0.1N 용액에서는 수소이온농도가 0.1M이 된다.
  → $pH = -\log[H^+] = -\log(0.1) = 1$
- 0.01N HCl(강산): HCl은 강산으로 완전히 해리되므로, 0.01N 용액에서는 수소이온농도가 0.01M이 된다.
  → $pH = -\log[H^+] = -\log(0.01) = 2$
- 0.01N CH_3COOH(약산): 일반적으로 0.01N 아세트산 용액의 pH는 약 3 정도이다.
- 0.1N NaOH(강염기)
  → $pOH = -\log[OH^-] = -\log(0.1) = 1$
  pH + pOH = 14이므로, pH = 14 - pOH = 14 - 1 = 13

19 다음 중 불균일 혼합물은 어느 것인가?

① 공기 ② 소금물
③ 화강암 ④ 사이다

불균일 혼합물
- 구성성분들이 고르게 섞이지 않고, 성분들이 눈에 보이거나 구별 가능한 혼합물
- 화강암은 다양한 광물(예 석영, 장석, 흑운모 등)이 불균일하게 섞여 있어 성분들이 구별 가능한 불균일 혼합물이다.
- 균일 혼합물에는 공기, 소금물, 설탕물, 사이다 등이 있다.

20 물 500g 중에 설탕($C_{12}H_{22}O_{11}$) 171g이 녹아 있는 설탕물의 몰랄농도(m)는?

① 2.0 ② 1.5
③ 1.0 ④ 0.5

- 설탕($C_{12}H_{22}O_{11}$)의 분자량 = $(12 \times 12) + (1 \times 22) + (16 \times 11)$ = 342g/mol
- 설탕의 몰수 = $\dfrac{질량}{몰질량} = \dfrac{171g}{342g/mol} = 0.5mol$
- 몰랄농도(m) = $\dfrac{용질의\ 몰수}{용매의\ 질량(kg)} = \dfrac{0.5mol}{0.5kg} = 1.0mol/kg$

21 물의 특성 및 소화효과에 관한 설명으로 틀린 것은?

① 이산화탄소보다 기화잠열이 크다.
② 극성분자이다.
③ 이산화탄소보다 비열이 작다.
④ 주된 소화효과가 냉각소화이다.

- 상온에서 이산화탄소의 비열: 약 0.844J/g·°C
- 상온에서 물의 비열: 약 4.18J/g·°C
→ 물은 이산화탄소보다 비열이 크다.

22 자연발화가 잘 일어나는 조건에 해당하지 않는 것은?

① 주위 습도가 높을 것
② 열전도율이 클 것
③ 주위 온도가 높을 것
④ 표면적이 넓을 것

자연발화 조건
- 주위의 온도가 높을 것
- 습도가 높을 것
- 표면적이 넓을 것
- 열전도율이 작을 것
- 발열량이 클 것

정답 18 ② 19 ③ 20 ③ 21 ③ 22 ②

23 다음은 어떤 화합물의 구조식인가?

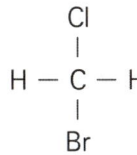

① 할론 1301
② 할론 1201
③ 할론 1011
④ 할론 2402

- 할론넘버는 C, F, Cl, Br 순서대로 화합물 내에 존재하는 각 원자의 개수를 표시하며, 수소(H)의 개수는 할론넘버에 포함시키지 않는다.
- 할론 1011 = CH_2ClBr
- 탄소는 네 개의 결합을 가지므로, 할론 구조식에서 탄소에 결합된 할로겐(할로젠) 원자의 개수가 부족할 경우, 나머지 결합은 수소로 채워진다. 따라서 탄소에 Cl, Br이 결합되어 남은 두 자리를 H 원자가 채워 CH_2ClBr 구조를 형성한다.

24 위험물제조소에서 옥내소화전이 1층에 4개, 2층에 6개가 설치되어 있을 때 수원의 수량은 몇 L 이상이 되도록 설치하여야 하는가?

① 13,000
② 15,600
③ 39,000
④ 46,800

소화설비 설치기준
- 옥내소화전 = 설치개수(최대 5개) × 7.8m³
- 옥외소화전 = 설치개수(최대 4개) × 13.5m³
- 옥내소화전의 수원의 수량은 옥내소화전이 가장 많이 설치된 층의 옥내소화전 설치개수(설치개수가 5개 이상인 경우는 5개)를 계산한다.
- 따라서 옥내소화전이 가장 많이 설치된 2층의 6개 중 최대 5개까지만 계산할 수 있다.
∴ 5개 × 7.8m³ = 39m³ = 39,000L

25 위험물안전관리법령에 따른 옥내소화전설비의 기준에서 펌프를 이용한 가압송수장치의 경우 펌프의 전양정 H는 소정의 산식에 의한 수치 이상이어야 한다. 전양정 H를 구하는 식으로 옳은 것은? (단, h1은 소방용 호스의 마찰손실수두, h2는 배관의 마찰손실수두, h3은 낙차이며, h1, h2, h3의 단위는 모두 m이다.)

① H = h1 + h2 + h3
② H = h1 + h2 + h3 + 0.35m
③ H = h1 + h2 + h3 + 35m
④ H = h1 + h2 + 0.35m

옥내소화전설비에서 펌프의 전양정(H) 구하는 식
- H = h1 + h2 + h3 + 35m
- H: 펌프의 전양정(단위 m)
- h1: 소방용 호스의 마찰손실수두(단위 m)
- h2: 배관의 마찰손실수두(단위 m)
- h3: 낙차(단위 m)

26 다량의 비수용성 제4류 위험물의 화재 시 물로 소화하는 것이 적합하지 않은 이유는?

① 가연성 가스를 발생한다.
② 연소면을 확대한다.
③ 인화점이 내려간다.
④ 물이 열분해한다.

비수용성 제4류 위험물(예 휘발유, 경유 등)은 대부분 물보다 가볍고 물에 녹지 않으므로 화재 시 물을 사용하면 기름이 물 위에 떠서 연소 면적이 확대될 수 있다.

27 다음 위험물의 저장창고에 화재가 발생하였을 때 소화방법으로 주수소화가 적당하지 않은 것은?

① NaClO₃ ② S
③ NaH ④ TNT

> • NaH + H₂O → NaOH + H₂
> • 수소화나트륨(NaH)은 물과 반응하여 수소가스를 발생시키므로 주수소화는 적절하지 않고 건조한 모래 등 물과 반응하지 않는 소화제를 사용하여야 한다.

28 위험물안전관리법령상 위험물저장소 건축물의 외벽이 내화구조인 것은 연면적 얼마를 1소요단위로 하는가?

① 50m² ② 75m²
③ 100m² ④ 150m²

소요단위(연면적)

구분	내화구조(m²)	비내화구조(m²)
제조소 취급소	100	50
저장소	150	75

29 위험물안전관리법령에 따른 스프링클러헤드의 설치방법에 대한 설명으로 옳지 않은 것은?

① 개방형 헤드는 반사판으로부터 하방으로 0.45m, 수평방향으로 0.3m 공간을 보유할 것
② 폐쇄형 헤드는 가연성 물질 수납 부분에 설치 시 반사판으로부터 하방으로 0.9m, 수평방향으로 0.4m의 공간을 확보할 것
③ 폐쇄형 헤드 중 개구부에 설치하는 것은 당해 개구부의 상단으로부터 높이 0.15m 이내의 벽면에 설치할 것
④ 폐쇄형 헤드 설치 시 급배기용 덕트의 긴 변의 길이가 1.2m를 초과하는 것이 있는 경우에는 당해 덕트의 윗면에도 헤드를 설치할 것

> 스프링클러설비의 기준(위험물안전관리에 관한 세부기준 제131조)
> 폐쇄형 헤드 설치 시 급배기용 덕트 등의 긴 변의 길이가 1.2m를 초과하는 것이 있는 경우에는 당해 덕트 등의 아래면에도 헤드를 설치해야 한다.

30 다음 ( ) 안에 들어갈 수치로 옳은 것은?

> 물분무 소화설비의 제어밸브는 화재 시 신속한 조작을 위해 적절한 높이에 설치해야 한다. 제어밸브가 너무 낮으면 접근이 어렵고, 너무 높으면 긴급상황에서 조작이 불편하기 때문인데, 규정에 따르면 제어밸브는 바닥으로부터 최소 0.8m 이상, 최대 ( )m 이하의 위치에 설치해야 한다.

① 1.2 ② 1.3
③ 1.5 ④ 1.8

> 물분무 소화설비의 제어밸브 및 기타 밸브의 설치기준
> • 제어밸브는 바닥으로부터 0.8m 이상 1.5m 이하의 위치에 설치할 것
> • 제어밸브의 가까운 곳의 보기 쉬운 곳에 '제어밸브'라고 표시한 표지를 할 것

31 위험물의 화재 위험에 대한 설명으로 옳은 것은?

① 인화점이 높을수록 위험하다.
② 착화점이 높을수록 위험하다.
③ 착화에너지가 작을수록 위험하다.
④ 연소열이 작을수록 위험하다.

> 위험물의 화재위험
> • 인화점이 낮을수록 화재위험이 크다.
> • 착화점이 낮을수록 화재위험이 크다.
> • 착화에너지가 작을수록 화재위험이 크다.
> • 연소열이 클수록 화재위험이 크다.

32 주된 연소형태가 표면연소인 것은?

① 황 ② 종이
③ 금속분 ④ 나이트로셀룰로오스

> • 표면연소란 고체물질이 기체로 변하지 않고 그 표면에서 산소와 반응하여 연소하는 현상이다(예 목탄, 코크스, 숯, 금속분 등).
> • 금속분과 같은 고체 금속은 연소할 때 증발하지 않고, 표면에서 산소와 반응하여 산화물을 형성하면서 연소가 진행된다.

정답 27 ③ 28 ④ 29 ④ 30 ③ 31 ③ 32 ③

33 클로로벤젠 300,000L의 소요단위는 얼마인가?

① 20
② 30
③ 200
④ 300

- 클로로벤젠의 지정수량: 1,000L
- 위험물의 1소요단위: 지정수량의 10배
- 소요단위 = $\dfrac{저장수량}{지정수량 \times 10}$ = $\dfrac{300,000L}{1,000L \times 10}$ = 30단위

34 위험물제조소등에 설치하여야 하는 자동화재탐지설비의 설치 기준에 대한 설명 중 틀린 것은?

① 자동화재탐지설비의 경계구역은 건축물 그 밖의 공작물의 2 이상의 층에 걸치도록 할 것
② 하나의 경계구역에서 그 한 변의 길이는 50m(광전식 분리형 감지기를 설치할 경우에는 100m) 이하로 할 것
③ 자동화재탐지설비의 감지기는 지붕 또는 벽의 옥내에 면한 부분에 유효하게 화재의 발생을 감지할 수 있도록 설치할 것
④ 자동화재탐지설비에는 비상전원을 설치할 것

자동화재탐지설비의 설치기준(시행규칙 별표 17)
자동화재탐지설비의 경계구역은 건축물 그 밖의 공작물의 2 이상의 층에 걸치지 아니하도록 할 것. 다만, 하나의 경계구역의 면적이 500m² 이하이면서 당해 경계구역이 두 개의 층에 걸치는 경우이거나 계단·경사로·승강기의 승강로 그 밖에 이와 유사한 장소에 연기감지기를 설치하는 경우에는 그러하지 아니하다.

35 과산화수소의 화재예방 방법으로 틀린 것은?

① 암모니아의 접촉은 폭발의 위험이 있으므로 피한다.
② 완전히 밀전·밀봉하여 외부 공기와 차단한다.
③ 불투명 용기를 사용하여 직사광선이 닿지 않게 한다.
④ 분해를 막기 위해 분해방지 안정제를 사용한다.

과산화수소는 시간이 지나거나 외부요인에 의해 분해되면서 산소 기체를 방출하기 때문에, 안정성과 압력 관리를 위해 구멍이 뚫린 갈색용기에 저장한다.

36 묽은 질산이 칼슘과 반응하였을 때 발생하는 기체는?

① 산소
② 질소
③ 수소
④ 수산화칼슘

- $Ca + 2HNO_3 \rightarrow Ca(NO_3)_2 + H_2$
- 칼슘은 묽은 질산과 반응하여 질산칼슘과 수소를 발생한다.

37 제1류 위험물의 종류에 해당되지 않는 것은?

① 과산화나트륨
② 과산화수소
③ 아염소산나트륨
④ 질산칼륨

과산화수소(H_2O_2)는 제6류 위험물에 해당한다.

38 자기반응성 물질인 제5류 위험물에 해당하는 것은?

① $CH_3(C_6H_4)NO_2$
② CH_3COCH_3
③ $C_6H_2(NO_2)_3OH$
④ $C_6H_5NO_2$

$C_6H_2(NO_2)_3OH$(트라이나이트로페놀)은 자가반응성 물질인 제5류 위험물이다.

39 위험물안전관리법령상 제4류 위험물에 적응성이 없는 소화설비는?

① 옥내소화전설비
② 포 소화설비
③ 불활성 가스 소화설비
④ 할로겐(할로젠)화합물 소화설비

제4류 위험물은 포 소화설비, 불활성 가스 소화설비, 할로겐(할로젠)화합물 소화설비 등에 적응성이 있다.

정답 33 ② 34 ① 35 ② 36 ③ 37 ② 38 ③ 39 ①

40 질산에 대한 설명 중 틀린 것은?

① 환원성 물질과 혼합하면 발화할 수 있다.
② 분자량은 약 63이다.
③ 위험물안전관리법령상 비중이 1.82 이상이 되어야 위험물로 취급된다.
④ 분해하면 인체에 해로운 가스가 발생한다.

> 위험물안전관리법령상 질산은 비중이 1.49 이상이 되어야 위험물로 취급된다.

41 위험물안전관리법령상 제4류 위험물 옥외저장탱크의 대기밸브부착 통기관은 몇 kPa 이하의 압력 차이로 작동할 수 있어야 하는가?

① 2   ② 3
③ 4   ④ 5

> 제4류 위험물 옥외저장탱크의 대기밸브부착 통기관은 5kPa 이하의 압력 차이로 작동할 수 있어야 한다(시행규칙 별표 6).

42 제1류 위험물 중 알칼리금속의 과산화물을 저장 또는 취급하는 위험물제조소에 표시하여야 하는 주의사항은?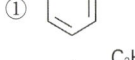

① 화기엄금   ② 물기엄금
③ 화기주의   ④ 물기주의

유별	종류	게시판
제1류	알칼리금속의 과산화물	물기엄금
	그 외	-
제2류	철분, 금속분, 마그네슘	화기주의
	인화성 고체	화기엄금
	그 외	화기주의
제3류	자연발화성 물질	화기엄금
	금수성 물질	물기엄금
제4류	-	화기엄금
제5류	-	화기엄금
제6류	-	-

43 위험물을 저장 또는 취급하는 탱크의 용량산정 방법에 관한 설명으로 옳은 것은?

① 탱크의 내용적에서 공간용적을 뺀 용적으로 한다.
② 탱크의 공간용적에서 내용적을 뺀 용적으로 한다.
③ 탱크의 공간용적에 내용적을 더한 용적으로 한다.
④ 탱크의 볼록하거나 오목한 부분을 뺀 용적으로 한다.

> **탱크 용적의 산정기준(시행규칙 제5조)**
> 위험물을 저장 또는 취급하는 탱크의 용량은 해당 탱크의 내용적에서 공간용적을 뺀 용적으로 한다.

44 다음 표의 빈칸 (ㄱ), (ㄴ)에 알맞은 품명은?

품명	지정수량
(ㄱ)	100kg
(ㄴ)	1,000kg

① ㄱ: 철분, ㄴ: 인화성 고체
② ㄱ: 적린, ㄴ: 인화성 고체
③ ㄱ: 철분, ㄴ: 마그네슘
④ ㄱ: 적린, ㄴ: 마그네슘

품명	지정수량
황화인, 적린, 황	100kg
철분, 금속분, 마그네슘	500kg
인화성 고체	1,000kg

45 다음 중 위험물안전관리법령상 제2석유류에 해당되는 것은?

① (벤젠)   ② (사이클로헥산)
③ (에틸벤젠 C₂H₅)   ④ (벤즈알데하이드 CHO)

- ① 벤젠(C_6H_6): 제1석유류
- ② 사이클로헥산(C_6H_{12}): 제1석유류
- ③ 에틸벤젠($C_6H_5C_2H_5$): 제1석유류
- ④ 벤즈알데하이드(C_6H_5CHO): 제2석유류(인화점 약 64℃)

정답 40 ③ 41 ④ 42 ② 43 ① 44 ② 45 ④

46 아세톤에 관한 설명 중 틀린 것은?

① 무색 휘발성이 강한 액체이다.
② 조해성이 있으며 물과 반응 시 발열한다.
③ 겨울철에도 인화의 위험성이 있다.
④ 증기는 공기보다 무거우며 액체는 물보다 가볍다.

> 아세톤은 제4류 위험물로 물, 알코올, 에테르에 녹는다.

47 과산화나트륨 78g과 충분한 양의 물이 반응하여 생성되는 기체의 종류와 생성량을 옳게 나타낸 것은? ★빈출

① 수소, 1g ② 산소, 16g
③ 수소, 2g ④ 산소, 32g

> - 과산화나트륨과 물의 반응식: $2Na_2O_2 + 2H_2O \rightarrow 4NaOH + O_2$
> - 과산화나트륨은 물과 반응하여 수산화나트륨과 산소를 생성한다.
> - 과산화나트륨(Na_2O_2)의 분자량 = (23 × 2) + (16 × 2) = 78g/mol → 과산화나트륨 78g = 1mol
> - 2mol의 과산화나트륨(156g)이 반응할 때 1mol의 산소(16g)가 생성되므로 과산화나트륨 1mol당 산소는 0.5mol이 생성된다.
> - 따라서 산소의 생성량은 0.5mol × 32g = 16g이다.

48 벤젠에 관한 설명 중 틀린 것은?

① 인화점은 약 -11℃ 정도이다.
② 이황화탄소보다 착화온도가 높다.
③ 벤젠 증기는 마취성은 있으나 독성은 없다.
④ 취급할 때 정전기 발생을 조심해야 한다.

> 벤젠 증기는 마취성이 있고 독성도 있다.

49 각각 지정수량의 10배인 위험물을 운반할 경우 제5류 위험물과 혼재 가능한 위험물에 해당하는 것은? ★빈출

① 제1류 위험물 ② 제2류 위험물
③ 제3류 위험물 ④ 제6류 위험물

유별을 달리하는 위험물 혼재기준			
1	6		혼재 가능
2	5	4	혼재 가능
3	4		혼재 가능

50 위험물안전관리법령에 따른 위험물 저장기준으로 틀린 것은?

① 이동탱크저장소에는 설치허가증과 운송허가증을 비치하여야 한다.
② 지하저장탱크의 주된 밸브는 위험물을 넣거나 빼낼 때 외에는 폐쇄하여야 한다.
③ 아세트알데하이드를 저장하는 이동저장탱크에는 탱크 안에 불활성 가스를 봉입하여야 한다.
④ 옥외저장탱크 주위에 설치된 방유제의 내부에 물이나 유류가 괴었을 경우에는 즉시 배출하여야 한다.

> 이동탱크저장소는 위험물을 운송하는 탱크로, 설치허가와 운송허가를 받아야 하는 것은 맞지만, 운송허가증을 비치할 의무는 없다.

51 [보기] 중 칼륨과 트라이에틸알루미늄의 공통성질을 모두 나타낸 것은?

─[보기]─
ⓐ 고체이다.
ⓑ 물과 반응하여 수소를 발생한다.
ⓒ 위험물안전관리법령상 위험등급이 Ⅰ이다.

① ⓐ ② ⓑ
③ ⓒ ④ ⓑ, ⓒ

> - 칼륨과 트라이에틸알루미늄은 제3류 위험물로 위험물안전관리법령상 위험등급이 Ⅰ이다.
> - 칼륨은 고체이지만, 트라이에틸알루미늄은 액체이다.
> - 칼륨은 물과 반응하여 수소를 발생하지만, 트라이에틸알루미늄은 물과 반응하여 에탄을 발생한다.

정답 46 ② 47 ② 48 ③ 49 ② 50 ① 51 ③

52 다음 위험물 중 인화점이 약 −37℃인 물질로서 구리, 은, 마그네슘 등의 금속과 접촉하면 폭발성 물질인 아세틸라이드를 생성하는 것은?

① CH_3CHOCH_2
② $C_2H_5OC_2H_5$
③ CS_2
④ C_6H_6

> 산화프로필렌(CH_3CHOCH_2)은 제4류 위험물 중 특수인화물로 구리, 은, 마그네슘 등의 금속과 접촉하면 폭발성 물질인 아세틸라이드를 생성하므로 해당 재료로 만든 용기를 사용하지 않아야 한다.

53 지정수량의 10배 이상의 위험물을 취급하는 제조소에는 피뢰침을 설치하여야 하지만 제 몇 류 위험물을 취급하는 경우는 이를 제외할 수 있는가?

① 제2류 위험물
② 제4류 위험물
③ 제5류 위험물
④ 제6류 위험물

> **피뢰침 설치 시 확인해야 할 주의점**
> • 지정수량의 10배 이상 취급 시 설치한다.
> • 제6류 위험물을 취급하는 경우는 제외한다.

54 옥외저장소에서 저장 또는 취급할 수 있는 위험물이 아닌 것은? (단, 국제해상위험물규칙에 적합한 용기에 수납된 위험물의 경우는 제외한다.)

① 제2류 위험물 중 황
② 제1류 위험물 중 과염소산염류
③ 제6류 위험물
④ 제2류 위험물 중 인화점이 10℃인 인화성 고체

> **옥외저장소에 저장할 수 있는 위험물 유별**
> • 제2류 위험물 중 황, 인화성 고체(인화점이 0℃ 이상인 것에 한함)
> • 제4류 위험물 중 제1석유류(인화점이 0℃ 이상인 것에 한함), 알코올류, 제2석유류, 제3석유류, 제4석유류, 동식물유류
> • 제6류 위험물

55 염소산염류 250kg, 아이오딘산염류 600kg, 질산염류 900kg을 저장하고 있는 경우 지정수량의 몇 배가 보관되어 있는가?

① 5배
② 7배
③ 10배
④ 12배

> • 각 위험물별 지정수량
> - 염소산염류: 50kg
> - 아이오딘산염류: 300kg
> - 질산염류: 300kg
> • 지정수량의 배수 $= \dfrac{250}{50} + \dfrac{600}{300} + \dfrac{900}{300} = 10$배

56 제5류 위험물제조소에 설치하는 표지 및 주의사항을 표시한 게시판의 바탕색상을 각각 옳게 나타낸 것은?

① 표지: 백색, 주의사항을 표시한 게시판: 백색
② 표지: 백색, 주의사항을 표시한 게시판: 적색
③ 표지: 적색, 주의사항을 표시한 게시판: 백색
④ 표지: 적색, 주의사항을 표시한 게시판: 적색

> • 제조소에 설치하는 표지의 바탕은 백색으로, 문자는 흑색으로 한다.
> • 제5류 위험물제조소에 설치해야 하는 게시판에는 화기엄금을 표시해야 한다.
> • 화기엄금은 적색바탕에 백색글자로 한다.
>
> | 종류 | 바탕색 | 문자색 |
> |---|---|---|
> | 위험물제조소 | 백색 | 흑색 |
> | 위험물 | 흑색 | 황색 |
> | 주유 중 엔진정지 | 황색 | 흑색 |
> | 화기엄금 | 적색 | 백색 |
> | 물기엄금 | 청색 | 백색 |

정답 52 ① 53 ④ 54 ② 55 ③ 56 ②

57 위험물안전관리법령상 제조소에서 취급하는 제4류 위험물의 최대수량의 합이 지정수량의 12만배 미만인 사업소에 두어야 하는 화학소방자동차 및 자체소방대원의 수의 기준으로 옳은 것은?

① 1대 - 5인 ② 2대 - 10인
③ 3대 - 15인 ④ 4대 - 20인

자체소방대에 두는 화학소방자동차 및 소방대원		
제4류 위험물의 최대수량의 합	소방차	소방대원
지정수량의 3천배 이상 12만배 미만	1대	5인
지정수량의 12만배 이상 24만배 미만	2대	10인
지정수량의 24만배 이상 48만배 미만	3대	15인
지정수량의 48만배 이상	4대	20인

58 운반을 위하여 위험물을 적재하는 경우에 차광성이 있는 피복으로 가려주어야 하는 것은?

① 특수인화물 ② 제1석유류
③ 알코올류 ④ 동식물유류

차광성 있는 피복으로 가려야 하는 위험물
- 제1류 위험물
- 제3류 위험물 중 자연발화성 물질
- 제4류 위험물 중 특수인화물
- 제5류 위험물
- 제6류 위험물

59 위험물안전관리법령에서 정한 아세트알데하이드등을 취급하는 제조소의 특례에 관한 내용이다. ( ) 안에 해당하는 물질이 아닌 것은?

아세트알데하이드등을 취급하는 설비는 ( ), ( ), ( ), ( ) 또는 이들을 성분으로 하는 합금으로 만들지 아니할 것

① 동 ② 은
③ 금 ④ 마그네슘

아세트알데하이드등을 취급하는 설비는 동, 마그네슘, 은, 수은 또는 이들을 성분으로 하는 합금을 사용하면 당해 위험물이 이러한 금속 등과 반응해서 폭발성 화합물을 만들 우려가 있기 때문에 제한한다.

60 다음 반응식과 같이 벤젠 1kg이 연소할 때 발생되는 CO_2의 양은 약 몇 m³인가? (단, 27℃, 750mmHg 기준이다.)

$$2C_6H_6 + 15O_2 \rightarrow 12CO_2 + 6H_2O$$

① 0.72 ② 1.22
③ 1.92 ④ 2.42

- $PV = \dfrac{wRT}{M}$
- $V = \dfrac{wRT}{PM}$

$= \dfrac{1 \times 0.082 \times 300}{0.9868 \times 78} \times \dfrac{12}{2} = 1.917 m^3$

- $0.9868 = \dfrac{750mmHg}{760mmHg}$

P = 압력, V = 부피, w = 질량, M = 분자량, R = 기체상수(0.082를 곱한다), T = 300K(절대온도로 변환하기 위해 273을 더한다)

정답 57 ① 58 ① 59 ③ 60 ③

08 2023년 2회 CBT 기출복원문제

01 다음 물질 중 감광성이 가장 큰 것은?

① HgO ② CuO
③ NaNO₃ ④ AgCl

> • 감광성이란 물질이 빛에 반응하여 성질이 변하는 성질을 말한다.
> • 염화은(AgCl)은 빛에 노출되면 분해되어 은(Ag)과 염소(Cl₂)로 분리되는 특징이 있고, 필름사진 속에서 빛을 감지하는 재료로 사용되므로 감광성이 가장 크다.

02 전자배치가 $1s^2 2s^2 2p^6 3s^2 3p^5$인 원자의 M껍질에는 몇 개의 전자가 들어 있는가? ★빈출

① 2 ② 4
③ 7 ④ 17

> • 주어진 전자배치 $1s^2 2s^2 2p^6 3s^2 3p^5$는 17개의 전자를 가진 원자의 전자배치이며 염소(Cl)의 모양이다.
> • 이 원자의 M껍질은 주양자수 n = 3인 껍질로, 3s와 3p 오비탈에 해당한다.
>   - 3s 오비탈: 2개의 전자 보유
>   - 3p 오비탈: 5개의 전자 보유
> • 따라서 M껍질에는 총 7개의 전자가 들어 있다.

03 질산칼륨을 물에 용해시키면 용액의 온도가 떨어진다. 다음 사항 중 옳지 않은 것은?

① 용해시간과 용해도는 무관하다.
② 질산칼륨은 용해 시 열을 흡수한다.
③ 온도가 상승할수록 용해도는 증가한다.
④ 질산칼륨 포화용액을 냉각시키면 불포화용액이 된다.

> 질산칼륨 포화용액을 냉각시키면 과포화상태가 되며 용질이 석출되어 불포화용액이 되지 않는다. 오히려 포화 상태를 유지하거나 결정을 형성하게 된다.

04 집기병 속에 물에 적신 빨간 꽃잎을 넣고 어떤 기체를 채웠더니 얼마 후 꽃잎이 탈색되었다. 이와 같이 색을 탈색(표백)시키는 성질을 가진 기체는?

① He ② CO₂
③ N₂ ④ Cl₂

> 염소는 강한 산화제로, 물과 반응하여 차아염소산(HClO)을 형성하며 표백 작용을 일으킨다.

05 주기율표에서 3주기 원소들의 일반적인 물리·화학적 성질 중 오른쪽으로 갈수록 감소하는 성질들로만 이루어진 것은?

① 비금속성, 전자흡수성, 이온화에너지
② 금속성, 전자방출성, 원자반지름
③ 비금속성, 이온화에너지, 전자친화도
④ 전자친화도, 전자흡수성, 원자반지름

> • 주기율표에서 오른쪽으로 갈수록(같은 주기에서 원자번호가 증가함) 감소하는 성질은 금속성, 전자방출성(전자를 잃는 성질), 원자반지름이다.
> • 주기율표에서 오른쪽으로 갈수록 원자는 더 비금속적이 되며, 전자를 얻기 쉬워진다. 또한, 원자핵에 가까운 전자일수록 더 강하게 잡혀 있기 때문에 원자반지름이 작아진다.

정답 01 ④ 02 ③ 03 ④ 04 ④ 05 ②

06 원자량이 56인 금속 M 1.12g을 산화시켜 실험식이 M_xO_y인 산화물 1.60g을 얻었다. x, y는 각각 얼마인가?

① x = 1, y = 2
② x = 2, y = 3
③ x = 3, y = 2
④ x = 2, y = 1

- 금속 M의 원자량 = 56
- 금속 M의 질량 = 1.12g
- 산화물 M_xO_y의 질량 = 1.60g
- 산화물에 포함된 산소의 질량은 산화물 질량에서 금속 M의 질량을 뺀 값이므로, 산소의 질량은 1.6g − 1.12g = 0.48g이다.
- 금속(M)의 몰수 = $\frac{질량}{원자량}$ = $\frac{1.12g}{56g/mol}$ = 0.02mol
- 산소의 몰수 = $\frac{질량}{원자량}$ = $\frac{0.48g}{16g/mol}$ = 0.03mol
- 따라서 실험식에서 x = 2, y = 3이다.

07 25°C의 포화용액 90g 속에 어떤 물질이 30g 녹아 있다. 이 온도에서 이 물질의 용해도는 얼마인가?

① 30
② 33
③ 50
④ 63

- 용액의 총 질량이 90g이고, 이 중 30g이 용질이므로, 용매의 질량은 90g − 30g = 60g이다.
- 용해도 = $\frac{용질의\ 질량}{용매의\ 질량}$ × 100
         = $\frac{30}{60}$ × 100 = 50

08 20°C에서 NaCl 포화용액을 잘 설명한 것은? (단, 20°C에서 NaCl의 용해도는 36이다.)

① 용액 100g 중에 NaCl이 36g 녹아 있을 때
② 용액 100g 중에 NaCl이 136g 녹아 있을 때
③ 용액 136g 중에 NaCl이 36g 녹아 있을 때
④ 용액 136g 중에 NaCl이 136g 녹아 있을 때

- 용해도란 특정 온도에서 용매 100g에 최대한 녹는 용질의 g수를 말한다.
- 용해도가 36이라는 것은 용매 100g에 최대한 녹은 용질이 36g이라는 것을 의미한다.
- 포화용액이란 특정 온도에서 용질이 최대한 용해된 상태의 용액을 말한다.
- 용액 136g 중에 NaCl이 36g 녹아 있을 때는 물 100g에 NaCl 36g이 녹아 총 용액의 질량이 136g이 되는 상태이다.

09 다음의 반응 중 평형상태가 압력의 영향을 받지 않는 것은?

① $N_2 + O_2 \leftrightarrow 2NO$
② $NH_3 + HCl \leftrightarrow NH_4Cl$
③ $2CO + O_2 \leftrightarrow 2CO_2$
④ $2NO_2 \leftrightarrow N_2O_4$

- 압력이 평형에 영향을 미치는지 여부는 반응 전후의 기체 분자 수에 따라 결정된다.
- 르 샤틀리에의 원리에 따르면, 반응에서 기체의 총 분자 수가 변화하는 경우 압력 변화가 평형에 영향을 미친다. 하지만 반응 전후의 기체 분자 수가 같다면, 압력 변화는 평형에 영향을 미치지 않는다.
- $N_2 + O_2 \leftrightarrow 2NO$는 반응 전과 후의 기체 분자 수가 동일하게 2 : 2이므로, 압력 변화가 평형에 영향을 미치지 않는다.

10 다음 반응식을 이용하여 구한 $SO_2(g)$의 몰 생성열은?

$$S(s) + 1.5O_2(g) \rightarrow SO_3(g) \quad \triangle H^0 = -94.5kcal$$
$$2SO_2(g) + O_2(g) \rightarrow 2SO_3(g) \quad \triangle H^0 = -47kcal$$

① -71kcal
② -47.5kcal
③ 71kcal
④ 47.5kcal

- 생성열은 1mol의 물질이 그 원소들로부터 생성될 때 방출되거나 흡수되는 열을 의미한다.
- 반응식에서 SO_3 1mol이 생성될 때 94.5kcal의 에너지가 방출된다.
- SO_2가 SO_3로 변할 때 47kcal의 열이 방출되고, 1mol로 변할 때의 반응열 = $\frac{-47}{2}$ = −23.5kcal/mol이다.
- $SO_2(g)$의 생성열은 $SO_3(g)$의 생성열에서 SO_2가 SO_3로 변할 때의 반응열을 빼야 하므로 −94.5 + 23.5 = −71kcal/mol이 된다.

정답 06 ② 07 ③ 08 ③ 09 ① 10 ①

11 다음 중 완충용액에 해당하는 것은?

① CH₃COONa와 CH₃COOH
② NH₄Cl와 HCl
③ CH₃COONa와 NaOH
④ HCOONa와 Na₂SO₄

> • 완충용액은 약산과 그 약산의 염, 또는 약염기와 그 약염기의 염이 함께 존재할 때 만들어진다.
> • CH₃COOH는 약산이고, CH₃COONa는 그 약산의 염이므로 완충용액에 해당된다.

12 최외각 전자가 2개 또는 8개로써 불활성인 것은?

① Na과 Br
② N와 Cl
③ C와 B
④ He와 Ne

> He(헬륨)은 최외각 전자가 2개이며, Ne(네온)은 최외각 전자가 8개로 둘 다 완전한 전자 껍질을 가지고 있어 매우 안정적이고 화학적으로 불활성이다. 이러한 원소들을 비활성 기체라 한다.

13 물 200g에 A 물질 2.9g을 녹인 용액의 빙점은? (단, 물의 어는점 내림상수는 1.86℃·kg/mol이고, A물질의 분자량은 58이다.)

① -0.465℃
② -0.932℃
③ -1.871℃
④ -2.453℃

> • 몰랄농도(m): 용매 1,000g에 용해된 용질의 몰수로 나타낸 농도
> • $\Delta T_f = m \times K_f$
>   - ΔT_f: 빙점강하도
>   - m: 몰랄농도
>   - K_f: 물의 어는점 내림상수(1.86℃·kg/mol)
> • m농도 = $\frac{질량}{분자량} \times \frac{1,000g}{전체 용매(g)} = \frac{2.9g}{58} \times \frac{1,000g}{200g} = 0.25$
> • $\Delta T_f = m \times K_f = 0.25 \times 1.86 = 0.465$℃
>   → 빙점을 구해야 하므로 0℃ - 0.465℃ = -0.465℃이다.

14 방사성 원소에서 방출되는 방사선 중 전기장의 영향을 받지 않아 휘어지지 않는 선은?

① α선
② β선
③ γ선
④ α, β, γ선

> γ(감마)선은 입자가 아닌 빛과 비슷한 전자기파이다. 햇빛을 전기장으로 휘지 못하는 것처럼, γ(감마)선도 전기장의 영향을 받지 않고 직진한다.

15 은거울 반응을 하는 화합물은?

① CH₃COCH₃
② CH₃OCH₃
③ HCHO
④ CH₃CH₂OH

> • 은거울 반응(Tollen's test)은 알데하이드기가 포함된 화합물이 은이온(Ag⁺)을 환원시켜 은을 석출시키는 반응이다.
> • 이 반응에서 알데하이드가 산화되어 카르복시산이 되고, Ag⁺가 환원되어 금속 은(Ag)이 석출된다.
> • 제시된 화합물 중에서 알데하이드 구조를 가진 화합물은 HCHO(포름알데하이드)이다.

16 다음 중 양쪽성 산화물에 해당하는 것은?

① NO₂
② Al₂O₃
③ MgO
④ Na₂O

> **양쪽성 산화물**
> • 산과 염기 모두와 반응할 수 있는 산화물을 의미한다.
> • Al₂O₃(산화알루미늄)은 양쪽성 산화물로 산과 반응하여 염을 생성하고, 강한 염기와 반응해서도 염을 형성하여 산과 염기 모두와 반응할 수 있다.

정답 11① 12④ 13① 14③ 15③ 16②

17 다음 중 아르곤(Ar)과 같은 전자수를 갖는 양이온과 음이온으로 이루어진 화합물은?

① NaCl
② MgO
③ KF
④ CaS

- 아르곤(Ar)은 원자번호 18인 원소로, 18개의 전자를 가지고 있으므로 이온들이 아르곤의 전자배치(18개의 전자)를 갖도록 전자를 잃거나 얻은 상태를 찾아야 한다.
- Ca^{2+}: 칼슘(원자번호 20)은 2개의 전자를 잃어 Ca^{2+}가 되면 전자수가 18개가 된다.
- S^{2-}: 황(원자번호 16)은 2개의 전자를 얻어 S^{2-}가 되면 전자수가 18개가 된다.

18 황산구리(Ⅱ) 수용액을 전기분해할 때 63.5g의 구리를 석출시키는 데 필요한 전기량은 몇 F인가? (단, Cu의 원자량은 63.5이다.)
★빈출

① 0.635F
② 1F
③ 2F
④ 63.5F

- $Cu^{2+} + 2e^- \rightarrow Cu$
- 63.5g의 구리는 1mol이므로, 이를 석출시키기 위해 필요한 전기량은 2mol의 전자이다. 따라서 1F에서 $\frac{1mol}{2}$의 구리가 석출된다.
- 필요한 전기량을 x라 하면 다음과 같은 식을 세울 수 있다.
  1F : 0.5mol = xF : 1mol
- 따라서 x = 2F이다.

19 고체유기물질을 정제하는 과정에서 그 물질이 순물질인지 알기 위해 가장 적합한 방법은 무엇인가?

① 육안으로 관찰
② 광학현미경 사용
③ 녹는점 측정
④ 전기전도도 측정

순물질은 일정한 녹는점을 가지며, 불순물이 섞여 있을 경우 녹는점이 낮아지거나 녹는 구간이 넓어진다. 따라서 녹는점 측정은 순수한 고체 물질을 판별하는 가장 적합한 방법이다.

20 고체상의 물질이 액체상과 평형에 있을 때의 온도와 액체의 증기압과 외부 압력이 같게 되는 온도를 각각 옳게 표시한 것은?

① 끓는점과 어는점
② 전이점과 끓는점
③ 어는점과 끓는점
④ 용융점과 어는점

고체 상태의 물질이 액체 상태와 평형에 있을 때의 온도는 어는점(또는 용융점)이고, 액체의 증기압이 외부 압력과 같아지는 온도는 끓는점이다.

21 다음 물질 중 분진폭발의 위험이 가장 낮은 것은?

① 마그네슘 가루
② 아연 가루
③ 밀가루
④ 시멘트 가루

분진폭발의 원인물질로 작용할 위험성이 가장 낮은 물질은 시멘트, 모래, 석회분말 등이다.

22 위험물안전관리법령에서 정한 물분무 소화설비의 설치기준에서 물분무 소화설비의 방사구역은 몇 m^2 이상으로 하여야 하는가? (단, 방호대상물의 표면적이 150m^2 이상인 경우이다.)

① 75
② 100
③ 150
④ 350

물분무 소화설비의 설치기준(시행규칙 별표 17)
물분무 소화설비의 방사구역은 150m^2 이상(방호대상물의 표면적이 150m^2 미만인 경우에는 당해 표면적)으로 할 것

정답 17④ 18③ 19③ 20③ 21④ 22③

23 이황화탄소를 화재예방 상 물속에 저장하는 이유는? ★빈출

① 불순물을 물에 용해시키기 위해
② 가연성 증기의 발생을 억제하기 위해
③ 상온에서 수소가스를 발생시키기 때문에
④ 공기와 접촉하면 즉시 폭발하기 때문에

> 이황화탄소는 가연성 증기의 발생을 억제하기 위해 물속에 저장한다.

24 물이 일반적인 소화약제로 사용될 수 있는 특징에 대한 설명 중 틀린 것은?

① 증발잠열이 크기 때문에 냉각시키는 데 효과적이다.
② 물을 사용한 봉상수 소화기는 A급, B급 및 C급 화재의 진압에 적응성이 뛰어나다.
③ 비교적 쉽게 구해서 이용이 가능하다.
④ 펌프, 호스 등을 이용하여 이송이 비교적 용이하다.

> - 물은 A급 화재(일반 가연물 화재)에 적응성이 뛰어나지만, B급 화재(유류화재)나 C급 화재(전기화재)에는 적합하지 않다.
> - B급 화재(유류화재)의 경우 물을 사용하면 유류가 물 위로 퍼지면서 화재가 확대될 수 있다.
> - C급 화재(전기화재)의 경우 물은 전기를 전도할 수 있어 감전의 위험이 있다.

25 위험물의 지정수량이 틀린 것은? ★빈출

① 과산화칼륨: 50kg
② 질산나트륨: 50kg
③ 과망가니즈산나트륨: 1,000kg
④ 다이크로뮴산암모늄: 1,000kg

> 질산나트륨의 지정수량: 300kg

26 분말 소화약제로 사용되는 탄산수소칼륨의 착색 색상은? ★빈출

① 백색   ② 담홍색
③ 청색   ④ 담회색

분말 소화약제의 종류

약제명	주성분	분해식	색상
제1종	탄산수소나트륨	$2NaHCO_3 \rightarrow Na_2CO_3 + CO_2 + H_2O$	백색
제2종	탄산수소칼륨	$2KHCO_3 \rightarrow K_2CO_3 + CO_2 + H_2O$	보라색 (담회색)
제3종	인산암모늄	$NH_4H_2PO_4 \rightarrow NH_3 + HPO_3 + H_2O$	담홍색
제4종	탄산수소칼륨 + 요소	-	회색

27 소화기와 주된 소화효과가 옳게 짝지어진 것은?

① 포 소화기 - 제거소화
② 할로겐(할로젠)화합물 소화기 - 냉각소화
③ 탄산가스 소화기 - 억제소화
④ 분말 소화기 - 질식소화

> - 포 소화기: 질식소화와 냉각소화
> - 할로겐(할로젠)화합물 소화기: 억제소화
> - 탄산가스 소화기: 질식소화

28 인화성 액체의 화재의 분류로 옳은 것은? ★빈출

① A급 화재   ② B급 화재
③ C급 화재   ④ D급 화재

화재의 종류

급수	화재	색상
A	일반	백색
B	유류	황색
C	전기	청색
D	금속	무색

정답 23 ② 24 ② 25 ② 26 ④ 27 ④ 28 ②

29 연소의 3요소 중 하나에 해당하는 역할이 나머지 셋과 다른 위험물은?

① 과산화수소 ② 과산화나트륨
③ 질산칼륨   ④ 황린

- 연소의 3요소: 가연물, 산소공급원, 점화원
- 과산화수소, 과산화나트륨, 질산칼륨: 산소공급원
- 황린: 가연물

30 위험물안전관리법령상 전역방출방식 또는 국소방출방식의 불활성 가스 소화설비 저장용기의 설치기준으로 틀린 것은?

① 온도가 40℃ 이하이고 온도 변화가 적은 장소에 설치할 것
② 저장용기의 외면에 소화약제의 종류와 양, 제조년도 및 제조자를 표시할 것
③ 직사일광 및 빗물이 침투할 우려가 적은 장소에 설치할 것
④ 방호구역 내의 장소에 설치할 것

불활성 가스 소화설비의 기준(위험물안전관리에 관한 세부기준 제134조)
전역방출방식 또는 국소방출방식의 불활성 가스 소화설비의 저장용기는 다음에 정하는 것에 의하여 설치할 것
- 방호구역 외의 장소에 설치할 것
- 온도가 40℃ 이하이고 온도 변화가 적은 장소에 설치할 것
- 직사일광 및 빗물이 침투할 우려가 적은 장소에 설치할 것
- 저장용기에는 안전장치(용기밸브에 설치되어 있는 것을 포함)를 설치할 것
- 저장용기의 외면에 소화약제의 종류와 양, 제조년도 및 제조자를 표시할 것

31 공기포 발포배율을 측정하기 위해 중량 340g, 용량 1,800mL의 포 수집용기에 가득히 포를 채취하여 측정한 용기의 무게가 540g이었다면 발포배율은? (단, 포 수용액의 비중은 1로 가정한다.)

① 3배 ② 5배
③ 7배 ④ 9배

$$\text{발포배율(팽창비)} = \frac{\text{내용적(용량)}}{\text{(전체 중량 − 빈 시료용기의 중량)}}$$
$$= \frac{1,800\text{mL}}{540\text{g} - 340\text{g}} = 9\text{배}$$

32 벤젠에 관한 일반적 성질로 틀린 것은?

① 무색투명한 휘발성 액체로 증기는 마취성과 독성이 있다.
② 불을 붙이면 그을음을 많이 내고 연소한다.
③ 겨울철에는 응고하여 인화의 위험이 없지만, 상온에서는 액체 상태로 인화의 위험이 높다.
④ 진한 황산과 질산으로 나이트로화시키면 나이트로벤젠이 된다.

- 벤젠의 응고점은 약 5.5℃이다.
- 벤젠의 인화점은 약 −11℃로, 이는 상온은 물론 저온환경에서도 증기를 발생시키며 발화원이 있을 시 즉시 발화할 수 있다.

33 다음은 위험물안전관리법령상 위험물제조소등에 설치하는 옥내소화전설비의 설치표시 기준 중 일부이다. ( )에 알맞은 수치를 차례로 옳게 나타낸 것은?

옥내소화전함의 상부의 벽면에 적색의 표시등을 설치하되, 당해 표시등의 부착면과 ( ) 이상의 각도가 되는 방향으로 ( ) 떨어진 곳에서 용이하게 식별이 가능하도록 할 것

① 5°, 5m   ② 5°, 10m
③ 15°, 5m ④ 15°, 10m

옥내소화전설비의 기준(위험물안전관리에 관한 세부기준 제129조)
옥내소화전함의 상부의 벽면에 적색의 표시등을 설치하되, 당해 표시등의 부착면과 15° 이상의 각도가 되는 방향으로 10m 떨어진 곳에서 용이하게 식별이 가능하도록 할 것

정답 29 ④ 30 ④ 31 ④ 32 ③ 33 ④

34 할로겐(할로젠)화합물 소화약제가 전기화재에 사용될 수 있는 이유에 대한 다음 설명 중 가장 적합한 것은?

① 전기적으로 부도체이다.
② 액체의 유동성이 좋다.
③ 탄산가스와 반응하여 포스겐가스를 만든다.
④ 증기의 비중이 공기보다 작다.

> • 전기화재의 경우 전류가 흐르고 있는 상태에서 소화 활동을 해야 하므로 전기적으로 도체가 아닌 물질을 사용해야 감전의 위험을 줄일 수 있다.
> • 할로겐(할로젠)화합물 소화약제는 전기적으로 부도체 특성을 가지고 있기 때문에, 전기화재에 사용될 수 있다.

35 다음 중 제6류 위험물의 안전한 저장·취급을 위해 주의할 사항으로 가장 타당한 것은?

① 가연물과 접촉시키지 않는다.
② 0℃ 이하에서 보관한다.
③ 공기와의 접촉을 피한다.
④ 분해방지를 위해 금속분을 첨가하여 저장한다.

> 산화성 액체인 제6류 위험물을 저장·취급할 때에는 물, 가연물, 유기물과 접촉을 금지하고 화기 및 직사광선을 피해 저장한다.

36 위험물안전관리법령상 정전기를 유효하게 제거하기 위해서는 공기 중의 상대습도를 몇 % 이상이 되게 하여야 하는가?

① 40%   ② 50%
③ 60%   ④ 70%

> 정전기 방지대책
> • 접지에 의한 방법
> • 공기를 이온화함
> • 공기 중의 상대습도를 70% 이상으로 함

37 공정 및 장치에서 분진폭발을 예방하기 위한 조치로서 가장 거리가 먼 것은?

① 플랜트는 공정별로 분류하고 폭발의 파급을 피할 수 있도록 분진취급 공정을 습식으로 한다.
② 분진이 물과 반응하는 경우는 물 대신 휘발성이 적은 유류를 사용하는 것이 좋다.
③ 배관의 연결부위나 기계가동에 의해 분진이 누출될 염려가 있는 곳은 흡인이나 밀폐를 철저히 한다.
④ 가연성 분진을 취급하는 장치류는 밀폐하지 말고 분진이 외부로 누출되도록 한다.

> 분진이 외부로 누출 시 분진폭발의 위험성이 커지므로 물을 뿌려 분진이 가라앉도록 해야 한다.

38 금속분의 연소 시 주수소화하면 위험한 이유로 옳은 것은?

① 물에 녹아 산이 된다.
② 물과 작용하여 유독가스를 발생한다.
③ 물과 작용하여 수소가스를 발생한다.
④ 물과 작용하여 산소가스를 발생한다.

> 금속분 연소 시에 주수소화하면 수소를 발생하여 위험하기 때문에 마른모래 등에 의한 질식소화를 해야 한다.

39 휘발유, 등유, 경유 등의 제4류 위험물에 화재가 발생하였을 때 소화방법으로 가장 옳은 것은?

① 포 소화설비로 질식소화시킨다.
② 다량의 물을 위험물에 직접 주수하여 소화한다.
③ 강산화성 소화제를 사용하여 중화시켜 소화한다.
④ 염소산칼륨 또는 염화나트륨이 주성분인 소화약제로 표면을 덮어 소화한다.

> 제4류 위험물은 가연성 증기가 발생하여 연소하는 특징이 있으므로 질식소화에 의한 소화가 효과적이다.

정답 34 ① 35 ① 36 ④ 37 ④ 38 ③ 39 ①

40 프로판 2m³이 완전연소할 때 필요한 이론공기량은 약 몇 m³인가? (단, 공기 중 산소농도는 21vol%이다.) ★빈출

① 23.81　　② 35.72
③ 47.62　　④ 71.43

- 프로판의 완전연소 반응식: $C_3H_8 + 5O_2 \rightarrow 3CO_2 + 4H_2O$
- 1mol의 프로판이 완전연소하기 위해 5mol의 산소가 필요하므로 필요한 산소량은 5mol × 22.4L = 112L이다.
- 공기 중 산소농도가 21%이므로 필요한 공기량은 다음과 같다.

$$\frac{산소량}{산소농도} = \frac{112L}{0.21} = 533.33L$$

- 1mol의 프로판을 연소시키기 위해 약 533.33L의 공기가 필요하다.
- 따라서 프로판 2m³이 완전연소할 때 필요한 이론 공기량은 다음과 같다.

$$\frac{533.33L}{22.4L} \times 2m^3 = 47.62m^3$$

41 주유취급소에 다음과 같이 전용탱크를 설치하였다. 최대로 저장·취급할 수 있는 용량은 얼마인가? (단, 고속도로 외의 도로변에 설치하는 자동차용 주유취급소인 경우이다.)

- 간이탱크: 2기
- 폐유탱크등: 1기
- 고정주유설비 및 급유설비에 접속하는 전용탱크: 2기

① 103,200리터　　② 104,600리터
③ 123,200리터　　④ 124,200리터

탱크용량 주유 취급
- 간이탱크저장소: 600L
- 폐유탱크: 2,000L
- 고정주유설비: 50,000L
∴ 탱크용량 = (600 × 2) + 2,000 + (50,000 × 2)
　　　　　 = 103,200L

42 위험물제조소등에 설치하여야 하는 자동화재탐지설비의 설치기준에 대한 설명 중 틀린 것은?

① 자동화재탐지설비의 경계구역은 건축물 그 밖의 공작물의 2 이상의 층에 걸치도록 할 것
② 하나의 경계구역에서 그 한 변의 길이는 50m(광전식 분리형 감지기를 설치할 경우에는 100m) 이하로 할 것
③ 자동화재탐지설비의 감지기는 지붕 또는 벽의 옥내에 면한 부분에 유효하게 화재의 발생을 감지할 수 있도록 설치할 것
④ 자동화재탐지설비에는 비상전원을 설치할 것

자동화재탐지설비의 설치기준(시행규칙 별표 17)
자동화재탐지설비의 경계구역은 건축물 그 밖의 공작물의 2 이상의 층에 걸치지 아니하도록 할 것. 다만, 하나의 경계구역의 면적이 500m² 이하이면서 당해 경계구역이 두 개의 층에 걸치는 경우이거나 계단·경사로·승강기의 승강로 그 밖에 이와 유사한 장소에 연기감지기를 설치하는 경우에는 그러하지 아니하다.

43 위험물안전관리법령에 따라 (　) 안에 들어갈 용어로 알맞은 것은?

주유취급소 중 건축물의 2층 이상의 부분을 점포, 휴게음식점 또는 전시장의 용도로 사용하는 것에 있어서는 당해 건축물의 2층 이상으로부터 주유취급소의 부지 밖으로 통하는 출입구와 당해 출입구로 통하는 통로·계단 및 출입구에 (　)을(를) 설치하여야 한다.

① 피난사다리　　② 경보기
③ 유도등　　　 ④ CCTV

주유취급소 중 건축물의 2층 이상의 부분을 점포, 휴게음식점 또는 전시장의 용도로 사용하는 것에 있어 해당 건축물의 2층 이상으로부터 직접 주유취급소의 부지 밖으로 통하는 출입구와 해당 출입구로 통하는 통로·계단 및 출입구에 설치하여야 하는 것은 유도등이다(시행규칙 별표 17).

정답 40 ③　41 ①　42 ①　43 ③

44 다음 중 증기비중이 가장 큰 물질은?

① C_6H_6 ② CH_3OH
③ $CH_3COC_2H_5$ ④ $C_3H_5(OH)_3$

> - 증기비중 = $\dfrac{\text{분자량}}{29(\text{공기의 평균 분자량})}$
> - 각 위험물별 증기비중
>   - 벤젠(C_6H_6): $\dfrac{(12 \times 6) + (1 \times 6)}{29}$ = 약 2.7
>   - 메탄올(CH_3OH): $\dfrac{(12 \times 1) + (1 \times 4) + (16 \times 1)}{29}$ = 약 1.1
>   - 에틸메틸케톤($CH_3COC_2H_5$): $\dfrac{(12 \times 4) + (1 \times 8) + (16 \times 1)}{29}$ = 약 2.5
>   - 글리세린[$C_3H_5(OH)_3$]: $\dfrac{(12 \times 3) + (1 \times 8) + (16 \times 3)}{29}$ = 약 3.2

45 제3류 위험물의 운반 시 혼재할 수 있는 위험물은 제 몇 류 위험물인가? (단, 각각 지정수량의 10배인 경우이다.) 〈빈출〉

① 제1류 ② 제2류
③ 제4류 ④ 제5류

> 유별을 달리하는 위험물 혼재기준
>
> | 1 | 6 | | 혼재 가능 |
> |---|---|---|---|
> | 2 | 5 | 4 | 혼재 가능 |
> | 3 | 4 | | 혼재 가능 |

46 질산나트륨을 저장하고 있는 옥내저장소(내화구조의 격벽으로 완전히 구획된 실이 2 이상 있는 경우에는 동일한 실)에 함께 저장하는 것이 법적으로 허용되는 것은? (단, 위험물을 유별로 정리하여 서로 1m 이상의 간격을 두는 경우이다.) 〈빈출〉

① 적린 ② 인화성 고체
③ 동식물유류 ④ 과염소산

> 유별을 달리하더라도 1m 이상 간격을 둘 때 저장 가능한 경우
> - 제1류 위험물(알칼리금속의 과산화물 또는 이를 함유한 것을 제외한다)과 제5류 위험물을 저장하는 경우
> - 제1류 위험물과 제6류 위험물을 저장하는 경우
> - 제1류 위험물과 제3류 위험물 중 자연발화성 물질(황린 또는 이를 함유한 것에 한한다)을 저장하는 경우
> - 제2류 위험물 중 인화성 고체와 제4류 위험물을 저장하는 경우
> - 제3류 위험물 중 알킬알루미늄등과 제4류 위험물(알킬알루미늄 또는 알킬리튬을 함유한 것에 한한다)을 저장하는 경우
> - 제4류 위험물 중 유기과산화물 또는 이를 함유하는 것과 제5류 위험물 중 유기과산화물 또는 이를 함유한 것을 저장하는 경우
> → 질산나트륨은 제1류 위험물이므로 함께 저장 가능한 위험물은 제6류 위험물인 과염소산이다.

47 위험물안전관리법령상 지정수량의 10배를 초과하는 위험물을 취급하는 제조소에 확보하여야 하는 보유공지의 너비의 기준은?

① 1m 이상 ② 3m 이상
③ 5m 이상 ④ 7m 이상

> 제조소의 보유공지(시행규칙 별표 4)
> 위험물을 취급하는 건축물 그 밖의 시설의 주위에는 그 취급하는 위험물의 최대수량에 따라 다음 표에 의한 너비의 공지를 보유해야 한다.
>
> | 취급하는 위험물의 최대수량 | 공지의 너비 |
> |---|---|
> | 지정수량의 10배 이하 | 3m 이상 |
> | 지정수량의 10배 초과 | 5m 이상 |

48 위험물제조소의 안전거리 기준으로 틀린 것은?

① 「초·중등교육법」 및 「고등교육법」에 의한 학교 - 20m 이상
② 「의료법」에 의한 병원급 의료기관 - 30m 이상
③ 「문화유산의 보존 및 활용에 관한 법률」 규정에 의한 지정문화유산 - 50m 이상
④ 사용전압이 35,000V를 초과하는 특고압가공전선 - 5m 이상

> 학교, 병원급 의료기관, 수용인원 300명 이상의 공연장, 영화상영관 및 이와 유사한 시설과 수용인원 20명 이상의 복지시설, 어린이집 등의 안전거리는 30m 이상이다.

정답 44 ④ 45 ③ 46 ④ 47 ③ 48 ①

49 제5류 위험물의 화재 시 소화방법에 대한 설명으로 옳은 것은?

① 가연성 물질로서 연소속도가 빠르므로 질식소화가 효과적이다.
② 할로젠(할로겐)화합물 소화기가 적응성이 있다.
③ CO_2 및 분말 소화기가 적응성이 있다.
④ 다량의 주수에 의한 냉각소화가 효과적이다.

> 제5류 위험물은 다량의 주수에 의한 냉각소화가 가장 효과적이다.

50 다음 중 산화성 물질이 아닌 것은?

① 무기과산화물 ② 과염소산염류
③ 질산염류   ④ 마그네슘

> 마그네슘은 제2류 위험물로 가연성 물질이다.

51 1몰의 이황화탄소와 고온의 물이 반응하여 생성되는 독성 기체물질의 부피는 표준상태에서 얼마인가?

① 22.4L   ② 44.8L
③ 67.2L   ④ 134.4L

> - 이황화탄소와 물의 반응식: $CS_2 + 2H_2O \rightarrow CO_2 + 2H_2S$
> - 이황화탄소는 물과 반응하여 1mol의 이산화탄소와 유독한 기체인 2mol의 황화수소를 발생한다.
> - 표준상태에서 기체는 1mol당 22.4L이다.
> - ∴ 반응 시 생성물 = 2mol × 22.4L = 44.8L

52 국소방출방식의 이산화탄소 소화설비의 분사헤드에서 방출되는 소화약제의 방사 기준은?

① 10초 이내에 균일하게 방사할 수 있을 것
② 15초 이내에 균일하게 방사할 수 있을 것
③ 30초 이내에 균일하게 방사할 수 있을 것
④ 60초 이내에 균일하게 방사할 수 있을 것

> 국소방출방식의 이산화탄소 소화설비의 분사헤드에서 방출되는 소화약제 방사 기준은 30초 이내에 균일하게 방사할 수 있어야 한다.

53 위험물을 저장하는 간이탱크저장소의 구조 및 설비의 기준으로 옳은 것은?

① 탱크의 두께 2.5mm 이상, 용량 600L 이하
② 탱크의 두께 2.5mm 이상, 용량 800L 이하
③ 탱크의 두께 3.2mm 이상, 용량 600L 이하
④ 탱크의 두께 3.2mm 이상, 용량 800L 이하

> 간이탱크저장소의 구조 및 설치기준(시행규칙 별표 9)
> - 간이저장탱크의 용량은 600L 이하이어야 한다.
> - 간이저장탱크는 두께 3.2mm 이상의 강판으로 흠이 없도록 제작하여야 하며, 70kPa의 압력으로 10분간의 수압시험을 실시하여 새거나 변형되지 아니하여야 한다.

54 위험물이 물과 접촉하였을 때 발생하는 기체를 옳게 연결한 것은?

① 인화칼슘 - 포스핀
② 과산화칼륨 - 아세틸렌
③ 나트륨 - 산소
④ 탄화칼슘 - 수소

> 인화칼슘과 물의 반응식
> - $Ca_3P_2 + 6H_2O \rightarrow 3Ca(OH)_2 + 2PH_3$
> - 인화칼슘은 물과 반응하여 수산화칼슘과 인화수소(포스핀)를 발생한다.

55 벤젠에 진한 질산과 진한 황산의 혼산을 반응시켜 얻어지는 화합물은?

① 피크린산
② 아닐린
③ TNT
④ 나이트로벤젠

> - 벤젠에 진한 질산과 진한 황산의 혼합물을 반응시키면 나이트로화 반응이 일어나며, 나이트로벤젠이 생성된다.
> - 이 반응에서 황산은 촉매 역할을 하고, 질산에서 나이트로기를 벤젠 고리에 결합시키는 역할을 한다.

정답 49 ④ 50 ④ 51 ② 52 ③ 53 ③ 54 ① 55 ④

56 그림과 같은 타원형 탱크의 내용적은 약 몇 m³인가?

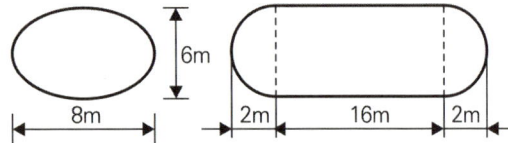

① 453
② 553
③ 653
④ 753

> 양쪽이 볼록한 타원형 탱크의 내용적
> $V = \dfrac{\pi ab}{4} \times (l + \dfrac{l_1 + l_2}{3})$
> $= \dfrac{\pi \times 8 \times 6}{4} \times (16 + \dfrac{2+2}{3}) = 653m^3$

57 주유취급소의 표지 및 게시판의 기준에서 "위험물 주유취급소" 표지와 "주유 중 엔진정지" 게시판의 바탕색을 차례대로 옳게 나타낸 것은?

① 백색, 백색
② 백색, 황색
③ 황색, 백색
④ 황색, 황색

게시판 종류 및 바탕, 문자색		
종류	바탕색	문자색
위험물제조소, 위험물취급소	백색	흑색
위험물	흑색	황색
주유 중 엔진정지	황색	흑색
화기엄금	적색	백색
물기엄금	청색	백색

58 다량의 비수용성 제4류 위험물의 화재 시 물로 소화하는 것이 적합하지 않은 이유는?

① 가연성 가스를 발생한다.
② 연소면을 확대한다.
③ 인화점이 내려간다.
④ 물이 열분해한다.

> 비수용성 제4류 위험물(예 휘발유, 경유 등)은 대부분 물보다 가볍고 물에 녹지 않으므로 화재 시 물을 사용하면 기름이 물 위에 떠서 연소 면적이 확대될 수 있다.

59 1기압 27℃에서 아세톤 58g을 완전히 기화시키면 부피는 약 몇 L가 되는가?

① 22.4
② 24.6
③ 27.4
④ 58.0

> • 이상기체 방정식(PV = nRT)을 이용하여 문제를 푼다.
> - P: 압력(1atm)
> - V: 부피(L)
> - n: 몰수(mol)
> - R: 기체상수(0.082L·atm/mol·K)
> - T: 300K(절대온도로 변환하기 위해 273을 더한다)
> • 아세톤(CH_3COCH_3)의 몰질량: 58g/mol
> • 아세톤의 몰수(n) = $\dfrac{58g}{58g/mol}$ = 1mol
> • $V = \dfrac{nRT}{P} = \dfrac{1 \times 0.082 \times 300}{1}$ = 24.63L

60 다음 제4류 위험물 중 인화점이 가장 낮은 것은?

① 아세톤
② 아세트알데하이드
③ 산화프로필렌
④ 다이에틸에터

> 제4류 위험물의 인화점
> • 아세톤: -18℃
> • 아세트알데하이드: -38℃
> • 산화프로필렌: -37℃
> • 다이에틸에터: -45℃

정답 56 ③ 57 ② 58 ② 59 ② 60 ④

09 2023년 1회 CBT 기출복원문제

01 1몰의 질소와 3몰의 수소를 촉매와 같이 용기 속에 밀폐하고 일정한 온도로 유지하였더니 반응물질의 50%가 암모니아로 변하였다. 이때의 압력은 최초 압력의 몇 배가 되는가? (단, 용기의 부피는 변하지 않는다.)

① 0.5
② 0.75
③ 1.25
④ 변하지 않는다.

- 주어진 문제를 식으로 변형하면 $N_2 + 3H_2 \rightarrow 2NH_3$로 나타낼 수 있다.
- 반응물의 50%가 암모니아로 변했다는 뜻은, 반응식에 따라 0.5몰의 N_2와 1.5몰의 H_2가 반응하여 1몰의 NH_3가 생성되었음을 의미한다.
  - 반응 후 남은 N_2 = 1 - 0.5 = 0.5mol
  - 반응 후 남은 H_2 = 3 - 1.5 = 1.5mol
  - 생성된 NH_3 = 1mol
  - 반응 후의 총 몰수 = 0.5(N_2) + 1.5(H_2) + (NH_3) = 3mol
- 최초의 4몰이 3몰로 변했으므로 압력은 $\frac{3}{4}$ = 0.75배이다.

02 1기압에서 2L의 부피를 차지하는 어떤 이상기체를 온도의 변화 없이 압력을 4기압으로 하면 부피는 얼마가 되겠는가?

① 8L   ② 2L
③ 1L   ④ 0.5L

- 보일의 법칙에 따르면, 온도가 일정할 때 기체의 부피는 압력에 반비례하고, 다음의 식이 성립된다.
  $P_1 \times V_1 = P_2 \times V_2$
- $1 \times 2 = 4 \times V_2$가 되므로, 부피는 0.5L이다.

03 다음에서 설명하는 법칙은 무엇인가?

> 일정한 온도에서 비휘발성이며, 비전해질인 용질이 녹은 묽은 용액의 증기 압력 내림은 일정량의 용매에 녹아 있는 용질의 몰수에 비례한다.

① 헨리의 법칙   ② 라울의 법칙
③ 아보가드로의 법칙   ④ 보일-샤를의 법칙

라울의 법칙
비휘발성이고 비전해질인 용질이 용매에 녹아 있을 때, 용액의 증기압 내림이 용질의 몰분율에 비례한다고 설명하는 법칙이다. 주로 묽은 용액에서 성립하며, 용매의 증기압이 용액에 녹아 있는 용질의 양에 따라 감소한다는 것을 나타낸다.

04 다음 중 루이스 염기의 정의로 옳은 것은?

① 전자쌍을 받는 분자
② 전자쌍을 주는 분자
③ 양성자를 받는 분자
④ 양성자를 주는 분자

- 루이스 염기: 전자쌍을 공여하는(주는) 분자 또는 이온
- 루이스 산: 전자쌍을 수용하는(받는) 분자 또는 이온

05 자철광 제조법으로 빨갛게 달군 철에 수증기를 통할 때의 반응식으로 옳은 것은?

① $3Fe + 4H_2O \rightarrow Fe_3O_4 + 4H_2$
② $2Fe + 3H_2O \rightarrow Fe_2O_3 + 3H_2$
③ $Fe + H_2O \rightarrow FeO + H_2$
④ $Fe + 2H_2O \rightarrow FeO_2 + 2H_2$

- $3Fe + 4H_2O \rightarrow Fe_3O_4 + 4H_2$
- 자철광(Fe_3O_4)을 제조하는 과정에서 빨갛게 달군 철에 수증기를 통하게 되면, 철이 수증기와 반응하여 자철광과 수소가 생성된다.

정답 01 ② 02 ④ 03 ② 04 ② 05 ①

06 다음 중 헨리의 법칙으로 설명되는 것은?

① 극성이 큰 물질일수록 물에 잘 녹는다.
② 비눗물은 0℃보다 낮은 온도에서 언다.
③ 높은 산 위에서는 물이 100℃ 이하에서 끓는다.
④ 사이다의 병마개를 따면 거품이 난다.

> **헨리의 법칙**
> - 기체의 용해도와 기압의 관계를 설명하는 법칙으로, 기체의 용해도는 그 기체가 용해된 액체의 표면 위에 가해진 기체의 부분 압력에 비례한다는 내용이다. 즉, 압력이 높을수록 기체가 액체에 더 많이 녹아 있을 수 있다는 것을 설명한다.
> - 따라서 사이다의 병마개를 따면 거품이 나는 현상은 헨리의 법칙으로 설명할 수 있다.

07 화약제조에 사용되는 물질인 질산칼륨에서 N의 산화수는 얼마인가?

① +1 ② +3
③ +5 ④ +7

> - K(칼륨)의 산화수: +1
> - O(산소)의 산화수: −2
> - KNO_3(질산칼륨)에서 N(질소)의 산화수: x
> - $KNO_3 = 1 + x + (-2 \times 3) = 0$
> - ∴ $x = +5$

08 20℃에서 600mL의 부피를 차지하고 있는 기체를 압력의 변화 없이 온도를 40℃로 변화시키면 부피는 얼마로 변하겠는가?

① 300mL ② 641mL
③ 836mL ④ 1,200mL

> 샤를의 법칙에 따르면, 압력이 일정할 때 기체의 부피는 절대온도에 비례하므로 온도 변화에 따른 기체의 부피 변화를 계산할 수 있다.
> - 샤를의 법칙 = $\dfrac{V_1}{T_1} = \dfrac{V_2}{T_2}$
>   - 초기 부피 $V_1 = 600mL$
>   - 초기 온도 $T_1 = 20℃ = 293K$
>   - 최종 온도 $T_2 = 40℃ = 313K$
> - $\dfrac{600mL}{293K} = \dfrac{V_2}{313K}$ 이므로, $V_2 = 641mL$ 이다.

09 원자번호 11이고, 중성자 수가 12인 나트륨의 질량수는?

① 11 ② 12
③ 23 ④ 24

> - 질량수는 원자핵 안에 있는 양성자 수와 중성자 수의 합을 나타낸다.
> - 따라서 질량수는 11 + 12 = 23이다.

10 다음 중 아르곤(Ar)과 같은 전자수를 갖는 양이온과 음이온으로 이루어진 화합물은?

① NaCl
② MgO
③ KF
④ CaS

> - 아르곤(Ar)은 원자번호 18인 원소로, 18개의 전자를 가지고 있으므로 이온들이 아르곤의 전자배치(18개의 전자)를 갖도록 전자를 잃거나 얻은 상태를 찾아야 한다.
> - Ca^{2+}: 칼슘(원자번호 20)은 2개의 전자를 잃어 Ca^{2+}가 되면 전자수가 18개가 된다.
> - S^{2-}: 황(원자번호 16)은 2개의 전자를 얻어 S^{2-}가 되면 전자수가 18개가 된다.

정답 06 ④ 07 ③ 08 ② 09 ③ 10 ④

11 Rn은 α선 및 β선을 2번씩 방출하고 다음과 같이 변했다. 마지막 Po의 원자번호는 얼마인가? (단, Rn의 원자번호는 86, 원자량은 222이다.)

$$Rn \xrightarrow{\alpha} Po \xrightarrow{\alpha} Pb \xrightarrow{\beta} Bi \xrightarrow{\beta} Po$$

① 78 ② 81
③ 84 ④ 87

- 알파(α) 붕괴는 헬륨 원자핵(2개의 양성자와 2개의 중성자로 구성됨)을 방출하는 과정이다.
  → 알파(α) 붕괴가 발생하면 원자번호는 2 감소하고, 질량수는 4 감소한다.
- 베타(β) 붕괴는 중성자가 양성자로 변환되면서 전자(β 입자)가 방출되는 과정이다.
  → 베타(β) 붕괴가 발생하면 원자번호는 1 증가하고, 질량수는 변화 없다.
- 따라서 Rn에서 α(알파)선 방출 2번, β(베타)선 방출 2번을 했으므로 다음과 같은 결과가 나온다.
  - 원자량 = 222 − 4 − 4 = 214
  - 원자번호 = 86 − 2 − 2 + 1 + 1 = 84

12 다음과 같은 경향성을 나타내지 않는 것은?

$$Li < Na < K$$

① 원자번호   ② 원자반지름
③ 제1차 이온화에너지   ④ 전자수

주기율표에서 같은 족 내에서는 원자번호가 커질수록 원자반지름이 커지면서 전자가 핵으로부터 더 멀어져 전자를 떼어내기가 더 쉬워지므로 이온화에너지가 감소한다. 즉, Li > Na > K 순서로 제1차 이온화에너지가 감소한다.

13 다음 화합물 중에서 가장 작은 결합각을 가지는 것은?

① BF_3 ② NH_3
③ H_2 ④ $BeCl_2$

- BF_3: 평면 삼각형 구조로, 모든 결합각은 120°이다.
- NH_3: 삼각뿔 구조로, 비공유 전자쌍(고립 전자쌍)이 있어 결합각이 줄어들어 결합각은 약 107°이다.
- H_2: 직선구조로, 수소 원자 사이의 결합이 단일결합으로 되어 결합각은 180°이다.
- $BeCl_2$: 직선형 구조로, 결합각은 180°이다.

14 다음 각 화합물 1mol이 완전연소할 때 3mol의 산소를 필요로 하는 것은?

① $CH_3 - CH_3$ ② $CH_2 = CH_2$
③ C_6H_6 ④ $CH \equiv CH$

- ① $C_2H_6 + 3.5O_2 \rightarrow 2CO_2 + 3H_2O$
- ② $C_2H_4 + 3O_2 \rightarrow 2CO_2 + 2H_2O$
- ③ $C_6H_6 + 7.5O_2 \rightarrow 6CO_2 + 3H_2O$
- ④ $C_2H_2 + 2.5O_2 \rightarrow 2CO_2 + H_2O$
→ 에틸렌(C_2H_4) 1mol을 완전연소시키는 데 3mol의 산소가 필요하다.

15 볼타전지에 관련된 내용으로 가장 거리가 먼 것은?

① 아연판과 구리판
② 화학전지
③ 진한 질산용액
④ 분극현상

볼타전지는 아연판과 구리판을 전해질 용액에 담가서 전기를 발생시키는 화학전지이다.
- 진한 질산용액: 다니엘전지나 다른 종류의 전지에서 사용
- 아연판과 구리판: 볼타전지에서 아연판과 구리판이 전극으로 사용
- 화학전지: 볼타전지는 화학에너지를 전기에너지로 변환하는 장치
- 분극현상: 전극 표면에 수소 기체가 쌓여 전류 흐름을 방해하는 현상으로, 볼타전지의 성능 저하와 관련

정답 11 ③   12 ③   13 ②   14 ②   15 ③

16 네슬러 시약에 의하여 적갈색으로 검출되는 물질은 어느 것인가?

① 질산이온 ② 암모늄이온
③ 아황산이온 ④ 일산화탄소

> **네슬러 시약**
> 암모늄이온(NH_4^+)이나 암모니아(NH_3)를 검출하는 데 사용되는 시약으로, 암모늄이온이 네슬러 시약과 반응하면 적갈색 또는 갈색침전이 형성된다.

17 $[OH^-] = 1 \times 10^{-5}$mol/L인 용액의 pH와 액성으로 옳은 것은? ★빈출

① pH = 5, 산성 ② pH = 5, 알칼리성
③ pH = 9, 산성 ④ pH = 9, 알칼리성

> - pOH = $-\log[OH^-] = -\log[1 \times 10^{-5}] = 5$
> - pH와 pOH의 관계: pH + pOH = 14
> - pH = 14 − 5 = 9
> - pH가 7보다 크면 용액은 알칼리성(염기성)이다.
> ∴ pH = 9, 알칼리성

18 반투막을 이용하여 콜로이드 입자를 전해질이나 작은 분자로부터 분리 정제하는 것을 무엇이라 하는가?

① 틴들현상 ② 브라운 운동
③ 투석 ④ 전기영동

> - 투석은 반투막을 이용해 콜로이드 입자를 작은 분자나 이온으로부터 분리하는 방법이다.
> - 반투막은 작은 분자나 이온은 통과시키고 큰 콜로이드 입자는 통과시키지 않기 때문에 이를 통해 정제할 수 있다.

19 어떤 금속 1.0g을 묽은 황산에 넣었더니 표준상태에서 560mL의 수소가 발생하였다. 이 금속의 원자가는 얼마인가? (단, 금속의 원자량은 40으로 가정한다.)

① 1가 ② 2가
③ 3가 ④ 4가

> - 금속 M이 묽은 황산과 반응하여 수소가 발생하는 일반적인 반응은 다음과 같다.
> $M + xH_2SO_4 \rightarrow Mx^+ + xH_2$
> - 주어진 조건에서 발생한 수소 기체의 부피는 560mL이며, 이는 0.560L이다.
> - 표준상태에서 1mol의 기체는 22.4L를 차지하므로, 발생한 수소의 몰수는 $\frac{0.56}{22.4} = 0.025$mol이다.
> - 금속 1.0g이 0.025mol의 수소를 발생시키고, 이때 금속 1mol은 $x$mol의 수소를 발생시키므로 금속의 몰수는 $\frac{1.0}{40\text{g/mol}} = 0.025$mol이다.
> - 반응식에 따라, 금속 1mol이 수소 기체 $x$mol을 발생시키며, 이때 금속의 원자가는 x값에 의해 결정된다.
> - 금속 0.025mol이 0.025mol의 수소를 발생시켰으므로, 금속 1mol이 1mol의 수소를 발생시키는 반응이다.
> - 금속 1mol이 수소 1mol을 발생시키려면 금속이 수소이온(H^+)과 결합하여 전자를 주고 받아야 한다.
> - 수소 기체 1mol이 발생하려면 2개의 H^+이온이 필요하고, 따라서 금속은 2개의 전자를 잃어야만 2개의 H^+를 중화하고 H_2로 바꿀 수 있다.

20 어떤 기체가 탄소 원자 1개당 2개의 수소 원자를 함유하고 0°C, 1기압에서 밀도가 1.25g/L일 때 이 기체에 해당하는 것은?

① CH_4 ② C_2H_4
③ C_3H_6 ④ C_4H_8

> - 분자량 = 밀도 × 22.4L/mol
>   = 1.25g/L × 22.4L/mol = 28g/mol
> - 탄소 원자 1개당 2개의 수소 원자를 포함하는 화합물 중 분자량이 28g/mol인 것은 에틸렌(C_2H_4)이다.

정답 16 ② 17 ④ 18 ③ 19 ② 20 ②

21 대통령령이 정하는 제조소등의 관계인은 그 제조소등에 대하여 연 몇 회 이상 정기점검을 실시해야 하는가? (단, 특정옥외탱크저장소의 정기점검은 제외한다.)

① 1 ② 2
③ 3 ④ 4

> 정기점검의 횟수(시행규칙 제64조)
> 제조소등의 관계인은 당해 제조소등에 대하여 연 1회 이상 정기점검을 실시하여야 한다.

22 특정옥외탱크저장소라 함은 옥외탱크저장소 중 저장 또는 취급하는 액체위험물의 최대수량이 얼마 이상의 것을 말하는가?

① 50만리터 이상 ② 100만리터 이상
③ 150만리터 이상 ④ 200만리터 이상

> 옥외탱크저장소 중 저장 또는 취급하는 액체위험물의 최대수량이 50만리터 이상인 것을 특정·준특정옥외탱크저장소라 한다(시행규칙 제65조).

23 표준상태에서 벤젠 2mol이 완전연소하는 데 필요한 이론 공기요구량은 몇 L인가? (단, 공기 중 산소는 21vol%이다.)

① 168 ② 336
③ 1,600 ④ 3,200

> · 벤젠의 연소반응식: $2C_6H_6 + 15O_2 \rightarrow 12CO_2 + 6H_2O$
> · 벤젠은 15mol의 산소와 연소하여 12mol의 이산화탄소와 6mol의 물을 생성한다.
> · 필요 산소량은 15mol × 22.4L = 336L이고, 공기 중의 산소는 21%이므로, 필요 이론 공기요구량은 $\frac{336L}{0.21}$ = 1,600L이다.

24 10℃의 물 2g을 100℃의 수증기로 만드는 데 필요한 열량은?

① 180cal ② 340cal
③ 719cal ④ 1,258cal

> · 물을 10℃에서 100℃로 가열하는 데 드는 열량은 다음과 같다.
> · 물의 비열 × 온도변화량 × 물의 양
> = 1cal/g℃ × 90℃ × 2g = 180cal
> · 물의 증발잠열은 539cal/g이므로 물 2g이 증발하는 데 드는 열량은 539cal/g × 2g = 1,078cal이다.
> · 따라서 100℃의 수증기로 만드는 데 필요한 열량은 열량 + 증발잠열 = 180 + 1,078 = 1,258cal이다.

25 다음 A~D 중 분말 소화약제로만 나타낸 것은?

> A. 탄산수소나트륨
> B. 탄산수소칼륨
> C. 황산구리
> D. 제1인산암모늄

① A, B, C, D ② A, D
③ A, B, C ④ A, B, D

분말 소화약제의 종류		
약제명	주성분	분해식
제1종	탄산수소나트륨	$2NaHCO_3 \rightarrow Na_2CO_3 + CO_2 + H_2O$
제2종	탄산수소칼륨	$2KHCO_3 \rightarrow K_2CO_3 + CO_2 + H_2O$
제3종	인산암모늄	$NH_4H_2PO_4 \rightarrow NH_3 + HPO_3 + H_2O$
제4종	탄산수소칼륨 + 요소	-

26 스프링클러설비의 장점이 아닌 것은?

① 소화약제가 물이므로 소화약제의 비용이 절감된다.
② 초기 시공비가 매우 적게 든다.
③ 화재 시 사람의 조작 없이 작동이 가능하다.
④ 초기화재의 진화에 효과적이다.

> 스프링클러설비는 초기 시공비가 많이 든다는 단점이 있다.

정답 21 ① 22 ① 23 ③ 24 ④ 25 ④ 26 ②

27 제3종 분말 소화약제에 대한 설명으로 틀린 것은?

① A급을 제외한 모든 화재에 적응성이 있다.
② 주성분은 $NH_4H_2PO_4$의 분자식으로 표현된다.
③ 제1인산암모늄이 주성분이다.
④ 담홍색(또는 황색)으로 착색되어 있다.

분말 소화약제의 종류

약제명	주성분	분해식	색상	적응화재
제1종	탄산수소나트륨	$2NaHCO_3 \rightarrow Na_2CO_3 + CO_2 + H_2O$	백색	BC
제2종	탄산수소칼륨	$2KHCO_3 \rightarrow K_2CO_3 + CO_2 + H_2O$	보라색 (담회색)	BC
제3종	인산암모늄	$NH_4H_2PO_4 \rightarrow NH_3 + HPO_3 + H_2O$	담홍색	ABC
제4종	탄산수소칼륨 + 요소	–	회색	BC

28 할로겐(할로젠)화합물 중 CH_3I에 해당하는 할론번호는?

① 1031　　② 1301
③ 13001　　④ 10001

- 할론넘버는 C, F, Cl, Br 순으로 매긴다.
- CH_3I는 아이오도메탄(메틸 아이오딘)으로, 이에 해당하는 할론번호는 Halon 10001이다.
- 할론 명명법에서 I(아이오딘)가 들어가는 이유는 I 원자가 화합물에 포함된 경우를 명확히 표시하기 위해서이다. 일반적으로 할론 화합물은 C, F, Cl, Br 순서로 원소를 고려하여 명명하지만, 드물게 I가 포함되는 할론 화합물이 존재하는 경우, I의 개수를 명시적으로 포함시켜야 하기 때문에 I를 추가하여 표시한다.

29 이산화탄소를 소화약제로 사용하는 이유로서 옳은 것은?

① 산소와 결합하지 않기 때문에
② 산화반응을 일으키나 발열량이 적기 때문에
③ 산소와 결합하나 흡열반응을 일으키기 때문에
④ 산화반응을 일으키나 환원반응도 일으키기 때문에

- 이산화탄소는 불연성 기체로서 산소와 반응하지 않으며, 화재 현장에서 산소의 농도를 낮추어 연소를 억제하는 방식으로 소화를 진행한다.
- 이 과정을 질식소화라고 하며, 이산화탄소는 화재 현장에서 연소에 필요한 산소를 차단하여 불을 끄는 데 매우 효과적이다.

30 피리딘 20,000리터에 대한 소화설비의 소요단위는?

① 5단위　　② 10단위
③ 15단위　　④ 100단위

- 피리딘의 지정수량: 400L
- 위험물의 1소요단위: 지정수량의 10배
- 소요단위 = $\dfrac{20,000L}{400L \times 10}$ = 5단위

31 소화약제로서 물이 갖는 특성에 대한 설명으로 옳지 않은 것은?

① 유화효과(emulsification effect)도 기대할 수 있다.
② 증발잠열이 커서 기화 시 다량의 열을 제거한다.
③ 기화팽창률이 커서 질식효과가 있다.
④ 용융잠열이 커서 주수 시 냉각효과가 뛰어나다.

- 용융잠열은 고체에서 액체로 상태가 변화할 때 필요한 열량을 의미한다.
- 물의 냉각효과는 물이 수증기로 변하는 증발잠열과 관련이 있다.

32 위험물제조소등에 설치하는 옥외소화전설비에 있어서 옥외소화전함은 옥외소화전으로부터 보행거리 몇 m 이하의 장소에 설치하는가?

① 2　　② 3
③ 5　　④ 10

옥외소화전설비의 기준(위험물안전관리에 관한 세부기준 제130조)
방수용 기구를 격납하는 함(이하 "옥외소화전함")은 불연재료로 제작하고 옥외소화전으로부터 보행거리 5m 이하의 장소로서 화재발생 시 쉽게 접근 가능하고 화재 등의 피해를 받을 우려가 적은 장소에 설치할 것

정답 27 ①　28 ④　29 ①　30 ①　31 ④　32 ③

33 다음 ( ) 안에 들어갈 수치로 옳은 것은?

> 물분무 소화설비의 제어밸브는 화재 시 신속한 조작을 위해 적절한 높이에 설치해야 한다. 제어밸브가 너무 낮으면 접근이 어렵고, 너무 높으면 긴급상황에서 조작이 불편하기 때문인데, 규정에 따르면 제어밸브는 바닥으로부터 최소 0.8m 이상, 최대 ( )m 이하의 위치에 설치해야 한다.

① 1.2
② 1.3
③ 1.5
④ 1.8

> **물분무 소화설비의 제어밸브 및 기타 밸브의 설치기준**
> • 제어밸브는 바닥으로부터 0.8m 이상 1.5m 이하의 위치에 설치할 것
> • 제어밸브의 가까운 곳의 보기 쉬운 곳에 '제어밸브'라고 표시한 표지를 할 것

34 일반적으로 고급알코올 황산에스터염을 기포제로 사용하며 냄새가 없는 황색의 액체로서 밀폐 또는 준밀폐 구조물의 화재 시 고팽창포로 사용하여 화재를 진압할 수 있는 포 소화약제는?

① 단백포 소화약제
② 합성계면활성제포 소화약제
③ 알코올형포 소화약제
④ 수성막포 소화약제

> • 합성계면활성제포 소화약제는 고급알코올 황산에스터염을 주요 기포제로 사용하며, 냄새가 없고 황색을 띠는 액체이다.
> • 이 소화약제는 밀폐 또는 준밀폐 구조물에서 고팽창포를 형성하여 화재를 진압할 수 있다.
> • 고팽창포는 공기의 흐름을 차단하여 화재 현장에 산소가 공급되지 않도록 하고, 또한 열을 흡수하여 불을 끄는 방식으로 사용된다.

35 알루미늄분의 연소 시 주수소화하면 위험한 이유를 옳게 설명한 것은?

① 물에 녹아 산이 된다.
② 물과 반응하여 유독가스가 발생한다.
③ 물과 반응하여 수소가스가 발생한다.
④ 물과 반응하여 산소가스가 발생한다.

> **알루미늄분과 물의 반응식**
> • $2Al + 6H_2O \rightarrow 2Al(OH)_3 + 3H_2$
> • 알루미늄분은 물과 반응하여 수산화알루미늄과 수소를 발생하며 폭발하므로 주수소화가 금지된다.

36 소화난이도등급 Ⅰ의 옥내저장소에 설치하여야 하는 소화설비에 해당하지 않는 것은?

① 옥외소화전설비
② 연결살수설비
③ 스프링클러설비
④ 물분무 소화설비

> **소화난이도등급 Ⅰ의 옥내저장소에 설치하여야 하는 소화설비(시행규칙 별표 17)**
> • 처마높이가 6m 이상인 단층건물 또는 다른 용도의 부분이 있는 건축물에 설치한 옥내저장소: 스프링클러설비 또는 이동식 외의 물분무등소화설비
> • 그 밖의 것: 옥외소화전설비, 스프링클러설비, 이동식 외의 물분무등소화설비 또는 이동식 포 소화설비

37 위험물안전관리법령상 소화전용물통 8L의 능력단위는?

① 0.3
② 0.5
③ 1.0
④ 1.5

소화설비	용량(L)	능력단위
소화전용물통	8	0.3
수조(물통 3개 포함)	80	1.5
수조(물통 6개 포함)	190	2.5
마른모래(삽 1개 포함)	50	0.5
팽창질석·팽창진주암(삽 1개 포함)	160	1.0

정답 33 ③ 34 ② 35 ③ 36 ② 37 ①

38 이산화탄소 소화기는 어떤 현상에 의해서 온도가 내려가 드라이아이스를 생성하는가?

① 줄-톰슨 효과 ② 사이펀
③ 표면장력   ④ 모세관

- 줄-톰슨 효과는 기체가 고압 상태에서 저압 상태로 팽창할 때, 그 과정에서 온도가 감소하는 현상을 말한다.
- 이산화탄소 소화기는 고압 상태의 이산화탄소가 저압 환경으로 방출되면서 급격히 팽창하게 되는데, 이때 줄-톰슨 효과로 인해 온도가 급격히 낮아지고, 드라이아이스가 생성된다.

39 다음 중 점화원이 될 수 없는 것은?

① 전기스파크 ② 증발잠열
③ 마찰열   ④ 분해열

- 점화원은 화재가 발생할 때 연료에 불을 붙이는 원인이 되는 에너지원이다.
- 증발잠열은 물질이 증발할 때 흡수하는 열로, 에너지가 흡수되는 과정이기 때문에 점화원이 될 수 없다.

40 전기설비에 화재가 발생하였을 경우에 위험물안전관리법령상 적응성을 가지는 소화설비는?

① 물분무 소화설비
② 포 소화기
③ 봉상강화액 소화기
④ 건조사

- 물분무 소화설비는 전기설비 화재에 감전 위험을 최소화하면서 냉각과 질식효과를 통해 소화를 진행하는 소화설비이다.
- 미세한 물방울을 분사해 화재를 진압하면서도 물의 전도성을 줄여 전기화재에 상대적으로 안전하게 사용될 수 있다.

41 가연성 물질이며 산소를 다량 함유하고 있기 때문에 자기연소가 가능한 물질은?

① $C_6H_2CH_3(NO_2)_3$
② $CH_3COC_2H_5$
③ $NaClO_4$
④ HNO_3

트라이나이트로톨루엔[$C_6H_2CH_3(NO_2)_3$]
제5류 위험물로 가연성 물질이며, 3개의 나이트로기(-NO_2)를 가지고 있어 산소를 다량 함유하고 있다. 따라서 산소공급 없이도 자체적으로 연소할 수 있는 자기연소가 가능하다.

42 위험물안전관리법령에 근거한 위험물 운반 및 수납 시 주의사항에 대한 설명 중 틀린 것은?

① 위험물을 수납하는 용기는 위험물이 누설되지 않게 밀봉시켜야 한다.
② 온도 변화로 가스가 발생해 운반용기 안의 압력이 상승할 우려가 있는 경우(발생한 가스가 위험성이 있는 경우 제외)에는 가스 배출구가 설치된 운반용기에 수납할 수 있다.
③ 액체위험물은 운반용기 내용적의 98% 이하의 수납율로 수납하되 55℃의 온도에서 누설되지 아니하도록 충분한 공간용적을 유지하도록 하여야 한다.
④ 고체위험물은 운반용기 내용적의 98% 이하의 수납율로 수납하여야 한다.

고체위험물은 운반용기 내용적의 95% 이하의 수납율로 수납하여야 한다.

정답 38 ① 39 ② 40 ① 41 ① 42 ④

43 제1류 위험물 중 알칼리금속의 과산화물을 저장 또는 취급하는 위험물제조소에 표시하여야 하는 주의사항은?

① 화기엄금
② 물기엄금
③ 화기주의
④ 물기주의

유별	종류	게시판
제1류	알칼리금속의 과산화물	물기엄금
	그 외	-
제2류	철분, 금속분, 마그네슘	화기주의
	인화성 고체	화기엄금
	그 외	화기주의
제3류	자연발화성 물질	화기엄금
	금수성 물질	물기엄금
제4류	-	화기엄금
제5류	-	화기엄금
제6류	-	-

44 다음 그림과 같은 위험물을 저장하는 탱크의 내용적은 약 몇 m^3인가? (단, r은 10m, l은 25m이다.)

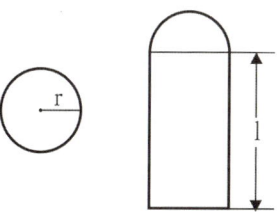

① 3,612
② 4,754
③ 5,812
④ 7,854

> 종으로 설치한 원형 탱크의 내용적
> $V = \pi r^2 l = \pi \times 10^2 \times 25$
> $= 7,854 m^3$

45 위험물안전관리법령상 지정수량의 각각 10배를 운반할 때 혼재할 수 있는 위험물은?

① 과산화나트륨과 과염소산
② 과망가니즈산칼륨과 적린
③ 질산과 알코올
④ 과산화수소와 아세톤

유별을 달리하는 위험물 혼재기준			
1	6		혼재 가능
2	5	4	혼재 가능
3	4		혼재 가능

과산화나트륨(1류)과 과염소산(6류)은 혼재 가능하다.

46 위험물 지하탱크저장소의 탱크전용실 설치기준으로 틀린 것은?

① 철근콘크리트 구조의 벽은 두께 0.3m 이상으로 한다.
② 지하저장탱크와 탱크전용실의 안쪽과의 사이는 50cm 이상의 간격을 유지한다.
③ 철근콘크리트 구조의 바닥은 두께 0.3m 이상으로 한다.
④ 벽, 바닥 등에 적정한 방수 조치를 강구한다.

> 지하저장탱크와 탱크전용실의 안쪽과의 사이는 0.1m 이상의 간격을 유지해야 한다(시행규칙 별표 8).

47 위험물을 지정수량이 큰 것부터 작은 순서로 옳게 나열한 것은?

① 나이트로화합물 > 할로젠간화합물 > 유기과산화물
② 나이트로화합물 > 유기과산화물 > 할로젠간화합물
③ 할로젠간화합물 > 유기과산화물 > 나이트로화합물
④ 할로젠간화합물 > 나이트로화합물 > 유기과산화물

> • 각 위험물별 지정수량
> – 나이트로화합물(5류): 100kg
> – 유기과산화물(5류): 10kg
> – 할로젠간화합물(6류): 300kg
> • 할로젠간화합물 > 나이트로화합물 > 유기과산화물

48 금속나트륨의 일반적인 성질로 옳지 않은 것은?

① 은백색의 연한 금속이다.
② 알코올 속에 저장한다.
③ 물과 반응하여 수소가스를 발생한다.
④ 물보다 비중이 작다.

> 금속나트륨은 알코올과 반응하면 수소가스를 발생하며 폭발의 위험이 있기 때문에 알코올 속에 저장하지 않고 등유와 같은 기름 속에 저장한다.

정답 43 ② 44 ④ 45 ① 46 ② 47 ④ 48 ②

49 위험물안전관리법령상 옥내탱크저장소의 기준에서 옥내저장탱크 상호 간에는 몇 m 이상의 간격을 유지하여야 하는가? (단, 탱크의 점검 및 보수에 지장이 없는 경우는 제외한다.)

① 0.3
② 0.5
③ 0.7
④ 1.0

> **옥내탱크저장소의 기준(시행규칙 별표 7)**
> 옥내저장탱크와 탱크전용실의 벽과의 사이 및 옥내저장탱크의 상호 간에는 0.5m 이상의 간격을 유지할 것. 다만, 탱크의 점검 및 보수에 지장이 없는 경우에는 그러하지 아니하다.

50 다음 중 C_5H_5N에 대한 설명으로 틀린 것은?

① 순수한 것은 무색이고 악취가 나는 액체이다.
② 상온에서 인화의 위험이 있다.
③ 물에 녹는다.
④ 강한 산성을 나타낸다.

> 피리딘(C_5H_5N)은 약한 염기성을 띠는 화합물이다.

51 황화인에 대한 설명으로 틀린 것은?

① 고체이다.
② 가연성 물질이다.
③ P_4S_3, P_2S_5 등의 물질이 있다.
④ 물질에 따른 지정수량은 50kg, 100kg 등이 있다.

> 제2류 위험물인 황화인은 가연성 고체로 삼황화인(P_4S_3), 오황화인(P_2S_5), 칠황화인(P_4S_7) 등이 있으며, 지정수량은 100kg이다.

52 제조소등의 위치·구조 또는 설비의 변경 없이 해당 제조소등에서 저장하거나 취급하는 위험물의 품명·수량 또는 지정수량의 배수를 변경하고자 하는 자는 변경하고자 하는 날의 며칠 전까지 행정안전부령이 정하는 바에 따라 시·도지사에게 신고하여야 하는가?

① 1일
② 14일
③ 21일
④ 30일

> **위험물시설의 설치 및 변경 등(위험물안전관리법 제6조)**
> 제조소등의 위치·구조 또는 설비의 변경 없이 당해 제조소등에서 저장하거나 취급하는 위험물의 품명·수량 또는 지정수량의 배수를 변경하고자 하는 자는 변경하고자 하는 날의 1일 전까지 행정안전부령이 정하는 바에 따라 시·도지사에게 신고하여야 한다.

53 금속나트륨의 저장방법으로 옳은 것은?

① 에탄올 속에 넣어 저장한다.
② 물속에 넣어 저장한다.
③ 젖은 모래 속에 넣어 저장한다.
④ 경유 속에 넣어 저장한다.

> 금속나트륨과 금속칼륨은 공기와의 접촉을 막기 위해 석유, 등유 등의 산소가 함유되지 않은 보호액(석유류)에 저장한다.

54 정기점검대상 제조소등에 해당하지 않는 것은?

① 이동탱크저장소
② 지정수량 120배의 위험물을 저장하는 옥외저장소
③ 지정수량 120배의 위험물을 저장하는 옥내저장소
④ 이송취급소

> **정기점검대상 제조소등**
> • 지정수량 10배 이상의 위험물을 취급하는 제조소
> • 지정수량 100배 이상의 위험물을 저장하는 옥외저장소
> • 지정수량 150배 이상의 위험물을 저장하는 옥내저장소
> • 지정수량 200배 이상의 위험물을 저장하는 옥외탱크저장소
> • 암반탱크저장소
> • 이송취급소
> • 지정수량 10배 이상의 위험물을 취급하는 일반취급소
> • 지하탱크저장소
> • 이동탱크저장소
> • 위험물을 취급하는 탱크로서 지하에 매설된 탱크가 있는 제조소·주유취급소 또는 일반취급소

정답 49 ② 50 ④ 51 ④ 52 ① 53 ④ 54 ③

55 다음은 위험물안전관리법령에 따른 판매취급소에 대한 정의이다. ( )에 알맞은 말은?

> 판매취급소라 함은 점포에서 위험물을 용기에 담아 판매하기 위하여 지정수량의 ( )배 이하의 위험물을 ( )하는 장소이다.

① 20, 취급
② 40, 취급
③ 20, 저장
④ 40, 저장

> 판매취급소라 함은 점포에서 위험물을 용기에 담아 판매하기 위하여 지정수량의 40배 이하의 위험물을 취급하는 장소이다.

56 다음 제1류 위험물 중 물과의 접촉이 가장 위험한 것은? ★빈출

① 아염소산나트륨
② 과산화나트륨
③ 과염소산나트륨
④ 다이크로뮴산암모늄

> • $2Na_2O_2 + 2H_2O \rightarrow 4NaOH + O_2$
> • 과산화나트륨은 물과 반응 시 수산화나트륨과 산소를 발생하며 폭발의 위험이 있기 때문에 물과의 접촉이 위험하다.

57 염소산칼륨이 고온에서 완전 열분해할 때 주로 생성되는 물질은?

① 칼륨과 물 및 산소
② 염화칼륨과 산소
③ 이염화칼륨과 수소
④ 칼륨과 물

> • $2KClO_3 \rightarrow 2KCl + 3O_2$
> • 염소산칼륨은 가열하면 분해하여 염화칼륨과 산소를 방출한다.

58 셀룰로이드의 자연발화 형태를 가장 옳게 나타낸 것은?

① 잠열에 의한 발화
② 미생물에 의한 발화
③ 분해열에 의한 발화
④ 흡착열에 의한 발화

> 셀룰로이드는 열이 축적되면 자체적으로 분해되면서 가연성 기체를 방출하는데, 이 과정에서 발생하는 분해열이 발화점을 초과하면 발화할 수 있다.

59 위험물안전관리법령에서 정한 특수인화물의 발화점 기준으로 옳은 것은?

① 1기압에서 100℃ 이하
② 0기압에서 100℃ 이하
③ 1기압에서 25℃ 이하
④ 0기압에서 25℃ 이하

> 특수인화물이란 이황화탄소, 다이에틸에터 그 밖에 1기압에서 발화점이 섭씨 100도 이하인 것 또는 인화점이 섭씨 영하 20도이고 비점이 섭씨 40도 이하인 것을 말한다(시행령 별표 1).

60 위험물안전관리법령상 옥내저장소의 안전거리를 두지 않을 수 있는 경우는?

① 지정수량 20배 이상의 동식물유류
② 지정수량 20배 미만의 특수인화물
③ 지정수량 20배 미만의 제4석유류
④ 지정수량 20배 이상의 제5류 위험물

> **옥내저장소의 안전거리 제외 대상(시행규칙 별표 5)**
> 다음의 1에 해당하는 옥내저장소는 안전거리를 두지 아니할 수 있다.
> • 제4석유류 또는 동식물유류의 위험물을 저장 또는 취급하는 옥내저장소로서 그 최대수량이 지정수량의 20배 미만인 것
> • 제6류 위험물을 저장 또는 취급하는 옥내저장소
> • 지정수량의 20배(하나의 저장창고의 바닥면적이 150m² 이하인 경우에는 50배) 이하의 위험물을 저장 또는 취급하는 옥내저장소

정답 55 ② 56 ② 57 ② 58 ③ 59 ① 60 ③

2022년 4회 CBT 기출복원문제

01 27℃에서 500mL에 6g의 비전해질을 녹인 용액의 삼투압은 7.4기압이었다. 이 물질의 분자량은 약 얼마인가?

① 20.78
② 39.89
③ 58.16
④ 77.65

- $PV = \dfrac{wRT}{M}$
- $M = \dfrac{wRT}{PV} = \dfrac{6 \times 0.082 \times 300}{7.4 \times 0.5} = 39.891 \text{g/mol}$

P: 압력, V: 부피, w: 질량, M: 분자량, R: 기체상수(0.082를 곱한다), T: 300K(절대온도로 변환하기 위해 273을 더한다)

02 물 200g에 A 물질 2.9g을 녹인 용액의 빙점은? (단, 물의 어는점 내림상수는 1.86℃·kg/mol이고, A물질의 분자량은 58이다.)

① -0.465℃
② -0.932℃
③ -1.871℃
④ -2.453℃

- 몰랄농도(m): 용매 1,000g에 용해된 용질의 몰수로 나타낸 농도
- $\triangle T_f = m \times K_f$
  - $\triangle T_f$: 빙점강하도
  - m: 몰랄농도
  - K_f: 물의 어는점 내림상수(1.86℃·kg/mol)
- m농도 = $\dfrac{\text{질량}}{\text{분자량}} \times \dfrac{1,000\text{g}}{\text{전체 용매(g)}} = \dfrac{2.9}{58} \times \dfrac{1,000}{200} = 0.25$
- $\triangle T_f = m \times K_f = 0.25 \times 1.86 = 0.465℃$
  → 빙점을 구해야 하므로 0℃ - 0.465℃ = -0.465℃이다.

03 메틸알코올과 에틸알코올이 각각 다른 시험관에 들어 있다. 이 두 가지를 구별할 수 있는 실험 방법은?

① 금속나트륨을 넣어 본다.
② 환원시켜 생성물을 비교하여 본다.
③ KOH와 I_2의 혼합 용액을 넣고 가열하여 본다.
④ 산화시켜 나온 물질에 은거울 반응시켜 본다.

- 아이오딘포름 반응은 에틸알코올(C_2H_5OH)처럼 $-CH_3CH(OH)-$ 구조를 가진 물질을 구별할 때 사용된다.
- 에틸알코올을 아이오딘(I_2)과 수산화칼륨(KOH) 혼합 용액에 넣고 가열하면 노란색 침전물(아이오딘포름, CHI_3)이 생성된다.

04 20%의 소금물을 전기분해하여 수산화나트륨 1몰을 얻는 데는 1A의 전류를 몇 시간 통해야 하는가?

① 13.4
② 26.8
③ 53.6
④ 104.2

- 소금물(NaCl)이 전기분해되면 수산화나트륨(NaOH), 염소(Cl_2), 그리고 수소(H_2)가 생성된다.
- Na^+이온 1mol이 1mol의 수산화나트륨(NaOH)으로 변환되는 데 필요한 전자는 1mol이다.
- 패러데이 법칙에 따르면, 전기분해를 통해 1mol의 전자를 방출하는 데 필요한 전기량은 1패러데이(96,485쿨롱)이다.
- 1mol의 수산화나트륨(NaOH)을 얻으려면 96,485쿨롱의 전하가 필요하므로 이를 1A의 전류로 몇 시간 동안 흘려야 하는지를 계산하면 $\dfrac{96,485\text{C}}{1\text{A}} = 96,485$초이다.
- 이를 시간 단위로 변환하면 $\dfrac{96,485\text{초}}{3,600\text{초/시간}} = 26.8$시간이다.

정답 01 ② 02 ① 03 ③ 04 ②

05 n그램(g)의 금속을 묽은 염산에 완전히 녹였더니 m몰의 수소가 발생하였다. 이 금속의 원자가를 2가로 하면 이 금속의 원자량은?

① n/m
② 2n/m
③ n/2m
④ 2m/n

- 금속의 원자가가 2가라고 했으므로, 금속 M이 염산과 반응할 때 다음과 같은 반응이 일어난다.
  $M + 2HCl \rightarrow MCl_2 + H_2$
- 금속 M이 2가이므로 전자 2개를 주고 H^+ 2개가 H_2 기체 1몰이 되므로 여기서 금속 1몰이 반응하면 1몰의 수소(H_2)가 발생한다.
- 금속의 질량이 n그램(g)이고, 원자량을 A라고 하면 금속의 몰수는 $\frac{n}{A}$ 이다.
- 이 금속을 완전히 반응하여 m몰의 수소가 발생했으므로, 이 반응식에서 금속 1mol이 1mol의 수소를 생성하는 것을 고려하면, 금속의 몰수는 수소의 몰수 m과 같아야 한다.
- 따라서 위 식을 정리하면 $A = \frac{n}{m}$ 이다.

06 다음과 같은 순서로 커지는 성질이 아닌 것은?

$$F_2 < Cl_2 < Br_2 < I_2$$

① 구성 원자의 전기음성도
② 녹는점
③ 끓는점
④ 구성 원자의 반지름

- 전기음성도는 원자가 전자를 끌어당기는 능력을 나타내며, 주기율표에서 위로 갈수록 커진다.
- 따라서 $F_2 > Cl_2 > Br_2 > I_2$가 되어야 한다.

07 물(H_2O)의 끓는점이 황화수소(H_2S)의 끓는점보다 높은 이유는?

① 분자량이 작기 때문에
② 수소결합 때문에
③ pH가 높기 때문에
④ 극성결합 때문에

물(H_2O) 분자 간에는 강한 수소결합이 존재하는데, 이는 물이 끓기 위해 많은 에너지가 필요함을 의미한다. 반면에 황화수소(H_2S) 분자는 수소결합이 형성되지 않아 분자 간의 인력이 약하고, 따라서 더 낮은 온도에서 끓는다.

08 다음의 반응에서 환원제로 쓰인 것은?

$$MnO_2 + 4HCl \rightarrow MnCl_2 + 2H_2O + Cl_2$$

① Cl_2
② $MnCl_2$
③ HCl
④ MnO_2

- $MnO_2 + 4HCl \rightarrow MnCl_2 + 2H_2O + Cl_2$
- 위 반응은 산화 – 환원반응이다.
- 이 과정에서 HCl이 산화되면서 Cl_2가 생성되었으므로, HCl이 환원제로 작용했다.

09 다음과 같은 기체가 일정한 온도에서 반응을 하고 있다. 평형에서 기체 A, B, C가 각각 1몰, 2몰, 4몰이라면 평형상수 K의 값은 얼마인가?

$$A + 3B \rightarrow 2C + 열$$

① 0.5
② 2
③ 3
④ 4

- $\frac{[C]^c[D]^d}{[A]^a[B]^b} = K$(평형상수)
- $\frac{[C]^c[D]^d}{[A]^a[B]^b} = \frac{[4]^2}{[1]^1[2]^3} = 2$

정답 05 ① 06 ① 07 ② 08 ③ 09 ②

10 반감기가 5일인 미지의 시료가 2g이 있을 경우 10일이 지나면 남은 양은 몇 g인가?

① 2
② 1
③ 0.5
④ 0.25

- 반감기가 5일인 시료는 5일마다 절반으로 줄어든다. 주어진 시료의 초기 양이 2g이고, 10일이 지났다면 반감기가 두 번 지나게 된다.
- 첫 번째 5일 후에 남은 양: $2g \times \frac{1}{2} = 1g$
- 두 번째 5일 후에 남은 양: $1g \times \frac{1}{2} = 0.5g$

11 다음 중 쌍극자 모멘트가 0인 것은?

① $CHCl_3$
② NCl_3
③ H_2S
④ BF_3

- 쌍극자 모멘트는 분자 내에서 전자밀도의 불균형으로 인해 전하가 편중되는 현상을 의미한다.
- 대칭 구조를 가진 분자는 쌍극자 모멘트가 0이 된다.
  - $CHCl_3$(클로로포름): 비대칭 분자 구조로 인해 쌍극자 모멘트가 0이 아니다.
  - NCl_3(삼염화질소): 비대칭 구조로 인해 쌍극자 모멘트가 0이 아니다.
  - H_2S(황화수소): 비대칭 구조로 인해 쌍극자 모멘트가 0이 아니다.
  - BF_3(삼플루오린화붕소): 평면 삼각형 구조로, 대칭성을 가져 쌍극자 모멘트가 0이다.

12 $KMnO_4$에서 Mn의 산화수는 얼마인가?

① +3
② +5
③ +7
④ +9

- 칼륨(K)은 +1의 산화수를 가진다.
- 산소(O)는 -2의 산화수를 가진다.
- 화합물 전체의 산화수를 0으로 두고, Mn의 산화수를 x라 하여 Mn의 산화수를 계산해 보면, $K(+1) + Mn(x) + O(4 \times -2) = 0$이므로, Mn의 산화수는 +7이다.

13 다음의 염을 물에 녹일 때 염기성을 띠는 것은?

① Na_2CO_3
② $NaCl$
③ NH_4Cl
④ $(NH_4)_2SO_4$

- 물에 녹였을 때 염기성을 띠는 염은 강염기와 약산이 결합하여 형성된 염이다.
- Na_2CO_3(탄산나트륨)은 물에 녹일 때 CO_3^{2-}이온이 물과 반응하여 OH^-(수산화이온)을 생성하여 염기성을 나타낸다.
- $CO_3^{2-} + H_2O \rightarrow HCO_3^- + OH^-$

14 제3주기에서 음이온이 되기 쉬운 경향성은? (단, 0족(18족) 기체는 제외한다.)

① 금속성이 큰 것
② 원자의 반지름이 큰 것
③ 최외각 전자수가 많은 것
④ 염기성 산화물을 만들기 쉬운 것

음이온이 되기 쉬운 원소는 전자를 얻으려는 경향이 크며, 이는 주로 최외각 전자수가 많을수록(즉, 전자를 추가로 채워서 옥텟을 완성하려는 경향이 클수록) 증가한다.

15 수성가스(watergas)의 주성분을 옳게 나타낸 것은?

① CO_2, CH_4
② CO, H_2
③ CO_2, H_2, O_2
④ H_2, H_2O

- $C + H_2O \rightarrow CO + H_2$
- 수성가스(watergas)는 물(H_2O, 증기)을 고온의 석탄이나 탄소와 반응시켜 생성되는 혼합가스로, 주성분은 일산화탄소(CO)와 수소(H_2)이다.

정답 10 ③ 11 ④ 12 ③ 13 ① 14 ③ 15 ②

16 ns^2np^5의 전자구조를 가지지 않는 것은?

① F(원자번호 9) ② Cl(원자번호 17)
③ Se(원자번호 34) ④ I(원자번호 53)

> ns^2np^5 전자구조는 주기율표에서 17족 원소들이 해당하며, 마지막 껍질에 s 오비탈에 2개, p 오비탈에 5개의 전자를 가지고 있다.
> • Se(원자번호 34): 셀레늄은 16족 원소로, 전자배치는 $4s^24p^4$로 ns^2np^5에 해당하지 않는다.
> • F(원자번호 9): 할로겐(할로젠)족에 속하며, 전자배치는 $1s^22s^22p^5$로, ns^2np^5에 해당한다.
> • Cl(원자번호 17): 할로겐(할로젠)족에 속하며, 전자배치는 $3s^23p^5$로, ns^2np^5에 해당한다.
> • I(원자번호 53): 할로겐(할로젠)족에 속하며, 전자배치는 $5s^25p^5$로, ns^2np^5에 해당한다.

17 pH가 2인 용액은 pH가 4인 용액과 비교하면 수소이온농도가 몇 배인 용액이 되는가?

① 100배 ② 2배
③ 10^{-1}배 ④ 10^{-2}배

> • $pH = -\log[H^+]$
> • pH가 2인 용액의 수소이온농도: $[H^+] = 10^{-2}M$
> • pH가 4인 용액의 수소이온농도: $[H^+] = 10^{-4}M$
> • pH가 2인 용액과 pH가 4인 용액의 수소이온농도 차이는 $\frac{10^{-2}}{10^{-4}} = 10^2 = 100$이다.

18 원소의 주기율표에서 같은 족에 속하는 원소들의 화학적 성질에는 비슷한 점이 있다. 이것과 관련 있는 설명은?

① 같은 크기의 반지름을 가지는 이온이 된다.
② 제일 바깥의 전자 궤도에 들어 있는 전자의 수가 같다.
③ 핵의 양 하전의 크기가 같다.
④ 원자번호를 8a + b라 하는 일반식으로 나타낼 수 있다.

> 원소의 주기율표에서 같은 족에 속하는 원소들은 제일 바깥 전자 궤도(최외각 전자)에 있는 전자의 수가 같기 때문에 화학적 성질이 비슷하다. 이 최외각 전자의 수는 원소의 화학적 반응성을 결정하는 중요한 요소이다. 따라서 같은 족에 속하는 원소들은 전형적으로 비슷한 반응성을 나타낸다.

19 다음 반응식에서 산화된 성분은?

$$MnO_2 + 4HCl \rightarrow MnCl_2 + 2H_2O + Cl_2$$

① Mn ② O
③ H ④ Cl

> • 산화는 산소를 얻고 수소를 잃어 전자를 잃는 과정으로, 산화된 성분은 산화수가 증가하는 성분이다.
> • HCl에서 Cl의 산화수는 -1인데, 반응 후 Cl_2에서 Cl의 산화수는 0으로 증가하였으므로 산화된 성분은 Cl이다.

20 방사능 붕괴의 형태 중 $^{226}_{88}Ra$이 α 붕괴할 때 생기는 원소는?

① $^{222}_{86}Rn$ ② $^{232}_{90}Th$
③ $^{231}_{91}Pa$ ④ $^{238}_{92}U$

> • 방사성 원소가 α 붕괴할 때, 원자는 알파(α) 입자인 헬륨 원자핵(^4_2He)을 방출한다.
> • 알파(α) 붕괴는 원자의 질량수가 4 감소하고, 원자번호가 2 감소하는 과정이다.
> • 알파(α) 붕괴는 다음과 같이 일어난다.
>   - 질량수 4 감소 → 226 - 4 = 222
>   - 원자번호 2 감소 → 88 - 2 = 86
> • 따라서 $^{222}_{86}Rn$(라돈)이 생성된다.

21 불활성 가스 소화약제 중 IG-55의 구성성분을 모두 나타낸 것은?

① 질소 ② 이산화탄소
③ 질소와 아르곤 ④ 질소, 아르곤, 이산화탄소

> • IG-55는 불활성 가스 소화약제 중 하나로, 질소(N_2)와 아르곤(Ar)이 각각 50%씩 혼합된 소화약제이다.
> • IG-55는 화재발생 시 산소농도를 낮추어 화재를 진압하는 방식으로, 불활성 가스들이 화학적으로 반응하지 않고 물리적으로 산소농도를 낮추는 역할을 한다.

정답 16 ③ 17 ① 18 ② 19 ④ 20 ① 21 ③

22 ABC급 화재에 적응성이 있으며 열분해되어 부착성이 좋은 메타인산을 만드는 분말 소화약제는?

① 제1종   ② 제2종
③ 제3종   ④ 제4종

분말 소화약제의 종류			
약제명	주성분	분해식	적응화재
제1종	탄산수소나트륨	$2NaHCO_3 \rightarrow Na_2CO_3 + CO_2 + H_2O$	BC
제2종	탄산수소칼륨	$2KHCO_3 \rightarrow K_2CO_3 + CO_2 + H_2O$	BC
제3종	인산암모늄	$NH_4H_2PO_4 \rightarrow NH_3 + HPO_3 + H_2O$	ABC
제4종	탄산수소칼륨 + 요소	-	BC

인산암모늄은 열분해하여 메타인산(HPO_3)을 생성하는데, 메타인산은 부착성이 있어 산소의 유입을 차단한다.

23 종별 분말 소화약제에 대한 설명으로 틀린 것은?

① 제1종은 탄산수소나트륨을 주성분으로 한 분말
② 제2종은 탄산수소나트륨과 탄산칼슘을 주성분으로 한 분말
③ 제3종은 제1인산암모늄을 주성분으로 한 분말
④ 제4종은 탄산수소칼륨과 요소와의 반응물을 주성분으로 한 분말

분말 소화약제의 종류		
약제명	주성분	분해식
제1종	탄산수소나트륨	$2NaHCO_3 \rightarrow Na_2CO_3 + CO_2 + H_2O$
제2종	탄산수소칼륨	$2KHCO_3 \rightarrow K_2CO_3 + CO_2 + H_2O$
제3종	인산암모늄	$NH_4H_2PO_4 \rightarrow NH_3 + HPO_3 + H_2O$
제4종	탄산수소칼륨 + 요소	-

24 제조소 건축물로 외벽이 내화구조인 것의 1소요단위는 연면적이 몇 m²인가?

① 50   ② 100
③ 150   ④ 1,000

소요단위(연면적)		
구분	내화구조(m²)	비내화구조(m²)
제조소 취급소	100	50
저장소	150	75

25 다음 소화설비 중 능력단위가 1.0인 것은?

① 삽 1개를 포함한 마른모래 50L
② 삽 1개를 포함한 마른모래 150L
③ 삽 1개를 포함한 팽창질석 100L
④ 삽 1개를 포함한 팽창질석 160L

소화설비의 능력단위		
소화설비	용량(L)	능력단위
소화전용물통	8	0.3
수조(물통 3개 포함)	80	1.5
수조(물통 6개 포함)	190	2.5
마른모래(삽 1개 포함)	50	0.5
팽창질석·팽창진주암(삽 1개 포함)	160	1.0

26 가연성 가스나 증기의 농도를 연소한계 이하로 하여 소화하는 방법은?

① 희석소화   ② 제거소화
③ 질식소화   ④ 냉각소화

희석소화는 불활성 기체(예 질소, 이산화탄소 등)를 사용하여 가연성 가스의 농도를 낮추어 연소가 불가능한 수준으로 만드는 소화 방법이다.

27 위험물안전관리법령상 옥내소화전설비에 관한 기준에 대해 다음 ( )에 알맞은 수치를 옳게 나열한 것은?

> 옥내소화전설비는 각 층을 기준으로 하여 당해 층의 모든 옥내소화전(설치개수가 5개 이상인 경우는 5개의 옥내소화전)을 동시에 사용할 경우에 각 노즐끝부분의 방수압력이 (ⓐ)kPa 이상이고 방수량이 1분당 (ⓑ)L 이상의 성능이 되도록 할 것

① ⓐ 350, ⓑ 260
② ⓐ 450, ⓑ 260
③ ⓐ 350, ⓑ 450
④ ⓐ 450, ⓑ 450

> **옥내소화전설비의 설치기준(시행규칙 별표 17)**
> 옥내소화전설비는 각 층을 기준으로 하여 당해 층의 모든 옥내소화전(설치개수가 5개 이상인 경우는 5개의 옥내소화전)을 동시에 사용할 경우에 각 노즐끝부분의 방수압력이 350kPa 이상이고 방수량이 1분당 260L 이상의 성능이 되도록 할 것

28 소화기에 "A-2"로 표시되어 있었다면 숫자 "2"가 의미하는 것은 무엇인가?

① 소화기의 제조번호
② 소화기의 소요단위
③ 소화기의 능력단위
④ 소화기의 사용순위

> • A : 적응화재
> • 2 : 능력단위

29 알코올 화재 시 수성막포 소화약제는 내알코올포 소화약제에 비하여 소화효과가 낮다. 그 이유로서 가장 타당한 것은?

① 소화약제와 섞이지 않아서 연소면을 확대하기 때문에
② 알코올은 포와 반응하여 가연성 가스를 발생하기 때문에
③ 알코올이 연료로 사용되어 불꽃의 온도가 올라가기 때문에
④ 수용성 알코올로 인해 포가 소멸되기 때문에

> • 알코올은 수용성이기 때문에 일반적인 수성막포 소화약제는 알코올과 반응하여 포막이 쉽게 파괴된다. 이로 인해 알코올 화재 시 수성막포 소화약제를 사용하면 포가 화재 표면을 덮는 효과가 줄어들고, 소화 성능이 떨어진다.
> • 내알코올포 소화약제는 이러한 환경에서도 포막이 유지되도록 설계되어 있어 알코올 화재에서도 효과적으로 작용한다.

30 위험물안전관리법령상 이동저장탱크(압력탱크)에 대해 실시하는 수압시험은 용접부에 대한 어떤 시험으로 대신할 수 있는가?

① 비파괴시험과 기밀시험
② 비파괴시험과 충수시험
③ 충수시험과 기밀시험
④ 방폭시험과 충수시험

> **이동저장탱크의 구조(시행규칙 별표 10)**
> 압력탱크(최대상용압력이 46.7kPa 이상인 탱크를 말한다) 외의 탱크는 70kPa의 압력으로, 압력탱크는 최대상용압력의 1.5배의 압력으로 각각 10분간의 수압시험을 실시하여 새거나 변형되지 아니할 것. 이 경우 수압시험은 용접부에 대한 비파괴시험과 기밀시험으로 대신할 수 있다.

31 정전기를 유효하게 제거할 수 있는 설비를 설치하고자 할 때 위험물안전관리법령에서 정한 정전기 제거 방법의 기준으로 옳은 것은?

① 공기 중의 상대습도를 70% 이상으로 하는 방법
② 공기 중의 상대습도를 70% 미만으로 하는 방법
③ 공기 중의 절대습도를 70% 이상으로 하는 방법
④ 공기 중의 절대습도를 70% 미만으로 하는 방법

> 상대습도가 70% 이상으로 올라가면, 공기 중에 수분(수증기)이 많이 포함되게 된다. 이 수분은 물체 표면에 얇은 수막을 형성하게 되는데, 물은 전기 전도성이 있기 때문에 물체 표면에 축적된 전하가 빠르게 자연 방전된다. 즉, 물 분자가 전자를 전달하면서 정전기가 더 쉽게 소멸된다.

정답 27 ① 28 ③ 29 ④ 30 ① 31 ①

32 위험물안전관리법령상 위험물 저장·취급 시 화재 또는 재난을 방지하기 위하여 자체소방대를 두어야 하는 경우가 아닌 것은?

① 지정수량의 3천배 이상의 제4류 위험물을 저장·취급하는 제조소
② 지정수량의 3천배 이상의 제4류 위험물을 저장·취급하는 일반취급소
③ 지정수량의 2천배의 제4류 위험물을 취급하는 일반취급소와 지정수량이 1천배의 제4류 위험물을 취급하는 제조소가 동일한 사업소에 있는 경우
④ 지정수량의 3천배 이상의 제4류 위험물을 저장·취급하는 옥외탱크저장소

> **자체소방대를 설치하여야 하는 사업소(시행령 제18조)**
> • 제조소 또는 일반취급소에서 취급하는 제4류 위험물의 최대수량의 합이 지정수량의 3천배 이상인 경우(다만, 보일러로 위험물을 소비하는 일반취급소등 행정안전부령으로 정하는 일반취급소는 제외한다)
> • 옥외탱크저장소에 저장하는 제4류 위험물의 최대수량이 지정수량의 50만배 이상인 경우

33 인화점이 70℃ 이상인 제4류 위험물을 저장·취급하는 소화난이도등급 Ⅰ의 옥외탱크저장소(지중탱크 또는 해상탱크 외의 것)에 설치하는 소화설비는?

① 스프링클러소화설비
② 물분무 소화설비
③ 간이소화설비
④ 분말 소화설비

> 소화난이도등급 Ⅰ의 옥외탱크저장소(지중탱크 또는 해상탱크 외의 것) 중 인화점 70℃ 이상의 제4류 위험물만을 저장·취급하는 것에는 물분무 소화설비 또는 고정식 포 소화설비를 설치한다(시행규칙 별표 17).

34 다음은 어떤 화합물의 구조식인가?

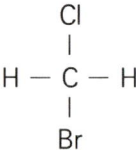

① 할론 1301
② 할론 1201
③ 할론 1011
④ 할론 2402

> • 할론넘버는 C, F, Cl, Br 순서대로 화합물 내에 존재하는 각 원자의 개수를 표시하며, 수소(H)의 개수는 할론넘버에 포함시키지 않는다.
> • 할론 1011 = CH_2ClBr
> • 탄소는 네 개의 결합을 가지므로, 할론 구조식에서 탄소에 결합된 할로겐(할로젠) 원자의 개수가 부족할 경우, 나머지 결합은 수소로 채워진다. 따라서 탄소에 Cl, Br이 결합되어 남은 두 자리를 H 원자가 채워 CH_2ClBr 구조를 형성한다.

35 일반적으로 다량의 주수를 통한 소화가 가장 효과적인 화재는?

① A급 화재
② B급 화재
③ C급 화재
④ D급 화재

> A급 화재는 일반화재로 다량의 주수를 통한 소화가 가장 효과적이다.

36 다량의 비수용성 제4류 위험물의 화재 시 물로 소화하는 것이 적합하지 않은 이유는?

① 가연성 가스를 발생한다.
② 연소면을 확대한다.
③ 인화점이 내려간다.
④ 물이 열분해한다.

> 비수용성 제4류 위험물(예 휘발유, 경유 등)은 대부분 물보다 가볍고 물에 녹지 않으므로 화재 시 물을 사용하면 기름이 물 위에 떠서 연소 면적이 확대될 수 있다.

정답 32 ④ 33 ② 34 ③ 35 ① 36 ②

37 이산화탄소 소화설비의 소화약제 방출방식 중 전역방출방식 소화설비에 대한 설명으로 옳은 것은?

① 발화위험 및 연소위험이 적고 광대한 실내에서 특정 장치나 기계만을 방호하는 방식
② 일정 방호구역 전체에 방출하는 경우 해당 부분의 구획을 밀폐하여 불연성 가스를 방출하는 방식
③ 일반적으로 개방되어 있는 대상물에 대하여 설치하는 방식
④ 사람이 용이하게 소화활동을 할 수 있는 장소에서는 호스를 연장하여 소화활동을 행하는 방식

전역방출방식
소화약제를 방호구역 전체에 방출하여 화재를 진압하는 방식이다. 이 방식은 소화약제를 불연성 가스로 방호구역 내에 방출하고, 그 구역의 밀폐성을 유지하여 소화효과를 극대화한다. 주로 방호구역 전체에 화재가 발생할 가능성이 있을 때 사용되며, 불연성 가스를 방출하여 산소농도를 낮추어 화재를 진압한다.

38 위험물안전관리법령상 옥내소화전설비의 설치기준에서 옥내소화전은 제조소등의 건축물의 층마다 당해 층의 각 부분에서 하나의 호스접속구까지의 수평거리가 몇 m 이하가 되도록 설치하여야 하는가?

① 5   ② 10
③ 15   ④ 25

옥내소화전은 제조소등의 건축물의 층마다 당해 층의 각 부분에서 하나의 호스접속구까지의 수평거리가 25m 이하가 되도록 설치할 것(시행규칙 별표 17)

39 이산화탄소를 이용한 질식소화에 있어서 아세톤의 한계산소농도에 가장 가까운 것은?

① 15   ② 18
③ 21   ④ 25

- 한계산소농도는 가연성 물질이 연소를 지속하기 위해 필요한 최소한의 산소농도를 말한다.
- 아세톤의 경우, 산소농도가 약 15% 이하로 떨어지면 연소가 중단된다.

40 화재의 위험성이 감소한다고 판단할 수 있는 경우는?

① 주변의 온도가 낮을수록
② 폭발 하한값이 작아지고 폭발범위가 넓을수록
③ 산소농도가 높을수록
④ 착화온도가 낮아지고 인화점이 낮을수록

- 주변의 온도가 낮을수록 화재의 위험성은 감소한다.
- 폭발 하한값이 작아지고 폭발범위가 넓을수록, 폭발할 수 있는 농도의 범위가 커지기 때문에 화재 및 폭발 위험성이 증가한다.
- 산소농도가 높을수록 연소가 더 쉽게 일어나기 때문에 화재의 위험성이 증가한다.
- 착화온도와 인화점이 낮을수록 물질이 더 쉽게 발화할 수 있기 때문에 화재의 위험성이 증가한다.

41 1기압 27℃에서 아세톤 58g을 완전히 기화시키면 부피는 약 몇 L가 되는가?

① 22.4   ② 24.6
③ 27.4   ④ 58.0

- 이상기체 방정식($PV = nRT$)을 이용하여 문제를 푼다.
  - P: 압력(1atm)
  - V: 부피(L)
  - n: 몰수(mol)
  - R: 기체상수(0.082L·atm/mol·K)
  - T: 300K(절대온도로 변환하기 위해 273을 더한다)
- 아세톤(CH_3COCH_3)의 몰질량: 58g/mol
- 아세톤의 몰수(n) = $\dfrac{58g}{58g/mol}$ = 1mol
- $V = \dfrac{nRT}{P} = \dfrac{1 \times 0.082 \times 300}{1} = 24.63L$

정답 37 ② 38 ④ 39 ① 40 ① 41 ②

42 운반할 때 빗물의 침투를 방지하기 위하여 방수성이 있는 피복으로 덮어야 하는 위험물은?

① TNT
② 이황화탄소
③ 과염소산
④ 마그네슘

> 제2류 위험물인 마그네슘은 금수성 물질로, 물과 접촉할 경우 화재나 폭발을 일으킬 수 있다. 따라서 빗물이나 습기가 침투하지 않도록 방수성이 있는 피복으로 덮어야 한다.

43 다음 중 황린의 연소 생성물은?

① 삼황화인
② 인화수소
③ 오산화인
④ 오황화인

> 황린의 연소반응식
> · $P_4 + 5O_2 \rightarrow 2P_2O_5$
> · 황린은 산소와 반응하여 오산화인(P_2O_5)을 발생한다.

44 트라이에틸알루미늄 분자식에 포함된 탄소의 개수는?

① 2
② 3
③ 5
④ 6

> 트라이에틸알루미늄 분자식: $(C_2H_5)_3Al$
> → 위 분자식을 통해 탄소가 6개 있음을 알 수 있다.

45 다음 중 증기비중이 가장 큰 것은?

① 벤젠
② 아세톤
③ 아세트알데하이드
④ 톨루엔

> · 증기비중 = $\dfrac{분자량}{29(공기의\ 평균\ 분자량)}$
> · 각 위험물별 증기비중
> – 벤젠(C_6H_6): $\dfrac{(12 \times 6) + (1 \times 6)}{29}$ = 약 2.7
> – 아세톤(CH_3COCH_3): $\dfrac{(12 \times 3) + (1 \times 6) + (16 \times 1)}{29}$ = 2.0
> – 아세트알데하이드(CH_3CHO): $\dfrac{(12 \times 2) + (1 \times 4) + (16 \times 1)}{29}$ = 약 1.5
> – 톨루엔($C_6H_5CH_3$): $\dfrac{(12 \times 7) + (1 \times 8)}{29}$ = 약 3.17

46 외부의 산소공급이 없어도 연소하는 물질이 아닌 것은?

① 알루미늄의 탄화물
② 하이드록실아민
③ 유기과산화물
④ 질산에스터

> 알루미늄의 탄화물은 제3류 위험물로 자체 산소를 포함하고 있지 않아 외부에서 산소가 공급되지 않으면 연소할 수 없는 물질이다. 주로 고온에서 반응하며, 연소 과정에서 산소가 필요하다.

47 옥외저장탱크·옥내저장탱크 또는 지하저장탱크 중 압력탱크에 저장하는 아세트알데하이드등의 온도는 몇 ℃ 이하로 유지하여야 하는가?

① 30
② 40
③ 55
④ 65

> 옥외저장탱크·옥내저장탱크 또는 지하저장탱크 중 압력탱크에 저장하는 아세트알데하이드등 또는 다이에틸에터등의 온도는 40℃ 이하로 유지할 것(시행규칙 별표 18)

48 위험물안전관리자를 해임한 후 며칠 이내에 후임자를 선임하여야 하는가?

① 14일
② 15일
③ 20일
④ 30일

> 안전관리자를 선임한 제조소등의 관계인은 그 안전관리자를 해임하거나 안전관리자가 퇴직한 때에는 해임하거나 퇴직한 날부터 30일 이내에 다시 안전관리자를 선임하여야 한다(위험물안전관리법 제15조).

정답 42 ④ 43 ③ 44 ④ 45 ④ 46 ① 47 ② 48 ④

49 연소반응을 위한 산소공급원이 될 수 없는 것은?

① 과망가니즈산칼륨 ② 염소산칼륨
③ 탄화칼슘   ④ 질산칼륨

> 탄화칼슘(CaC_2)은 산소를 포함하거나 공급하는 물질이 아니며, 주로 아세틸렌(C_2H_2) 가스를 발생시키는 물질로 사용된다. 따라서 연소반응을 위한 산소공급원이 될 수 없다.

50 탄화칼슘에 대한 설명으로 틀린 것은?

① 화재 시 이산화탄소 소화기가 적응성이 있다.
② 비중은 약 2.2로 물보다 무겁다.
③ 질소 중에서 고온으로 가열하면 $CaCN_2$가 얻어진다.
④ 물과 반응하면 아세틸렌 가스가 발생한다.

> - $CaC_2 + 2CO_2 \rightarrow CaCO_3 + 2CO$
> - 탄화칼슘은 이산화탄소와 반응하여 탄산칼슘과 일산화탄소를 발생시킨다.
> - 화재 시 이산화탄소 소화기를 사용하면 가스를 밀폐시켜 위험을 가중시킬 수 있다.
> - 인화성이 강한 물질이므로 건조사나 팽창질석과 같은 물질로 소화하는 것이 바람직하다.

51 위험물안전관리법령상 제4류 위험물 옥외저장탱크의 대기밸브부착 통기관은 몇 kPa 이하의 압력 차이로 작동할 수 있어야 하는가?

① 2 ② 3
③ 4 ④ 5

> 제4류 위험물 옥외저장탱크의 대기밸브부착 통기관은 5kPa 이하의 압력 차이로 작동할 수 있어야 한다(시행규칙 별표 6).

52 아세트알데하이드의 저장 시 주의할 사항으로 틀린 것은?

① 구리나 마그네슘 합금 용기에 저장한다.
② 화기를 가까이 하지 않는다.
③ 용기의 파손에 유의한다.
④ 찬 곳에 저장한다.

> - 아세트알데하이드는 구리나 마그네슘과 반응할 수 있으므로, 이들 금속이 포함된 합금 용기는 사용하지 않아야 한다.
> - 일반적으로 아세트알데하이드는 스테인리스강이나 특수 코팅된 용기에 저장한다.

53 다음 중 조해성이 있는 황화인만 모두 선택하여 나열한 것은?

$$P_4S_3,\ P_2S_5,\ P_4S_7$$

① $P_4S_3,\ P_2S_5$ ② $P_4S_3,\ P_4S_7$
③ $P_2S_5,\ P_4S_7$ ④ $P_4S_3,\ P_2S_5,\ P_4S_7$

> - 조해성이란 공기 중에서 수분을 흡수하여 녹는 성질을 의미한다.
> - 황화인 중에서 조해성이 있는 황화인은 P_2S_5(오황화인), P_4S_7(칠황화인)이다.

54 그림과 같은 타원형 탱크의 내용적은 약 몇 m^3인가?

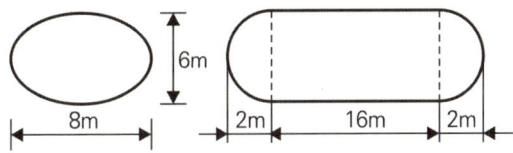

① 453 ② 553
③ 653 ④ 753

> 양쪽이 볼록한 타원형 탱크의 내용적
> $$V = \frac{\pi ab}{4} \times (l + \frac{l_1 + l_2}{3})$$
> $$= \frac{\pi \times 8 \times 6}{4} \times (16 + \frac{2+2}{3}) = 653 m^3$$

정답 49 ③ 50 ① 51 ④ 52 ① 53 ③ 54 ③

55 위험물안전관리법령상 제4류 위험물을 지정수량의 3천배 초과 4천배 이하로 저장하는 옥외탱크저장소의 보유공지는 얼마인가?

① 6m 이상 ② 9m 이상
③ 12m 이상 ④ 15m 이상

옥외저장탱크의 보유공지	
저장 또는 취급하는 위험물의 최대수량	공지의 너비
지정수량의 500배 이하	3m 이상
지정수량의 500배 초과 1,000배 이하	5m 이상
지정수량의 1,000배 초과 2,000배 이하	9m 이상
지정수량의 2,000배 초과 3,000배 이하	12m 이상
지정수량의 3,000배 초과 4,000배 이하	15m 이상

56 위험물안전관리법령에 명기된 위험물의 운반용기 재질에 포함되지 않는 것은?

① 고무류 ② 유리
③ 도자기 ④ 종이

운반용기의 재질은 강판·알루미늄판·양철판·유리·금속판·종이·플라스틱·섬유판·고무류·합성섬유·삼·짚 또는 나무로 한다.

57 위험물이 물과 접촉하였을 때 발생하는 기체를 옳게 연결한 것은?

① 인화칼슘 - 포스핀
② 과산화칼륨 - 아세틸렌
③ 나트륨 - 산소
④ 탄화칼슘 - 수소

인화칼슘과 물의 반응식
• $Ca_3P_2 + 6H_2O \rightarrow 3Ca(OH)_2 + 2PH_3$
• 인화칼슘은 물과 반응하여 수산화칼슘과 인화수소(포스핀)를 발생한다.

58 다음 위험물 중 가열 시 분해온도가 가장 낮은 물질은?

① $KClO_3$ ② Na_2O_2
③ NH_4ClO_4 ④ KNO_3

각 위험물별 분해온도
• 염소산칼륨($KClO_3$): 400℃
• 과산화나트륨(Na_2O_2): 460℃
• 과염소산암모늄(NH_4ClO_4): 130℃
• 질산칼륨(KNO_3): 400℃

59 위험물제조소등의 용도폐지신고에 대한 설명으로 옳지 않은 것은?

① 용도폐지한 날부터 30일 이내에 신고하여야 한다.
② 완공검사합격확인증을 첨부한 용도폐지신고서를 제출하는 방법으로 신고한다.
③ 전자문서로 된 용도폐지신고서를 제출하는 경우에도 완공검사합격확인증을 제출하여야 한다.
④ 신고의무의 주체는 해당 제조소등의 관계인이다.

제조소등의 용도를 폐지한 날부터 14일 이내에 시·도지사에게 신고하여야 한다(위험물안전관리법 제11조).

60 다음 2가지 물질을 혼합하였을 때 그로 인한 발화 또는 폭발의 위험성이 가장 낮은 것은?

① 아염소산나트륨과 티오황산나트륨
② 질산과 이황화탄소
③ 아세트산과 과산화나트륨
④ 나트륨과 등유

유별을 달리하는 위험물 혼재기준			
1	6		혼재 가능
2	5	4	혼재 가능
3	4		혼재 가능

나트륨(3류)과 등유(4류)는 혼재 가능한 위험물로 발화 또는 폭발의 위험성이 가장 낮다.

정답 55 ④ 56 ③ 57 ① 58 ③ 59 ① 60 ④

2022년 2회 CBT 기출복원문제

01 20℃에서 600mL의 부피를 차지하고 있는 기체를 압력의 변화 없이 온도를 40℃로 변화시키면 부피는 얼마로 변하겠는가?

① 300mL ② 641mL
③ 836mL ④ 1,200mL

> 샤를의 법칙에 따르면, 압력이 일정할 때 기체의 부피는 절대온도에 비례하므로 온도 변화에 따른 기체의 부피 변화를 계산할 수 있다.
> - 샤를의 법칙 = $\dfrac{V_1}{T_1} = \dfrac{V_2}{T_2}$
>   - 초기 부피 V_1 = 600mL
>   - 초기 온도 T_1 = 20℃ = 293K
>   - 최종 온도 T_2 = 40℃ = 313K
> - $\dfrac{600mL}{293K} = \dfrac{V_2}{313K}$ 이므로, V_2 = 641mL이다.

02 다음의 그래프는 어떤 고체 물질의 용해도 곡선이다. 100℃ 포화용액(비중 1.4) 100mL를 20℃의 포화용액으로 만들려면 몇 g의 물을 더 가해야 하는가?

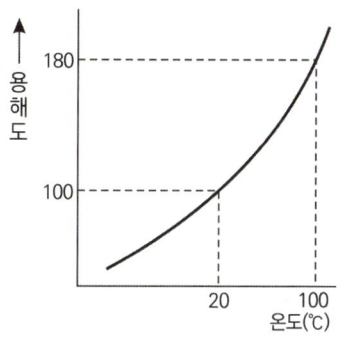

① 20g ② 40g
③ 60g ④ 80g

- 비중 1.4인 포화용액 100ml를 g으로 환산한다.
  → 100ml × 1.4g = 140g
- 100℃에서 포화용액 280g = 용매 100g + 용질 180g
- 100℃에서 포화용액 140g = 용매 50g + 용질 90g
- 20℃에서 포화용액 200g = 용매 100g + 용질 100g
- 20℃에서 용매와 용질이 같은 양으로 용해된다.
- 100℃의 포화용액 140g을 20℃로 냉각하면 용질 90g인 상태이므로 용매로 90g이 될 때 포화용액이 된다.
- 따라서 40g의 물을 추가해야 한다.

03 H_2O가 H_2S보다 비등점이 높은 이유는?

① 이온결합을 하고 있기 때문에
② 수소결합을 하고 있기 때문에
③ 공유결합을 하고 있기 때문에
④ 분자량이 적기 때문에

- H_2O(물)는 산소와 수소 사이에 수소결합을 형성하여 분자 간의 결합이 매우 강하고, 더 많은 에너지가 필요하므로 비등점이 높다.
- H_2S(황화수소)는 수소결합을 형성하지 않아 비등점이 낮다.

04 최외각 전자가 2개 또는 8개로써 불활성인 것은?

① Na과 Br ② N와 Cl
③ C와 B   ④ He와 Ne

> He(헬륨)은 최외각 전자가 2개이며, Ne(네온)는 최외각 전자가 8개로 둘 다 완전한 전자 껍질을 가지고 있어 매우 안정적이고 화학적으로 불활성이다. 이러한 원소들을 비활성 기체라 한다.

정답 01 ② 02 ② 03 ② 04 ④

05 다음 물질 중 C_2H_2와 첨가반응이 일어나지 않는 것은?

① 염소 ② 수은
③ 브로민 ④ 아이오딘

- 아세틸렌(C_2H_2)은 염소(Cl_2), 브로민(Br_2), 아이오딘(I_2)과 같은 할로겐(할로젠)과는 첨가반응을 일으켜 이중결합 또는 삼중결합을 끊고 새로운 결합을 형성할 수 있다.
- 수은(Hg)은 할로겐(할로젠)이 아니기 때문에 아세틸렌(C_2H_2)과 첨가반응을 일으키지 않는다.

06 다음은 열역학 제 몇 법칙에 대한 내용인가?

> 0K(절대영도)에서 물질의 엔트로피는 0이다.

① 열역학 제0법칙 ② 열역학 제1법칙
③ 열역학 제2법칙 ④ 열역학 제3법칙

- 열역학 제0법칙: 온도가 평형에 있는 두 시스템이 제3의 시스템과도 평형에 있을 때, 서로 열적 평형 상태에 있다.
- 열역학 제1법칙: 에너지 보존 법칙으로, 에너지는 생성되거나 소멸되지 않고 형태만 변할 수 있다.
- 열역학 제2법칙: 자발적인 과정에서 엔트로피는 증가하는 경향이 있으며, 열은 높은 온도에서 낮은 온도로만 자발적으로 흐른다.
- 열역학 제3법칙: 절대영도 0K에서 모든 완전 결정체의 엔트로피는 0이다.

07 원자량이 56인 금속 M 1.12g을 산화시켜 실험식이 M_xO_y인 산화물 1.60g을 얻었다. x, y는 각각 얼마인가? ★빈출

① x = 1, y = 2 ② x = 2, y = 3
③ x = 3, y = 2 ④ x = 2, y = 1

- 금속 M의 원자량 = 56
- 금속 M의 질량 = 1.12g
- 산화물 M_xO_y의 질량 = 1.60g
- 산화물에 포함된 산소의 질량은 산화물 질량에서 금속 M의 질량을 뺀 값이므로 산소의 질량은 1.60g - 1.12g = 0.48g이다.
- 금속(M)의 몰수 = $\frac{질량}{원자량}$ = $\frac{1.12g}{56g/mol}$ = 0.02mol
- 산소의 몰수 = $\frac{질량}{원자량}$ = $\frac{0.48g}{16g/mol}$ = 0.03mol
- 따라서 실험식에서 x = 2, y = 3이다.

08 액체 0.2g을 기화시켰더니 그 증기의 부피가 97℃, 740mmHg에서 80mL였다. 이 액체의 분자량에 가장 가까운 값은? ★빈출

① 40 ② 46
③ 78 ④ 121

- 이상기체 방정식(PV = nRT)을 이용하여 액체의 분자량을 구할 수 있다.
  - P: 압력($\frac{740}{760}$ atm)
  - V: 부피(L)
  - n: 몰수(mol)
  - R: 기체상수(0.082L·atm/mol·K)
  - T: 370K(절대온도로 변환하기 위해 273을 더한다)
- 몰수(n) = $\frac{\frac{740}{760} \times 0.08}{0.082 \times 370}$ = 0.00256mol
- 분자량 = $\frac{질량}{몰수}$ = $\frac{0.2}{0.00256}$ = 78.1g/mol

09 다음에서 설명하는 법칙으로 옳은 것은?

> 묽은 용액의 삼투압은 용매나 용질의 종류에 상관없이 용액의 몰농도와 절대온도에 비례한다.

① 반트호프의 법칙 ② 보일의 법칙
③ 아보가드로의 법칙 ④ 헨리의 법칙

반트호프의 법칙
- 묽은 용액의 삼투압은 용매나 용질의 종류에 상관없이 용액의 몰농도와 절대온도에 비례한다는 것을 설명한다.
- π = iCRT
  - π: 삼투압
  - i : 반트호프 인자(이온화 정도)
  - C: 용액의 몰농도
  - R: 기체상수
  - T: 절대온도(K)

10 30wt%인 진한 HCl의 비중은 1.1이다. 진한 HCl의 몰농도는 얼마인가? (단, HCl의 화학식량은 36.5이다.)

① 7.21　　② 9.04
③ 11.36　　④ 13.08

- 비중이 1.1이므로, 1L(= 1,000mL)의 진한 HCl 용액의 질량은 1.1g/mL × 1,000mL = 1,100g이고, 1L 용액의 총 질량은 1,100g이다.
- 30wt% HCl이므로, 1L의 용액에 포함된 HCl의 질량은 1,100g × 0.3 = 330g이다.
- HCl의 화학식량(몰질량)은 36.5g/mol이므로, 330g의 HCl의 몰농도는 $\frac{330g}{36.5g/mol}$ = 9.04mol이다.

11 한 분자 내에 배위결합과 이온결합을 동시에 가지고 있는 것은?

① NH_4Cl　　② C_6H_6
③ CH_3OH　　④ $NaCl$

- 배위결합: 암모늄이온(NH_4^+)은 질소 원자가 전자를 모두 제공하여 수소이온(H^+)과 결합하는 배위결합을 가지고 있다.
- 이온결합: 암모늄이온(NH_4^+)와 염화이온(Cl^-) 사이에는 이온결합이 존재한다.

12 p 오비탈에 대한 설명 중 옳은 것은?

① 원자핵에서 가장 가까운 오비탈이다.
② s 오비탈보다는 약간 높은 모든 에너지 준위에서 발견된다.
③ X, Y의 2방향을 축으로 한 원형 오비탈이다.
④ 오비탈의 수는 3개, 들어갈 수 있는 최대 전자수는 6개이다.

오비탈별 최대 전자수

오비탈	s	p	d	f
오비탈 수	1	3	5	7
최대 전자수	2	6	10	14

13 에탄(C_2H_6)을 연소시키면 이산화탄소(CO_2)와 수증기(H_2O)가 생성된다. 표준상태에서 에탄 30g을 반응시킬 때 발생하는 이산화탄소와 수증기의 분자수는 모두 몇 개인가?

① 6×10^{23}개　　② 12×10^{23}개
③ 18×10^{23}개　　④ 30×10^{23}개

- 에탄올 연소반응식: $2C_2H_6 + 7O_2 \rightarrow 4CO_2 + 6H_2O$
- 에탄 2mol이 연소하면 이산화탄소 4mol과 물 6mol이 생성된다.
- 에탄(C_2H_6)의 몰질량은 30g/mol이므로 에탄의 몰수는 1mol이다.
- 따라서 이산화탄소와 물은 각각 2mol, 3mol이 생성된다.
- 1mol의 물질에는 6.02×10^{23}개의 분자가 들어있으므로 총 분자수는 $5 \times 6.02 \times 10^{23}$ = 30.1×10^{23}개이다.

14 다음 물질 중 산성이 가장 센 물질은?

① 아세트산　　② 벤젠술폰산
③ 페놀　　④ 벤조산

- 산성은 주로 H^+이온을 얼마나 쉽게 내놓는지에 따라 결정된다.
- 술폰산기는 전자를 강하게 끌어당겨 H^+를 쉽게 내놓을 수 있으므로 산성이 매우 강하다.

정답　10 ②　11 ①　12 ④　13 ④　14 ②

15 다음과 같은 전자배치를 갖는 원자 A와 B에 대한 설명으로 옳은 것은?

> A: $1s^2 2s^2 2p^6 3s^2$
> B: $1s^2 2s^2 2p^6 3s^1 3p^1$

① A와 B는 다른 종류의 원자이다.
② A는 홑원자이고, B는 이원자 상태인 것을 알 수 있다.
③ A와 B는 동위원소로서 전자배열이 다르다.
④ A에서 B로 변할 때 에너지를 흡수한다.

- A와 B는 전자배치만 다를 뿐 전자 수가 같으므로 같은 원자이다.
- A는 마지막 껍질에 쌍을 이룬 전자가 있어 홑전자가 없다.
- 동위원소는 같은 원소여야 하지만 전자배열이 다르다는 것은 이 두 원소가 다른 원소임을 나타낸다.
- A의 $3S^2$에서 B는 $3S^1 3P^1$로 전자 하나가 3S에서 3P로 옮겨간다. 이 과정에서 에너지를 흡수하여 전자가 높은 에너지 준위인 3P로 올라가게 된다. 따라서 A에서 B로 변할 때 에너지를 흡수한다.

16 나이트로벤젠의 증기에 수소를 혼합한 뒤 촉매를 사용하여 환원시키면 무엇이 되는가?

① 페놀   ② 톨루엔
③ 아닐린 ④ 나프탈렌

- 나이트로벤젠($C_6H_5NO_2$)을 수소와 반응시키고 촉매를 사용하여 환원시키면 아닐린($C_6H_5NH_2$)이 생성된다.

17 콜로이드 용액을 친수콜로이드와 소수콜로이드로 구분할 때 소수콜로이드에 해당하는 것은?

① 녹말   ② 아교
③ 단백질 ④ 수산화철(Ⅲ)

- 콜로이드는 입자의 크기가 작아서 용액과 같은 상태를 유지하지만, 완전히 용해되지 않은 혼합물을 말하고, 친수성과 소수성에 따라 구분된다.
- 수산화철(Ⅲ)은 물과 친화력이 낮은 콜로이드로, 물에 잘 녹지 않고 쉽게 침전되는 성질을 가지는 대표적인 소수콜로이드이다.

18 황산구리(Ⅱ) 수용액을 전기분해할 때 63.5g의 구리를 석출시키는 데 필요한 전기량은 몇 F인가? (단, Cu의 원자량은 63.5이다.)

① 0.635F   ② 1F
③ 2F   ④ 63.5F

- $Cu^{2+} + 2e^- \rightarrow Cu$
- 63.5g의 구리는 1mol이므로, 이를 석출시키기 위해 필요한 전기량은 2mol의 전자이다. 따라서 1F에서 $\frac{1mol}{2}$의 구리가 석출된다.
- 필요한 전기량을 x라 하면 다음과 같은 식을 세울 수 있다.
  1F : 0.5mol = xF : 1mol
- 따라서 x = 2F이다.

19 C_3H_8 22.0g을 완전연소시켰을 때 필요한 공기의 부피는 약 얼마인가? (단, 0℃, 1기압 기준이며, 공기 중의 산소량은 21%이다.)

① 56L   ② 112L
③ 224L   ④ 267L

- 프로판의 완전연소 반응식: $C_3H_8 + 5O_2 \rightarrow 3CO_2 + 4H_2O$
- 프로판은 완전연소하여 이산화탄소와 물을 생성한다.
- C_3H_8의 분자량: (3 × 12) + (8 × 1) = 44g/mol
- 프로판 22.0g에 대한 몰수: $\frac{22.0g}{44g/mol}$ = 0.5mol
- 프로판이 연소할 때 5mol의 산소가 필요하므로, 프로판 0.5mol을 완전연소시키기 위해 필요한 산소의 몰수는 0.5 × 5 = 2.5mol이다.
- 표준상태에서 1mol의 기체는 22.4L를 차지하므로, 2.5mol의 산소는 2.5mol × 22.4L = 56L의 부피를 차지한다.
- 공기 중 산소가 21% 존재하므로 공기의 부피는 $\frac{56L}{0.21}$ = 267L이다.

정답 15 ④ 16 ③ 17 ④ 18 ③ 19 ④

20 불꽃 반응 시 보라색을 나타내는 금속은?

① Li ② K
③ Na ④ Ba

> 불꽃 반응에서 보라색을 나타내는 금속은 칼륨(K)이다.

21 표준상태에서 벤젠 2mol이 완전연소하는 데 필요한 이론 공기요구량은 몇 L인가? (단, 공기 중 산소는 21vol%이다.) ★빈출

① 168 ② 336
③ 1,600 ④ 3,200

> • 벤젠 연소반응식: $2C_6H_6 + 15O_2 \rightarrow 12CO_2 + 6H_2O$
> • 벤젠은 15mol의 산소와 연소하여 12mol의 이산화탄소와 6mol의 물을 생성한다.
> • 필요 산소량은 15mol × 22.4L = 336L이고, 공기 중의 산소는 21%이므로, 필요 이론 공기요구량은 $\frac{336L}{0.21}$ = 1,600L이다.

22 할로겐(할로젠)화합물 소화약제가 전기화재에 사용될 수 있는 이유에 대한 다음 설명 중 가장 적합한 것은?

① 전기적으로 부도체이다.
② 액체의 유동성이 좋다.
③ 탄산가스와 반응하여 포스겐가스를 만든다.
④ 증기의 비중이 공기보다 작다.

> • 전기화재의 경우 전류가 흐르고 있는 상태에서 소화 활동을 해야 하므로 전기적으로 도체가 아닌 물질을 사용해야 감전의 위험을 줄일 수 있다.
> • 할로겐(할로젠)화합물 소화약제는 전기적으로 부도체 특성을 가지고 있기 때문에, 전기화재에 사용될 수 있다.

23 이산화탄소 소화기 사용 중 소화기 방출구에서 생길 수 있는 물질은?

① 포스겐 ② 일산화탄소
③ 드라이아이스 ④ 수소가스

> 이산화탄소(CO_2) 소화기는 압축된 이산화탄소가스를 방출하여 화재를 진압하는 장비이다. 방출구에서 빠르게 확장된 이산화탄소는 기화하면서 주변 온도를 급격히 낮추게 되는데, 이때 이산화탄소가 고체 상태로 변해 드라이아이스(고체 이산화탄소)를 형성할 수 있다.

24 특수인화물이 소화설비 기준 적용상 1소요단위가 되기 위한 용량은? ★빈출

① 50L ② 100L
③ 250L ④ 500L

> • 특수인화물의 지정수량: 50L
> • 위험물의 1소요단위: 지정수량의 10배
> • 1소요단위가 되기 위한 용량: 50L × 10 = 500L

25 위험물안전관리법령상 위험물저장소 건축물의 외벽이 내화구조인 것은 연면적 얼마를 1소요단위로 하는가? ★빈출

① 50m² ② 75m²
③ 100m² ④ 150m²

소요단위(연면적)

구분	내화구조(m²)	비내화구조(m²)
제조소 취급소	100	50
저장소	150	75

26 위험물안전관리법령상 옥내소화전설비의 비상전원은 자가발전설비 또는 축전지설비로 옥내소화전설비를 유효하게 몇 분 이상 작동할 수 있어야 하는가?

① 10분 ② 20분
③ 45분 ④ 60분

> 옥내소화전설비의 기준(위험물안전관리에 관한 세부기준 제129조)
> 옥내소화전설비의 비상전원은 자가발전설비 또는 축전지설비에 의하되, 용량은 옥내소화전설비를 유효하게 45분 이상 작동시키는 것이 가능할 것

정답 20 ② 21 ③ 22 ① 23 ③ 24 ④ 25 ④ 26 ③

27 위험물안전관리법령상 옥내소화전설비의 설치기준에 따르면 수원의 수량은 옥내소화전이 가장 많이 설치된 층의 옥내소화전 설치개수(설치개수가 5개 이상인 경우는 5개)에 몇 m³를 곱한 양 이상이 되도록 설치하여야 하는가?

① 2.3
② 2.6
③ 7.8
④ 13.5

> **소화설비 설치기준**
> • 옥내소화전 = 설치개수(최대 5개) × 7.8m³
> • 옥외소화전 = 설치개수(최대 4개) × 13.5m³

28 제1석유류를 저장하는 옥외탱크저장소에 특형 포 방출구를 설치하는 경우, 방출율은 액표면적 1m²당 1분에 몇 L 이상이어야 하는가?

① 9.5L
② 8.0L
③ 6.5L
④ 3.7L

> **포 소화설비의 기준(위험물안전관리에 관한 세부기준 제133조)**
> 특형의 포 방출구를 설치하는 경우 제4류 위험물 중 인화점이 21℃ 미만일 때 방출율은 액표면적 1m²당 1분에 8.0L 이상이어야 한다.

29 자연발화가 잘 일어나는 조건에 해당하지 않는 것은?

① 주위 습도가 높을 것
② 열전도율이 클 것
③ 주위 온도가 높을 것
④ 표면적이 넓을 것

> **자연발화 조건**
> • 주위의 온도가 높을 것
> • 습도가 높을 것
> • 표면적이 넓을 것
> • 열전도율이 작을 것
> • 발열량이 클 것

30 액체 상태의 물이 1기압, 100℃의 수증기로 변하면 체적이 약 몇 배 증가하는가?

① 530 ~ 540
② 900 ~ 1,100
③ 1,600 ~ 1,700
④ 2,300 ~ 2,400

> • 물이 증발하면서 기체 상태로 변하면 그 부피가 크게 늘어나기 때문에 체적 변화가 일어난다.
> • 액체 상태의 물이 1기압에서 100℃의 수증기로 변할 때 체적은 약 1,600 ~ 1,700배 정도 증가한다.

31 연소 시 온도에 따른 불꽃의 색상이 잘못된 것은?

① 적색: 약 850℃
② 황적색: 약 1,100℃
③ 휘적색: 약 1,200℃
④ 백적색: 약 1,300℃

> 휘적색은 약 950℃에서 나타나는 색상이다.

32 다음 중 물이 소화약제로 쓰이는 이유로 가장 거리가 먼 것은?

① 쉽게 구할 수 있다.
② 제거소화가 잘 된다.
③ 취급이 간편하다.
④ 기화잠열이 크다

> 물이 소화약제로 사용되는 이유는 가격이 싸고, 쉽게 구할 수 있으며, 열 흡수가 매우 크고 사용방법이 비교적 간단하기 때문이나.

정답 27 ③ 28 ② 29 ② 30 ③ 31 ③ 32 ②

33 금수성 물질 저장시설에 설치하는 주의사항 게시판의 바탕색과 문자색을 옳게 나타낸 것은? ★빈출

① 적색바탕에 백색문자
② 백색바탕에 적색문자
③ 청색바탕에 백색문자
④ 백색바탕에 청색문자

> 게시판 종류 및 바탕, 문자색
>
> | 종류 | 바탕색 | 문자색 |
> |---|---|---|
> | 위험물제조소 | 백색 | 흑색 |
> | 위험물 | 흑색 | 황색 |
> | 주유 중 엔진정지 | 황색 | 흑색 |
> | 화기엄금 | 적색 | 백색 |
> | 물기엄금 | 청색 | 백색 |
>
> 제3류 위험물 중 금수성 물질 저장시설에 설치하는 게시판에 표시하는 주의사항은 물기엄금이고, 청색바탕에 백색문자로 표시한다.

34 이산화탄소 소화설비의 소화약제 방출방식 중 전역방출방식 소화설비에 대한 설명으로 옳은 것은?

① 발화위험 및 연소위험이 적고 광대한 실내에서 특정 장치나 기계만을 방호하는 방식
② 일정 방호구역 전체에 방출하는 경우 해당 부분의 구획을 밀폐하여 불연성 가스를 방출하는 방식
③ 일반적으로 개방되어 있는 대상물에 대하여 설치하는 방식
④ 사람이 용이하게 소화활동을 할 수 있는 장소에서는 호스를 연장하여 소화활동을 행하는 방식

> 전역방출방식
>
> 소화약제를 방호구역 전체에 방출하여 화재를 진압하는 방식이다. 이 방식은 소화약제를 불연성 가스로 방호구역 내에 방출하고, 그 구역의 밀폐성을 유지하여 소화효과를 극대화한다. 주로 방호구역 전체에 화재가 발생할 가능성이 있을 때 사용되며, 불연성 가스를 방출하여 산소농도를 낮추어 화재를 진압한다.

35 알루미늄분의 연소 시 주수소화하면 위험한 이유를 옳게 설명한 것은?

① 물에 녹아 산이 된다.
② 물과 반응하여 유독가스가 발생한다.
③ 물과 반응하여 수소가스가 발생한다.
④ 물과 반응하여 산소가스가 발생한다.

> 알루미늄과 물의 반응식
> - $2Al + 6H_2O \rightarrow 2Al(OH)_3 + 3H_2$
> - 알루미늄분은 물과 반응하여 수산화알루미늄과 수소를 발생하며 폭발하므로 주수소화가 금지된다.

36 포 소화약제에 의한 소화방법으로 다음 중 가장 주된 소화효과는?

① 희석소화
② 질식소화
③ 제거소화
④ 자기소화

> 포 소화약제는 거품이 공기를 차단하여 질식소화효과를 나타내며, 포의 수분이 증발하면서 냉각하여 냉각소화효과를 나타낸다.

37 위험등급이 나머지 셋과 다른 것은?

① 알칼리토금속
② 아염소산염류
③ 질산에스터류
④ 제6류 위험물

> - 알칼리토금속(제3류 위험물)의 위험등급: Ⅱ등급
> - 아염소산염류(제1류 위험물), 질산에스터류(제5류 위험물), 제6류 위험물의 위험등급: Ⅰ등급

정답 33 ③ 34 ② 35 ③ 36 ② 37 ①

38 벤젠과 톨루엔의 공통점이 아닌 것은?

① 물에 녹지 않는다.
② 냄새가 없다.
③ 휘발성 액체이다.
④ 증기는 공기보다 무겁다.

> 벤젠과 톨루엔은 모두 유기용매 특유의 냄새를 가진 방향족 화합물이다.

39 위험물안전관리법령상 정전기를 유효하게 제거하기 위해서는 공기 중의 상대습도를 몇 % 이상이 되게 하여야 하는가?

① 40%   ② 50%
③ 60%   ④ 70%

> 정전기 방지대책
> • 접지에 의한 방법
> • 공기를 이온화함
> • 공기 중의 상대습도를 70% 이상으로 함

40 위험물안전관리법령상 제6류 위험물에 적응성이 있는 소화설비는?

① 옥내소화전설비
② 불활성 가스 소화설비
③ 할로겐(할로젠)화합물 소화설비
④ 탄산수소염류 분말 소화설비

> • 옥내소화전설비는 물을 사용한 소화방법으로, 제6류 위험물에 적응성이 있다.
> • 물을 대량으로 사용하여 위험물의 온도를 낮추고, 산소농도를 조절할 수 있으며, 과산화수소나 질산 같은 산화성 물질에 효과적으로 대응할 수 있다.
> • 제6류 위험물은 옥외소화전설비, 옥내소화전설비, 스프링클러설비, 물분무 소화설비, 포 소화설비에 적응성이 있으며 마른모래를 이용한 질식소화도 효과적이다.

41 다음의 2가지 물질을 혼합하였을 때 위험성이 증가하는 경우가 아닌 것은?

① 과망가니즈산칼륨 + 황산
② 나이트로셀룰로오스 + 알코올 수용액
③ 질산나트륨 + 유기물
④ 질산 + 에틸알코올

> • 나이트로셀룰로오스는 가연성이 있지만, 알코올 수용액과 혼합했을 때 특별히 폭발적인 반응이나 위험이 크게 증가하지 않는다.
> • 알코올 수용액은 나이트로셀룰로오스를 용해시키거나 확산시키는 역할을 할 수 있지만, 혼합으로 인해 화재나 폭발과 같은 위험이 크게 증가하는 것은 아니다.
> • 따라서 나이트로셀룰로오스와 알코올 수용액은 혼합 시 위험성이 크게 증가하지 않는다.

42 질산나트륨을 저장하고 있는 옥내저장소(내화구조의 격벽으로 완전히 구획된 실이 2 이상 있는 경우에는 동일한 실)에 함께 저장하는 것이 법적으로 허용되는 것은? (단, 위험물을 유별로 정리하여 서로 1m 이상의 간격을 두는 경우이다.)

① 적린   ② 인화성 고체
③ 동식물유류   ④ 과염소산

> 유별을 달리하더라도 1m 이상 간격을 둘 때 저장 가능한 경우
> • 제1류 위험물(알칼리금속의 과산화물 또는 이를 함유한 것을 제외한다)과 제5류 위험물을 저장하는 경우
> • 제1류 위험물과 제6류 위험물을 저장하는 경우
> • 제1류 위험물과 제3류 위험물 중 자연발화성 물질(황린 또는 이를 함유한 것에 한한다)을 저장하는 경우
> • 제2류 위험물 중 인화성 고체와 제4류 위험물을 저장하는 경우
> • 제3류 위험물 중 알킬알루미늄등과 제4류 위험물(알킬알루미늄 또는 알킬리튬을 함유한 것에 한한다)을 저장하는 경우
> • 제4류 위험물 중 유기과산화물 또는 이를 함유하는 것과 제5류 위험물 중 유기과산화물 또는 이를 함유한 것을 저장하는 경우
> → 질산나트륨은 제1류 위험물이므로 함께 저장 가능한 위험물은 제6류 위험물인 과염소산이다.

정답 38 ② 39 ④ 40 ① 41 ② 42 ④

43 다음 중 위험물안전관리법령상 제2석유류에 해당되는 것은?

- ① 벤젠(C_6H_6): 제1석유류
- ② 사이클로헥산(C_6H_{12}): 제1석유류
- ③ 에틸벤젠($C_6H_5C_2H_5$): 제1석유류
- ④ 벤즈알데하이드(C_6H_5CHO): 제2석유류(인화점 약 64℃)

44 위험물안전관리법령상 위험물의 운반에 관한 기준에 따르면 위험물은 규정에 의한 운반용기에 법령에서 정한 기준에 따라 수납하여 적재하여야 한다. 다음 중 적용 예외의 경우에 해당하는 것은? (단, 지정수량의 2배인 경우이며, 위험물을 동일 구내에 있는 제조소등의 상호 간에 운반하기 위하여 적재하는 경우는 제외한다.)

① 덩어리 상태의 황을 운반하기 위하여 적재하는 경우
② 금속분을 운반하기 위하여 적재하는 경우
③ 삼산화크로뮴을 운반하기 위하여 적재하는 경우
④ 염소산나트륨을 운반하기 위하여 적재하는 경우

위험물 적재방법(시행규칙 별표 19)
위험물은 규정에 의한 운반용기에 기준에 따라 수납하여 적재하여야 한다. 다만, 덩어리 상태의 황을 운반하기 위하여 적재하는 경우 또는 위험물을 동일 구내에 있는 제조소등의 상호 간에 운반하기 위하여 적재하는 경우에는 그러하지 아니하다.

45 온도 및 습도가 높은 장소에서 취급할 때 자연발화의 위험이 가장 큰 물질은?

① 아닐린   ② 황화인
③ 질산나트륨   ④ 셀룰로이드

셀룰로이드는 매우 불안정한 물질로, 특히 고온이나 습도가 높은 환경에서 쉽게 발화할 수 있는 위험이 있다.

46 위험물의 운반용기 재질 중 액체 위험물의 외장용기로 사용할 수 없는 것은?

① 유리   ② 나무
③ 파이버판   ④ 플라스틱

유리는 깨지기 쉬운 성질 때문에 액체 위험물의 외장용기로 사용하기 적합하지 않다. 운반 중 충격이나 외부의 힘에 의해 쉽게 파손될 수 있어 위험을 초래한다.

47 지정수량 20배 이상의 제1류 위험물을 저장하는 옥내저장소에서 내화구조로 하지 않아도 되는 것은? (단, 원칙적인 경우에 한한다.)

① 바닥   ② 보
③ 기둥   ④ 벽

- 벽, 기둥 및 바닥: 내화구조
- 보, 서까래: 불연재료

48 다음 중 특수인화물이 아닌 것은?

① CS_2 ② $C_2H_5OC_2H_5$
③ CH_3CHO ④ HCN

사이안화수소(HCN)는 제4류 위험물 중 제1석유류이다.

49 위험물안전관리법령의 규정에 따라 다음과 같이 예방조치를 하여야 하는 위험물은?

- 운반용기의 외부에 '화기엄금' 및 '충격주의'를 표시한다.
- 적재하는 경우 차광성 있는 피복으로 가린다.
- 55℃ 이하에서 분해될 우려가 있는 경우 보냉 컨테이너에 수납하여 적정한 온도관리를 한다.

① 제1류 ② 제2류
③ 제3류 ④ 제5류

- 제5류 위험물의 운반용기 외부에 '화기엄금' 및 '충격주의'를 표시하고, 적재하는 경우 차광성 있는 피복으로 가린다.
- 제5류 위험물 중 55℃ 이하의 온도에서 분해될 우려가 있는 것은 보냉 컨테이너에 수납하는 등 적정한 온도관리를 하여야 한다.

50 제3류 위험물의 운반 시 혼재할 수 있는 위험물은 제 몇 류 위험물인가? (단, 각각 지정수량의 10배인 경우이다.)

① 제1류 ② 제2류
③ 제4류 ④ 제5류

유별을 달리하는 위험물 혼재기준			
1	6		혼재 가능
2	5	4	혼재 가능
3	4		혼재 가능

51 과산화칼륨의 위험성에 대한 설명 중 틀린 것은?

① 가연물과 혼합 시 충격이 가해지면 발화할 위험이 있다.
② 접촉 시 피부를 부식시킬 위험이 있다.
③ 물과 반응하여 산소를 방출한다.
④ 가연성 물질이므로 화기접촉에 주의하여야 한다.

과산화칼륨은 제1류 위험물로 산화성 고체이다.

52 알킬알루미늄을 저장하는 용기에 봉입하는 가스로 다음 중 가장 적합한 것은?

① 포스겐 ② 인화수소
③ 질소가스 ④ 아황산가스

알킬알루미늄을 용기에 저장할 때 용기 상부는 불연성 가스(질소, 아르곤, 이산화탄소 등)로 봉입한다.

53 위험물안전관리법령상 주유취급소에서의 위험물 취급기준에 따르면 자동차 등에 인화점 몇 ℃ 미만의 위험물을 주유할 때에는 자동차 등의 원동기를 정지시켜야 하는가? (단, 원칙적인 경우에 한한다.)

① 21 ② 25
③ 40 ④ 80

주유취급소에서의 위험물 취급기준(시행규칙 별표 18)
자동차 등에 인화점 40℃ 미만의 위험물을 주유할 때에는 자동차 등의 원동기를 정지시킬 것. 다만, 연료탱크에 위험물을 주유하는 동안 방출되는 가연성 증기를 회수하는 설비가 부착된 고정주유설비에 의하여 주유하는 경우에는 그러하지 아니하다.

54 위험물제조소는 「문화유산의 보존 및 활용에 관한 법률」에 의한 지정문화유산 및 천연기념물로부터 몇 m 이상의 안전거리를 두어야 하는가?

① 20m ② 30m
③ 40m ④ 50m

「문화유산의 보존 및 활용에 관한 법률」에 따른 지정문화유산 및 「자연유산의 보존 및 활용에 관한 법률」에 따른 천연기념물등에 있어서는 50m 이상 안전거리를 두어야 한다.

정답 49 ④ 50 ③ 51 ④ 52 ③ 53 ③ 54 ④

55 아세트알데하이드의 저장 시 주의할 사항으로 틀린 것은?

① 구리나 마그네슘 합금 용기에 저장한다.
② 화기를 가까이 하지 않는다.
③ 용기의 파손에 유의한다.
④ 찬 곳에 저장한다.

- 아세트알데하이드는 구리나 마그네슘과 반응할 수 있으므로, 이들 금속이 포함된 합금 용기는 사용하지 않아야 한다.
- 일반적으로 아세트알데하이드는 스테인리스강이나 특수 코팅된 용기에 저장한다.

56 옥내탱크저장소에서 탱크 상호 간에는 얼마 이상의 간격을 두어야 하는가? (단, 탱크의 점검 및 보수에 지장이 없는 경우는 제외한다.)

① 0.5m   ② 0.7m
③ 1.0m   ④ 1.2m

옥내탱크저장소의 기준(시행규칙 별표 7)
옥내저장탱크와 탱크전용실의 벽과의 사이 및 옥내저장탱크의 상호 간에는 0.5m 이상의 간격을 유지할 것. 다만, 탱크의 점검 및 보수에 지장이 없는 경우에는 그러하지 아니하다.

57 주유취급소에서 고정주유설비는 도로경계선과 몇 m 이상 거리를 유지하여야 하는가? (단, 고정주유설비의 중심선을 기점으로 한다.)

① 2   ② 4
③ 6   ④ 8

고정주유설비의 설치 기준(시행규칙 별표 13)
고정주유설비의 중심선을 기점으로 하여 도로경계선까지 4m 이상, 부지경계선·담 및 건축물의 벽까지 2m(개구부가 없는 벽까지는 1m) 이상의 거리를 유지하여야 한다.

58 다음 중 지정수량이 가장 큰 것은?

① 과염소산칼륨   ② 트라이나이트로톨루엔
③ 황린   ④ 알킬리튬

각 위험물별 지정수량
- 과염소산칼륨(1류): 50kg
- 트라이나이트로톨루엔(5류): 100kg
- 황린(3류): 20kg
- 알킬리튬(3류): 10kg

59 메틸에틸케톤의 저장 또는 취급 시 유의할 점으로 가장 거리가 먼 것은?

① 통풍을 잘 시킬 것
② 찬 곳에 저장할 것
③ 직사일광을 피할 것
④ 저장용기에는 증기 배출을 위해 구멍을 설치할 것

- 메틸에틸케톤은 인화성이 강한 물질로, 증기가 공기 중에 누출되면 폭발 위험이 있다.
- 증기 배출을 위해 구멍을 설치하면 인화성 증기가 누출되어 위험을 초래할 수 있기 때문에 밀폐된 용기에 보관해야 한다.

60 과산화수소의 성질 또는 취급방법에 관한 설명 중 틀린 것은?

① 햇빛에 의하여 분해한다.
② 인산, 요산 등의 분해방지 안정제를 넣는다.
③ 공기와의 접촉은 위험하므로 저장용기는 밀전(密栓)하여야 한다.
④ 에탄올에 녹는다.

과산화수소는 밀폐된 용기에 보관 시 분해로 인해 발생한 산소가 축적되어 폭발의 위험이 있을 수 있다. 따라서 밀폐보다 환기가 가능한 환경에서 보관하는 것이 좋다.

정답   55 ①   56 ①   57 ②   58 ②   59 ④   60 ③

12 2022년 1회 CBT 기출복원문제

01 산화에 의하여 카르보닐기를 가진 화합물을 만들 수 있는 것은?

① $CH_3-CH_2-CH_2-COOH$
② $CH_3-CH-CH_3$
　　　　$|$
　　　　OH
③ $CH_3-CH_2-CH_2-OH$
④ CH_2-CH_2
　　$|$　　$|$
　　OH　OH

- 2차 알코올이 산화하면 카르보닐기를 생성한다.
- 이소프로필알코올[$(CH_3)_2CHOH$]은 메틸기($-CH_3$)가 2개이므로 2차 알코올에 해당된다.
- 따라서 이소프로필알코올은 카르보닐기를 생성한다.

02 염(salt)을 만드는 화학반응식이 아닌 것은?

① $HCl + NaOH \rightarrow NaCl + H_2O$
② $2NH_4OH + H_2SO_4 \rightarrow (NH_4)_2SO_4 + 2H_2O$
③ $CuO + H_2 \rightarrow Cu + H_2O$
④ $H_2SO_4 + Ca(OH)_2 \rightarrow CaSO_4 + 2H_2O$

- $CuO + H_2 \rightarrow Cu + H_2O$
- 위 반응은 구리 산화물(CuO)이 수소(H_2)와 반응하여 구리(Cu)와 물(H_2O)을 생성하는 환원반응으로, 염이 생성되지 않는다.
- 나머지 보기의 생성물인 $NaCl$, $(NH_4)_2SO_4$, $CaSO_4$는 염(salt)에 해당된다.

03 물 500g 중에 설탕($C_{12}H_{22}O_{11}$) 171g이 녹아 있는 설탕물의 몰랄농도(m)는?

① 2.0　　② 1.5
③ 1.0　　④ 0.5

- 설탕($C_{12}H_{22}O_{11}$)의 분자량 = $(12 \times 12) + (1 \times 22) + (16 \times 11)$ = 342g/mol
- 설탕의 몰수 = $\dfrac{질량}{몰질량}$ = $\dfrac{171g}{342g/mol}$ = 0.5mol
- 몰랄농도(m) = $\dfrac{용질의\ 몰수}{용매의\ 질량(kg)}$ = $\dfrac{0.5mol}{0.5kg}$ = 1.0mol/kg

04 전자배치가 $1s^22s^22p^63s^23p^5$인 원자의 M껍질에는 몇 개의 전자가 들어 있는가?

① 2　　② 4
③ 7　　④ 17

- 주어진 전자배치 $1s^22s^22p^63s^23p^5$는 17개의 전자를 가진 원자의 전자배치이며 염소(Cl)의 모양이다.
- 이 원자의 M껍질은 주양자수 n = 3인 껍질로, 3s와 3p 오비탈에 해당한다.
  - 3s 오비탈: 2개의 전자 보유
  - 3p 오비탈: 5개의 전자 보유
- 따라서 M껍질에는 총 7개의 전자가 들어 있다.

05 d 오비탈이 수용할 수 있는 최대 전자의 총수는?

① 6　　② 8
③ 10　④ 14

오비탈별 최대 전자수

오비탈	s	p	d	f
오비탈 수	1	3	5	7
최대 전자수	2	6	10	14

06 $CH_3COOH \rightarrow CH_3COO^- + H^+$의 반응식에서 전리평형상수 K는 다음과 같다. K값을 변화시키기 위한 조건으로 옳은 것은?

$$k = \dfrac{[CH_3COO^-][H^+]}{[CH_3COOH]}$$

① 온도를 변화시킨다.　② 압력을 변화시킨다.
③ 농도를 변화시킨다.　④ 촉매량을 변화시킨다.

- K값에 영향을 주는 유일한 요소는 온도이다.
- 평형상수는 반응이 흡열인지 발열인지 온도가 변화함에 따라 달라진다.

정답　01 ②　02 ③　03 ③　04 ③　05 ③　06 ①

07 다음과 같은 기체가 일정한 온도에서 반응을 하고 있다. 평형에서 기체 A, B, C가 각각 1몰, 2몰, 4몰이라면 평형상수 K의 값은 얼마인가?

$$A + 3B \rightarrow 2C + 열$$

① 0.5 ② 2
③ 3   ④ 4

- $\dfrac{[C]^c[D]^d}{[A]^a[B]^b} = K$(평형상수)
- $\dfrac{[C]^c[D]^d}{[A]^a[B]^b} = \dfrac{[4]^2}{[1]^1[2]^3} = 2$

08 1패러데이(Faraday)의 전기량으로 물을 전기분해하였을 때 생성되는 수소 기체는 0℃, 1기압에서 얼마의 부피를 갖는가?

① 5.6L   ② 11.2L
③ 22.4L ④ 44.8L

- 물의 전기분해 반응식: $2H_2O \rightarrow 2H_2 + O_2$
- 물의 전기분해 반응식을 살펴보면 산소와 수소가 발생되는데, 1mol의 수소 기체(H_2)가 생성되려면 2mol의 전자가 필요하다.
- 1패러데이(Faraday)의 전기량은 96,485쿨롱으로, 1mol의 전자를 전달하는 데 필요한 전기량이다. 따라서 1패러데이의 전기량으로는 0.5mol의 수소(H_2)가 생성된다.
- 표준온도와 압력(0℃와 1기압)에서 1mol의 기체는 22.4L의 부피를 차지하므로 수소 기체의 부피는 0.5mol × 22.4L = 11.2L이다.

09 다음 화합물들 가운데 기하학적 이성질체를 가지고 있는 것은?

① $CH_2 = CH_2$
② $CH_3 - CH_2 - CH_2 - OH$
③ $\begin{array}{c} CH_3 \\ \\ CH_3 \end{array} C = C \begin{array}{c} CH_3 \\ \\ CH_3 \end{array}$
④ $CH_3 - CH = CH - CH_3$

$CH_3 - CH = CH - CH_3$은 2-부텐으로, 이중결합을 가지고 있으며, 기하학적 이성질체를 형성할 수 있다.

10 다음 물질 1g을 1kg의 물에 녹였을 때 빙점강하가 가장 큰 것은? (단, 빙점강하 상수값(어는점 내림상수)은 동일하다고 가정한다.)

① CH_3OH ② C_2H_5OH
③ $C_3H_5(OH)_3$ ④ $C_6H_{12}O_6$

- 빙점강하는 용액에 녹아 있는 용질의 몰수와 용질이 해리되는 정도에 비례한다.
- 따라서 같은 질량일 때, 분자량이 작은 물질이 더 많은 몰수를 제공하므로 빙점강하가 더 크다.
- CH_3OH(메탄올)의 분자량은 12 + (4 × 1) + 16 = 32g/mol로 분자량이 가장 작은 물질이므로 빙점강하가 가장 크게 나타난다.

11 $KMnO_4$에서 Mn의 산화수는 얼마인가?

① +3 ② +5
③ +7 ④ +9

- 칼륨(K)은 +1의 산화수를 가진다.
- 산소(O)는 −2의 산화수를 가진다.
- 화합물 전체의 산화수를 0으로 두고, Mn의 산화수를 x라 하여 Mn의 산화수를 계산해보면, K(+1) + Mn(x) + O(4 × −2) = 0이므로, Mn의 산화수는 +7이다.

12 일반적으로 환원제가 될 수 있는 물질이 아닌 것은?

① 수소를 내기 쉬운 물질
② 전자를 잃기 쉬운 물질
③ 산소와 화합하기 쉬운 물질
④ 발생기의 산소를 내는 물질

산소를 내놓는다는 것은 자신이 환원된다는 의미이며, 산소를 내놓는 물질은 산화제로 작용할 수 있다.

정답 07 ② 08 ② 09 ④ 10 ① 11 ③ 12 ④

13 25℃에서 Cd(OH)₂염의 몰용해도는 1.7×10^{-5} mol/L이다. Cd(OH)₂염의 용해도곱상수 K_{sp}를 구하면 약 얼마인가?

① 2.0×10^{-14}
② 2.2×10^{-12}
③ 2.4×10^{-10}
④ 2.6×10^{-8}

> • Cd(OH)₂의 해리반응은 다음과 같다.
> $Cd(OH)_2 \Leftrightarrow Cd^{2+} + 2OH^-$
> • 용해도곱상수 K_{sp}는 다음과 같이 주어진다.
> $K_{sp} = [Cd^{2+}][OH^-]^2$
> • 주어진 물질의 용해도는 1.7×10^{-5} mol/L이고, 이는 Cd^{2+}의 농도와 같다.
> • OH^-의 농도는 $2 \times 1.7 \times 10^{-5}$ mol/L이다.
> • $K_{sp} = [Cd^{2+}][OH^-]^2 = (1.7 \times 10^{-5}) \times (3.4 \times 10^{-5})^2$
> = 약 2.0×10^{-14}

14 다음 중 쌍극자 모멘트가 0인 것은?

① CHCl₃
② NCl₃
③ H₂S
④ BF₃

> • 쌍극자 모멘트는 분자 내에서 전자밀도의 불균형으로 인해 전하가 편중되는 현상을 의미한다.
> • 대칭 구조를 가진 분자는 쌍극자 모멘트가 0이 된다.
> - CHCl₃(클로로포름): 비대칭 분자 구조로 인해 쌍극자 모멘트가 0이 아니다.
> - NCl₃(삼염화질소): 비대칭 구조로 인해 쌍극자 모멘트가 0이 아니다.
> - H₂S(황화수소): 비대칭 구조로 인해 쌍극자 모멘트가 0이 아니다.
> - BF₃(삼플루오린화붕소): 평면 삼각형 구조로, 대칭성을 가져 쌍극자 모멘트가 0이다.

15 다음 중 완충용액에 해당하는 것은?

① CH₃COONa와 CH₃COOH
② NH₄Cl와 HCl
③ CH₃COONa와 NaOH
④ HCOONa와 Na₂SO₄

> • 완충용액은 약산과 그 약산의 염, 또는 약염기와 그 약염기의 염이 함께 존재할 때 만들어진다.
> • CH₃COOH는 약산이고, CH₃COONa는 그 약산의 염이므로 완충용액에 해당된다.

16 발열황산이란 무엇인가?

① H₂SO₄의 농도가 98% 이상인 거의 순수한 황산
② 황산과 염산을 1 : 3의 비율로 혼합한 것
③ SO₃를 황산에 흡수시킨 것
④ 일반적인 황산을 총괄하는 것

> • 발열황산은 삼산화황(SO₃)을 황산(H₂SO₄)에 흡수시켜 만든 물질로, 이는 고농도의 황산과 삼산화황이 결합하여 매우 강한 산성을 띠는 황산의 한 형태이다.
> • H₂SO₄의 농도가 98% 이상인 거의 순수한 황산은 진한 황산이다.
> • 황산과 염산을 1 : 3의 비율로 혼합한 것은 왕수이다.
> • 발열황산은 일반적인 황산과 구별되는 고농도의 황산이다.

17 다음과 같은 전자배치를 갖는 원자 A와 B에 대한 설명으로 옳은 것은?

> A: $1s^2 2s^2 2p^6 3s^2$
> B: $1s^2 2s^2 2p^6 3s^1 3p^1$

① A와 B는 다른 종류의 원자이다.
② A는 홑원자이고, B는 이원자 상태인 것을 알 수 있다.
③ A와 B는 동위원소로서 전자배열이 다르다.
④ A에서 B로 변할 때 에너지를 흡수한다.

> • A와 B는 전자배치만 다를 뿐 전자 수가 같으므로 같은 원자이다.
> • A는 마지막 껍질에 쌍을 이룬 전자가 있어 홑원자가 없다.
> • 동위원소는 같은 원소여야 하지만 전자배열이 다르다는 것은 이 두 원소가 다른 원소임을 나타낸다.
> • A의 $3S^2$에서 B는 $3S^1 3P^1$로 전자 하나가 3S에서 3P로 옮겨간다. 이 과정에서 에너지를 흡수하여 전자가 높은 에너지 준위인 3P로 올라가게 된다. 따라서 A에서 B로 변할 때 에너지를 흡수한다.

정답 13 ① 14 ④ 15 ① 16 ③ 17 ④

18 탄산음료수의 병마개를 열면 거품이 솟아오르는 이유를 가장 올바르게 설명한 것은?

① 수증기가 생성되기 때문이다.
② 이산화탄소가 분해되기 때문이다.
③ 용기 내부압력이 줄어들어 기체의 용해도가 감소하기 때문이다.
④ 온도가 낮아질수록 기체는 용액 속에 더 많이 용해되기 때문이다.

- 탄산음료는 이산화탄소(CO_2)가 물에 녹아 있는 상태이다.
- 이산화탄소는 고압 상태에서 물에 잘 녹아 있지만, 병마개를 열면 내부 압력이 줄어들면서 기체의 용해도가 감소하여 이산화탄소가 물에서 빠져나와 거품이 형성된다.

19 ns^2np^5의 전자구조를 가지지 않는 것은?

① F(원자번호 9) ② Cl(원자번호 17)
③ Se(원자번호 34) ④ I(원자번호 53)

- ns^2np^5 전자구조는 주기율표에서 17족 원소들이 해당하며, 마지막 껍질에 s 오비탈에 2개, p 오비탈에 5개의 전자를 가지고 있다.
- Se(원자번호 34): 셀레늄은 16족 원소로, 전자배치는 $4s^24p^4$로 ns^2np^5에 해당하지 않는다.
- F(원자번호 9): 할로겐(할로젠)족에 속하며, 전자배치는 $1s^22s^22p^5$로, ns^2np^5에 해당한다.
- Cl(원자번호 17): 할로겐(할로젠)족에 속하며, 전자배치는 $3s^23p^5$로, ns^2np^5에 해당한다.
- I(원자번호 53): 할로겐(할로젠)족에 속하며, 전자배치는 $5s^25p^5$로 ns^2np^5에 해당한다.

20 pH가 2인 용액은 pH가 4인 용액과 비교하면 수소이온농도가 몇 배인 용액이 되는가?

① 100배 ② 2배
③ 10^{-1}배 ④ 10^{-2}배

- pH = $-\log[H^+]$
- pH가 2인 용액의 수소이온농도: $[H^+] = 10^{-2}M$
- pH가 4인 용액의 수소이온농도: $[H^+] = 10^{-4}M$
- pH가 2인 용액과 pH가 4인 용액의 수소이온농도 차이는
$\frac{10^{-2}}{10^{-4}} = 10^2 = 100$이다.

21 물의 특성 및 소화효과에 관한 설명으로 틀린 것은?

① 이산화탄소보다 기화잠열이 크다.
② 극성분자이다.
③ 이산화탄소보다 비열이 작다.
④ 주된 소화효과가 냉각소화이다.

- 상온에서 이산화탄소의 비열: 약 0.844J/g · ℃
- 상온에서 물의 비열: 약 4.18J/g · ℃
→ 물은 이산화탄소보다 비열이 크다.

22 다음 위험물의 저장창고에 화재가 발생하였을 때 소화방법으로 주수소화가 적당하지 않은 것은?

① $NaClO_3$ ② S
③ NaH ④ TNT

- NaH + H_2O → NaOH + H_2
- 수소화나트륨(NaH)은 물과 반응하여 수소가스를 발생시키므로 주수소화는 적절하지 않고 건조한 모래 등 물과 반응하지 않는 소화제를 사용하여야 한다.

23 분말 소화약제로 사용되는 탄산수소칼륨의 착색 색상은?

① 백색 ② 담홍색
③ 청색 ④ 담회색

분말 소화약제의 종류			
약제명	주성분	분해식	색상
제1종	탄산수소나트륨	$2NaHCO_3$ → $Na_2CO_3 + CO_2 + H_2O$	백색
제2종	탄산수소칼륨	$2KHCO_3$ → $K_2CO_3 + CO_2 + H_2O$	보라색 (담회색)
제3종	인산암모늄	$NH_4H_2PO_4$ → $NH_3 + HPO_3 + H_2O$	담홍색
제4종	탄산수소칼륨 + 요소	-	회색

정답 18 ③ 19 ③ 20 ① 21 ③ 22 ③ 23 ④

24 고체의 일반적인 연소형태에 속하지 않는 것은?

① 표면연소　　② 확산연소
③ 자기연소　　④ 증발연소

> 고체의 일반적인 연소형태
> • 표면연소　　• 분해연소
> • 자기연소　　• 증발연소

25 화재의 위험성이 감소한다고 판단할 수 있는 경우는?

① 주변의 온도가 낮을수록
② 폭발 하한값이 작아지고 폭발범위가 넓을수록
③ 산소농도가 높을수록
④ 착화온도가 낮아지고 인화점이 낮을수록

> • 주변의 온도가 낮을수록 화재의 위험성은 감소한다.
> • 폭발 하한값이 작아지고 폭발범위가 넓을수록 폭발할 수 있는 농도의 범위가 커지기 때문에 화재 및 폭발 위험성이 증가한다.
> • 산소농도가 높을수록 연소가 더 쉽게 일어나기 때문에 화재의 위험성이 증가한다.
> • 착화온도와 인화점이 낮을수록 물질이 더 쉽게 발화할 수 있기 때문에 화재의 위험성이 증가한다.

26 최소착화에너지를 측정하기 위해 콘덴서를 이용하여 불꽃 방전 실험을 하고자 한다. 콘덴서의 전기용량을 C, 방전전압을 V, 전기량을 Q라 할 때 착화에 필요한 최소 전기에너지 E를 옳게 나타낸 것은?

① $E = \frac{1}{2}CQ^2$　　② $E = \frac{1}{2}C^2V$

③ $E = \frac{1}{2}QV^2$　　④ $E = \frac{1}{2}CV^2$

> 최소착화에너지
> • 최소착화에너지 E는 콘덴서에 저장된 전기에너지로 표현한 것으로, 방전 시 발생하는 에너지가 착화를 유발할 수 있는 최소에너지를 제공하며, 그 식은 다음과 같다.
> • $E = \frac{1}{2}CV^2$
>   - E: 착화에 필요한 최소 전기에너지(단위: 줄, J)
>   - C: 콘덴서의 전기용량(단위: 패럿, F)
>   - V: 방전전압(단위: 볼트, V)

27 포 소화설비의 가압송수장치에서 압력수조의 압력 산출 시 필요 없는 것은?

① 낙차의 환산수두압
② 배관의 마찰손실수두압
③ 노즐선의 마찰손실수두압
④ 소방용 호스의 마찰손실수두압

> 포 소화설비의 가압송수장치에서 압력수조의 압력은 다음 식에 의하여 구한 수치 이상으로 한다.
> • P = p1 + p2 + p3 + p4
> • P: 필요한 압력(단위 MPa)
> • p1: 고정식 포 방출구의 설계압력 또는 이동식 포 소화설비 노즐 방사압력(단위 MPa)
> • p2: 배관의 마찰손실수두압(단위 MPa)
> • p3: 낙차의 환산수두압(단위 MPa)
> • p4: 이동식 포 소화설비의 소방용 호스의 마찰손실수두압(단위 MPa)

28 할론 2402를 소화약제로 사용하는 이동식 할로겐(할로젠)화합물 소화설비는 20℃의 온도에서 하나의 노즐마다 분당 방사되는 소화약제의 양(kg)을 얼마 이상으로 하여야 하는가?

① 5　　② 35
③ 45　　④ 50

> 할론 2402를 소화약제로 사용하는 이동식 할로겐(할로젠)화합물 소화설비 노즐은 20℃에서 하나의 노즐마다 분당 45kg(할론 1211은 40kg, 할론 1301은 35kg) 이상의 소화약제를 방사할 수 있는 것으로 한다.

정답　24 ②　25 ①　26 ④　27 ③　28 ③

29 제4류 위험물을 취급하는 제조소에서 지정수량의 몇 배 이상을 취급할 경우 자체소방대를 설치하여야 하는가?

① 1,000배 ② 2,000배
③ 3,000배 ④ 4,000배

> **자체소방대를 설치하여야 하는 사업소(시행령 제18조)**
> 제조소 또는 일반취급소에서 취급하는 제4류 위험물의 최대수량의 합이 지정수량의 3천배 이상(다만, 보일러로 위험물을 소비하는 일반취급소 등 행정안전부령으로 정하는 일반취급소는 제외한다)

30 강화액 소화기에 대한 설명으로 옳은 것은?

① 물의 유동성을 강화하기 위한 유화제를 첨가한 소화기이다.
② 물의 표면장력을 강화하기 위해 탄소를 첨가한 소화기이다.
③ 산·알칼리 액을 주성분으로 하는 소화기이다.
④ 물의 소화효과를 높이기 위해 염류를 첨가한 소화기이다.

> - 강화액 소화기는 주로 물에 특정 화학물질을 첨가하여 소화 성능을 향상시키는 방식이다.
> - 탄산칼륨(K_2CO_3)은 강화액 소화기의 소화력을 높이기 위해 자주 첨가되며, 주로 주방화재에서 발생하는 기름화재를 진압하는 데 사용된다.

31 위험물안전관리법령상 옥내소화전설비에 관한 기준에 대해 다음 ( )에 알맞은 수치를 옳게 나열한 것은?

> 옥내소화전설비는 각 층을 기준으로 하여 당해 층의 모든 옥내소화전(설치개수가 5개 이상인 경우는 5개의 옥내소화전)을 동시에 사용할 경우에 각 노즐끝부분의 방수압력이 (ⓐ)kPa 이상이고 방수량이 1분당 (ⓑ)L 이상의 성능이 되도록 할 것

① ⓐ 350, ⓑ 260
② ⓐ 450, ⓑ 260
③ ⓐ 350, ⓑ 450
④ ⓐ 450, ⓑ 450

> **옥내소화전설비의 설치기준(시행규칙 별표 17)**
> 옥내소화전설비는 각 층을 기준으로 하여 당해 층의 모든 옥내소화전(설치개수가 5개 이상인 경우는 5개의 옥내소화전)을 동시에 사용할 경우에 각 노즐끝부분의 방수압력이 350kPa 이상이고 방수량이 1분당 260L 이상의 성능이 되도록 할 것

32 불활성 가스 소화약제 중 IG-541의 구성성분을 옳게 나타낸 것은?

① 헬륨, 네온, 아르곤
② 질소, 아르곤, 이산화탄소
③ 질소, 이산화탄소, 헬륨
④ 헬륨, 네온, 이산화탄소

> - 불활성 가스 소화약제 중 IG-541은 질소(N_2), 아르곤(Ar), 이산화탄소(CO_2)가 52대 40대 8로 혼합된 소화약제이다.
> - IG-541은 연소를 억제하는 주요 방식으로 산소농도를 낮추는 역할을 한다.

33 주유취급소에 캐노피를 설치하고자 한다. 위험물안전관리법령에 따른 캐노피의 설치 기준이 아닌 것은?

① 캐노피의 면적은 주유취급소 공지면적의 1/2 이하로 할 것
② 배관이 캐노피 내부를 통과할 경우에는 1개 이상의 점검구를 설치할 것
③ 캐노피 외부의 배관이 일광열의 영향을 받을 우려가 있는 경우에는 단열재로 피복할 것
④ 캐노피 외부의 점검이 곤란한 장소에 배관을 설치하는 경우에는 용접이음으로 할 것

> **주유취급소에 설치하는 캐노피 기준(시행규칙 별표 13)**
> - 배관이 캐노피 내부를 통과할 경우에는 1개 이상의 점검구를 설치할 것
> - 캐노피 외부의 점검이 곤란한 장소에 배관을 설치하는 경우에는 용접이음으로 할 것
> - 캐노피 외부의 배관이 일광열의 영향을 받을 우려가 있는 경우에는 단열재로 피복할 것

정답 29 ③ 30 ④ 31 ① 32 ② 33 ①

34 이동탱크저장소에 의한 위험물의 운송 시 준수하여야 하는 기준에서 다음 중 어떤 위험물을 운송할 때 위험물운송자는 위험물안전카드를 휴대하여야 하는가?

① 특수인화물 및 제1석유류
② 알코올류 및 제2석유류
③ 제3석유류 및 동식물유류
④ 제4석유류

> 위험물의 운송 시에 준수하여야 하는 사항(시행규칙 별표 21)
> 위험물(제4류 위험물에 있어서는 특수인화물 및 제1석유류만 해당) 운송자는 위험물안전카드를 휴대하여야 한다.

35 다량의 비수용성 제4류 위험물의 화재 시 물로 소화하는 것이 적합하지 않은 이유는?

① 가연성 가스를 발생한다.
② 연소면을 확대한다.
③ 인화점이 내려간다.
④ 물이 열분해한다.

> 비수용성 제4류 위험물(예 휘발유, 경유 등)은 대부분 물보다 가볍고 물에 녹지 않으므로 화재 시 물을 사용하면 기름이 물 위에 떠서 연소 면적이 확대될 수 있다.

36 표준관입시험 및 평판재하시험을 실시하여야 하는 특정옥외저장탱크의 지반의 범위는 기초의 외측이 지표면과 접하는 선의 범위 내에 있는 지반으로서 지표면으로부터 깊이 몇 m까지로 하는가?

① 10 ② 15
③ 20 ④ 25

> 특정옥외저장탱크의 지반의 범위(위험물안전관리에 관한 세부기준 제42조)
> 표준관입시험 및 평판재하시험을 실시하여야 하는 특정옥외저장탱크의 지반의 범위는 기초의 외측이 지표면과 접하는 선의 범위 내에 있는 지반으로서 지표면으로부터 깊이 15m까지로 한다.

37 위험물안전관리법령상 옥내소화전설비의 기준에서 옥내소화전의 개폐밸브 및 호스접속구의 바닥면으로부터 설치 높이 기준으로 옳은 것은?

① 1.2m 이하 ② 1.2m 이상
③ 1.5m 이하 ④ 1.5m 이상

> 옥내소화전설비의 기준(위험물안전관리에 관한 세부기준 제129조)
> 개폐밸브 및 호스접속구는 바닥으로부터 1.5m 이하의 높이에 설치한다.

38 위험물안전관리법령상 제2류 위험물 중 철분의 화재에 적응성이 있는 소화설비는?

① 물분무 소화설비
② 포 소화설비
③ 탄산수소염류 분말 소화설비
④ 할로겐(할로젠)화합물 소화설비

> • 철분과 같은 금속화재에 적합한 소화설비는 탄산수소염류 분말 소화설비이다.
> • 물이나 포가 포함된 소화제는 금속과 반응하여 화재를 더욱 악화시킬 수 있기 때문에, 철분의 화재에서는 물이나 포 소화기를 사용하면 안 된다.

39 공기포 발포배율을 측정하기 위해 중량 340g, 용량 1,800mL의 포 수집용기에 가득히 포를 채취하여 측정한 용기의 무게가 540g이었다면 발포배율은? (단, 포 수용액의 비중은 1로 가정한다.)

① 3배 ② 5배
③ 7배 ④ 9배

> 발포배율(팽창비) = $\dfrac{\text{내용적(용량)}}{\text{(전체 중량 − 빈 시료용기의 중량)}}$
> = $\dfrac{1,800\text{mL}}{540\text{g} - 340\text{g}}$ = 9배

정답 34 ① 35 ② 36 ② 37 ③ 38 ③ 39 ④

40 위험물제조소의 기준에 있어서 위험물을 취급하는 건축물의 구조로 적당하지 않은 것은?

① 지하층이 없도록 하여야 한다.
② 연소의 우려가 있는 외벽은 내화구조의 벽으로 하여야 한다.
③ 출입구는 연소의 우려가 있는 외벽에 설치하는 경우 30분 방화문을 설치하여야 한다.
④ 지붕은 폭발력이 위로 방출될 정도의 가벼운 불연재료로 덮어야 한다.

> 연소의 우려가 있는 외벽에 설치하는 출입구에는 수시로 열 수 있는 자동폐쇄식의 60분+방화문·60분 방화문을 설치하여야 한다(시행규칙 별표 4).

41 아세톤과 아세트알데하이드에 대한 설명으로 옳은 것은?

① 증기비중은 아세톤이 아세트알데하이드보다 작다.
② 위험물안전관리법령상 품명은 서로 다르지만 지정수량은 같다.
③ 인화점과 발화점 모두 아세트알데하이드가 아세톤보다 낮다.
④ 아세톤의 비중은 물보다 작지만, 아세트알데하이드는 물보다 크다.

구분	아세톤	아세트알데하이드
품명	제1석유류	특수인화물
지정수량	400L	50L
증기비중	2.0	1.5
인화점	-18℃	-38℃
발화점	465℃	약 175℃

42 물과 반응하였을 때 발생하는 가연성 가스의 종류가 나머지 셋과 다른 하나는?

① 탄화리튬   ② 탄화마그네슘
③ 탄화칼슘   ④ 탄화알루미늄

> • $Al_4C_3 + H_2O \rightarrow Al(OH)_3 + CH_4$
> • 탄화알루미늄은 물과 반응하여 수산화알루미늄과 메탄을 발생한다.
> • 탄화리튬, 탄화마그네슘, 탄화칼슘은 물과 반응하여 아세틸렌(C_2H_2)을 발생시킨다.

43 위험물안전관리법령상의 지정수량이 나머지 셋과 다른 하나는?

① 질산에스터류
② 나이트로소화합물
③ 다이아조화합물
④ 하이드라진유도체

> 각 위험물별 지정수량
> • 질산에스터류: 10kg
> • 나이트로소화합물: 100kg
> • 다이아조화합물: 100kg
> • 하이드라진유도체: 100kg

44 위험물안전관리법령상 제5류 위험물 중 질산에스터류에 해당하는 것은?

① 나이트로벤젠
② 나이트로셀룰로오스
③ 트라이나이트로페놀
④ 트라이나이트로톨루엔

품명	위험물	상태
질산에스터류	질산메틸 질산에틸 나이트로글리콜 나이트로글리세린	액체
	나이트로셀룰로오스 셀룰로이드	고체
나이트로화합물	트라이나이트로톨루엔 트라이나이트로페놀 다이나이트로벤젠 테트릴	고체

정답 40 ③ 41 ③ 42 ④ 43 ① 44 ②

45 삼황화인이 가장 잘 녹는 용매로 옳은 것은?

① 냉수 ② 이황화탄소
③ 알코올 ④ 염소

> 삼황화인은 기름처럼 비극성 물질로 물이나 알코올 같은 극성 용매에는 잘 녹지 않고, 비극성 용매인 이황화탄소에 녹는다.

46 인화칼슘이 물과 반응하여 발생하는 기체는?

① 포스겐 ② 포스핀
③ 메탄 ④ 이산화황

> 인화칼슘과 물의 반응식
> • $Ca_3P_2 + 6H_2O \rightarrow 3Ca(OH)_2 + 2PH_3$
> • 인화칼슘은 물과 반응하여 수산화칼슘과 포스핀가스를 발생한다.

47 다음과 같은 성질을 갖는 위험물로 예상할 수 있는 것은?

> • 지정수량: 400L
> • 증기비중: 2.07
> • 인화점: 12℃
> • 녹는점: -89.5℃

① 메탄올 ② 벤젠
③ 이소프로필알코올 ④ 휘발유

> • 이소프로필알코올은 제4류 위험물로 지정수량 400L이며 증기비중은 공기보다 무거운 2.07, 인화점과 녹는점은 각각 12℃, -89.5℃의 특성을 갖는다
> • 벤젠과 휘발유의 지정수량은 200L이고, 메탄올의 증기비중은 약 1.10이다.

48 다이너마이트의 원료로 사용되며 건조한 상태에서는 타격, 마찰에 의하여 폭발의 위험이 있으므로 운반 시 물 또는 알코올을 첨가하여 습윤시키는 위험물은?

① 벤조일퍼옥사이드
② 트라이나이트로톨루엔
③ 나이트로셀룰로오스
④ 다이나이트로나프탈렌

> 나이트로셀룰로오스는 제5류 위험물로 다이너마이트의 원료로 사용되며 건조한 상태에서는 타격, 마찰에 의하여 폭발의 위험이 있으므로 운반 시 물 또는 알코올을 첨가하여 습윤시킨다.

49 메탄 1g이 완전연소하면 발생되는 이산화탄소는 몇 g인가?

① 1.25 ② 2.75
③ 14 ④ 44

> • 메탄의 완전연소 반응식: $CH_4 + 2O_2 \rightarrow CO_2 + 2H_2O$
> • 메탄은 완전연소하여 이산화탄소와 물을 발생한다.
> • CH_4의 분자량: $12 + (1 \times 4) = 16g/mol$
> • CO_2의 분자량: $12 + (16 \times 2) = 44g/mol$
> • 메탄 1g 연소 시 발생하는 이산화탄소(g): x
> • $16g/mol: 1g = 44g/mol: xg$
> ∴ $x = 2.75g$

50 위험물안전관리법령상 제5류 위험물의 공통된 취급 방법으로 옳지 않은 것은?

① 용기의 파손 및 균열에 주의한다.
② 저장 시 과열, 충격, 마찰을 피한다.
③ 운반용기 외부에 주의사항으로 '화기주의' 및 '물기엄금'을 표기한다.
④ 불티, 불꽃, 고온체와의 접근을 피한다.

유별	종류	운반용기 외부 주의사항
제1류	알칼리금속의 과산화물	가연물접촉주의, 화기 · 충격주의, 물기엄금
	그 외	가연물접촉주의, 화기 · 충격주의
제2류	철분, 금속분, 마그네슘	화기주의, 물기엄금
	인화성 고체	화기엄금
	그 외	화기주의
제3류	자연발화성 물질	화기엄금, 공기접촉엄금
	금수성 물질	물기엄금
제4류	-	화기엄금
제5류	-	화기엄금, 충격주의
제6류		가연물접촉주의

정답 45② 46② 47③ 48③ 49② 50③

51 지정수량 이상의 위험물을 차량으로 운반하는 경우에 차량에 설치하는 표지의 색상에 관한 내용으로 옳은 것은?

① 흑색바탕에 청색의 도료로 "위험물"이라고 표기할 것
② 흑색바탕에 황색의 반사도료로 "위험물"이라고 표기할 것
③ 적색바탕에 흰색의 반사도료로 "위험물"이라고 표기할 것
④ 적색바탕에 흑색의 도료로 "위험물"이라고 표기할 것

> 지정수량 이상의 위험물을 차량으로 운반하는 경우 차량에 부착하는 표지의 색상은 흑색바탕에 황색의 반사도료로 "위험물"이라고 표기해야 한다.

52 위험물안전관리법령상 유별을 달리하는 위험물의 혼재기준에서 제6류 위험물과 혼재할 수 있는 위험물의 유별에 해당하는 것은? (단, 지정수량의 1/10을 초과하는 경우이다.) ★빈출

① 제1류   ② 제2류
③ 제3류   ④ 제4류

유별을 달리하는 위험물 혼재기준			
1	6		혼재 가능
2	5	4	혼재 가능
3	4		혼재 가능

53 위험물제조소등의 안전거리의 단축기준과 관련해서 $H \leq pD^2 + a$인 경우 방화상 유효한 담의 높이는 2m 이상으로 한다. 다음 중 a에 해당되는 것은?

① 인근 건축물의 높이(m)
② 제조소등의 외벽의 높이(m)
③ 제조소등과 공작물과의 거리(m)
④ 제조소등과 방화상 유효한 담과의 거리(m)

> **방화상 유효한 담의 높이와 안전거리의 관계**
> 방화상 유효한 담의 높이는 다음에 의하여 산정한 높이 이상으로 한다.
> • $H \leq pD^2 + a$인 경우, $h = 2$
> • D: 제조소등과 인근 건축물 또는 공작물과의 거리(m)
> • H: 인근 건축물 또는 공작물의 높이(m)
> • a: 제조소등의 외벽의 높이(m)
> • d: 제조소등과 방화상 유효한 담과의 거리(m)
> • h: 방화상 유효한 담의 높이(m)
> • p: 상수(위험물의 종류와 성질에 따른 계수: 위험물의 연소 성질에 따라 달라짐)

54 과염소산칼륨과 적린을 혼합하는 것이 위험한 이유로 가장 타당한 것은?

① 마찰열이 발생하여 과염소산칼륨이 자연발화할 수 있기 때문에
② 과염소산칼륨이 연소하면서 생성된 연소열이 적린을 연소시킬 수 있기 때문에
③ 산화제인 과염소산칼륨과 가연물인 적린이 혼합하면 가열, 충격 등에 의해 연소·폭발할 수 있기 때문에
④ 혼합하면 용해되어 액상 위험물이 되기 때문에

> • 과염소산칼륨(1류)은 강력한 산화제이고, 적린(6류)은 가연성 물질이다.
> • 산화제와 가연물이 혼합되면 작은 충격이나 열에도 쉽게 연소하거나 폭발할 수 있다.

55 다음 위험물 중에서 인화점이 가장 낮은 것은?

① $C_6H_5CH_3$ ② $C_6H_5CHCH_2$
③ CH_3OH ④ CH_3CHO

> **각 위험물별 인화점**
> • 톨루엔($C_6H_5CH_3$): 4℃
> • 스타이렌($C_6H_5CHCH_2$): 약 31℃
> • 메탄올(CH_3OH): 11℃
> • 아세트알데하이드(CH_3CHO): -38℃

정답 51 ② 52 ① 53 ② 54 ③ 55 ④

56 위험물안전관리법령상 지정수량의 3천배 초과 4천배 이하의 위험물을 저장하는 옥외탱크저장소에 확보하여야 하는 보유공지의 너비는 얼마인가? ★빈출

① 6m 이상　　② 9m 이상
③ 12m 이상　　④ 15m 이상

옥외저장탱크의 보유공지	
저장 또는 취급하는 위험물의 최대수량	공지의 너비
지정수량의 500배 이하	3m 이상
지정수량의 500배 초과 1,000배 이하	5m 이상
지정수량의 1,000배 초과 2,000배 이하	9m 이상
지정수량의 2,000배 초과 3,000배 이하	12m 이상
지정수량의 3,000배 초과 4,000배 이하	15m 이상

57 염소산염류 250kg, 아이오딘산염류 600kg, 질산염류 900kg을 저장하고 있는 경우 지정수량의 몇 배가 보관되어 있는가? ★빈출

① 5배　　② 7배
③ 10배　　④ 12배

- 각 위험물별 지정수량
  - 염소산염류: 50kg
  - 아이오딘산염류: 300kg
  - 질산염류: 300kg
- 지정수량의 배수 = $\dfrac{250}{50} + \dfrac{600}{300} + \dfrac{900}{300}$ = 10배

58 자기반응성 물질인 제5류 위험물에 해당하는 것은?

① $CH_3(C_6H_4)NO_2$　　② CH_3COCH_3
③ $C_6H_2(NO_2)_3OH$　　④ $C_6H_5NO_2$

$C_6H_2(NO_2)_3OH$(트라이나이트로페놀)은 자기반응성 물질인 제5류 위험물이다.

59 위험물안전관리법령상 위험등급 I의 위험물이 아닌 것은?

① 염소산염류　　② 황화인
③ 알킬리튬　　④ 과산화수소

황화인의 위험등급은 Ⅱ등급이다.

60 다음 ( ) 안에 알맞은 수치를 차례대로 옳게 나열한 것은?

위험물암반탱크의 공간용적은 당해 탱크 내에 용출하는 ( )일간의 지하수 양에 상당하는 용적과 당해 탱크 내용적의 100분의 ( )의 용적 중에서 보다 큰 용적을 공간용적으로 한다.

① 1, 1　　② 7, 1
③ 1, 5　　④ 7, 5

위험물암반탱크의 공간용적은 당해 탱크 내에 용출하는 7일간의 지하수 양에 상당하는 용적과 당해 탱크 내용적의 100분의 1의 용적 중에서 보다 큰 용적을 공간용적으로 한다.

정답 56 ④　57 ③　58 ③　59 ②　60 ②

13 2021년 4회 CBT 기출복원문제

01 불꽃 반응 시 보라색을 나타내는 금속은?

① LI   ② K
③ Na   ④ Ba

> 불꽃 반응에서 보라색을 나타내는 금속은 칼륨(K)이다.

02 황산 수용액 400mL 속에 순황산이 98g 녹아 있다면 이 용액의 농도는 몇 N인가?

① 3   ② 4
③ 5   ④ 6

> - 황산(H_2SO_4)의 분자량: $(2 \times 1) + (1 \times 32) + (4 \times 16) = 98g/mol$
> - 황산(H_2SO_4)은 이온화 시 2개의 수소이온을 내놓기 때문에, 1당량은 황산 49g이다.
> - 황산(H_2SO_4)의 당량은 H^+이온을 2개 방출할 수 있으므로, 황산의 당량은 분자량을 2로 나눈 값이다.
> - 농도 = $\dfrac{\text{당량수}}{\text{용액의 부피(L)}} = \dfrac{2}{0.4} = 5N$

03 전자배치가 $1s^2 2s^2 2p^6 3s^2 3p^5$인 원자의 M껍질에는 몇 개의 전자가 들어 있는가? ★빈출

① 2   ② 4
③ 7   ④ 17

> - 주어진 전자배치 $1s^2 2s^2 2p^6 3s^2 3p^5$는 17개의 전자를 가진 원자의 전자배치이며 염소(Cl)의 모양이다.
> - 이 원자의 M껍질은 주양자수 n = 3인 껍질로, 3s와 3p 오비탈에 해당한다.
>   - 3s 오비탈: 2개의 전자 보유
>   - 3p 오비탈: 5개의 전자 보유
> - 따라서 M껍질에는 총 7개의 전자가 들어 있다.

04 활성화에너지에 대한 설명으로 옳은 것은?

① 물질이 반응 전에 가지고 있는 에너지이다.
② 물질이 반응 후에 가지고 있는 에너지이다.
③ 물질이 반응 전과 후에 가지고 있는 에너지의 차이이다.
④ 물질이 반응을 일으키는 데 필요한 최소한의 에너지이다.

> 활성화에너지는 화학반응이 일어나기 위해 필요한 최소한의 에너지이다. 이는 반응물들이 반응하여 생성물로 변하기 위해 극복해야 하는 에너지 장벽을 의미한다.

05 다음 중 반응이 정반응으로 진행되는 것은?

① $Pb^{2+} + Zn \rightarrow Zn^{2+} + Pb$
② $I_2 + 2Cl^- \rightarrow 2I^- + Cl_2$
③ $2Fe^{3+} + 3Cu \rightarrow 3Cu^{2+} + 2Fe$
④ $Mg^{2+} + Zn \rightarrow Zn^{2+} + Mg$

> - 반응이 정반응으로 진행되는 경우는 반응에서 더 강한 환원제가 산화되고, 더 강한 산화제가 환원되는 경우이다.
> - Zn(아연)은 Pb(납)보다 더 강한 환원제로, 아연이 산화되고 납이 환원되므로 정반응으로 진행된다.

06 27℃에서 부피가 2L인 고무풍선 속의 수소 기체 압력이 1.23atm이다. 이 풍선 속에 몇 mol의 수소 기체가 들어 있는가? (단, 이상기체라고 가정한다.) ★빈출

① 0.01   ② 0.05
③ 0.10   ④ 0.25

> - 이상기체 방정식(PV = nRT)을 이용하여 문제를 푼다.
>   - P: 압력(1.23atm)
>   - V: 부피(L)
>   - R: 기체상수(0.082L·atm/mol·K)
>   - T: 300K(절대온도로 변환하기 위해 273을 더한다)
> - $n = \dfrac{PV}{RT} = \dfrac{1.23 \times 2.0}{0.082 \times 300} = 0.1 mol$

정답 01 ② 02 ③ 03 ③ 04 ④ 05 ① 06 ③

07 어떤 기체가 탄소 원자 1개당 2개의 수소 원자를 함유하고 0°C, 1기압에서 밀도가 1.25g/L일 때 이 기체에 해당하는 것은?

① CH_2
② C_2H_4
③ C_3H_6
④ C_4H_8

> • 분자량 = 밀도 × 22.4L/mol
>   = 1.25g/L × 22.4L/mol = 28g/mol
> • 탄소 원자 1개당 2개의 수소 원자를 포함하는 화합물 중 분자량이 28g/mol인 것은 에틸렌(C_2H_4)이다.

08 비누화 값이 작은 지방에 대한 설명으로 옳은 것은?

① 분자량이 작으며, 저급 지방산의 에스터이다.
② 분자량이 작으며, 고급 지방산의 에스터이다.
③ 분자량이 크며, 저급 지방산의 에스터이다.
④ 분자량이 크며, 고급 지방산의 에스터이다.

> 비누화 값이 클수록 지방 분자의 크기가 작다는 것을 의미하고, 비누화 값이 작을수록 지방 분자의 크기가 크다는 것을 의미한다. 따라서 비누화 값이 작은 지방은 분자량이 큰 고급 지방산의 에스터이다.

09 H_2O가 H_2S보다 비등점이 높은 이유는?

① 이온결합을 하고 있기 때문에
② 수소결합을 하고 있기 때문에
③ 공유결합을 하고 있기 때문에
④ 분자량이 적기 때문에

> • H_2O(물)는 산소와 수소 사이에 수소결합을 형성하여 분자 간의 결합이 매우 강하고, 더 많은 에너지가 필요하므로 비등점이 높다.
> • H_2S(황화수소)는 수소결합을 형성하지 않아 비등점이 낮다.

10 다음과 같은 구조를 가진 전지를 무엇이라 하는가? ★빈출

$$(-)Zn \mid H_2SO_4 \mid Cu(+)$$

① 볼타전지
② 다니엘전지
③ 건전지
④ 납축전지

> 볼타전지는 아연(Zn)과 구리(Cu)를 사용한 전지로, 아연이 산화되어 전자를 잃고, 구리는 환원되어 전자를 받는다. 이때 전해질로는 황산(H_2SO_4)이 사용되며, 아연 전극은 음극(-), 구리 전극은 양극(+)이다.

11 질산칼륨 수용액 속에 소량의 염화나트륨이 불순물로 포함되어 있다. 용해도 차이를 이용하여 이 불순물을 제거하는 방법으로 가장 적당한 것은?

① 증류
② 막분리
③ 재결정
④ 전기분해

> **재결정**
> • 온도에 따른 용해도의 차이를 이용하여 원하는 순수한 물질을 결정 형태로 다시 얻는 방법이다.
> • 질산칼륨(KNO_3)과 염화나트륨(NaCl)은 각각 온도에 따른 용해도 변화가 다르기 때문에 용액을 천천히 냉각시키면, 질산칼륨(KNO_3)과 염화나트륨(NaCl)의 용해도 차이를 이용해 순수한 질산칼륨(KNO_3)을 결정화시킬 수 있다.

12 할로겐(할로젠)화 수소의 결합에너지 크기를 비교하였을 때 옳게 표시한 것은?

① HI > HBr > HCl > HF
② HBr > HI > HF > HCl
③ HF > HCl > HBr > HI
④ HCl > HBr > HF > HI

> • 일반적으로 할로겐(할로젠) 원자의 크기가 작을수록 결합이 강하고 결합에너지가 크다. 즉, 작은 원자일수록 결합 길이가 짧아지고 결합에너지가 커진다.
> • 할로겐(할로젠) 원자들의 크기 순서는 F < Cl < Br < I이며, 이에 따라 결합에너지의 크기 순서는 HF > HCl > HBr > HI이다.

정답 07 ② 08 ④ 09 ② 10 ① 11 ③ 12 ③

13 메탄에 염소를 작용시켜 클로로포름을 만드는 반응을 무엇이라 하는가?

① 중화반응   ② 부가반응
③ 치환반응   ④ 환원반응

> • 치환반응은 분자의 일부 원자(또는 원자 그룹)가 다른 원자로 바뀌는 반응을 말한다.
> • 메탄(CH_4)에 염소(Cl_2)를 작용시켜 클로로포름($CHCl_3$)을 만드는 반응은 메탄의 수소 원자가 염소 원자로 순차적으로 치환되어 최종적으로 클로로포름이 생성되므로 치환반응이다.

14 다음 중 방향족 화합물이 아닌 것은?

① 톨루엔   ② 아세톤
③ 크레졸   ④ 아닐린

> • 방향족 화합물은 벤젠 고리와 같은 평면성의 고리형 구조를 가지고, 고리 내의 전자가 공명 구조를 이루는 특성을 가진 화합물이다.
> • 아세톤은 벤젠 고리를 포함하지 않기 때문에 방향족 화합물이 아니다.

15 탄소수가 5개인 포화 탄화수소 펜탄의 구조이성질체 수는 몇 개인가?

① 2개   ② 3개
③ 4개   ④ 5개

> **펜탄의 구조이성질체**
> • n-펜탄: 탄소가 일렬로 연결된 구조
> • 이소펜탄(2-메틸부탄): 네 개의 탄소로 이루어진 주사슬에 1개의 메틸기($-CH_3$)가 붙어 있는 구조
> • 네오펜탄(2,2-다이메틸프로판): 세 개의 탄소로 이루어진 주사슬에 2개의 메틸기가 붙어 있는 구조

16 다음 중 배수비례의 법칙이 성립하는 화합물을 나열한 것은? ★빈출

① CH_4, CCl_4 ② SO_2, SO_3
③ H_2O, H_2S ④ SN_3, BH_3

> **배수비례의 법칙**
> • 배수비례의 법칙은 두 원소가 여러 가지 화합물을 형성할 때, 한 원소의 일정한 양과 결합하는 다른 원소의 질량은 일정한 간격의 정수 비율로 나타난다는 법칙이다.
> • SO_2와 SO_3는 황(S)과 산소(O)가 서로 다른 비율로 결합하여 형성된 화합물이다. 즉, SO_2는 황 1mol과 산소 2mol로, SO_3는 황 1mol과 산소 3mol로 결합하여, 산소의 비율이 2 : 3의 간단한 정수비를 이루므로 배수비례의 법칙이 성립한다.

17 다음 반응식은 산화-환원반응이다. 산화된 원자와 환원된 원자를 순서대로 옳게 표현한 것은?

$$3Cu + 8HNO_3 \rightarrow 3Cu(NO_3)_2 + 2NO + 4H_2O$$

① Cu, N   ② N, H
③ O, Cu   ④ N, Cu

> • Cu(구리): 반응 전에는 구리(Cu)로 존재하지만, 반응 후에 Cu^{2+}로 변하여 산화수 +2가 된다. 즉, 산화수가 증가했으므로 구리는 전자를 잃고 산화한다.
> • N(질소): HNO_3에서 질소의 산화수는 +5이지만(NO_3^-에서), 반응 후 생성물인 NO에서는 산화수가 +2가 된다. 즉, 산화수가 감소했으므로 질소는 전자를 얻고 환원된다.

18 화학반응속도를 증가시키는 방법으로 옳지 않은 것은?

① 온도를 높인다.
② 부촉매를 가한다.
③ 반응물 농도를 높게 한다.
④ 반응물 표면적을 크게 한다.

> 부촉매는 반응속도를 느리게 만드는 물질이다. 따라서 부촉매를 가하면 화학반응속도가 감소하므로 정촉매를 가해야 한다.

정답 13 ③ 14 ② 15 ② 16 ② 17 ① 18 ②

19 산성 산화물에 해당하는 것은?

① CaO
② Na₂O
③ CO₂
④ MgO

- 산성 산화물은 비금속원소가 산소와 결합한 산화물로, 물과 반응하면 산을 형성하거나 염기와 반응하여 염을 형성하는 특성을 가진다.
- CO_2(이산화탄소)는 비금속산화물로, 물과 반응하면 H_2CO_3(탄산)을 형성하기 때문에 산성 산화물에 해당한다.

20 다음 중 침전을 형성하는 조건은?

① 이온곱 > 용해도곱
② 이온곱 = 용해도곱
③ 이온곱 < 용해도곱
④ 이온곱 + 용해도곱 = 1

- 침전을 형성하는 조건은 이온곱(Q)이 용해도곱(K_{sp})보다 클 때이다.
- 이는 해당 이온들이 용액에서 더 이상 용해될 수 없고, 과잉의 이온이 침전 형태로 나오는 상황을 의미한다.

21 외벽이 내화구조인 위험물저장소 건축물의 연면적이 1,500m² 인 경우 소요단위는? ★빈출

① 6
② 10
③ 13
④ 14

- 소요단위(연면적)

구분	내화구조(m²)	비내화구조(m²)
제조소 취급소	100	50
저장소	150	75

- 소요단위 = $\frac{1,500}{150}$ = 10단위

22 위험물안전관리법령에서 정한 물분무 소화설비의 설치기준에서 물분무 소화설비의 방사구역은 몇 m² 이상으로 하여야 하는가? (단, 방호대상물의 표면적이 150m² 이상인 경우이다.)

① 75
② 100
③ 150
④ 350

물분무 소화설비의 설치기준(시행규칙 별표 17)
물분무 소화설비의 방사구역은 150m² 이상(방호대상물의 표면적이 150m² 미만인 경우에는 당해 표면적)으로 할 것

23 위험물제조소에 옥내소화전이 가장 많이 설치된 층의 옥내소화전 설치개수가 2개이다. 위험물안전관리법령의 옥내소화전설비 설치기준에 의하면 수원의 수량은 얼마 이상이 되어야 하는가? ★빈출

① 7.8m³
② 15.6m³
③ 20.6m³
④ 78m³

소화설비 설치기준
- 옥내소화전 = 설치개수(최대 5개) × 7.8m³
- 옥내소화전의 수원은 층별로 최대 5개까지만 계산된다.
- 2개 × 7.8m³ = 15.6m³

24 수성막포 소화약제에 대한 설명으로 옳은 것은?

① 물보다 비중이 작은 유류의 화재에는 사용할 수 없다.
② 계면활성제를 사용하지 않고 수성의 막을 이용한다.
③ 내열성이 뛰어나고 고온의 화재일수록 효과적이다.
④ 일반적으로 불소계 계면활성제를 사용한다.

- 수성막포 소화약제는 주로 유류화재에 사용되는 소화제로, 일반적으로 불소계 계면활성제를 사용하여 유류 표면에 얇은 막을 형성한다.
- 불소계 계면활성제는 소수성과 내유성이 뛰어나기 때문에 유류 표면에서 안정적인 막을 형성할 수 있는데, 이 막은 물과 기름이 섞이지 않도록 하며, 유류화재 시 산소공급을 차단하여 재발화를 방지한다.

정답 19 ③ 20 ① 21 ② 22 ③ 23 ② 24 ④

25 위험물안전관리법령상 전역방출방식 또는 국소방출방식의 분말 소화설비의 기준에서 가압식의 분말 소화설비에는 얼마 이하의 압력으로 조정할 수 있는 압력조정기를 설치하여야 하는가?

① 2.0MPa
② 2.5MPa
③ 3.0MPa
④ 5MPa

> **분말 소화설비의 기준(위험물안전관리에 관한 세부기준 제136조)**
> 전역방출방식 또는 국소방출방식의 분말 소화설비의 기준에서 가압식의 분말 소화설비에는 2.5MPa 이하의 압력으로 조정할 수 있는 압력조정기를 설치해야 한다.

26 불활성 가스 소화약제 중 IG-541의 구성성분을 옳게 나타낸 것은?

① 헬륨, 네온, 아르곤
② 질소, 아르곤, 이산화탄소
③ 질소, 이산화탄소, 헬륨
④ 헬륨, 네온, 이산화탄소

> - 불활성 가스 소화약제 중 IG-541은 질소(N_2), 아르곤(Ar), 이산화탄소(CO_2)가 52대 40대 8로 혼합된 소화약제이다.
> - IG-541은 연소를 억제하는 주요 방식으로 산소농도를 낮추는 역할을 한다.

27 위험물제조소등에 옥내소화전설비를 압력수조를 이용한 가압송수장치로 설치하는 경우 압력수조의 최소압력은 몇 MPa인가? (단, 소방용 호스의 마찰손실수두압은 3.2MPa, 배관의 마찰손실수두압은 2.2MPa, 낙차의 환산수두압은 1.79MPa이다.)

① 5.4
② 3.99
③ 7.19
④ 7.54

> **옥내소화전설비 압력수조의 최소압력을 구하는 방법**
> - P = p1 + p2 + p3 + 0.35MPa
> - 필요한 압력 = 소방용 호스의 마찰손실수두압 + 배관의 마찰손실수두압 + 낙차의 환산수두압 + 0.35MPa
> - P: 필요한 압력(단위 MPa)
> - p1: 소방용 호스의 마찰손실수두압(단위 MPa)
> - p2: 배관의 마찰손실수두압(단위 MPa)
> - p3: 낙차의 환산수두압(단위 MPa)
> - P = 3.2 + 2.2 + 1.79 + 0.35 = 7.54MPa

28 최소착화에너지를 측정하기 위해 콘덴서를 이용하여 불꽃 방전 실험을 하고자 한다. 콘덴서의 전기용량을 C, 방전전압을 V, 전기량을 Q라 할 때 착화에 필요한 최소 전기에너지 E를 옳게 나타낸 것은?

① $E = \frac{1}{2}CQ^2$
② $E = \frac{1}{2}C^2V$
③ $E = \frac{1}{2}QV^2$
④ $E = \frac{1}{2}CV^2$

> **최소착화에너지**
> - 최소착화에너지 E는 콘덴서에 저장된 전기에너지로 표현한 것으로, 방전 시 발생하는 에너지가 착화를 유발할 수 있는 최소에너지를 제공하며, 그 식은 다음과 같다.
> - $E = \frac{1}{2}CV^2$
>   - E: 착화에 필요한 최소 전기에너지(단위: 줄, J)
>   - C: 콘덴서의 전기용량(단위: 패럿, F)
>   - V: 방전전압(단위: 볼트, V)

29 위험물에 화재가 발생하였을 경우 물과의 반응으로 인해 주수소화가 적당하지 않은 것은?

① CH_3ONO_2
② $KClO_3$
③ Li_2O_2
④ P

> - $2Li_2O_2 + 2H_2O \rightarrow 4LiOH + O_2$
> - 과산화리튬은 물과 반응하여 수산화리튬과 산소를 발생하며 폭발의 위험이 있으므로 주수소화가 적당하지 않다.

정답 25 ② 26 ② 27 ④ 28 ④ 29 ③

30 제3종 분말 소화약제에 대한 설명으로 틀린 것은? 빈출

① A급을 제외한 모든 화재에 적응성이 있다.
② 주성분은 $NH_4H_2PO_4$의 분자식으로 표현된다.
③ 제1인산암모늄이 주성분이다.
④ 담홍색(또는 황색)으로 착색되어 있다.

분말 소화약제의 종류

약제명	주성분	분해식	색상	적응화재
제1종	탄산수소나트륨	$2NaHCO_3 \rightarrow Na_2CO_3 + CO_2 + H_2O$	백색	BC
제2종	탄산수소칼륨	$2KHCO_3 \rightarrow K_2CO_3 + CO_2 + H_2O$	보라색 (담회색)	BC
제3종	인산암모늄	$NH_4H_2PO_4 \rightarrow NH_3 + HPO_3 + H_2O$	담홍색	ABC
제4종	탄산수소칼륨 + 요소	-	회색	BC

31 위험물제조소등에 설치하는 이동식 불활성 가스 소화설비의 소화약제의 양은 하나의 노즐마다 몇 kg 이상으로 하여야 하는가?

① 30 ② 50
③ 60 ④ 90

불활성 가스 소화설비의 기준(위험물안전관리에 관한 세부기준 제134조)
이동식 불활성 가스 소화설비의 소화약제의 양은 하나의 노즐마다 90kg 이상의 양으로 하여야 한다.

32 강화액 소화약제에 소화력을 향상시키기 위하여 첨가하는 물질로 옳은 것은?

① 탄산칼륨 ② 질소
③ 사염화탄소 ④ 아세틸렌

- 강화액 소화약제는 주로 물에 특정 화학물질을 첨가하여 소화 성능을 향상시키는 방식이다.
- 탄산칼륨(K_2CO_3)은 강화액 소화약제의 소화력을 높이기 위해 자주 첨가되며, 주로 주방화재에서 발생하는 기름화재를 진압하는 데 사용된다.

33 주유취급소에 캐노피를 설치하고자 한다. 위험물안전관리법령에 따른 캐노피의 설치 기준이 아닌 것은?

① 캐노피의 면적은 주유취급소 공지면적의 1/2 이하로 할 것
② 배관이 캐노피 내부를 통과할 경우에는 1개 이상의 점검구를 설치할 것
③ 캐노피 외부의 배관이 일광열의 영향을 받을 우려가 있는 경우에는 단열재로 피복할 것
④ 캐노피 외부의 점검이 곤란한 장소에 배관을 설치하는 경우에는 용접이음으로 할 것

주유취급소에 설치하는 캐노피 기준(시행규칙 별표 13)
- 배관이 캐노피 내부를 통과할 경우에는 1개 이상의 점검구를 설치할 것
- 캐노피 외부의 점검이 곤란한 장소에 배관을 설치하는 경우에는 용접이음으로 할 것
- 캐노피 외부의 배관이 일광열의 영향을 받을 우려가 있는 경우에는 단열재로 피복할 것

34 자연발화가 일어날 수 있는 조건으로 가장 옳은 것은?

① 주위의 온도가 낮을 것
② 표면적이 작을 것
③ 열전도율이 작을 것
④ 발열량이 작을 것

자연발화 조건
- 주위의 온도가 높을 것
- 습도가 높을 것
- 표면적이 넓을 것
- 열전도율이 작을 것
- 발열량이 클 것

정답 30 ① 31 ④ 32 ① 33 ① 34 ③

35 이산화탄소 소화기 사용 중 소화기 방출구에서 생길 수 있는 물질은?

① 포스겐
② 일산화탄소
③ 드라이아이스
④ 수소가스

> 이산화탄소(CO₂) 소화기는 압축된 이산화탄소가스를 방출하여 화재를 진압하는 장비이다. 방출구에서 빠르게 확장된 이산화탄소는 기화하면서 주변 온도를 급격히 낮추게 되는데, 이때 이산화탄소가 고체 상태로 변해 드라이아이스(고체 이산화탄소)를 형성할 수 있다.

36 위험물안전관리법령상 옥내소화전설비의 비상전원은 자가발전설비 또는 축전지설비로 옥내소화전설비를 유효하게 몇 분 이상 작동할 수 있어야 하는가?

① 10분
② 20분
③ 45분
④ 60분

> 옥내소화전설비의 기준(위험물안전관리에 관한 세부기준 제129조)
> 옥내소화전설비의 비상전원은 자가발전설비 또는 축전지설비에 의하되, 용량은 옥내소화전설비를 유효하게 45분 이상 작동시키는 것이 가능할 것

37 위험물안전관리법령상 옥내소화전설비에 관한 기준에 대해 다음 ( )에 알맞은 수치를 옳게 나열한 것은?

> 옥내소화전설비는 각 층을 기준으로 하여 당해 층의 모든 옥내소화전(설치개수가 5개 이상인 경우는 5개의 옥내소화전)을 동시에 사용할 경우에 각 노즐끝부분의 방수압력이 (ⓐ)kPa 이상이고 방수량이 1분당 (ⓑ)L 이상의 성능이 되도록 할 것

① ⓐ 350, ⓑ 260
② ⓐ 450, ⓑ 260
③ ⓐ 350, ⓑ 450
④ ⓐ 450, ⓑ 450

> 옥내소화전설비의 설치기준(시행규칙 별표 17)
> 옥내소화전설비는 각 층을 기준으로 하여 당해 층의 모든 옥내소화전(설치개수가 5개 이상인 경우는 5개의 옥내소화전)을 동시에 사용할 경우에 각 노즐끝부분의 방수압력이 350kPa 이상이고 방수량이 1분당 260L 이상의 성능이 되도록 할 것

38 소화기에 "A-2"로 표시되어 있었다면 숫자 "2"가 의미하는 것은 무엇인가?

① 소화기의 제조번호
② 소화기의 소요단위
③ 소화기의 능력단위
④ 소화기의 사용순위

> • A : 적응화재
> • 2 : 능력단위

39 특정옥외탱크저장소라 함은 옥외탱크저장소 중 저장 또는 취급하는 액체위험물의 최대수량이 얼마 이상의 것을 말하는가?

① 50만리터 이상
② 100만리터 이상
③ 150만리터 이상
④ 200만리터 이상

> 옥외탱크저장소 중 저장 또는 취급하는 액체위험물의 최대수량이 50만리터 이상인 것을 특정·준특정옥외탱크저장소라 한다(시행규칙 제65조).

40 위험물안전관리법령상 전역방출방식의 분말 소화설비에서 분사헤드의 방사압력은 몇 MPa 이상이어야 하는가?

① 0.1
② 0.5
③ 1
④ 3

> 분말 소화설비의 기준(위험물안전관리에 관한 세부기준 제136조)
> 전역방출방식의 분말 소화설비의 분사헤드는 다음에 의할 것
> • 분사헤드의 방사압력은 0.1MPa 이상일 것
> • 정해진 소화약제의 양을 30초 이내에 균일하게 방사할 것

정답 35 ③　36 ③　37 ①　38 ③　39 ①　40 ①

41 물보다 무겁고, 물에 녹지 않아 저장 시 가연성 증기 발생을 억제하기 위해 수조 속의 위험물탱크에 저장하는 물질은?

① 다이에틸에터　　② 에탄올
③ 이황화탄소　　　④ 아세트알데하이드

> 이황화탄소는 비중이 1.26으로 물보다 무겁고, 물에 녹지 않아 저장 시 가연성 증기 발생을 억제하기 위해 물속에 저장한다.

42 산화프로필렌에 대한 설명으로 틀린 것은?

① 무색의 휘발성 액체이고, 물에 녹는다.
② 인화점이 상온 이하이므로 가연성 증기 발생을 억제하여 보관해야 한다.
③ 은, 마그네슘 등의 금속과 반응하여 폭발성 혼합물을 생성한다.
④ 증기압이 낮고 연소범위가 좁아서 위험성이 높다.

> 산화프로필렌(Propylene Oxide)
> • 무색의 휘발성 액체이고 물에 녹는다.
> • 인화점이 상온 이하이므로 가연성 증기 발생을 억제하여 보관해야 한다.
> • 구리(Cu), 마그네슘(Mg), 은(Ag), 수은(Hg)과 반응하면 아세틸라이드를 생성한다.
> • 저장용기 내부에는 불연성 가스 또는 수증기 봉입장치를 해야 한다.
> • 증기압(538mmHg)이 높고 연소범위(2.8~37%)가 넓어 위험성이 높다.

43 다음 위험물 중 보호액으로 물을 사용하는 것은?

① 황린　　　② 적린
③ 루비듐　　④ 오황화인

> 황린은 공기 중에서 자연발화할 위험이 있으므로 물속에 저장한다.

44 휘발유를 저장하던 이동저장탱크에 탱크의 상부로부터 등유나 경유를 주입할 때 액표면이 주입관의 끝부분을 넘는 높이가 될 때까지 그 주입관 내의 유속을 몇 m/s 이하로 하여야 하는가?

① 1　　② 2
③ 3　　④ 5

> 이동탱크저장소에서의 취급기준(시행규칙 별표 18)
> 휘발유를 저장하던 이동저장탱크에 등유나 경유를 주입할 때 또는 등유나 경유를 저장하던 이동저장탱크에 휘발유를 주입할 때에는 다음의 기준에 따라 정전기 등에 의한 재해를 방지하기 위한 조치를 할 것
> • 이동저장탱크의 상부로부터 위험물을 주입할 때에는 위험물의 액표면이 주입관의 끝부분을 넘는 높이가 될 때까지 그 주입관 내의 유속을 초당 1m 이하로 할 것
> • 이동저장탱크의 밑부분으로부터 위험물을 주입할 때에는 위험물의 액표면이 주입관의 정상부분을 넘는 높이가 될 때까지 그 주입배관 내의 유속을 초당 1m 이하로 할 것

45 위험물제조소 건축물의 구조 기준이 아닌 것은?

① 출입구에는 60분 방화문·60분 + 방화문 또는 30분 방화문을 설치할 것
② 지붕은 폭발력이 위로 방출될 정도의 가벼운 불연재료로 덮을 것
③ 벽·기둥·바닥·보·서까래 및 계단을 불연재료로, 연소의 우려가 있는 외벽은 출입구 외의 개구부가 없는 내화구조의 벽으로 하여야 한다.
④ 산화성 고체, 가연성 고체위험물을 취급하는 건축물의 바닥은 위험물이 스며들지 못하는 재료를 사용할 것

> 제6류 위험물을 취급하는 건축물에 있어서 위험물이 스며들 우려가 있는 부분에 대하여는 아스팔트 그 밖에 부식되지 아니하는 재료로 피복하여야 한다(시행규칙 별표 4).
> → 액체위험물을 취급하는 건축물의 바닥은 위험물이 스며들지 못하는 재료를 사용하여야 하므로 고체위험물을 취급하는 경우는 위의 기준이 적용되지 않는다.

정답　41 ③　42 ④　43 ①　44 ①　45 ④

46 다음 중 3개의 이성질체가 존재하는 물질은?

① 아세톤　　② 톨루엔
③ 벤젠　　　④ 자일렌(크실렌)

> **자일렌(크실렌)**
> 벤젠 고리에 메틸기(-CH₃) 2개가 결합해 있는 구조로, 3개의 이성질체를 갖는 방향족 탄화수소이다.
> • 오르토 - 자일렌(o - 자일렌)
> • 메타 - 자일렌(m - 자일렌)
> • 파라 - 자일렌(p - 자일렌)

47 다음 중 C_5H_5N에 대한 설명으로 틀린 것은?

① 순수한 것은 무색이고 악취가 나는 액체이다.
② 상온에서 인화의 위험이 있다.
③ 물에 녹는다.
④ 강한 산성을 나타낸다.

> 피리딘(C_5H_5N)은 약한 염기성을 띠는 화합물이다.

48 다음 중 제6류 위험물이 아닌 것은?

① 삼불화브로민　　② 오불화아이오딘
③ 질산　　　　　　④ 질산구아니딘

> 질산구아니딘은 제5류 위험물이다.

49 위험물안전관리자를 해임한 후 며칠 이내에 후임자를 선임하여야 하는가?

① 14일　　② 15일
③ 20일　　④ 30일

> 안전관리자를 선임한 제조소등의 관계인은 그 안전관리자를 해임하거나 안전관리자가 퇴직한 때에는 해임하거나 퇴직한 날부터 30일 이내에 다시 안전관리자를 선임하여야 한다(위험물안전관리법 제15조).

50 물과 반응하였을 때 발생하는 가연성 가스의 종류가 나머지 셋과 다른 하나는?

① 탄화리튬　　② 탄화마그네슘
③ 탄화칼슘　　④ 탄화알루미늄

> • $Al_4C_3 + H_2O \rightarrow Al(OH)_3 + CH_4$
> • 탄화알루미늄은 물과 반응하여 수산화알루미늄과 메탄을 발생한다.
> • 탄화리튬, 탄화마그네슘, 탄화칼슘은 물과 반응하여 아세틸렌(C_2H_2)을 발생시킨다.

51 제조소등의 위치·구조 또는 설비의 변경 없이 해당 제조소등에서 저장하거나 취급하는 위험물의 품명·수량 또는 지정수량의 배수를 변경하고자 하는 자는 변경하고자 하는 날의 며칠 전까지 행정안전부령이 정하는 바에 따라 시·도지사에게 신고하여야 하는가?

① 1일　　② 14일
③ 21일　④ 30일

> **위험물시설의 설치 및 변경 등(위험물안전관리법 제6조)**
> 제조소등의 위치·구조 또는 설비의 변경 없이 당해 제조소등에서 저장하거나 취급하는 위험물의 품명·수량 또는 지정수량의 배수를 변경하고자 하는 자는 변경하고자 하는 날의 1일 전까지 행정안전부령이 정하는 바에 따라 시·도지사에게 신고하여야 한다.

정답　46 ④　47 ④　48 ④　49 ④　50 ④　51 ①

52 다음 중 위험물의 저장 또는 취급에 관한 기술상의 기준과 관련하여 시·도의 조례에 의해 규제를 받는 경우는?

① 등유 2,000L를 저장하는 경우
② 중유 3,000L를 저장하는 경우
③ 윤활유 5,000L를 저장하는 경우
④ 휘발유 400L를 저장하는 경우

> - 지정수량 미만인 위험물의 저장 또는 취급에 관한 기술상의 기준은 특별시·광역시·특별자치시·도 및 특별자치도(이하 "시·도")의 조례로 정한다(위험물안전관리법 제4조).
> - 각 위험물의 지정수량
>   - 등유: 1,000L   - 중유: 2,000L
>   - 윤활유: 6,000L   - 휘발유: 200L
> - 5,000L의 윤활유는 지정수량 미만이므로 시·도의 조례에 의해 규제를 받는다.

53 다음 중 증기비중이 가장 큰 물질은?

① C_6H_6 ② CH_3OH
③ $CH_3COC_2H_5$ ④ $C_3H_5(OH)_3$

> - 증기비중 = $\dfrac{분자량}{29(공기의\ 평균\ 분자량)}$
> - 각 위험물별 증기비중
>   - 벤젠(C_6H_6): $\dfrac{(12 \times 6) + (1 \times 6)}{29}$ = 약 2.7
>   - 메탄올(CH_3OH): $\dfrac{(12 \times 1) + (1 \times 4) + (16 \times 1)}{29}$ = 약 1.1
>   - 에틸메틸케톤($CH_3COC_2H_5$): $\dfrac{(12 \times 4) + (1 \times 8) + (16 \times 1)}{29}$ = 약 2.5
>   - 글리세린[$C_3H_5(OH)_3$]: $\dfrac{(12 \times 3) + (1 \times 8) + (16 \times 3)}{29}$ = 약 3.2

54 위험물안전관리법령상 지정수량의 500배 이하의 위험물을 저장하는 옥외탱크저장소에 확보하여야 하는 보유공지의 너비는 얼마인가?

① 3m 이상   ② 9m 이상
③ 12m 이상   ④ 15m 이상

옥외저장탱크의 보유공지	
저장 또는 취급하는 위험물의 최대수량	공지의 너비
지정수량의 500배 이하	3m 이상
지정수량의 500배 초과 1,000배 이하	5m 이상
지정수량의 1,000배 초과 2,000배 이하	9m 이상
지정수량의 2,000배 초과 3,000배 이하	12m 이상
지정수량의 3,000배 초과 4,000배 이하	15m 이상

55 위험물을 저장하는 간이탱크저장소의 구조 및 설비의 기준으로 옳은 것은?

① 탱크의 두께 2.5mm 이상, 용량 600L 이하
② 탱크의 두께 2.5mm 이상, 용량 800L 이하
③ 탱크의 두께 3.2mm 이상, 용량 600L 이하
④ 탱크의 두께 3.2mm 이상, 용량 800L 이하

> 간이탱크저장소의 구조 및 설비기준(시행규칙 별표 9)
> - 간이저장탱크의 용량은 600L 이하이어야 한다.
> - 간이저장탱크는 두께 3.2mm 이상의 강판으로 흠이 없도록 제작하여야 하며, 70kPa의 압력으로 10분간의 수압시험을 실시하여 새거나 변형되지 아니하여야 한다.

56 금속칼륨 20kg, 금속나트륨 40kg, 탄화칼슘 600kg 각각의 지정수량 배수의 총합은 얼마인가?

① 2   ② 4
③ 6   ④ 8

> - 각 위험물별 지정수량
>   - 금속칼륨: 10kg
>   - 금속나트륨: 10kg
>   - 탄화칼슘: 300kg
> - 지정수량 배수의 총합 = $\dfrac{20}{10} + \dfrac{40}{10} + \dfrac{600}{300}$ = 8배

정답   52 ③   53 ④   54 ①   55 ③   56 ④

57 다음의 2가지 물질을 혼합하였을 때 위험성이 증가하는 경우가 아닌 것은?

① 과망가니즈산칼륨 + 황산
② 나이트로셀룰로오스 + 알코올 수용액
③ 질산나트륨 + 유기물
④ 질산 + 에틸알코올

- 나이트로셀룰로오스는 가연성이 있지만, 알코올 수용액과 혼합했을 때 특별히 폭발적인 반응이나 위험이 크게 증가하지 않는다.
- 알코올 수용액은 나이트로셀룰로오스를 용해시키거나 확산시키는 역할을 할 수 있지만, 혼합으로 인해 화재나 폭발과 같은 위험이 크게 증가하는 것은 아니다.
- 따라서 나이트로셀룰로오스와 알코올 수용액은 혼합 시 위험성이 크게 증가하지 않는다.

58 동식물유류에 대한 설명으로 틀린 것은?

① 건성유는 자연발화의 위험성이 높다.
② 불포화도가 높을수록 아이오딘가가 크며 산화되기 쉽다.
③ 아이오딘값이 130 이하인 것이 건성유이다.
④ 1기압에서 인화점이 섭씨 250도 미만이다.

동식물유류 구분		
구분	아이오딘값	불포화도
건성유	130 이상	큼
반건성유	100 초과 130 미만	중간
불건성유	100 이하	작음

59 위험물안전관리법령상 $C_6H_2(NO_2)_3OH$의 품명에 해당하는 것은?

① 유기과산화물 ② 질산에스터류
③ 나이트로화합물 ④ 아조화합물

품명	위험물	상태
질산에스터류	질산메틸 질산에틸 나이트로글리콜 나이트로글리세린	액체
	나이트로셀룰로오스 셀룰로이드	고체
나이트로화합물	트라이나이트로톨루엔 트라이나이트로페놀 다이나이트로벤젠 테트릴	고체

트라이나이트로페놀[$C_6H_2(NO_2)_3OH$]의 품명은 나이트로화합물이다.

60 위험물의 운반용기 재질 중 액체 위험물의 외장용기로 사용할 수 없는 것은?

① 유리 ② 나무
③ 파이버판 ④ 플라스틱

유리는 깨지기 쉬운 성질 때문에 액체 위험물의 외장용기로 사용하기 적합하지 않다. 운반 중 충격이나 외부의 힘에 의해 쉽게 파손될 수 있어 위험을 초래한다.

정답 57 ② 58 ③ 59 ③ 60 ①

14 2021년 2회 CBT 기출복원문제

01 나이트로벤젠의 증기에 수소를 혼합한 뒤 촉매를 사용하여 환원시키면 무엇이 되는가?
① 페놀 ② 톨루엔
③ 아닐린 ④ 나프탈렌

> 나이트로벤젠($C_6H_5NO_2$)을 수소와 반응시키고 촉매를 사용하여 환원시키면 아닐린($C_6H_5NH_2$)이 생성된다.

02 다음과 같은 기체가 일정한 온도에서 반응을 하고 있다. 평형에서 기체 A, B, C가 각각 1몰, 2몰, 4몰이라면 평형상수 K의 값은 얼마인가?

$$A + 3B \rightarrow 2C + 열$$

① 0.5 ② 2
③ 3   ④ 4

> - $\dfrac{[C]^c[D]^d}{[A]^a[B]^b} = K$(평형상수)
> - $\dfrac{[C]^c[D]^d}{[A]^a[B]^b} = \dfrac{[4]^2}{[1]^1[2]^3} = 2$

03 다음 반응식은 산화 – 환원반응이다. 산화된 원자와 환원된 원자를 순서대로 옳게 표현한 것은?

$$3Cu + 8HNO_3 \rightarrow 3Cu(NO_3)_2 + 2NO + 4H_2O$$

① Cu, N   ② N, H
③ O, Cu   ④ N, Cu

> - Cu(구리): 반응 전에는 구리(Cu)로 존재하지만, 반응 후에 Cu^{2+}로 변하여 산화수 +2가 된다. 즉, 산화수가 증가했으므로 구리는 전자를 잃고 산화한다.
> - N(질소): HNO_3에서 질소의 산화수는 +5이지만(NO_3^-에서), 반응 후 생성물인 NO에서는 질소의 산화수가 +2가 된다. 즉, 산화수가 감소했으므로 질소는 전자를 얻고 환원된다.

04 다음 pH값에서 알칼리성이 가장 큰 것은?
① pH = 1   ② pH = 6
③ pH = 8   ④ pH = 13

> - pH < 7: 산성
> - pH = 7: 중성
> - pH > 7: 알칼리성(염기성)
> → pH = 13은 매우 높은 알칼리성을 나타낸다.

05 어떤 원자핵에서 양성자의 수가 3이고, 중성자의 수가 2일 때 질량수는 얼마인가?
① 1 ② 3
③ 5 ④ 7

> - 질량수는 원자핵을 구성하는 양성자 수와 중성자 수의 합으로 계산한다.
> - 질량수 = 양성자 수 + 중성자 수 = 3 + 2 = 5

06 나일론(Nylon 6, 6)에는 다음 어느 결합이 들어 있는가?
① —S—S—   ② —O—
③ $\underset{-C-O-}{\overset{O}{\|}}$ ④ $\underset{-C-N-}{\overset{O\ \ \ N}{\|\ \ \ |}}$

> - 나일론(Nylon 6, 6)은 아미드 결합을 포함하는 고분자로, 아미드 결합은 -C(=O)-NH-로 이루어진 결합을 말한다.
> - 나일론 6, 6은 헥사메틸렌다이아민과 아디프산의 축합반응으로 만들어지며, 이 과정에서 물이 빠져나가면서 아미드 결합이 형성된다.

정답 01 ③ 02 ② 03 ① 04 ④ 05 ③ 06 ④

07 다음의 염을 물에 녹일 때 염기성을 띠는 것은?

① Na_2CO_3 ② $NaCl$
③ NH_4Cl ④ $(NH_4)_2SO_4$

- 물에 녹였을 때 염기성을 띠는 염은 강염기와 약산이 결합하여 형성된 염이다.
- Na_2CO_3(탄산나트륨)는 물에 녹일 때 CO_3^{2-}이온이 물과 반응하여 OH^-(수산이온)을 생성하여 염기성을 나타낸다.
- $CO_3^{2-} + H_2O \rightarrow HCO_3^- + OH^-$

08 우유의 pH는 25℃에서 6.4이다. 우유 속의 수소이온농도는?

① $1.98 \times 10^{-7}M$ ② $2.98 \times 10^{-7}M$
③ $3.98 \times 10^{-7}M$ ④ $4.98 \times 10^{-7}M$

- pH는 수소이온농도$[H^+]$를 나타내는 척도로, 수소이온농도는 다음 식으로 구할 수 있다.
  pH = $-\log[H^+]$
- pH = 6.4에서 수소이온농도$[H^+]$를 구하려면, 식을 변형하여 다음과 같이 계산한다.
  $[H^+] = 10^{-pH} = 10^{-6.4} = 3.98 \times 10^{-7}M$

09 다음 각 화합물 1mol이 완전연소할 때 3mol의 산소를 필요로 하는 것은?

① $CH_3 - CH_3$ ② $CH_2 = CH_2$
③ C_6H_6 ④ $CH \equiv CH$

- ① $C_2H_6 + 3.5O_2 \rightarrow 2CO_2 + 3H_2O$
- ② $C_2H_4 + 3O_2 \rightarrow 2CO_2 + 2H_2O$
- ③ $C_6H_6 + 7.5O_2 \rightarrow 6CO_2 + 3H_2O$
- ④ $C_2H_2 + 2.5O_2 \rightarrow 2CO_2 + H_2O$
→ 에틸렌(C_2H_4) 1mol을 완전연소시키는 데 3mol의 산소가 필요하다.

10 $KMnO_4$에서 Mn의 산화수는 얼마인가?

① +3 ② +5
③ +7 ④ +9

- 칼륨(K)은 +1의 산화수를 가진다.
- 산소(O)는 -2의 산화수를 가진다.
- 화합물 전체의 산화수를 0으로 두고, Mn의 산화수를 x라 하여 Mn의 산화수를 계산해 보면, K(+1) + Mn(x) + O(4 × -2) = 0이므로, Mn의 산화수는 +7이다.

11 볼타전지에서 갑자기 전류가 약해지는 현상을 분극현상이라 한다. 분극현상을 방지해 주는 감극제로 사용되는 물질은?

① MnO_2 ② $CuSO_3$
③ $NaCl$ ④ $Pb(NO_3)_2$

- 볼타전지에서 분극현상이 발생하는 이유는, 전지 내부에서 발생한 수소 기체가 전극을 덮어 전류의 흐름을 방해하기 때문이다. 이를 방지하기 위해 수소를 제거하는 감극제인 이산화망가니즈(MnO_2)를 사용한다.
- 이산화망가니즈(MnO_2)는 수소 기체를 산화시켜 전극 표면에서 제거함으로써 분극현상을 방지해준다.

12 다음의 반응 중 평형상태가 압력의 영향을 받지 않는 것은?

① $N_2 + O_2 \leftrightarrow 2NO$
② $NH_3 + HCl \leftrightarrow NH_4Cl$
③ $2CO + O_2 \leftrightarrow 2CO_2$
④ $2NO_2 \leftrightarrow N_2O_4$

- 압력이 평형에 영향을 미치는지 여부는 반응 전후의 기체 분자 수에 따라 결정된다.
- 르 샤틀리에의 원리에 따르면, 반응에서 기체의 총 분자 수가 변화하는 경우 압력 변화가 평형에 영향을 미친다. 하지만 반응 전후의 기체 분자 수가 같다면, 압력 변화는 평형에 영향을 미치지 않는다.
- $N_2 + O_2 \leftrightarrow 2NO$는 반응 전과 후의 기체 분자 수가 동일하게 2 : 2이므로, 압력 변화가 평형에 영향을 미치지 않는다.

정답 07 ① 08 ③ 09 ② 10 ③ 11 ① 12 ①

13 고체유기물질을 정제하는 과정에서 그 물질이 순물질인지 알기 위해 가장 적합한 방법은 무엇인가?

① 육안으로 관찰
② 광학현미경 사용
③ 녹는점 측정
④ 전기전도도 측정

> 순물질은 일정한 녹는점을 가지며, 불순물이 섞여 있을 경우 녹는점이 낮아지거나 녹는 구간이 넓어진다. 따라서 녹는점 측정은 순수한 고체 물질을 판별하는 가장 적합한 방법이다.

14 미지농도의 염산 용액 100mL를 중화하는 데 0.2N NaOH 용액 250mL가 소모되었다. 이 염산의 농도는 몇 N인가?

① 0.05   ② 0.2
③ 0.25   ④ 0.5

> - 염산(HCl)과 수산화나트륨(NaOH)의 중화반응을 통해 염산의 농도를 구해야 한다.
> - 이를 위해 노르말 농도($N_{HCl} \times V_{HCl} = N_{NaOH} \times V_{NaOH}$)를 사용한다.
>   - N_{HCl} = 염산의 노르말 농도
>   - V_{HCl} = 염산의 부피(100mL = 0.1L)
>   - N_{NaOH} = NaOH의 노르말 농도(0.2N)
>   - V_{NaOH} = NaOH의 부피(250mL = 0.25L)
> - $N_{HCl} \times 0.1 = 0.2 \times 0.25$이므로, 염산의 농도는 0.5N이다.

15 27℃에서 500mL에 6g의 비전해질을 녹인 용액의 삼투압은 7.4기압이었다. 이 물질의 분자량은 약 얼마인가?

① 20.78   ② 39.89
③ 58.16   ④ 77.65

> - $PV = \dfrac{wRT}{M}$
> - $M = \dfrac{wRT}{PV} = \dfrac{6 \times 0.082 \times 300}{7.4 \times 0.5} = 39.891 \text{g/mol}$
>
> P: 압력, V: 부피, w: 질량, M: 분자량, R: 기체상수(0.082를 곱한다), T: 300K(절대온도로 변환하기 위해 273을 더한다)

16 다음 물질 중 비점이 약 197℃인 무색 액체이고, 약간 단맛이 있으며 부동액의 원료로 사용하는 것은?

① CH_3CHCl_2 ② CH_3CHOCH_3
③ $(CH_3)_2CO$ ④ $C_2H_4(OH)_2$

> 에틸렌글리콜[$C_2H_4(OH)_2$]은 비점이 약 197℃인 무색의 점성이 있는 액체로 약간 단맛이 있으며, 주로 부동액(자동차 냉각수)의 원료로 사용된다.

17 다음과 같은 순서로 커지는 성질이 아닌 것은?

$$F_2 < Cl_2 < Br_2 < I_2$$

① 구성 원자의 전기음성도
② 녹는점
③ 끓는점
④ 구성 원자의 반지름

> - 전기음성도는 원자가 전자를 끌어당기는 능력을 나타내며, 주기율표에서 위로 갈수록 커진다.
> - 따라서 $F_2 > Cl_2 > Br_2 > I_2$가 되어야 한다.

18 다음 중 방향족 화합물이 아닌 것은?

① 톨루엔   ② 아세톤
③ 크레졸   ④ 아닐린

> - 방향족 화합물은 벤젠 고리와 같은 평면성의 고리형 구조를 가지고, 고리 내의 전자가 공명 구조를 이루는 특성을 가진 화합물이다.
> - 아세톤은 벤젠 고리를 포함하지 않기 때문에 방향족 화합물이 아니다.

정답 13 ③ 14 ④ 15 ② 16 ④ 17 ① 18 ②

19 다음 물질의 수용액을 같은 전기량으로 전기분해해서 금속을 석출한다고 가정할 때 석출되는 금속의 질량이 가장 많은 것은? (단, 괄호 안의 값은 석출되는 금속의 원자량이다.)

① $CuSO_4$(Cu = 64)
② $NiSO_4$(Ni = 59)
③ $AgNO_3$(Ag = 108)
④ $Pb(NO_3)_2$(Pb = 207)

- 전기분해에서 금속의 석출질량은 다음과 같은 공식을 사용한다.
- 질량 = $\dfrac{\text{전기량} \times \text{원자량}}{n \times F}$
- n = 금속 이온이 받는 전자의 수(환원 시 필요 전자 수)
- F = 패러데이 상수(공통이므로 비교 시 생략 가능)
- 전기량은 동일하므로 $\dfrac{\text{원자량}}{n}$ 값이 클수록 금속질량이 많아진다.

화합물	금속이온식	환원 시 n 값	원자량	원자량 ÷ n
$CuSO_4$	Cu^{2+}	2	64	32
$NiSO_4$	Ni^{2+}	2	59	29.5
$AgNO_3$	Ag^+	1	108	108
$Pb(NO_3)_2$	Pb^{2+}	2	207	103.5

20 어떤 기체의 확산속도가 SO_2(g)의 2배이다. 이 기체의 분자량은 얼마인가? (단, 원자량은 S = 32, O = 16이다.)

① 8
② 16
③ 32
④ 64

- 기체의 확산속도와 분자량의 관계를 나타내는 그레이엄의 법칙을 적용해서 풀 수 있다.
- 그레이엄의 법칙 = $\dfrac{\text{확산속도}_1}{\text{확산속도}_2} = \sqrt{\dfrac{\text{분자량}_2}{\text{분자량}_1}}$
- 기체의 확산속도는 SO_2의 확산속도의 2배라고 했으므로 $\dfrac{\text{확산속도}_{기체}}{\text{확산속도}_{SO_2}} = 2$이다.
- SO_2의 분자량은 64이므로, 그레이엄의 법칙을 적용하면 $\sqrt{\dfrac{64}{M}} = 2$이다.
- 따라서 M = 16g/mol이다.

21 다음 물질 중 분진폭발의 위험이 가장 낮은 것은?

① 마그네슘 가루
② 아연 가루
③ 밀가루
④ 시멘트 가루

분진폭발의 원인물질로 작용할 위험성이 가장 낮은 물질은 시멘트, 모래, 석회분말 등이다.

22 다음 중 오존층 파괴지수가 가장 큰 것은?

① Halon 104
② Halon 1211
③ Halon 1301
④ Halon 2402

- Halon 1211: 파괴지수 3
- Halon 1301: 파괴지수 10
- Halon 2402: 파괴지수 6

23 위험물시설에 설비하는 자동화재탐지설비의 하나의 경계구역 면적과 그 한 변의 길이의 기준으로 옳은 것은? (단, 광전식 분리형 감지기를 설치하지 않은 경우이다.)

① 300m² 이하, 50m 이하
② 300m² 이하, 100m 이하
③ 600m² 이하, 50m 이하
④ 600m² 이하, 100m 이하

하나의 경계구역의 면적은 600m² 이하로 하고 그 한 변의 길이는 50m(광전식 분리형 감지기를 설치할 경우에는 100m) 이하로 한다(시행규칙 별표 17).

정답 19 ③   20 ②   21 ④   22 ③   23 ③

24 위험물제조소등에 옥내소화전설비를 압력수조를 이용한 가압송수장치로 설치하는 경우 압력수조의 최소압력은 몇 MPa인가? (단, 소방용 호스의 마찰손실수두압은 3.2MPa, 배관의 마찰손실수두압은 2.2MPa, 낙차의 환산수두압은 1.79MPa이다.)

① 5.4
② 3.99
③ 7.19
④ 7.54

> **옥내소화전설비 압력수조의 최소압력을 구하는 방법**
> - P = p1 + p2 + p3 + 0.35MPa
> - 필요한 압력 = 소방용 호스의 마찰손실수두압 + 배관의 마찰손실수두압 + 낙차의 환산수두압 + 0.35MPa
> - P: 필요한 압력(단위 MPa)
> - p1: 소방용 호스의 마찰손실수두압(단위 MPa)
> - p2: 배관의 마찰손실수두압(단위 MPa)
> - p3: 낙차의 환산수두압(단위 MPa)
> - P = 3.2 + 2.2 + 1.79 + 0.35 = 7.54MPa

25 전역방출방식의 할로겐(할로젠)화합물 소화설비의 분사헤드에서 Halon 1211을 방사하는 경우의 방사압력은 얼마 이상으로 하여야 하는가?

① 0.1MPa
② 0.2MPa
③ 0.5MPa
④ 0.9MPa

> **할로겐(할로젠)화합물 소화설비의 기준(위험물안전관리에 관한 세부기준 제135조)**
> 전역방출방식 할로겐(할로젠)화합물 소화설비의 분사헤드 방사압력은 다음과 같다.
> - 하론 2402: 0.1MPa 이상
> - 하론 1211(브로모클로로다이플루오로메탄): 0.2MPa 이상
> - 하론 1301(브로모트라이플루오로메탄): 0.9MPa 이상
> - HFC-23(트라이플루오로메탄): 0.9MPa 이상
> - HFC-125(펜타플루오로에탄): 0.9MPa 이상
> - HFC-227ea(헵타플루오르프로판), FK-5-1-12(도데카플루오로-2-메틸펜탄-3-온): 0.3MPa 이상

26 분말 소화약제의 착색 색상으로 옳은 것은?

① $NH_4H_2PO_4$: 담홍색
② $NH_4H_2PO_4$: 백색
③ $KHCO_3$: 담홍색
④ $KHCO_3$: 백색

분말 소화약제의 종류

약제명	주성분	분해식	색상
제1종	탄산수소나트륨	$2NaHCO_3 \rightarrow Na_2CO_3 + CO_2 + H_2O$	백색
제2종	탄산수소칼륨	$2KHCO_3 \rightarrow K_2CO_3 + CO_2 + H_2O$	보라색(담회색)
제3종	인산암모늄	$NH_4H_2PO_4 \rightarrow NH_3 + HPO_3 + H_2O$	담홍색
제4종	탄산수소칼륨 + 요소	-	회색

27 위험물안전관리법령상 전역방출방식 또는 국소방출방식의 분말 소화설비의 기준에서 가압식의 분말 소화설비에는 얼마 이하의 압력으로 조정할 수 있는 압력조정기를 설치하여야 하는가?

① 2.0MPa
② 2.5MPa
③ 3.0MPa
④ 5MPa

> **분말 소화설비의 기준(위험물안전관리에 관한 세부기준 제136조)**
> 전역방출방식 또는 국소방출방식의 분말 소화설비의 기준에서 가압식의 분말 소화설비에는 2.5MPa 이하의 압력으로 조정할 수 있는 압력조정기를 설치해야 한다.

28 위험물제조소에서 옥내소화전이 1층에 4개, 2층에 6개가 설치되어 있을 때 수원의 수량은 몇 L 이상이 되도록 설치하여야 하는가?

① 13,000
② 15,600
③ 39,000
④ 46,800

> **소화설비 설치기준**
> - 옥내소화전 = 설치개수(최대 5개) × 7.8m³
> - 옥외소화전 = 설치개수(최대 4개) × 13.5m³
> - 옥내소화전의 수원의 수량은 옥내소화전이 가장 많이 설치된 층의 옥내소화전 설치개수(설치개수가 5개 이상인 경우는 5개)를 계산한다.
> - 따라서 옥내소화전이 가장 많이 설치된 2층의 6개 중 최대 5개까지만 계산할 수 있다.
> ∴ 5개 × 7.8m³ = 39m³ = 39,000L

정답 24 ④ 25 ② 26 ① 27 ② 28 ③

29 탄화칼슘 60,000kg을 소요단위로 산정하면?

① 10단위　② 20단위
③ 30단위　④ 40단위

- 탄화칼슘의 지정수량: 300kg
- 위험물의 1소요단위: 지정수량의 10배
- 소요단위 = $\dfrac{저장량}{지정수량 \times 10}$ = $\dfrac{60,000kg}{300kg \times 10}$ = 20단위

30 자연발화가 일어날 수 있는 조건으로 가장 옳은 것은?

① 주위의 온도가 낮을 것
② 표면적이 작을 것
③ 열전도율이 작을 것
④ 발열량이 작을 것

자연발화 조건
- 주위의 온도가 높을 것
- 습도가 높을 것
- 표면적이 넓을 것
- 열전도율이 작을 것
- 발열량이 클 것

31 표준관입시험 및 평판재하시험을 실시하여야 하는 특정옥외저장탱크의 지반의 범위는 기초의 외측이 지표면과 접하는 선의 범위 내에 있는 지반으로서 지표면으로부터 깊이 몇 m까지로 하는가?

① 10　② 15
③ 20　④ 25

특정옥외저장탱크의 지반의 범위(위험물안전관리에 관한 세부기준 제42조)
표준관입시험 및 평판재하시험을 실시하여야 하는 특정옥외저장탱크의 지반의 범위는 기초의 외측이 지표면과 접하는 선의 범위 내에 있는 지반으로서 지표면으로부터 깊이 15m까지로 한다.

32 불활성 가스 소화약제 중 IG-541의 구성성분을 옳게 나타낸 것은?

① 헬륨, 네온, 아르곤
② 질소, 아르곤, 이산화탄소
③ 질소, 이산화탄소, 헬륨
④ 헬륨, 네온, 이산화탄소

- 불활성 가스 소화약제 중 IG-541은 질소(N_2), 아르곤(Ar), 이산화탄소(CO_2)가 52대 40대 8로 혼합된 소화약제이다.
- IG-541은 연소를 억제하는 주요 방식으로 산소농도를 낮추는 역할을 한다.

33 강화액 소화약제에 소화력을 향상시키기 위하여 첨가하는 물질로 옳은 것은?

① 탄산칼륨　② 질소
③ 사염화탄소　④ 아세틸렌

- 강화액 소화약제는 주로 물에 특정 화학물질을 첨가하여 소화 성능을 향상시키는 방식이다.
- 탄산칼륨(K_2CO_3)은 강화액 소화약제의 소화력을 높이기 위해 자주 첨가되며, 주로 주방화재에서 발생하는 기름화재를 진압하는 데 사용된다.

34 주된 연소형태가 표면연소인 것은?

① 황　② 종이
③ 금속분　④ 나이트로셀룰로오스

- 표면연소란 고체물질이 기체로 변하지 않고 그 표면에서 산소와 반응하여 연소하는 현상이다(예 목탄, 코크스, 숯, 금속분 등).
- 금속분과 같은 고체 금속은 연소할 때 증발하지 않고, 표면에서 산소와 반응하여 산화물을 형성하면서 연소가 진행된다.

정답　29 ②　30 ③　31 ②　32 ②　33 ①　34 ③

35 가연성 고체위험물의 화재에 대한 설명으로 틀린 것은?

① 적린과 황은 물에 의한 냉각소화를 한다.
② 금속분, 철분, 마그네슘이 연소하고 있을 때에는 주수해서는 안 된다.
③ 금속분, 철분, 마그네슘, 황화인은 마른모래, 팽창질석 등으로 소화를 한다.
④ 금속분, 철분, 마그네슘의 연소 시에는 수소와 유독가스가 발생하므로 충분한 안전거리를 확보해야 한다.

- 금속분(알루미늄)의 연소반응식: $4Al + 3O_2 \rightarrow 2Al_2O_3$
- 철분의 연소반응식: $4Fe + 3O_2 \rightarrow 2Fe_2O_3$
- 마그네슘의 연소반응식: $2Mg + O_2 \rightarrow 2MgO$
→ 금속분, 철분, 마그네슘은 연소 시 수소와 유독가스가 발생하지 않고 금속분, 철분, 마그네슘의 산화물이 발생한다.

36 다음은 제4류 위험물에 해당하는 물품의 소화방법을 설명한 것이다. 소화효과가 가장 떨어지는 것은?

① 산화프로필렌: 알코올형 포로 질식소화한다.
② 아세톤: 수성막포를 이용하여 질식소화한다.
③ 이황화탄소: 탱크 또는 용기 내부에서 연소하고 있는 경우에는 물을 사용하여 질식소화한다.
④ 다이에틸에터: 이산화탄소 소화설비를 이용하여 질식소화한다.

아세톤은 극성 용매로, 일반적인 수성막포는 극성 용매와 반응하면 소화효과가 떨어진다. 극성 용매 화재에는 알코올형 포가 사용되어야 한다.

37 마그네슘 분말의 화재 시 이산화탄소 소화약제는 소화적응성이 없다. 그 이유로 가장 적합한 것은?

① 분해반응에 의하여 산소가 발생하기 때문이다.
② 가연성의 일산화탄소 또는 탄소가 생성되기 때문이다.
③ 분해반응에 의하여 수소가 발생하고 이 수소는 공기 중의 산소와 폭명반응을 하기 때문이다.
④ 가연성의 아세틸렌가스가 발생하기 때문이다.

- $Mg + CO_2 \rightarrow MgO + CO$
- 마그네슘 분말은 이산화탄소와 반응하여 산화마그네슘과 가연성의 일산화탄소를 생성한다.
- $2Mg + CO_2 \rightarrow 2MgO + C$
- 마그네슘 분말은 이산화탄소와 반응하여 산화마그네슘과 가연성의 탄소를 생성한다.
- 마그네슘 분말이 이산화탄소와 반응하였을 때 두 가지 반응식이 나오는 이유는 이산화탄소가 부분적으로 환원(CO 발생)되었는지 완전히 환원(C 발생)되었는지의 차이이다.
- 마그네슘 분말은 이산화탄소와 반응하여 산소와 탄소를 분리시키고 이때 발생한 산소는 마그네슘의 연소를 더욱 촉진시킬 수 있다. 따라서 마그네슘 분말의 화재 시 이산화탄소 소화약제는 소화적응성이 없다.

38 위험물안전관리법령상 분말 소화설비의 기준에서 가압용 또는 축압용 가스로 알맞은 것은?

① 산소 또는 수소
② 수소 또는 질소
③ 질소 또는 이산화탄소
④ 이산화탄소 또는 산소

가압용 또는 축압용 가스는 소화제나 유체의 이동을 돕기 위해 압력을 제공하는 기체로, 비활성 기체인 질소 또는 이산화탄소가 자주 사용된다.

39 위험물안전관리법령상 소화전용물통 8L의 능력단위는?

① 0.3 ② 0.5
③ 1.0 ④ 1.5

소화설비의 능력단위		
소화설비	용량(L)	능력단위
소화전용물통	8	0.3
수조(물통 3개 포함)	80	1.5
수조(물통 6개 포함)	190	2.5
마른모래(삽 1개 포함)	50	0.5
팽창질석·팽창진주암(삽 1개 포함)	160	1.0

정답 35 ④ 36 ② 37 ② 38 ③ 39 ①

40 위험물안전관리법령상 알칼리금속과산화물의 화재에 적응성이 없는 소화설비는?

① 건조사
② 물통
③ 탄산수소염류 분말 소화설비
④ 팽창질석

- 알칼리금속과산화물에는 과산화칼륨과 과산화나트륨 같은 물질이 있다.
- $2Na_2O_2 + 2H_2O \rightarrow 4NaOH + O_2$
- 과산화나트륨은 물과 반응하여 수산화나트륨과 산소를 발생한다.
- $2K_2O_2 + 2H_2O \rightarrow 4KOH + O_2$
- 과산화칼륨은 물과 반응하여 수산화칼륨과 산소를 발생한다.
- 과산화나트륨과 과산화칼륨 등 알칼리금속과산화물은 물과 반응하여 산소를 발생하며 폭발하기 때문에 주수소화에 적응성이 없다.

41 다음 중 제2류 위험물을 옳게 나열한 것은?

① 황, 황린, 황화인
② 적린, 마그네슘, 금속분
③ 칼슘, 나트륨, 철분
④ 적린, 아이오딘산, 과산화수소

황, 황화인, 적린, 철분, 마그네슘, 금속분 등은 제2류 위험물이다.

42 위험물안전관리법령에 근거한 위험물 운반 및 수납 시 주의사항에 대한 설명 중 틀린 것은?

① 위험물을 수납하는 용기는 위험물이 누설되지 않게 밀봉시켜야 한다.
② 온도 변화로 가스가 발생해 운반용기 안의 압력이 상승할 우려가 있는 경우(발생한 가스가 위험성이 있는 경우 제외)에는 가스 배출구가 설치된 운반용기에 수납할 수 있다.
③ 액체위험물은 운반용기 내용적의 98% 이하의 수납율로 수납하되 55℃의 온도에서 누설되지 아니하도록 충분한 공간용적을 유지하도록 하여야 한다.
④ 고체위험물은 운반용기 내용적의 98% 이하의 수납율로 수납하여야 한다.

고체위험물은 운반용기 내용적의 95% 이하의 수납율로 수납하여야 한다.

43 지정수량의 10배 이상의 위험물을 취급하는 제조소에는 피뢰침을 설치하여야 하지만 제 몇 류 위험물을 취급하는 경우는 이를 제외할 수 있는가?

① 제2류 위험물
② 제4류 위험물
③ 제5류 위험물
④ 제6류 위험물

피뢰침 설치 시 확인해야 할 주의점
- 지정수량의 10배 이상 취급 시 설치한다.
- 제6류 위험물을 취급하는 경우는 제외한다.

44 다음 물질 중 인화점이 가장 낮은 것은?

① 톨루엔
② 아세톤
③ 벤젠
④ 다이에틸에터

각 위험물별 인화점
- 톨루엔: 4℃
- 아세톤: −18℃
- 벤젠: −11℃
- 다이에틸에터: −45℃

정답 40 ② 41 ② 42 ④ 43 ④ 44 ④

45 다음은 위험물안전관리법령에서 정한 피난설비에 관한 내용이다. ( )에 들어갈 용어로 알맞은 것은?

> 주유취급소 중 건축물의 2층 이상의 부분을 점포, 휴게음식점 또는 전시장의 용도로 사용하는 것에 있어서는 해당 건축물의 2층 이상으로부터 주유취급소의 부지 밖으로 통하는 출입구와 해당 출입구로 통하는 통로·계단 및 출입구에 ( )을(를) 설치하여야 한다.

① 피난사다리 ② 유도등
③ 공기호흡기 ④ 시각경보기

> 주유취급소 중 건축물의 2층 이상의 부분을 점포, 휴게음식점 또는 전시장의 용도로 사용하는 것에 있어 해당 건축물의 2층 이상으로부터 직접 주유취급소의 부지 밖으로 통하는 출입구와 해당 출입구로 통하는 통로·계단 및 출입구에 설치하여야 하는 것은 유도등이다(시행규칙 별표 17).

46 제5류 위험물제조소에 설치하는 표지 및 주의사항을 표시한 게시판의 바탕색상을 각각 옳게 나타낸 것은?

① 표지: 백색, 주의사항을 표시한 게시판: 백색
② 표지: 백색, 주의사항을 표시한 게시판: 적색
③ 표지: 적색, 주의사항을 표시한 게시판: 백색
④ 표지: 적색, 주의사항을 표시한 게시판: 적색

- 제조소에 설치하는 표지의 바탕은 백색으로, 문자는 흑색으로 한다.
- 제5류 위험물제조소에 설치해야 하는 게시판에는 화기엄금을 표시해야 한다.
- 화기엄금은 적색바탕에 백색글자로 한다.

종류	바탕색	문자색
위험물제조소	백색	흑색
위험물	흑색	황색
주유 중 엔진정지	황색	흑색
화기엄금	적색	백색
물기엄금	청색	백색

47 최대 아세톤 150톤을 옥외탱크저장소에 저장할 경우 보유공지의 너비는 몇 m 이상으로 하여야 하는가? (단, 아세톤의 비중은 0.79이다.)

① 3 ② 5
③ 9 ④ 12

- 옥외저장탱크의 보유공지

저장 또는 취급하는 위험물의 최대수량	공지의 너비
지정수량의 500배 이하	3m 이상
지정수량의 500배 초과 ~ 1,000배 이하	5m 이상
지정수량의 1,000배 초과 ~ 2,000배 이하	9m 이상
지정수량의 2,000배 초과 ~ 3,000배 이하	12m 이상
지정수량의 3,000배 초과 ~ 4,000배 이하	15m 이상

- 아세톤은 제4류 위험물 중 제1석유류로 지정수량은 400L이다.
- 아세톤의 비중이 0.79이므로 아세톤 150톤 = $\frac{150,000L}{0.79}$ = 189,873L이다.
- 아세톤 150톤의 부피는 지정수량 400L의 약 474배이다.
- 따라서 지정수량 500배 이하의 위험물을 저장하는 옥외탱크저장소의 보유공지는 3m 이상으로 하여야 한다.

48 위험물안전관리법령상 위험물의 운반에 관한 기준에서 적재하는 위험물의 성질에 따라 직사광선으로부터 보호하기 위하여 차광성 있는 피복으로 가려야 하는 위험물은?

① S ② Mg
③ C_6H_6 ④ $HClO_4$

제1류	알칼리금속과산화물	방수성
	그 외	차광성
제2류	철분, 금속분, 마그네슘	방수성
제3류	자연발화성 물질	차광성
	금수성 물질	방수성
제4류	특수인화물	차광성
제5류	-	차광성
제6류		차광성

제6류 위험물인 과염소산($HClO_4$)은 매우 강력한 산화제이며, 직사광선에 노출되면 분해되어 폭발 위험이 커지기 때문에 직사광선으로부터 보호하기 위해 차광성 있는 피복으로 가려야 한다.

정답 45 ② 46 ② 47 ① 48 ④

49 다음 그림과 같은 위험물을 저장하는 탱크의 내용적은 약 몇 m³인가? (단, r은 10m, l은 25m이다.)

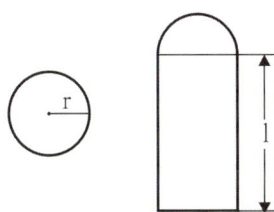

① 3,612
② 4,754
③ 5,812
④ 7,854

> 종으로 설치한 원형 탱크의 내용적
> $V = \pi r^2 l = \pi \times 10^2 \times 25$
> $= 7,854 m^3$

50 제1류 위험물 중 알칼리금속의 과산화물을 저장 또는 취급하는 위험물제조소에 표시하여야 하는 주의사항은?

① 화기엄금
② 물기엄금
③ 화기주의
④ 물기주의

유별	종류	게시판
제1류	알칼리금속의 과산화물	물기엄금
	그 외	-
제2류	철분, 금속분, 마그네슘	화기주의
	인화성 고체	화기엄금
	그 외	화기주의
제3류	자연발화성 물질	화기엄금
	금수성 물질	물기엄금
제4류		화기엄금
제5류	-	화기엄금
제6류		-

51 황린을 약 몇 도로 가열하면 적린이 되는가?

① 260℃
② 300℃
③ 320℃
④ 360℃

> 황린에 공기를 차단하고 약 250~260℃로 가열하면 적린이 생성된다.

52 제조소등의 관계인이 예방규정을 정하여야 하는 제조소등이 아닌 것은?

① 지정수량 100배의 위험물을 저장하는 옥외탱크저장소
② 지정수량 150배의 위험물을 저장하는 옥내저장소
③ 지정수량 10배의 위험물을 취급하는 제조소
④ 지정수량 5배의 위험물을 취급하는 이송취급소

> 예방규정을 정하여야 하는 제조소등
> • 지정수량의 10배 이상의 위험물을 취급하는 제조소
> • 지정수량의 10배 이상의 위험물을 취급하는 일반취급소
> • 지정수량의 100배 이상의 위험물을 저장하는 옥외저장소
> • 지정수량의 150배 이상의 위험물을 저장하는 옥내저장소
> • 지정수량의 200배 이상의 위험물을 저장하는 옥외탱크저장소
> • 암반탱크저장소
> • 이송취급소

53 위험물 지하탱크저장소의 탱크전용실 설치기준으로 틀린 것은?

① 철근콘크리트 구조의 벽은 두께 0.3m 이상으로 한다.
② 지하저장탱크와 탱크전용실의 안쪽과의 사이는 50cm 이상의 간격을 유지한다.
③ 철근콘크리트 구조의 바닥은 두께 0.3m 이상으로 한다.
④ 벽, 바닥 등에 적정한 방수 조치를 강구한다.

> 지하저장탱크와 탱크전용실의 안쪽과의 사이는 0.1m 이상의 간격을 유지해야 한다(시행규칙 별표 8).

54 다음 중 나트륨의 보호액으로 가장 적합한 것은?

① 메탄올
② 수은
③ 물
④ 유동파라핀

> • 나트륨(Na)은 반응성이 매우 큰 금속으로, 특히 물이나 공기와 쉽게 반응하여 폭발적인 반응을 일으킬 수 있다.
> • 따라서 나트륨을 안전하게 보관하기 위해 반응하지 않는 물질(예 유동파라핀) 속에 보관해야 한다.

정답 49 ④ 50 ② 51 ① 52 ① 53 ② 54 ④

55 위험물안전관리법령상 제조소에서 취급하는 제4류 위험물의 최대수량의 합이 지정수량의 12만배 미만인 사업소에 두어야 하는 화학소방자동차 및 자체소방대원의 수의 기준으로 옳은 것은?

① 1대 - 5인 ② 2대 - 10인
③ 3대 - 15인 ④ 4대 - 20인

자체소방대에 두는 화학소방자동차 및 소방대원		
제4류 위험물의 최대수량의 합	소방차	소방대원
지정수량의 3천배 이상 12만배 미만	1대	5인
지정수량의 12만배 이상 24만배 미만	2대	10인
지정수량의 24만배 이상 48만배 미만	3대	15인
지정수량의 48만배 이상	4대	20인

56 $C_2H_5OC_2H_5$의 성질 중 틀린 것은?

① 전기 양도체이다.
② 물에는 잘 녹지 않는다.
③ 유동성의 액체로 휘발성이 크다.
④ 공기 중 장시간 방치 시 폭발성 과산화물을 생성할 수 있다.

$C_2H_5OC_2H_5$(다이에틸에터)는 전기 절연체로서, 전기가 잘 통하지 않는다. 즉, 다이에틸에터는 비극성 용매로, 전기 전도성이 매우 낮다.

57 물과 반응하였을 때 발생하는 가연성 가스의 종류가 나머지 셋과 다른 하나는? ★빈출

① 탄화리튬 ② 탄화마그네슘
③ 탄화칼슘 ④ 탄화알루미늄

• $Al_4C_3 + H_2O \rightarrow Al(OH)_3 + CH_4$
• 탄화알루미늄은 물과 반응하여 수산화알루미늄과 메탄을 발생한다.
• 탄화리튬, 탄화마그네슘, 탄화칼슘은 물과 반응하여 아세틸렌(C_2H_2)을 발생시킨다.

58 탄화칼슘이 물과 반응할 때 생성되는 물질은?

① C_2H_2 ② C_2H_4
③ C_2H_6 ④ CH_4

탄화칼슘과 물의 반응식
• $CaC_2 + 2H_2O \rightarrow Ca(OH)_2 + C_2H_2$
• 탄화칼슘은 물과 반응하여 수산화칼슘과 아세틸렌을 생성한다.

59 위험물안전관리법령상 지정수량의 각각 10배를 운반할 때 혼재할 수 있는 위험물은? ★빈출

① 과산화나트륨과 과염소산
② 과망가니즈산칼륨과 적린
③ 질산과 알코올
④ 과산화수소와 아세톤

유별을 달리하는 위험물 혼재기준			
1	6		혼재 가능
2	5	4	혼재 가능
3	4		혼재 가능

과산화나트륨(1류)과 과염소산(6류)은 혼재 가능하다.

60 다이에틸에터를 저장, 취급할 때의 주의사항에 대한 설명으로 틀린 것은?

① 장시간 공기와 접촉하고 있으면 과산화물이 생성되어 폭발의 위험이 생긴다.
② 연소범위는 가솔린보다 좁지만 인화점과 착화온도가 낮으므로 주의하여야 한다.
③ 정전기 발생에 주의하여 취급해야 한다.
④ 화재 시 CO_2 소화설비가 적응성이 있다.

• 다이에틸에터의 연소범위: 1.9 ~ 48%
• 가솔린의 연소범위: 1.4 ~ 7.6%
→ 연소범위는 가솔린보다 다이에틸에터가 넓다.

정답 55 ① 56 ① 57 ④ 58 ① 59 ① 60 ②

15 2021년 1회 CBT 기출복원문제

01 자철광 제조법으로 빨갛게 달군 철에 수증기를 통할 때의 반응식으로 옳은 것은?

① $3Fe + 4H_2O \rightarrow Fe_3O_4 + 4H_2$
② $2Fe + 3H_2O \rightarrow Fe_2O_3 + 3H_2$
③ $Fe + H_2O \rightarrow FeO + H_2$
④ $Fe + 2H_2O \rightarrow FeO_2 + 2H_2$

- $3Fe + 4H_2O \rightarrow Fe_3O_4 + 4H_2$
- 자철광(Fe_3O_4)을 제조하는 과정에서 빨갛게 달군 철에 수증기를 통하게 되면, 철이 수증기와 반응하여 자철광과 수소가 생성된다.

02 다음 각 화합물 1mol이 완전연소할 때 3mol의 산소를 필요로 하는 것은?

① $CH_3 - CH_3$　　② $CH_2 = CH_2$
③ C_6H_6　　　　 ④ $CH \equiv CH$

- ① $C_2H_6 + 3.5O_2 \rightarrow 2CO_2 + 3H_2O$
- ② $C_2H_4 + 3O_2 \rightarrow 2CO_2 + 2H_2O$
- ③ $C_6H_6 + 7.5O_2 \rightarrow 6CO_2 + 3H_2O$
- ④ $C_2H_2 + 2.5O_2 \rightarrow 2CO_2 + H_2O$
→ 에틸렌(C_2H_4) 1mol을 완전연소시키는 데 3mol의 산소가 필요하다.

03 다이크로뮴산칼륨에서 크로뮴의 산화수는?

① 6　　② 9
③ 5　　④ 7

- 다이크로뮴산칼륨의 화학식: $K_2Cr_2O_7$
- K(칼륨)의 산화수: +1
- O(산소)의 산화수: -2
- Cr(크로뮴)의 산화수: x
∴ $2(+1) + 2(x) + 7(-2) = 0$이므로, $x = +6$

04 다음 중 물이 산으로 작용하는 반응은?

① $NH_4^+ + H_2O \rightarrow NH_3 + H_3O^+$
② $HCOOH + H_2O \rightarrow HCOO^- + H_3O^+$
③ $CH_3COO^- + H_2O \rightarrow CH_3COOH + OH^-$
④ $HCl + H_2O \rightarrow H_3O^+ + Cl^-$

브뢴스테드-로우리의 산-염기 이론
- 산은 양성자(H^+)를 내놓고 염기는 양성자(H^+)를 받는다.
- 물(H_2O)이 산으로 작용한다는 것은 물이 양성자(H^+)를 내놓는다는 의미이다.
- $CH_3COO^- + H_2O \rightarrow CH_3COOH + OH^-$의 반응에서 물($H_2O$)은 산으로 작용하여 양성자($H^+$)를 CH_3COO^-(아세트산염 이온)에게 준다. 이로 인해 CH_3COOH(아세트산)이 생성되고, 물은 OH^-(수산화이온)을 남기므로 물이 산으로 작용한 것이다.

05 다음 중 루이스 염기의 정의로 옳은 것은?

① 전자쌍을 받는 분자　　② 전자쌍을 주는 분자
③ 양성자를 받는 분자　　④ 양성자를 주는 분자

- 루이스 염기: 전자쌍을 공여하는(주는) 분자 또는 이온
- 루이스 산: 전자쌍을 수용하는(받는) 분자 또는 이온

06 다음 물질 1g을 1kg의 물에 녹였을 때 빙점강하가 가장 큰 것은? (단, 빙점강하 상수값(어는점 내림상수)은 동일하다고 가정한다.)

① CH_3OH　　　　② C_2H_5OH
③ $C_3H_5(OH)_3$　　④ $C_6H_{12}O_6$

- 빙점강하는 용액에 녹아 있는 용질의 몰수와 용질이 해리되는 정도에 비례한다.
- 따라서 같은 질량일 때, 분자량이 작은 물질이 더 많은 몰수를 제공하므로 빙점강하가 더 크다.
- CH_3OH(메탄올)의 분자량은 $12 + (4 \times 1) + 16 = 32g/mol$로 분자량이 가장 작은 물질이므로 빙점강하가 가장 크게 나타난다.

정답　01 ①　02 ②　03 ①　04 ③　05 ②　06 ①

07 주유취급소에 다음과 같이 전용탱크를 설치하였다. 최대로 저장·취급할 수 있는 용량은 얼마인가? (단, 고속도로 외의 도로변에 설치하는 자동차용 주유취급소인 경우이다.)

- 간이탱크: 2기
- 폐유탱크등: 1기
- 고정주유설비 및 급유설비에 접속하는 전용탱크: 2기

① 103,200리터 ② 104,600리터
③ 123,200리터 ④ 124,200리터

탱크용량 주유 취급
- 간이탱크저장소: 600L
- 폐유탱크: 2,000L
- 고정주유설비: 50,000L
- ∴ 탱크용량 = (600L × 2) + 2,000L + (50,000L × 2)
  = 103,200L

08 다음에서 설명하는 법칙으로 옳은 것은?

묽은 용액의 삼투압은 용매나 용질의 종류에 상관없이 용액의 몰농도와 절대온도에 비례한다.

① 반트호프의 법칙 ② 보일의 법칙
③ 아보가드로의 법칙 ④ 헨리의 법칙

반트호프의 법칙
- 묽은 용액의 삼투압은 용매나 용질의 종류에 상관없이 용액의 몰농도와 절대온도에 비례한다는 것을 설명한다.
- $\pi = iCRT$
  - π: 삼투압
  - i: 반트호프 인자(이온화 정도)
  - C: 용액의 몰농도
  - R: 기체상수
  - T: 절대온도(K)

09 27°C에서 부피가 2L인 고무풍선 속의 수소 기체 압력이 1.23atm이다. 이 풍선 속에 몇 mol의 수소 기체가 들어 있는가? (단, 이상기체라고 가정한다.)

① 0.01 ② 0.05
③ 0.10 ④ 0.25

- 이상기체 방정식(PV = nRT)을 이용하여 문제를 푼다.
  - P: 압력(1.23atm)
  - V: 부피(L)
  - R: 기체상수(0.082L·atm/mol·K)
  - T: 300K(절대온도로 변환하기 위해 273을 더한다)
- $n = \dfrac{PV}{RT} = \dfrac{1.23 \times 2.0}{0.082 \times 300} = 0.1 \text{mol}$

10 H_2O가 H_2S보다 비등점이 높은 이유는?

① 이온결합을 하고 있기 때문에
② 수소결합을 하고 있기 때문에
③ 공유결합을 하고 있기 때문에
④ 분자량이 적기 때문에

- H_2O(물)는 산소와 수소 사이에 수소결합을 형성하여 분자 간의 결합이 매우 강하고, 더 많은 에너지가 필요하므로 비등점이 높다.
- H_2S(황화수소)는 수소결합을 형성하지 않아 비등점이 낮다.

11 수소 1.2몰과 염소 2몰이 반응할 경우 생성되는 염화수소의 몰수는?

① 1.2 ② 2
③ 2.4 ④ 4.8

- 수소와 염소의 반응식: $H_2 + Cl_2 \rightarrow 2HCl$
- 수소는 염소와 반응하여 염화수소를 생성한다.
- 1mol의 수소가 2mol의 염화수소를 생성하므로, 1.2mol의 수소는 $1.2\text{molH}_2 \times 2\text{molHCl}/\text{molH}_2 = 2.4\text{molHCl}$이 된다.

정답 07 ① 08 ① 09 ③ 10 ② 11 ③

12 25°C에서 Cd(OH)₂염의 몰용해도는 1.7×10^{-5} mol/L이다. Cd(OH)₂염의 용해도곱상수 K_{sp}를 구하면 약 얼마인가?

① 2.0×10^{-14}
② 2.2×10^{-12}
③ 2.4×10^{-10}
④ 2.6×10^{-8}

- Cd(OH)₂의 해리반응은 다음과 같다.
  $Cd(OH)_2 \Leftrightarrow Cd^{2+} + 2OH^-$
- 용해도곱상수 K_{sp}는 다음과 같이 주어진다.
  $K_{sp} = [Cd^{2+}][OH^-]^2$
- 주어진 물질의 용해도는 1.7×10^{-5} mol/L이고, 이는 Cd^{2+}의 농도와 같다.
- OH^-의 농도는 $2 \times 1.7 \times 10^{-5}$ mol/L이다.
- $K_{sp} = [Cd^{2+}][OH^-]^2 = (1.7 \times 10^{-5}) \times (3.4 \times 10^{-5})^2$
  = 약 2.0×10^{-14}

13 포화 탄화수소에 해당하는 것은?

① 프로판
② 에틸렌
③ 톨루엔
④ 아세틸렌

포화 탄화수소는 탄소 원자들이 단일결합으로만 연결되어 있고, 수소 원자가 최대한으로 결합한 형태로 일반적으로 알칸류에 속한다.

화합물	구조	분류
프로판(C₃H₈)	단일결합	포화탄화수소(알칸)
에틸렌(C₂H₄)	이중결합 포함	불포화탄화수소(알켄)
톨루엔(C₆H₅CH₃)	방향족 고리 포함	불포화탄화수소
아세틸렌(C₂H₂)	삼중결합 포함	불포화탄화수소(알카인)

14 모두 염기성 산화물로만 나타낸 것은?

① CaO, Na₂O
② K₂O, SO₂
③ CO₂, SO₃
④ Al₂O₃, P₂O₅

- 염기성 산화물은 물과 반응하여 염기(수산화물)를 형성하는 산화물로 금속원소들이 형성하는 산화물이 염기성을 띤다.
- CaO(산화칼슘)과 Na₂O(산화나트륨)는 모두 금속 산화물로, 물과 반응하여 염기성 수산화물을 형성한다.

15 산화에 의하여 카르보닐기를 가진 화합물을 만들 수 있는 것은?

① $CH_3 - CH_2 - CH_2 - COOH$
② $CH_3 - \underset{\underset{OH}{|}}{CH} - CH_3$
③ $CH_3 - CH_2 - CH_2 - OH$
④ $\underset{\underset{OH}{|}}{CH_2} - \underset{\underset{OH}{|}}{CH_2}$

- 2차 알코올이 산화하면 카르보닐기를 생성한다.
- 이소프로필알코올[(CH₃)₂CHOH]은 메틸기(-CH₃)가 2개이므로 2차 알코올에 해당한다.
- 따라서 이소프로필알코올은 카르보닐기를 생성한다.

16 질산칼륨을 물에 용해시키면 용액의 온도가 떨어진다. 다음 사항 중 옳지 않은 것은?

① 용해시간과 용해도는 무관하다.
② 질산칼륨은 용해 시 열을 흡수한다.
③ 온도가 상승할수록 용해도는 증가한다.
④ 질산칼륨 포화용액을 냉각시키면 불포화용액이 된다.

포화용액을 냉각시키면 과포화상태가 되며 용질이 석출되어 불포화용액이 되지 않는다. 오히려 포화 상태를 유지하거나 결정을 형성하게 된다.

17 귀금속인 금이나 백금 등을 녹이는 왕수의 제조비율로 옳은 것은?

① 질산 3부피 + 염산 1부피
② 질산 3부피 + 염산 2부피
③ 질산 1부피 + 염산 3부피
④ 질산 2부피 + 염산 3부피

왕수
- 왕수는 귀금속을 녹이는 데 사용되는 매우 강력한 혼합 산이다.
- 왕수는 질산 1부피와 염산 3부피를 혼합하여 만든다. 이 혼합물은 질산이 산화제로 작용하고, 염산은 염화물을 제공하여 금 등의 귀금속을 용해할 수 있다.

정답 12 ① 13 ① 14 ① 15 ② 16 ④ 17 ③

18 다음 반응식에서 산화된 성분은?

$$MnO_2 + 4HCl \rightarrow MnCl_2 + 2H_2O + Cl_2$$

① Mn ② O
③ H   ④ Cl

- 산화는 산소를 얻고 수소를 잃어 전자를 잃는 과정으로, 산화된 성분은 산화수가 증가하는 성분이다.
- HCl에서 Cl의 산화수는 −1인데, 반응 후 Cl_2에서 Cl의 산화수는 0으로 증가하였으므로 산화된 성분은 Cl이다.

19 1패러데이(Faraday)의 전기량으로 물을 전기분해하였을 때 생성되는 기체 중 산소 기체는 0℃, 1기압에서 몇 L인가?

① 5.6   ② 11.2
③ 22.4 ④ 44.8

- 물의 전기분해 반응식: $2H_2O \rightarrow 2H_2 + O_2$
- 물 분자의 분해반응 중 산화반응만 보면 $2H_2O \rightarrow O_2 + 4H^+ + 4e^-$로 산소 1mol을 생성하려면 4mol의 전자($4e^-$)가 필요하다.
- 1패러데이(Faraday)의 전기량은 96,485쿨롱(C)으로, 1mol의 전자를 전달하는 데 필요한 전기량이다. 따라서 1패러데이의 전기량으로는 $\frac{1}{4}$mol, 즉 0.25mol의 산소(O_2)가 생성된다.
- 표준온도와 압력(0℃와 1기압)에서 1mol의 기체는 22.4L의 부피를 차지하므로 산소 기체의 부피는 0.25 × 22.4L = 5.6L이다.

20 20개의 양성자와 20개의 중성자를 가지고 있는 것은?

① Zr ② Ca
③ Ne ④ Zn

- 양성자 수는 원소의 원자번호에 해당한다.
- 중성자 수는 원자의 질량에서 양성자 수를 뺀 값으로 계산할 수 있다.
- Ca(칼슘)은 원자번호가 20이고, 원자의 질량이 약 40이므로 중성자 수는 20개이다.

21 인화점이 70℃ 이상인 제4류 위험물을 저장·취급하는 소화난이도등급 Ⅰ의 옥외탱크저장소(지중탱크 또는 해상탱크 외의 것)에 설치하는 소화설비는?

① 스프링클러소화설비 ② 물분무 소화설비
③ 간이소화설비   ④ 분말 소화설비

소화난이도등급 Ⅰ의 옥외탱크저장소(지중탱크 또는 해상탱크 외의 것) 중 인화점 70℃ 이상의 제4류 위험물만을 저장·취급하는 것에는 물분무 소화설비 또는 고정식 포 소화설비를 설치한다(시행규칙 별표 17).

22 위험물제조소등에 설치하여야 하는 자동화재탐지설비의 설치기준에 대한 설명 중 틀린 것은?

① 자동화재탐지설비의 경계구역은 건축물 그 밖의 공작물의 2 이상의 층에 걸치도록 할 것
② 하나의 경계구역에서 그 한 변의 길이는 50m(광전식 분리형 감지기를 설치할 경우에는 100m) 이하로 할 것
③ 자동화재탐지설비의 감지기는 지붕 또는 벽의 옥내에 면한 부분에 유효하게 화재의 발생을 감지할 수 있도록 설치할 것
④ 자동화재탐지설비에는 비상전원을 설치할 것

자동화재탐지설비의 설치기준(시행규칙 별표 17)
자동화재탐지설비의 경계구역은 건축물 그 밖의 공작물의 2 이상의 층에 걸치지 아니하도록 할 것. 다만, 하나의 경계구역의 면적이 500m² 이하이면서 당해 경계구역이 두 개의 층에 걸치는 경우이거나 계단·경사로·승강기의 승강로 그 밖에 이와 유사한 장소에 연기감지기를 설치하는 경우에는 그러하지 아니하다.

정답 18 ④ 19 ① 20 ② 21 ② 22 ①

23 전역방출방식의 할로겐(할로젠)화합물 소화설비 중 하론 1301을 방사하는 분사헤드의 방사압력은 얼마 이상이어야 하는가?

① 0.1MPa ② 0.2MPa
③ 0.5MPa ④ 0.9MPa

> 할로겐(할로젠)화합물 소화설비의 기준(위험물안전관리에 관한 세부기준 제135조)
> 전역방출방식 할로겐(할로젠)화합물 소화설비의 분사헤드 방사압력은 다음과 같다.
> - 하론 2402: 0.1MPa 이상
> - 하론 1211(브로모클로로다이플루오로메탄): 0.2MPa 이상
> - 하론 1301(브로모트라이플루오로메탄): 0.9MPa 이상
> - HFC-23(트라이플루오로메탄): 0.9MPa 이상
> - HFC-125(펜타플루오로에탄): 0.9MPa 이상
> - HFC-227ea(헵타플루오로프로판), FK-5-1-12(도데카플루오로-2-메틸펜탄-3-온): 0.3MPa 이상

24 다음 위험물의 저장창고에서 화재가 발생하였을 때 주수에 의한 냉각소화가 적절치 않은 위험물은?

① $NaClO_3$ ② Na_2O_2
③ $NaNO_3$ ④ $NaBrO_3$

> - $2Na_2O_2 + 2H_2O \rightarrow 4NaOH + O_2$
> - 과산화나트륨(Na_2O_2)은 물과 반응하면 수산화나트륨과 산소를 발생하므로, 주수에 의한 냉각소화는 금지된다.

25 인산염 등을 주성분으로 한 분말 소화약제의 착색은?

① 백색 ② 담홍색
③ 검은색 ④ 회색

> 분말 소화약제의 종류
>
> | 약제명 | 주성분 | 색상 | 적응화재 |
> | --- | --- | --- | --- |
> | 제1종 | 탄산수소나트륨 | 백색 | BC |
> | 제2종 | 탄산수소칼륨 | 보라색(담회색) | BC |
> | 제3종 | 인산암모늄 | 담홍색 | ABC |
> | 제4종 | 탄산수소칼륨 + 요소 | 회색 | BC |

26 다음 소화설비 중 능력단위가 1.0인 것은?

① 삽 1개를 포함한 마른모래 50L
② 삽 1개를 포함한 마른모래 150L
③ 삽 1개를 포함한 팽창질석 100L
④ 삽 1개를 포함한 팽창질석 160L

> 소화설비의 능력단위
>
> | 소화설비 | 용량(L) | 능력단위 |
> | --- | --- | --- |
> | 소화전용물통 | 8 | 0.3 |
> | 수조(물통 3개 포함) | 80 | 1.5 |
> | 수조(물통 6개 포함) | 190 | 2.5 |
> | 마른모래(삽 1개 포함) | 50 | 0.5 |
> | 팽창질석·팽창진주암(삽 1개 포함) | 160 | 1.0 |

27 트라이에틸알루미늄이 습기와 반응할 때 발생되는 가스는?

① 수소 ② 아세틸렌
③ 에탄 ④ 메탄

> 트라이에틸알루미늄과 물의 반응식
> - $Al(C_2H_5)_3 + 3H_2O \rightarrow Al(OH)_3 + 3C_2H_6$
> - 트라이에틸알루미늄은 물과 반응하여 수산화알루미늄과 에탄을 발생한다.

28 표준상태에서 벤젠 2mol이 완전연소하는 데 필요한 이론 공기요구량은 몇 L인가? (단, 공기 중 산소는 21vol%이다.)

① 168 ② 336
③ 1,600 ④ 3,200

> - 벤젠의 연소반응식: $2C_6H_6 + 15O_2 \rightarrow 12CO_2 + 6H_2O$
> - 벤젠은 15mol의 산소와 연소하여 12mol의 이산화탄소와 6mol의 물을 생성한다.
> - 필요 산소량은 15mol × 22.4L = 336L이고, 공기 중의 산소는 21%이므로, 필요 이론 공기요구량 = $\frac{336L}{0.21}$ = 1,600L이다.

정답 23 ④ 24 ② 25 ② 26 ④ 27 ③ 28 ③

29 위험물안전관리법령상 위험물저장소 건축물의 외벽이 내화구조인 것은 연면적 얼마를 1소요단위로 하는가? ★빈출

① 50m² ② 75m²
③ 100m² ④ 150m²

소요단위(연면적)		
구분	내화구조(m²)	비내화구조(m²)
제조소 취급소	100	50
저장소	150	75

30 클로로벤젠 300,000L의 소요단위는 얼마인가? ★빈출

① 20 ② 30
③ 200 ④ 300

- 클로로벤젠의 지정수량: 1,000L
- 위험물의 1소요단위: 지정수량의 10배
- 소요단위 = $\dfrac{저장량}{지정수량 \times 10}$ = $\dfrac{300,000L}{1,000L \times 10}$ = 30단위

31 이산화탄소 소화기는 어떤 현상에 의해서 온도가 내려가 드라이아이스를 생성하는가?

① 줄 - 톰슨 효과 ② 사이펀
③ 표면장력 ④ 모세관

- 줄 - 톰슨 효과는 기체가 고압 상태에서 저압 상태로 팽창할 때, 그 과정에서 온도가 감소하는 현상을 말한다.
- 이산화탄소 소화기는 고압 상태의 이산화탄소가 저압 환경으로 방출되면서 급격히 팽창하게 되는데, 이때 줄-톰슨 효과로 인해 온도가 급격히 낮아지고, 드라이아이스가 생성된다.

32 위험물안전관리법령상 지정수량의 3천배 초과 4천배 이하의 위험물을 저장하는 옥외탱크저장소에 확보하여야 하는 보유공지의 너비는 얼마인가? ★빈출

① 6m 이상 ② 9m 이상
③ 12m 이상 ④ 15m 이상

옥외저장탱크의 보유공지	
저장 또는 취급하는 위험물의 최대수량	공지의 너비
지정수량의 500배 이하	3m 이상
지정수량의 500배 초과 1,000배 이하	5m 이상
지정수량의 1,000배 초과 2,000배 이하	9m 이상
지정수량의 2,000배 초과 3,000배 이하	12m 이상
지정수량의 3,000배 초과 4,000배 이하	15m 이상

33 연소형태가 나머지 셋과 다른 하나는?

① 목탄 ② 메탄올
③ 파라핀 ④ 황

- 표면연소: 목탄
- 증발연소: 메탄올, 파라핀, 황

34 다음 중 제6류 위험물의 안전한 저장·취급을 위해 주의할 사항으로 가장 타당한 것은? ★빈출

① 가연물과 접촉시키지 않는다.
② 0℃ 이하에서 보관한다.
③ 공기와의 접촉을 피한다.
④ 분해방지를 위해 금속분을 첨가하여 저장한다.

산화성 액체인 제6류 위험물을 저장·취급할 때에는 물, 가연물, 유기물과 접촉을 금지하고 화기 및 직사광선을 피해 저장한다.

정답 29 ④ 30 ② 31 ① 32 ④ 33 ① 34 ①

35 고체 가연물에 있어서 덩어리 상태보다 분말일 때 화재 위험성이 증가하는 이유는?

① 공기와의 접촉면적이 증가하기 때문이다.
② 열전도율이 증가하기 때문이다.
③ 흡열반응이 진행되기 때문이다.
④ 활성화에너지가 증가하기 때문이다.

> • 분말 상태의 고체 가연물은 표면적이 크게 증가하여 공기(산소)와의 접촉면적이 훨씬 넓어진다.
> • 산소와의 접촉면적이 커지면 연소속도가 빨라지고, 연소에 필요한 활성화에너지가 더 쉽게 제공된다.

36 금속분의 화재 시 주수소화를 할 수 없는 이유는?

① 산소가 발생하기 때문에
② 수소가 발생하기 때문에
③ 질소가 발생하기 때문에
④ 이산화탄소가 발생하기 때문에

> 금속분(예) 나트륨, 칼륨, 마그네슘 등)은 물과 반응하여 가연성인 수소를 발생하며 폭발을 유발하기 때문에 주수소화가 적합하지 않다.

37 위험물안전관리법령상 제6류 위험물에 적응성이 있는 소화설비는?

① 옥외소화전설비
② 불활성 가스 소화설비
③ 할로겐(할로젠)화합물 소화설비
④ 분말 소화설비(탄산수소염류)

> • 옥외소화전설비는 물을 사용한 소화방법으로, 제6류 위험물에 적응성이 있다.
> • 물을 대량으로 사용하여 위험물의 온도를 낮추고, 산소농도를 조절할 수 있으며, 과산화수소나 질산 같은 산화성 물질에 효과적으로 대응할 수 있다.
> • 제6류 위험물은 옥외소화전설비, 옥내소화전설비, 스프링클러설비, 물분무 소화설비, 포 소화설비에 적응성이 있으며 마른모래를 이용한 질식소화도 효과적이다.

38 제3류 위험물의 소화방법에 대한 설명으로 옳지 않은 것은?

① 제3류 위험물은 모두 물에 의한 소화가 불가능하다.
② 팽창질석은 제3류 위험물에 적응성이 있다.
③ K, Na의 화재 시에는 물을 사용할 수 없다.
④ 할로겐(할로젠)화합물 소화설비는 제3류 위험물에 적응성이 없다.

> 제3류 위험물 중 자연발화성 물질인 황린은 물에 의해 주수소화가 가능하다.

39 건축물 화재 시 성장기에서 최성기로 진행될 때 실내온도가 급격히 상승하기 시작하면서 화염이 실내 전체로 급격히 확대되는 연소현상은?

① 슬롭오버(Slop over)
② 플래시오버(Flash over)
③ 보일오버(Boil over)
④ 프로스오버(Froth over)

> 플래시오버(Flash over)
> • 실내 화재가 어느 한 지점에서 발생하여 실내의 모든 가연물이 동시에 발화하게 되는 현상으로, 온도가 급격히 상승하고 화염이 방 전체를 덮는 상태를 말한다.
> • 화재에서 매우 위험한 단계로, 화재의 확산이 급격하게 이루어진다.

정답 35 ① 36 ② 37 ① 38 ① 39 ②

40 위험물의 취급을 주된 작업내용으로 하는 다음의 장소에 스프링클러설비를 설치할 경우 확보하여야 하는 1분당 방사밀도는 몇 L/m² 이상이어야 하는가? (단, 내화구조의 바닥 및 벽에 의하여 2개의 실로 구획되고, 각 실의 바닥면적은 500m²이다.)

- 취급하는 위험물: 제4류 제3석유류
- 위험물을 취급하는 장소의 바닥면적: 1,000m²

① 8.1 ② 12.2
③ 13.9 ④ 16.3

- 제4류 위험물을 저장 또는 취급하는 장소의 살수기준면적에 따라 스프링클러설비의 살수밀도가 다음 표에 정하는 기준 이상인 경우에는 당해 스프링클러설비가 제4류 위험물에 대해 적응성이 있다. (시행규칙 별표 17).

| 살수기준 면적(m²) | 방사밀도(L/m²분) | | 비고 |
	인화점 38℃ 미만	인화점 38℃ 이상	
279 미만	16.3 이상	12.2 이상	살수기준면적은 내화구조의 벽 및 바닥으로 구획된 하나의 실의 바닥면적을 말하고, 하나의 실의 바닥면적이 465m² 이상인 경우의 살수기준면적은 465m²로 한다. 다만, 위험물의 취급을 주된 작업내용으로 하지 아니하고 소량의 위험물을 취급하는 설비 또는 부분이 넓게 분산되어 있는 경우에는 방사밀도는 8.2L/m²분 이상, 살수기준면적은 279m² 이상으로 할 수 있다.
279 이상 372 미만	15.5 이상	11.8 이상	
372 이상 465 미만	13.9 이상	9.8 이상	
465 이상	12.2 이상	8.1 이상	

- 제3석유류의 인화점은 70℃ 이상이고, 위험물을 취급하는 각 실의 바닥면적은 500m²로 살수기준면적 465 이상에 해당하므로 1분당 방사밀도는 8.1L/m² 이상이어야 한다.

41 다음 중 C_5H_5N에 대한 설명으로 틀린 것은?

① 순수한 것은 무색이고 악취가 나는 액체이다.
② 상온에서 인화의 위험이 있다.
③ 물에 녹는다.
④ 강한 산성을 나타낸다.

피리딘(C_5H_5N)은 약한 염기성을 띠는 화합물이다.

42 산화프로필렌에 대한 설명으로 틀린 것은?

① 무색의 휘발성 액체이고, 물에 녹는다.
② 인화점이 상온 이하이므로 가연성 증기 발생을 억제하여 보관해야 한다.
③ 은, 마그네슘 등의 금속과 반응하여 폭발성 혼합물을 생성한다.
④ 증기압이 낮고 연소범위가 좁아서 위험성이 높다.

산화프로필렌(Propylene Oxide)
- 무색의 휘발성 액체이고, 물에 녹는다.
- 인화점이 상온 이하이므로 가연성 증기 발생을 억제하여 보관해야 한다.
- 구리(Cu), 마그네슘(Mg), 은(Ag) 등과 반응하면 폭발성 화합물인 아세틸라이드를 생성한다.
- 저장용기 내부에는 불연성 가스 또는 수증기 봉입장치를 해야 한다.
- 증기압(538mmHg)이 높고 연소범위(2.8~37%)가 넓어 위험성이 높다.

43 위험물안전관리법령상 위험물의 운반에 관한 기준에서 적재하는 위험물의 성질에 따라 직사광선으로부터 보호하기 위하여 차광성 있는 피복으로 가려야 하는 위험물은?

① S ② Mg
③ C_6H_6 ④ $HClO_4$

제1류	알칼리금속과산화물	방수성
	그 외	차광성
제2류	철분, 금속분, 마그네슘	방수성
제3류	자연발화성 물질	차광성
	금수성 물질	방수성
제4류	특수인화물	차광성
제5류	-	차광성
제6류		차광성

제6류 위험물인 과염소산($HClO_4$)은 매우 강력한 산화제이며, 직사광선에 노출되면 분해되어 폭발 위험이 커지기 때문에 직사광선으로부터 보호하기 위해 차광성 있는 피복으로 가려야 한다.

정답 40 ① 41 ④ 42 ④ 43 ④

44 그림과 같은 타원형 탱크의 내용적은 약 몇 m³인가?

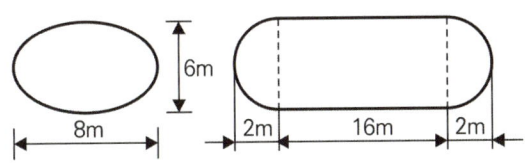

① 453　　② 553
③ 653　　④ 753

> **양쪽이 볼록한 타원형 탱크의 내용적**
> $$V = \frac{\pi ab}{4} \times \left(l + \frac{l_1 + l_2}{3}\right)$$
> $$= \frac{\pi \times 8 \times 6}{4} \times \left(16 + \frac{2+2}{3}\right) = 653 m^3$$

45 위험물안전관리법령상 제4류 위험물 옥외저장탱크의 대기밸브부착 통기관은 몇 kPa 이하의 압력 차이로 작동할 수 있어야 하는가?

① 2　　② 3
③ 4　　④ 5

> 제4류 위험물 옥외저장탱크의 대기밸브부착 통기관은 5kPa 이하의 압력 차이로 작동할 수 있어야 한다(시행규칙 별표 6).

46 위험물안전관리법령상 위험물제조소의 위험물을 취급하는 건축물의 구성부분 중 반드시 내화구조로 하여야 하는 것은?

① 연소의 우려가 있는 기둥
② 바닥
③ 연소의 우려가 있는 외벽
④ 계단

> 내화구조는 화재 발생 시 일정 시간 동안 불에 타지 않고 구조를 유지하는 재료이다. 연소의 우려가 있는 외벽은 화재로부터 내부를 보호하고 주변으로의 화재 확산을 방지하는 중요한 요소이기에 화재 시 위험물의 확산을 막기 위해 내화구조로 하여야 한다.

47 물보다 무겁고, 물에 녹지 않아 저장 시 가연성 증기 발생을 억제하기 위해 수조 속의 위험물탱크에 저장하는 물질은?

① 다이에틸에터　　② 에탄올
③ 이황화탄소　　④ 아세트알데하이드

> 이황화탄소는 비중이 1.26으로 물보다 무겁고, 물에 녹지 않아 저장 시 가연성 증기 발생을 억제하기 위해 물속에 저장한다.

48 위험물안전관리법령에 따른 제4류 위험물 중 제1석유류에 해당하지 않는 것은?

① 등유　　② 벤젠
③ 메틸에틸케톤　　④ 톨루엔

> 등유는 제2석유류에 해당한다.

49 탄화칼슘에 대한 설명으로 틀린 것은?

① 화재 시 이산화탄소 소화기가 적응성이 있다.
② 비중은 약 2.2로 물보다 무겁다.
③ 질소 중에서 고온으로 가열하면 CaN_2가 얻어진다.
④ 물과 반응하면 아세틸렌가스가 발생한다.

> - $CaC_2 + 2CO_2 \rightarrow CaCO_3 + 2CO$
> - 탄화칼슘은 이산화탄소와 반응하여 탄산칼슘과 일산화탄소를 발생시킨다.
> - 화재 시 이산화탄소 소화기를 사용하면 가스를 밀폐시켜 위험을 가중시킬 수 있다.
> - 인화성이 강한 물질이므로 건조사나 팽창질석과 같은 물질로 소화하는 것이 바람직하다.

정답 44 ③　45 ④　46 ③　47 ③　48 ①　49 ①

50 금속칼륨 20kg, 금속나트륨 40kg, 탄화칼슘 600kg 각각의 지정수량 배수의 총합은 얼마인가? ✈빈출

① 2　　② 4
③ 6　　④ 8

- 각 위험물별 지정수량
  - 금속칼륨: 10kg
  - 금속나트륨: 10kg
  - 탄화칼슘: 300kg
- 지정수량 배수의 총합 = $\frac{20}{10} + \frac{40}{10} + \frac{600}{300}$ = 8배

51 인화칼슘이 물과 반응하였을 때 발생하는 기체는? ✈빈출

① 수소　　② 산소
③ 포스핀　　④ 포스겐

인화칼슘과 물의 반응식
- $Ca_3P_2 + 6H_2O \rightarrow 3Ca(OH)_2 + 2PH_3$
- 인화칼슘은 물과 반응하여 수산화칼슘과 포스핀가스를 발생한다.

52 제1석유류, 제2석유류, 제3석유류를 구분하는 주요기준이 되는 것은?

① 인화점　　② 발화점
③ 비등점　　④ 비중

인화점은 물질이 가연성 증기를 내기 시작하여 불이 붙을 수 있는 가장 낮은 온도를 말한다.
- 제1석유류: 아세톤, 휘발유 그 밖에 1기압에서 인화점이 섭씨 21도 미만인 것
- 제2석유류: 등유, 경유 그 밖에 1기압에서 인화점이 섭씨 21도 이상 70도 미만인 것
- 제3석유류: 중유, 크레오소트유, 그 밖에 1기압에서 인화점이 섭씨 70도 이상 섭씨 200도 미만인 것

53 위험물제조소는 「문화유산의 보존 및 활용에 관한 법률」에 의한 지정문화유산으로부터 몇 m 이상의 안전거리를 두어야 하는가?

① 20m　　② 30m
③ 40m　　④ 50m

「문화유산의 보존 및 활용에 관한 법률」에 따른 지정문화유산 및 「자연유산의 보존 및 활용에 관한 법률」에 따른 천연기념물등에 있어서는 50m 이상의 안전거리를 갖는다.

54 황화인에 대한 설명으로 틀린 것은?

① 고체이다.
② 가연성 물질이다.
③ P_4S_3, P_2S_5 등의 물질이 있다.
④ 물질에 따른 지정수량은 50kg, 100kg 등이 있다.

제2류 위험물인 황화인은 가연성 고체로 삼황화인(P_4S_3), 오황화인(P_2S_5), 칠황화인(P_4S_7) 등이 있으며, 지정수량은 100kg이다.

55 질산과 과염소산의 공통성질로 옳은 것은?

① 강한 산화력과 환원력이 있다.
② 물과 접촉하면 반응이 없으므로 화재 시 주수소화가 가능하다.
③ 가연성이 없으며 가연물 연소 시에 소화를 돕는다.
④ 모두 산소를 함유하고 있다.

질산과 과염소산은 제6류 위험물(산화성 액체)로 불연성 물질이고, 둘 다 산소를 포함하고 있으며, 그 산소는 산화반응을 촉진하는 중요한 역할을 한다.

정답　50 ④　51 ③　52 ①　53 ④　54 ④　55 ④

56 다음 중 과망가니즈산칼륨과 혼촉하였을 때 위험성이 가장 낮은 물질은?

① 물
② 다이에틸에터
③ 글리세린
④ 염산

- 과망가니즈산칼륨($KMnO_4$)은 제1류 위험물(산화성 고체)로 물에 잘 녹는다.
- 물은 산화제와 안전하게 반응하며, 위험한 상황을 유발하지 않기 때문에 가장 안전한 물질이다.

57 옥내탱크저장소에서 탱크 상호 간에는 얼마 이상의 간격을 두어야 하는가? (단, 탱크의 점검 및 보수에 지장이 없는 경우는 제외한다.)

① 0.5m
② 0.7m
③ 1.0m
④ 1.2m

옥내탱크저장소의 기준(시행규칙 별표 7)
옥내저장탱크와 탱크전용실의 벽과의 사이 및 옥내저장탱크의 상호 간에는 0.5m 이상의 간격을 유지할 것. 다만, 탱크의 점검 및 보수에 지장이 없는 경우에는 그러하지 아니하다.

58 주유취급소에서 고정주유설비는 도로경계선과 몇 m 이상 거리를 유지하여야 하는가? (단, 고정주유설비의 중심선을 기점으로 한다.)

① 2
② 4
③ 6
④ 8

고정주유설비의 설치 기준(시행규칙 별표 13)
고정주유설비의 중심선을 기점으로 하여 도로경계선까지 4m 이상, 부지경계선·담 및 건축물의 벽까지 2m(개구부가 없는 벽까지는 1m) 이상의 거리를 유지하여야 한다.

59 짚, 헝겊 등을 다음의 물질과 적셔서 대량으로 쌓아 두었을 경우 자연발화의 위험성이 가장 높은 것은?

① 동유
② 야자유
③ 올리브유
④ 피마자유

- 아이오딘값이 클수록 자연발화의 위험이 높다.
- 동유는 건성유(아이오딘값 130 이상)로 자연발화의 위험성이 가장 높다.
- 동식물유류의 구분

구분	아이오딘값	종류
건성유	130 이상	대구유, 정어리유, 상어유, 해바라기유, 동유, 아마인유, 들기름
반건성유	100 초과 130 미만	면실유, 청어유, 쌀겨유, 옥수수유, 채종유, 참기름, 콩기름
불건성유	100 이하	소기름, 돼지기름, 고래기름, 올리브유, 팜유, 땅콩기름, 피마자유, 야자유

60 주유취급소의 표지 및 게시판의 기준에서 "위험물 주유취급소" 표지와 "주유 중 엔진정지" 게시판의 바탕색을 차례대로 옳게 나타낸 것은?

① 백색, 백색
② 백색, 황색
③ 황색, 백색
④ 황색, 황색

게시판 종류 및 바탕, 문자색

종류	바탕색	문자색
위험물제조소, 위험물취급소	백색	흑색
위험물	흑색	황색
주유 중 엔진정지	황색	흑색
화기엄금	적색	백색
물기엄금	청색	백색

정답 56 ① 57 ① 58 ② 59 ① 60 ②

위험물산업기사 필기

PART 05

CBT FINAL 모의고사

Chapter 01 CBT FINAL 모의고사
Chapter 02 CBT FINAL 모의고사 정답 및 해설

제1회 CBT FINAL 모의고사

자격종목	시험시간	문항수	점수
위험물산업기사	1시간 30분	60문항	

1. 비누화 값이 작은 지방에 대한 설명으로 옳은 것은?
   ① 분자량이 작으며, 저급 지방산의 에스터이다.
   ② 분자량이 작으며, 고급 지방산의 에스터이다.
   ③ 분자량이 크며, 저급 지방산의 에스터이다.
   ④ 분자량이 크며, 고급 지방산의 에스터이다.

2. 다음 화합물 수용액 농도가 모두 0.5M일 때 끓는점이 가장 높은 것은?
   ① $C_6H_{12}O_6$(포도당)
   ② $C_{12}H_{22}O_{11}$(설탕)
   ③ $CaCl_2$(염화칼슘)
   ④ NaCl(염화나트륨)

3. CH_4 16g 중에는 C가 몇 mol 포함되었는가?
   ① 1   ② 4
   ③ 16   ④ 22.4

4. 포화 탄화수소에 해당하는 것은?
   ① 톨루엔   ② 에틸렌
   ③ 프로판   ④ 아세틸렌

5. 염화철(Ⅲ)($FeCl_3$) 수용액과 반응하여 정색 반응을 일으키지 않는 것은?

   ① 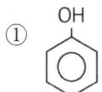   ②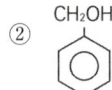

   ③ 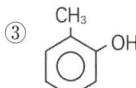   ④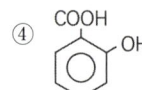

6. 기체 A 5g은 27℃, 380mmHg에서 부피가 6,000mL이다. 이 기체의 분자량(g/mol)은 약 얼마인가? (단, 이상기체로 가정한다.)
   ① 24   ② 41
   ③ 64   ④ 123

7. 다음 이원자 분자 중 결합에너지 값이 가장 큰 것은?
   ① H_2 ② N_2
   ③ O_2 ④ F_2

8. p 오비탈에 대한 설명 중 옳은 것은?
   ① 원자핵에서 가장 가까운 오비탈이다.
   ② s 오비탈보다는 약간 높은 모든 에너지 준위에서 발견된다.
   ③ X, Y의 2방향을 축으로 한 원형 오비탈이다.
   ④ 오비탈의 수는 3개, 들어갈 수 있는 최대 전자수는 6개이다.

9. 황산구리 결정 $CuSO_4 \cdot 5H_2O$ 25g을 100g의 물에 녹였을 때 몇 wt% 농도의 황산구리($CuSO_4$) 수용액이 되는가? (단, $CuSO_4$ 분자량은 160이다.)

   ① 1.28%   ② 1.60%
   ③ 12.8%   ④ 16.0%

10. 다음 분자 중 가장 무거운 분자의 질량은 가장 가벼운 분자의 몇 배인가? (단, Cl의 원자량은 35.5이다.)

   H_2 Cl_2 CH_4 CO_2

   ① 4배   ② 22배
   ③ 30.5배   ④ 35.5배

11. pH가 2인 용액은 pH가 4인 용액과 비교하면 수소이온농도가 몇 배인 용액이 되는가?

   ① 100배   ② 2배
   ③ 10^{-1}배   ④ 10^{-2}배

12. C-C-C-C을 부탄이라고 한다면 C=C-C-C의 명명은? (단, C와 결합된 원소는 H이다.)

   ① 1-부텐   ② 2-부텐
   ③ 1, 2-부텐   ④ 3, 4-부텐

13. 일정한 온도하에서 물질 A와 B가 반응을 할 때 A의 농도만 2배로 하면 반응속도가 2배가 되고 B의 농도만 2배로 하면 반응속도가 4배로 된다. 이 경우 반응속도식은? (단, 반응속도 상수는 k이다.)

   ① $v = k[A][B]^2$
   ② $v = k[A]^2[B]$
   ③ $v = k[A][B]^{0.5}$
   ④ $v = k[A][B]$

14. 액체 공기에서 질소 등을 분리하여 산소를 얻는 방법은 다음 중 어떤 성질을 이용한 것인가?

   ① 용해도   ② 비등점
   ③ 색상   ④ 압축률

15. $KMnO_4$에서 Mn의 산화수는 얼마인가?

   ① +3   ② +5
   ③ +7   ④ +9

16. $CH_3COOH \rightarrow CH_3COO^- + H^+$의 반응식에서 전리평형상수 K는 다음과 같다. K값을 변화시키기 위한 조건으로 옳은 것은?

   $$k = \frac{[CH_3COO^-][H^+]}{[CH_3COOH]}$$

   ① 온도를 변화시킨다.
   ② 압력을 변화시킨다.
   ③ 농도를 변화시킨다.
   ④ 촉매량을 변화시킨다.

17. 25°C에서 $Cd(OH)_2$ 염의 몰용해도는 1.7×10^{-5} mol/L이다. $Cd(OH)_2$ 염의 용해도곱상수 K_{sp}를 구하면 약 얼마인가?

   ① 2.0×10^{-14}
   ② 2.2×10^{-12}
   ③ 2.4×10^{-10}
   ④ 2.6×10^{-8}

18. 다음 중 완충용액에 해당하는 것은?

   ① CH_3COONa와 CH_3COOH
   ② NH_4Cl와 HCl
   ③ CH_3COONa와 NaOH
   ④ $HCOONa$와 Na_2SO_4

19. 다음 물질의 수용액을 같은 전기량으로 전기분해해서 금속을 석출한다고 가정할 때 석출되는 금속의 질량이 가장 많은 것은? (단, 괄호 안의 값은 석출되는 금속의 원자량이다.)

① $CuSO_4(Cu = 64)$
② $NiSO_4(Ni = 59)$
③ $AgNO_3(Ag = 108)$
④ $Pb(NO_3)_2(Pb = 207)$

20. 모두 염기성 산화물로만 나타낸 것은?

① CaO, Na_2O　② K_2O, SO_2
③ CO_2, SO_3　④ Al_2O_3, P_2O_5

21. 양초(파라핀)의 연소형태는?

① 표면연소　② 분해연소
③ 자기연소　④ 증발연소

22. 소화약제의 종류에 해당하지 않는 것은?

① CF_2BrCl　② $NaHCO_3$
③ NH_4BrO_3　④ CF_3Br

23. 분말 소화약제의 분해반응식이다. ( ) 안에 알맞은 것은?

$$2NaHCO_3 \rightarrow (\quad) + CO_2 + H_2O$$

① $2NaCO$　② $2NaCO_2$
③ Na_2CO_3　④ Na_2CO_4

24. 제4류 위험물을 취급하는 제조소에서 지정수량의 몇 배 이상을 취급할 경우 자체소방대를 설치하여야 하는가?

① 1,000배　② 2,000배
③ 3,000배　④ 4,000배

25. 특정옥외탱크저장소라 함은 옥외탱크저장소 중 저장 또는 취급하는 액체위험물의 최대수량이 얼마 이상의 것을 말하는가?

① 50만리터 이상
② 100만리터 이상
③ 150만리터 이상
④ 200만리터 이상

26. 다량의 비수용성 제4류 위험물의 화재 시 물로 소화하는 것이 적합하지 않은 이유는?

① 가연성 가스를 발생한다.
② 연소면을 확대한다.
③ 인화점이 내려간다.
④ 물이 열분해한다.

27. 위험물의 취급을 주된 작업내용으로 하는 다음의 장소에 스프링클러설비를 설치할 경우 확보하여야 하는 1분당 방사밀도는 몇 L/m^2 이상이어야 하는가? (단, 내화구조의 바닥 및 벽에 의하여 2개의 실로 구획되고, 각 실의 바닥면적은 $500m^2$이다.)

- 취급하는 위험물: 제4류 제3석유류
- 위험물을 취급하는 장소의 바닥면적: $1,000m^2$

① 8.1　② 12.2
③ 13.9　④ 16.3

28. 과산화나트륨의 화재 시 적응성이 있는 소화설비로만 나열된 것은?

① 포 소화기, 건조사
② 건조사, 팽창질석
③ 이산화탄소 소화기, 건조사, 팽창질석
④ 포 소화기, 건조사, 팽창질석

29. 위험물제조소에 옥내소화전이 가장 많이 설치된 층의 옥내소화전 설치개수가 2개이다. 위험물안전관리법령의 옥내소화전설비 설치기준에 의하면 수원의 수량은 얼마 이상이 되어야 하는가?

① 7.8m³ ② 15.6m³
③ 20.6m³ ④ 78m³

30. 제2류 위험물의 일반적인 특징에 대한 설명으로 가장 옳은 것은?

① 비교적 낮은 온도에서 연소하기 쉬운 물질이다.
② 위험물 자체 내에 산소를 갖고 있다.
③ 연소속도가 느리지만 지속적으로 연소한다.
④ 대부분 물보다 가볍고 물에 잘 녹는다.

31. 위험물안전관리법령상 지정수량의 3천배 초과 4천배 이하의 위험물을 저장하는 옥외탱크저장소에 확보하여야 하는 보유공지의 너비는 얼마인가?

① 6m 이상 ② 9m 이상
③ 12m 이상 ④ 15m 이상

32. 불활성 가스 소화약제 중 IG-541의 구성성분을 옳게 나타낸 것은?

① 헬륨, 네온, 아르곤
② 질소, 아르곤, 이산화탄소
③ 질소, 이산화탄소, 헬륨
④ 헬륨, 네온, 이산화탄소

33. 다음 소화설비 중 능력단위가 1.0인 것은?

① 삽 1개를 포함한 마른모래 50L
② 삽 1개를 포함한 마른모래 150L
③ 삽 1개를 포함한 팽창질석 100L
④ 삽 1개를 포함한 팽창질석 160L

34. 포 소화약제와 분말 소화약제의 공통적인 주요 소화효과는?

① 질식효과 ② 부촉매효과
③ 제거효과 ④ 억제효과

35. 위험물안전관리법령상 제2류 위험물인 철분에 적응성이 있는 소화설비는?

① 포 소화설비
② 탄산수소염류 분말 소화설비
③ 할로젠(할로겐)화합물 소화설비
④ 스프링클러설비

36. 일반적으로 다량의 주수를 통한 소화가 가장 효과적인 화재는?

① A급 화재 ② B급 화재
③ C급 화재 ④ D급 화재

37. 프로판 2m³이 완전연소할 때 필요한 이론 공기량은 약 몇 m³인가? (단, 공기 중 산소농도는 21vol%이다.)

① 23.81 ② 35.72
③ 47.62 ④ 71.43

38. 트라이에틸알루미늄이 습기와 반응할 때 발생되는 가스는?

① 수소 ② 아세틸렌
③ 에탄 ④ 메탄

39. 화재예방 시 자연발화를 방지하기 위한 일반적인 방법으로 옳지 않은 것은?

① 통풍을 방지한다.
② 저장실의 온도를 낮춘다.
③ 습도가 높은 장소를 피한다.
④ 열의 축적을 막는다.

40. 탄산수소칼륨 소화약제가 열분해 반응 시 생성되는 물질이 아닌 것은?

① K_2CO_3 ② CO_2
③ H_2O ④ KNO_3

41. 다음 중 조해성이 있는 황화인만 모두 선택하여 나열한 것은?

$P_4S_3, \ P_2S_5, \ P_4S_7$

① $P_4S_3, \ P_2S_5$ ② $P_4S_3, \ P_4S_7$
③ $P_2S_5, \ P_4S_7$ ④ $P_4S_3, \ P_2S_5, \ P_4S_7$

42. 위험물제조소등의 안전거리의 단축기준과 관련해서 $H \leq pD^2 + a$인 경우 방화상 유효한 담의 높이는 2m 이상으로 한다. 다음 중 a에 해당되는 것은?

① 인근 건축물의 높이(m)
② 제조소등의 외벽의 높이(m)
③ 제조소등과 공작물과의 거리(m)
④ 제조소등과 방화상 유효한 담과의 거리(m)

43. 위험물안전관리법령상 위험등급 I의 위험물이 아닌 것은?

① 염소산염류 ② 황화인
③ 알킬리튬 ④ 과산화수소

44. 옥외탱크저장소에서 취급하는 위험물의 최대수량에 따른 보유공지 너비가 틀린 것은? (단, 원칙적인 경우에 한한다.)

① 지정수량 500배 이하 - 3m 이상
② 지정수량 500배 초과 1,000배 이하 - 5m 이상
③ 지정수량 1,000배 초과 2,000배 이하 - 9m 이상
④ 지정수량 2,000배 초과 3,000배 이하 - 15m 이상

45. 다음 물질 중 지정수량이 400L인 것은?

① 포름산메틸 ② 벤젠
③ 톨루엔 ④ 벤즈알데하이드

46. 그림과 같은 타원형 탱크의 내용적은 약 몇 m^3인가?

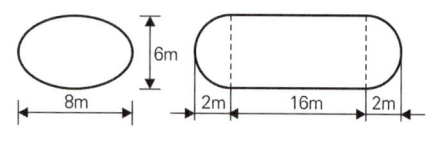

① 453 ② 553
③ 653 ④ 753

47. 벤젠에 진한 질산과 진한 황산의 혼산을 반응시켜 얻어지는 화합물은?

① 피크린산 ② 아닐린
③ TNT ④ 나이트로벤젠

48. 가솔린 저장량이 2,000L일 때 소화설비 설치를 위한 소요단위는?

① 1 ② 2
③ 3 ④ 4

49. 질산암모늄에 관한 설명 중 틀린 것은?

① 상온에서 고체이다.
② 폭약의 제조 원료로 사용할 수 있다.
③ 흡습성과 조해성이 있다.
④ 물과 반응하여 발열하고 다량의 가스를 발생한다.

50. 옥외저장소에서 저장할 수 없는 위험물은? (단, 시·도 조례에서 별도로 정하는 위험물 또는 국제해상위험물규칙에 적합한 용기에 수납된 위험물은 제외한다.)

① 과산화수소 ② 아세톤
③ 에탄올 ④ 황

51. 금속칼륨의 일반적인 성질로 옳지 않은 것은?

   ① 은백색의 연한 금속이다.
   ② 알코올 속에 저장한다.
   ③ 물과 반응하여 수소가스를 발생한다.
   ④ 물보다 가볍다.

52. 다음과 같은 물질이 서로 혼합되었을 때 발화 또는 폭발의 위험성이 가장 높은 것은?

   ① 벤조일퍼옥사이드와 질산
   ② 이황화탄소와 증류수
   ③ 금속나트륨과 석유
   ④ 금속칼륨과 유동성 파라핀

53. 산화프로필렌 300L, 메탄올 400L, 벤젠 200L를 저장하고 있는 경우 각각 지정수량 배수의 총합은 얼마인가?

   ① 4   ② 6
   ③ 8   ④ 10

54. 위험물안전관리법령상 은, 수은, 동, 마그네슘 및 이의 합금으로 된 용기를 사용하여서는 안 되는 물질은?

   ① 이황화탄소   ② 아세트알데하이드
   ③ 아세톤   ④ 다이에틸에터

55. 동식물유류에 대한 설명으로 틀린 것은?

   ① 아이오딘값이 작을수록 자연발화의 위험성이 높아진다.
   ② 아이오딘값이 130 이상인 것은 건성유이다.
   ③ 건성유에는 아마인유, 들기름 등이 있다.
   ④ 인화점이 물의 비점보다 낮은 것도 있다.

56. 셀룰로이드의 자연발화 형태를 가장 옳게 나타낸 것은?

   ① 잠열에 의한 발화
   ② 미생물에 의한 발화
   ③ 분해열에 의한 발화
   ④ 흡착열에 의한 발화

57. 염소산칼륨에 대한 설명으로 옳은 것은?

   ① 강한 산화제이며 열분해하여 염소를 발생한다.
   ② 폭약의 원료로 사용된다.
   ③ 점성이 있는 액체이다.
   ④ 녹는점이 700℃ 이상이다.

58. 탄화칼슘에 대한 설명으로 틀린 것은?

   ① 화재 시 이산화탄소 소화기가 적응성이 있다.
   ② 비중은 약 2.2로 물보다 무겁다.
   ③ 질소 중에서 고온으로 가열하면 $CaCN_2$가 얻어진다.
   ④ 물과 반응하면 아세틸렌가스가 발생한다.

59. 다음 중 물과 접촉했을 때 위험성이 가장 큰 것은?

   ① 금속칼륨   ② 황린
   ③ 과산화벤조일   ④ 다이에틸에터

60. 과산화수소의 저장방법으로 옳은 것은?

   ① 분해를 막기 위해 하이드라진을 넣고 완전히 밀전하여 보관한다.
   ② 분해를 막기 위해 하이드라진을 넣고 가스가 빠지는 구조로 마개를 하여 보관한다.
   ③ 분해를 막기 위해 요산을 넣고 완전히 밀전하여 보관한다.
   ④ 분해를 막기 위해 요산을 넣고 가스가 빠지는 구조로 마개를 하여 보관한다.

제2회 CBT FINAL 모의고사

자격종목	시험시간	문항수	점수
위험물산업기사	1시간 30분	60문항	

1. 산성 산화물에 해당하는 것은?
   ① CaO ② Na_2O
   ③ CO_2 ④ MgO

2. 다음 화합물의 0.1mol 수용액 중에서 가장 약한 산성을 나타내는 것은?
   ① H_2SO_4 ② HCl
   ③ CH_3COOH ④ HNO_3

3. 다음 반응식에서 브뢴스테드의 산·염기 개념으로 볼 때 산에 해당하는 것은?

   $$H_2O + NH_3 \Leftrightarrow OH^- + NH_4^+$$

   ① NH_3와 NH_4^+ ② NH_3와 OH^-
   ③ H_2O와 OH^- ④ H_2O와 NH_4^+

4. 같은 몰농도에서 비전해질 용액은 전해질 용액보다 비등점 상승도의 변화추이가 어떠한가?
   ① 크다.
   ② 작다.
   ③ 같다.
   ④ 전해질 여부와 무관하다.

5. 다음 화학반응식 중 실제로 반응이 오른쪽으로 진행되는 것은?
   ① $2KI + F_2 \rightarrow 2KF + I_2$
   ② $2KBr + I_2 \rightarrow 2KI + Br_2$
   ③ $2KF + Br_2 \rightarrow 2KBr + F_2$
   ④ $2KCl + Br_2 \rightarrow 2KBr + Cl_2$

6. 나일론(Nylon 6, 6)에는 다음 어느 결합이 들어 있는가?
   ① $-S-S-$ ② $-O-$
   ③ $\overset{O}{\underset{\|}{-C-O-}}$ ④ $\overset{O\ \ H}{\underset{\| \ \ |}{-C-N-}}$

7. 산(acid)의 성질을 설명한 것 중 틀린 것은?
   ① 수용액 속에서 H^+를 내는 화합물이다.
   ② pH값이 작을수록 강산이다.
   ③ 금속과 반응하여 수소를 발생하는 것이 많다.
   ④ 붉은색 리트머스 종이를 푸르게 변화시킨다.

8. 황산구리 수용액을 Pt 전극을 써서 전기분해하여 음극에서 63.5g의 구리를 얻고자 한다. 10A의 전류를 약 몇 시간 흐르게 하여야 하는가? (단, 구리의 원자량은 63.5이다.)
   ① 2.36 ② 5.36
   ③ 8.16 ④ 9.16

9. 물 2.5L 중에 어떤 불순물이 10mg 함유되어 있다면 약 몇 ppm으로 나타낼 수 있는가?
   ① 0.4 ② 1
   ③ 4 ④ 40

10. 표준상태에서 기체 A 1L의 무게는 1.964g이다. A의 분자량은?
    ① 44 ② 16
    ③ 4 ④ 2

11. C_3H_8 22.0g을 완전연소시켰을 때 필요한 공기의 부피는 약 얼마인가? (단, 0℃, 1기압 기준이며, 공기 중의 산소량은 21%이다.)

   ① 56L
   ② 112L
   ③ 224L
   ④ 267L

12. 화약제조에 사용되는 물질인 질산칼륨에서 N의 산화수는 얼마인가?

   ① +1
   ② +3
   ③ +5
   ④ +7

13. 이온결합 물질의 일반적인 성질에 관한 설명 중 틀린 것은?

   ① 녹는점이 비교적 높다.
   ② 단단하며 부스러지기 쉽다.
   ③ 고체와 액체 상태에서 모두 도체이다.
   ④ 물과 같은 극성 용매에 용해되기 쉽다.

14. 전형 원소 내에서 원소의 화학적 성질이 비슷한 것은?

   ① 원소의 족이 같은 경우
   ② 원소의 주기가 같은 경우
   ③ 원자번호가 비슷한 경우
   ④ 원자의 전자수가 같은 경우

15. 볼타전지에 관한 설명으로 틀린 것은?

   ① 이온화 경향이 큰 쪽의 물질이 (-)극이다.
   ② (+)극에서는 방전 산화반응이 일어난다.
   ③ 전자는 도선을 따라 (-)극에서 (+)극으로 이동한다.
   ④ 전류의 방향은 전자의 이동 방향과 반대이다.

16. 탄소와 모래를 전기로에 넣어서 가열하면 연마제로 쓰이는 물질이 생성된다. 이에 해당하는 것은?

   ① 카보런덤
   ② 카바이드
   ③ 카본블랙
   ④ 규소

17. 어떤 금속 1.0g을 묽은 황산에 넣었더니 표준상태에서 560mL의 수소가 발생하였다. 이 금속의 원자가는 얼마인가? (단, 금속의 원자량은 40으로 가정한다.)

   ① 1가
   ② 2가
   ③ 3가
   ④ 4가

18. 불꽃 반응 시 보라색을 나타내는 금속은?

   ① LI
   ② K
   ③ Na
   ④ Ba

19. 다음 화학식의 IUPAC 명명법에 따른 올바른 명명법은?

$$CH_3-CH_2-CH-CH_2-CH_3$$
$$|$$
$$CH_3$$

   ① 3-메틸펜탄
   ② 2, 3, 5-트리메틸 헥산
   ③ 이소부탄
   ④ 1, 4-헥산

20. 주기율표에서 원소를 차례대로 나열할 때 기준이 되는 것은?

   ① 원자의 부피
   ② 원자핵의 양성자수
   ③ 원자가 전자수
   ④ 원자반지름의 크기

21. 포 소화약제의 혼합 방식 중 포 원액을 송수관에 압입하기 위하여 포 원액용 펌프를 별도로 설치하여 혼합하는 방식은?

   ① 라인 프로포셔너 방식
   ② 프레져 프로포셔너 방식
   ③ 펌프 프로포셔너 방식
   ④ 프레져 사이드 프로포셔너 방식

22. 할로겐(할로젠)화합물 소화약제의 조건으로 옳은 것은?

① 비점이 높을 것
② 기화되기 쉬울 것
③ 공기보다 가벼울 것
④ 연소성이 좋을 것

23. 자연발화가 일어나는 물질과 대표적인 에너지원의 관계로 옳지 않은 것은?

① 셀룰로이드 - 흡착열에 의한 발열
② 활성탄 - 흡착열에 의한 발열
③ 퇴비 - 미생물에 의한 발열
④ 먼지 - 미생물에 의한 발열

24. 소화기와 주된 소화효과가 옳게 짝지어진 것은?

① 포 소화기 - 제거소화
② 할로겐(할로젠)화합물 소화기 - 냉각소화
③ 탄산가스 소화기 - 억제소화
④ 분말 소화기 - 질식소화

25. 위험물안전관리법령상 물분무등소화설비에 포함되지 않는 것은?

① 포 소화설비
② 분말 소화설비
③ 스프링클러설비
④ 불활성 가스 소화설비

26. 위험물에 화재가 발생하였을 경우 물과의 반응으로 인해 주수소화가 적당하지 않은 것은?

① CH_3ONO_2
② $KClO_3$
③ Li_2O_2
④ P

27. 과염소산 1몰을 모두 기체로 변화하였을 때 질량은 1기압, 50℃를 기준으로 몇 g인가? (단, Cl의 원자량은 35.5이다.)

① 5.4
② 22.4
③ 100.5
④ 224

28. 다음에서 설명하는 소화약제에 해당하는 것은?

• 무색, 무취이며 비전도성이다.
• 증기상태의 비중은 약 1.5이다.
• 임계온도는 약 31℃이다.

① 탄산수소나트륨
② 이산화탄소
③ 할론 1301
④ 황산알루미늄

29. 자연발화에 영향을 주는 인자로 가장 거리가 먼 것은?

① 수분
② 증발열
③ 발열량
④ 열전도율

30. 위험물안전관리법령상 소화설비의 적응성에서 이산화탄소 소화기가 적응성이 있는 것은?

① 제1류 위험물
② 제3류 위험물
③ 제4류 위험물
④ 제5류 위험물

31. 경보설비는 지정수량 몇 배 이상의 위험물을 저장, 취급하는 제조소등에 설치하는가?

① 2
② 4
③ 8
④ 10

32. 탄화칼슘 60,000kg을 소요단위로 산정하면?

① 10단위
② 20단위
③ 30단위
④ 40단위

33. 고체의 일반적인 연소형태에 속하지 않는 것은?

① 표면연소
② 확산연소
③ 자기연소
④ 증발연소

34. 주된 연소형태가 표면연소인 것은?

① 황
② 종이
③ 금속분
④ 나이트로셀룰로오스

35. 위험물의 화재위험에 대한 설명으로 옳은 것은?

① 인화점이 높을수록 위험하다.
② 착화점이 높을수록 위험하다.
③ 착화에너지가 작을수록 위험하다.
④ 연소열이 작을수록 위험하다.

36. 외벽이 내화구조인 위험물저장소 건축물의 연면적이 1,500m² 인 경우 소요단위는?

① 6   ② 10
③ 13   ④ 14

37. 중유의 주된 연소형태는?

① 표면연소   ② 분해연소
③ 증발연소   ④ 자기연소

38. 제5류 위험물의 화재 시 일반적인 조치사항으로 알맞은 것은?

① 분말 소화약제를 이용한 질식소화가 효과적이다.
② 할로겐(할로젠)화합물 소화약제를 이용한 냉각소화가 효과적이다.
③ 이산화탄소를 이용한 질식소화가 효과적이다.
④ 다량의 주수에 의한 냉각소화가 효과적이다.

39. Halon 1301에 해당하는 화학식은?

① CH_3Br ② CF_3Br
③ CBr_3F ④ CH_3Cl

40. 소화약제의 열분해 반응식으로 옳은 것은?

① $NH_4H_2PO_4 \rightarrow HPO_3 + NH_3 + H_2O$
② $2KNO_3 \rightarrow 2KON_2 + O_2$
③ $KClO_4 \rightarrow KCl + 2O_2$
④ $2CaHCO_3 \rightarrow 2CaO + H_2CO_3$

41. 금속칼륨 20kg, 금속나트륨 40kg, 탄화칼슘 600kg 각각의 지정수량 배수의 총합은 얼마인가?

① 2   ② 4
③ 6   ④ 8

42. 다음 중 C_5H_5N에 대한 설명으로 틀린 것은?

① 순수한 것은 무색이고 악취가 나는 액체이다.
② 상온에서 인화의 위험이 있다.
③ 물에 녹는다.
④ 강한 산성을 나타낸다.

43. 물에 녹지 않고 물보다 무거우므로 안전한 저장을 위해 물속에 저장하는 것은?

① 다이에틸에터
② 아세트알데하이드
③ 산화프로필렌
④ 이황화탄소

44. 알루미늄의 연소생성물을 옳게 나타낸 것은?

① Al_2O_3 ② $Al(OH)_3$
③ Al_2O_3, H_2O ④ $Al(OH)_3$, H_2O

45. 다음 물질을 적셔서 얻은 헝겊을 대량으로 쌓아두었을 경우 자연발화의 위험성이 가장 큰 것은?

① 아마인유   ② 땅콩기름
③ 야자유   ④ 올리브유

46. 염소산나트륨이 열분해하였을 때 발생하는 기체는?

① 나트륨 ② 염화수소
③ 염소   ④ 산소

47. 트라이나이트로페놀의 성질에 대한 설명 중 틀린 것은?

① 폭발에 대비하여 철, 구리로 만든 용기에 저장한다.
② 휘황색을 띤 침상결정이다.
③ 비중이 약 1.8로 물보다 무겁다.
④ 단독으로는 테트릴보다 충격, 마찰에 둔감한 편이다.

48. 다음 그림과 같은 위험물을 저장하는 탱크의 내용적은 약 몇 m³인가? (단, r은 10m, l은 25m이다.)

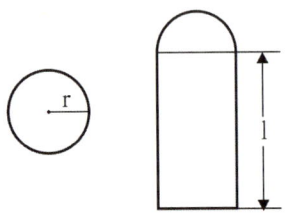

① 3,612   ② 4,754
③ 5,812   ④ 7,854

49. 충격, 마찰에 예민하고 폭발 위력이 큰 물질로 뇌관의 첨장약으로 사용되는 것은?

① 나이트로글리콜
② 나이트로셀룰로오스
③ 테트릴
④ 질산메틸

50. 다음은 위험물안전관리법령상 제조소등에서의 위험물의 저장 및 취급에 관한 기준 중 저장기준의 일부이다. ( ) 안에 알맞은 것은?

> 옥내저장소에 있어서 위험물은 규정에 의한 바에 따라 용기에 수납하여 저장하여야 한다. 다만, ( )과/와 별도의 규정에 의한 위험물에 있어서는 그러지 아니하다.

① 동식물유류
② 덩어리 상태의 황
③ 고체 상태의 알코올
④ 고화된 제4석유류

51. 메틸에틸케톤의 저장 또는 취급 시 유의할 점으로 가장 거리가 먼 것은?

① 통풍을 잘 시킬 것
② 찬 곳에 저장할 것
③ 직사일광을 피할 것
④ 저장용기에는 증기 배출을 위해 구멍을 설치할 것

52. 과산화수소의 성질 또는 취급방법에 관한 설명 중 틀린 것은?

① 햇빛에 의하여 분해한다.
② 인산, 요산 등의 분해방지 안정제를 넣는다.
③ 공기와의 접촉은 위험하므로 저장용기는 밀전(密栓)하여야 한다.
④ 에탄올에 녹는다.

53. 마그네슘 리본에 불을 붙여 이산화탄소 기체 속에 넣었을 때 일어나는 현상은?

① 즉시 소화된다.
② 연소를 지속하며 유독성의 기체를 발생한다.
③ 연소를 지속하며 수소기체를 발생한다.
④ 산소를 발생하며 서서히 소화된다.

54. 금속나트륨에 대한 설명으로 옳은 것은?

① 청색 불꽃을 내며 연소한다.
② 경도가 높은 중금속에 해당한다.
③ 녹는점이 100℃보다 낮다.
④ 25% 이상의 알코올 수용액에 저장한다.

55. 염소산칼륨의 성질에 대한 설명 중 옳지 않은 것은?

① 비중은 약 2.3으로 물보다 무겁다.
② 강산과의 접촉은 위험하다.
③ 열분해하면 산소와 염화칼륨이 생성된다.
④ 냉수에도 매우 잘 녹는다.

56. 위험물안전관리법령상 유별을 달리하는 위험물의 혼재기준에서 제6류 위험물과 혼재할 수 있는 위험물의 유별에 해당하는 것은? (단, 지정수량의 1/10을 초과하는 경우이다.) ★빈출

① 제1류   ② 제2류
③ 제3류   ④ 제4류

57. 자기반응성 물질의 일반적인 성질로 옳지 않은 것은?

① 강산류와의 접촉은 위험하다.
② 연소속도가 대단히 빨라서 폭발이 있다.
③ 물질 자체가 산소를 함유하고 있어 내부연소를 일으키기 쉽다.
④ 물과 격렬하게 반응하여 폭발성 가스를 발생한다.

58. 다음 중 에틸알코올의 인화점(℃)에 가장 가까운 것은?

① -4℃   ② 3℃
③ 13℃   ④ 27℃

59. 자연발화를 방지하는 방법으로 가장 거리가 먼 것은?

① 통풍이 잘 되게 할 것
② 열의 축적을 용이하지 않게 할 것
③ 저장실의 온도를 낮게 할 것
④ 습도를 높게 할 것

60. 다음 중 일반적인 연소의 형태가 나머지 셋과 다른 하나는?

① 나프탈렌   ② 코크스
③ 양초   ④ 황

제3회 CBT FINAL 모의고사

자격종목	시험시간	문항수	점수
위험물산업기사	1시간 30분	60문항	

1. 금속의 특징에 대한 설명 중 틀린 것은?

    ① 고체 금속은 연성과 전성이 있다.
    ② 고체 상태에서 결정구조를 형성한다.
    ③ 반도체, 절연체에 비하여 전기전도도가 크다.
    ④ 상온에서 모두 고체이다.

2. $[OH^-] = 1 \times 10^{-5}$ mol/L인 용액의 pH와 액성으로 옳은 것은?

    ① pH = 5, 산성
    ② pH = 5, 알칼리성
    ③ pH = 9, 산성
    ④ pH = 9, 알칼리성

3. 다음 물질 1g을 각각 1kg의 물에 녹였을 때 빙점강하가 가장 큰 것은? (단, 빙점강하 상수값(어는점 내림상수)은 동일하다고 가정한다.)

    ① CH_3OH
    ② C_2H_5OH
    ③ $C_3H_5(OH)_3$
    ④ $C_6H_{12}O_6$

4. 다음 중 침전을 형성하는 조건은?

    ① 이온곱 > 용해도곱
    ② 이온곱 = 용해도곱
    ③ 이온곱 < 용해도곱
    ④ 이온곱 + 용해도곱 = 1

5. 다음 물질 중 산성이 가장 센 물질은?

    ① 아세트산
    ② 벤젠술폰산
    ③ 페놀
    ④ 벤조산

6. 다음 중 두 물질을 섞었을 때 용해성이 가장 낮은 것은?

    ① C_6H_6과 H_2O
    ② NaCl과 H_2O
    ③ C_2H_5OH과 H_2O
    ④ C_2H_5OH과 CH_3OH

7. 공기 중에 포함되어 있는 질소와 산소의 부피비는 0.79 : 0.21이므로 질소와 산소의 분자수의 비도 0.79 : 0.21이다. 이와 관계있는 법칙은?

    ① 아보가드로 법칙
    ② 일정 성분비의 법칙
    ③ 배수비례의 법칙
    ④ 질량보존의 법칙

8. 어떤 기체가 탄소 원자 1개당 2개의 수소 원자를 함유하고 0°C, 1기압에서 밀도가 1.25g/L일 때 이 기체에 해당하는 것은?

    ① CH_2
    ② C_2H_4
    ③ C_3H_6
    ④ C_4H_8

9. 미지농도의 염산 용액 100mL를 중화하는 데 0.2N NaOH 용액 250mL가 소모되었다. 이 염산의 농도는 몇 N인가?

    ① 0.05
    ② 0.2
    ③ 0.25
    ④ 0.5

10. 다음 중 산소와 같은 족의 원소가 아닌 것은?

    ① S
    ② Se
    ③ Te
    ④ Bi

11. 25°C의 포화용액 90g 속에 어떤 물질이 30g 녹아 있다. 이 온도에서 이 물질의 용해도는 얼마인가?

   ① 30 ② 33
   ③ 50 ④ 63

12. 탄소와 수소로 되어 있는 유기화합물을 연소시켜 CO_2 44g, H_2O 27g을 얻었다. 이 유기화합물의 탄소와 수소 몰비율(C : H)은 얼마인가?

   ① 1 : 3 ② 1 : 4
   ③ 3 : 1 ④ 4 : 1

13. 방사선에서 γ선과 비교한 α선에 대한 설명 중 틀린 것은?

   ① γ선보다 투과력이 강하다.
   ② γ선보다 형광작용이 강하다.
   ③ γ선보다 감광작용이 강하다.
   ④ γ보다 전리작용이 강하다.

14. 탄산음료수의 병마개를 열면 거품이 솟아오르는 이유를 가장 올바르게 설명한 것은?

   ① 수증기가 생성되기 때문이다.
   ② 이산화탄소가 분해되기 때문이다.
   ③ 용기 내부압력이 줄어들어 기체의 용해도가 감소하기 때문이다.
   ④ 온도가 낮아질수록 기체는 용액 속에 더 많이 용해되기 때문이다.

15. 탄소 수가 5개인 포화 탄화수소 펜탄의 구조이성질체 수는 몇 개인가?

   ① 2개 ② 3개
   ③ 4개 ④ 5개

16. 집기병 속에 물에 적신 빨간 꽃잎을 넣고 어떤 기체를 채웠더니 얼마 후 꽃잎이 탈색되었다. 이와 같이 색을 탈색(표백)시키는 성질을 가진 기체는?

   ① He ② CO_2
   ③ N_2 ④ Cl_2

17. 다음과 같은 순서로 커지는 성질이 아닌 것은?

   $$F_2 < Cl_2 < Br_2 < I_2$$

   ① 구성 원자의 전기음성도
   ② 녹는점
   ③ 끓는점
   ④ 구성 원자의 반지름

18. 어떤 주어진 양의 기체의 부피가 21°C, 1.4atm에서 250mL이다. 온도가 49°C로 상승되었을 때의 부피가 300mL라고 하면 이 기체의 압력은 약 얼마인가?

   ① 1.35atm ② 1.28atm
   ③ 1.21atm ④ 1.16atm

19. 밑줄 친 원소의 산화수가 +5인 것은?

   ① $H_3\underline{P}O_4$ ② $K\underline{Mn}O_4$
   ③ $K_2\underline{Cr}_2O_7$ ④ $K_3[\underline{Fe}(CN)_6]$

20. 원자번호 11이고, 중성자 수가 12인 나트륨의 질량수는?

   ① 11 ② 12
   ③ 23 ④ 24

21. 불활성 가스 소화약제 중 IG-541의 구성성분이 아닌 것은?

   ① N_2 ② Ar
   ③ He ④ CO_2

22. 위험물안전관리법령에서 정한 물분무 소화설비의 설치기준에서 물분무 소화설비의 방사구역은 몇 m^2 이상으로 하여야 하는가? (단, 방호대상물의 표면적이 150m^2 이상인 경우이다.)

   ① 75 ② 100
   ③ 150 ④ 350

23. 연소 시 온도에 따른 불꽃의 색상이 잘못된 것은?

    ① 적색: 약 850°C
    ② 황적색: 약 1,100°C
    ③ 휘적색: 약 1,200°C
    ④ 백적색: 약 1,300°C

24. 스프링클러설비의 장점이 아닌 것은?

    ① 소화약제가 물이므로 소화약제의 비용이 절감된다.
    ② 초기 시공비가 매우 적게 든다.
    ③ 화재 시 사람의 조작 없이 작동이 가능하다.
    ④ 초기화재의 진화에 효과적이다.

25. 제3종 분말 소화약제에 대한 설명으로 틀린 것은?

    ① A급을 제외한 모든 화재에 적응성이 있다.
    ② 주성분은 $NH_4H_2PO_4$의 분자식으로 표현된다.
    ③ 제1인산암모늄이 주성분이다.
    ④ 담홍색(또는 황색)으로 착색되어 있다.

26. Halon 1301, Halon 1211, Halon 2402 중 상온, 상압에서 액체 상태인 Halon 소화약제로만 나열한 것은?

    ① Halon 1211
    ② Halon 2402
    ③ Halon 1301, Halon 1211
    ④ Halon 2402, Halon 1211

27. 위험물의 화재발생 시 적응성이 있는 소화설비의 연결로 틀린 것은?

    ① 마그네슘 – 포 소화기
    ② 황린 – 포 소화기
    ③ 인화성 고체 – 이산화탄소 소화기
    ④ 등유 – 이산화탄소 소화기

28. 위험물안전관리법령상 전역방출방식의 분말 소화설비에서 분사헤드의 방사압력은 몇 MPa 이상이어야 하는가?

    ① 0.1   ② 0.5
    ③ 1   ④ 3

29. 물통 또는 수조를 이용한 소화가 공통적으로 적응성이 있는 위험물은 제 몇 류 위험물인가?

    ① 제2류 위험물   ② 제3류 위험물
    ③ 제4류 위험물   ④ 제5류 위험물

30. 대통령령이 정하는 제조소등의 관계인은 그 제조소등에 대하여 연 몇 회 이상 정기점검을 실시해야 하는가? (단, 특정옥외탱크저장소의 정기점검은 제외한다.)

    ① 1   ② 2
    ③ 3   ④ 4

31. 위험물을 저장하기 위해 제작한 이동저장탱크의 내용적이 20,000L인 경우 위험물 허가를 위해 산정할 수 있는 이 탱크의 최대 용량은 지정수량의 몇 배인가? (단, 저장하는 위험물은 비수용성 제2석유류이며 비중은 0.8, 차량의 최대 적재량은 15톤이다.)

    ① 21배   ② 18.75배
    ③ 12배   ④ 9.375배

32. 표준상태에서 벤젠 2mol이 완전연소하는 데 필요한 이론 공기요구량은 몇 L인가? (단, 공기 중 산소는 21vol%이다.)

    ① 168   ② 336
    ③ 1,600   ④ 3,200

33. 이산화탄소 소화기는 어떤 현상에 의해서 온도가 내려가 드라이아이스를 생성하는가?

    ① 줄-톰슨 효과   ② 사이펀
    ③ 표면장력   ④ 모세관

34. 위험물안전관리법령상 전역방출방식 또는 국소방출방식의 분말 소화설비의 기준에서 가압식의 분말 소화설비에는 얼마 이하의 압력으로 조정할 수 있는 압력조정기를 설치하여야 하는가?

   ① 2.0MPa ② 2.5MPa
   ③ 3.0MPa ④ 5MPa

35. 다음 중 점화원이 될 수 없는 것은?

   ① 전기스파크 ② 증발잠열
   ③ 마찰열 ④ 분해열

36. 할로겐(할로젠)화합물 중 CH_3I에 해당하는 할론번호는?

   ① 1031 ② 1301
   ③ 13001 ④ 10001

37. 연소형태가 나머지 셋과 다른 하나는?

   ① 목탄 ② 메탄올
   ③ 파라핀 ④ 황

38. 전기설비에 화재가 발생하였을 경우에 위험물안전관리법령상 적응성을 가지는 소화설비는?

   ① 물분무 소화설비
   ② 포 소화기
   ③ 봉상강화액 소화기
   ④ 건조사

39. 그림과 같은 타원형 위험물탱크의 내용적은 약 얼마인가? (단, 단위는 m이다.)

   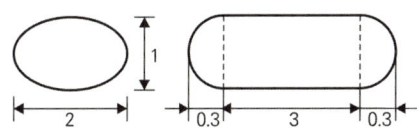

   ① 5.03m³ ② 7.52m³
   ③ 9.03m³ ④ 19.05m³

40. 능력단위가 1단위의 팽창질석(삽 1개 포함)은 용량이 몇 L인가?

   ① 160 ② 130
   ③ 90 ④ 60

41. 산화프로필렌에 대한 설명으로 틀린 것은?

   ① 무색의 휘발성 액체이고, 물에 녹는다.
   ② 인화점이 상온 이하이므로 가연성 증기 발생을 억제하여 보관해야 한다.
   ③ 은, 마그네슘 등의 금속과 반응하여 폭발성 혼합물을 생성한다.
   ④ 증기압이 낮고 연소범위가 좁아서 위험성이 높다.

42. 황의 연소생성물과 그 특성을 옳게 나타낸 것은?

   ① SO_2, 유독가스 ② SO_2, 청정가스
   ③ H_2S, 유독가스 ④ H_2S, 청정가스

43. 위험물을 지정수량이 큰 것부터 작은 순서로 옳게 나열한 것은?

   ① 나이트로화합물 > 할로젠간화합물 > 유기과산화물
   ② 나이트로화합물 > 유기과산화물 > 할로젠간화합물
   ③ 할로젠간화합물 > 유기과산화물 > 나이트로화합물
   ④ 할로젠간화합물 > 나이트로화합물 > 유기과산화물

44. 위험물안전관리법령상의 지정수량이 나머지 셋과 다른 하나는?

   ① 질산에스터류
   ② 나이트로소화합물
   ③ 다이아조화합물
   ④ 하이드라진유도체

45. 다음 중 물과 반응하여 산소와 열을 발생하는 것은?
   ① 염소산칼륨   ② 과산화나트륨
   ③ 금속나트륨   ④ 과산화벤조일

46. 다음 중 제1류 위험물의 과염소산염류에 속하는 것은?
   ① $KClO_3$ ② $NaClO_4$
   ③ $HClO_4$ ④ $NaClO_2$

47. 다음 위험물 중 인화점이 가장 높은 것은?
   ① 메탄올   ② 휘발유
   ③ 아세톤   ④ 메틸에틸케톤

48. 위험물안전관리법령에 의한 위험물제조소의 설치기준으로 옳지 않은 것은?
   ① 위험물을 취급하는 기계·기구 그 밖의 설비는 위험물이 새거나 넘치거나 비산하는 것을 방지할 수 있는 구조로 하여야 한다.
   ② 위험물을 가열하거나 냉각하는 설비 또는 위험물의 취급에 수반하여 온도변화가 생기는 설비에는 온도측정장치를 설치하여야 한다.
   ③ 위험물을 취급함에 있어서 정전기가 발생할 우려가 있는 설비에는 정전기를 유효하게 제거할 수 있는 설비를 설치하여야 한다.
   ④ 위험물을 취급하는 배관을 지하에 설치하는 경우에는 지진·풍압·지반침하 및 온도변화에 안전한 구조의 지지물에 설치하여야 한다.

49. 위험물안전관리법령상 옥외탱크저장소의 위치·구조 및 설비의 기준에서 간막이 둑을 설치할 경우, 그 용량의 기준으로 옳은 것은?
   ① 간막이 둑 안에 설치된 탱크의 용량의 110% 이상일 것
   ② 간막이 둑 안에 설치된 탱크의 용량 이상일 것
   ③ 간막이 둑 안에 설치된 탱크의 용량의 10% 이상일 것
   ④ 간막이 둑 안에 설치된 탱크의 간막이 둑 높이 이상 부분의 용량 이상일 것

50. 다음 A ~ C 물질 중 위험물안전관리법령상 제6류 위험물에 해당하는 것은 모두 몇 개인가?

   A. 비중 1.49인 질산
   B. 비중 1.7인 과염소산
   C. 물 60g + 과산화수소 40g 혼합 수용액

   ① 1개   ② 2개
   ③ 3개   ④ 없음

51. 다음 위험물 중 가연성 액체를 옳게 나타낸 것은?

   • HNO_3
   • H_2O_2
   • $HClO_4$

   ① $HClO_4$, HNO_3
   ② HNO_3, H_2O_2
   ③ HNO_3, $HClO_4$, H_2O_2
   ④ 모두 가연성이 아님

52. 다음에서 설명하는 위험물을 옳게 나타낸 것은?

   • 지정수량은 2,000L이다.
   • 로켓의 연료, 플라스틱 발포제 등으로 사용된다.
   • 암모니아와 비슷한 냄새가 나고, 녹는점은 약 2℃이다.

   ① N_2H_4 ② $C_6H_5CH=CH_2$
   ③ NH_4ClO_4 ④ C_6H_5Br

53. 지정수량 이상의 위험물을 차량으로 운반하는 경우에 차량에 설치하는 표지의 색상에 관한 내용으로 옳은 것은?

① 흑색바탕에 청색의 도료로 "위험물"이라고 표기할 것
② 흑색바탕에 황색의 반사도료로 "위험물"이라고 표기할 것
③ 적색바탕에 흰색의 반사도료로 "위험물"이라고 표기할 것
④ 적색바탕에 흑색의 도료로 "위험물"이라고 표기할 것

54. 위험물을 저장 또는 취급하는 탱크의 용량산정 방법에 관한 설명으로 옳은 것은?

① 탱크의 내용적에서 공간용적을 뺀 용적으로 한다.
② 탱크의 공간용적에서 내용적을 뺀 용적으로 한다.
③ 탱크의 공간용적에 내용적을 더한 용적으로 한다.
④ 탱크의 볼록하거나 오목한 부분을 뺀 용적으로 한다.

55. 동식물유류에 대한 설명 중 틀린 것은?

① 아이오딘값이 클수록 자연발화의 위험이 크다.
② 아마인유는 불건성유이므로 자연발화의 위험이 낮다.
③ 동식물유류는 제4류 위험물에 속한다.
④ 아이오딘값이 130 이상인 것이 건성유이므로 저장할 때 주의한다.

56. 황린과 적린의 공통점으로 옳은 것은?

① 독성
② 발화점
③ 연소생성물
④ CS_2에 대한 용해성

57. 금속칼륨의 일반적인 성질에 대한 설명으로 틀린 것은?

① 칼로 자를 수 있는 무른 금속이다.
② 에탄올과 반응하여 조연성 기체(산소)를 발생한다.
③ 물과 반응하여 가연성 기체를 발생한다.
④ 물보다 가벼운 은백색의 금속이다.

58. 질산나트륨을 저장하고 있는 옥내저장소(내화구조의 격벽으로 완전히 구획된 실이 2 이상 있는 경우에는 동일한 실)에 함께 저장하는 것이 법적으로 허용되는 것은? (단, 위험물을 유별로 정리하여 서로 1m 이상의 간격을 두는 경우이다.)

① 적린
② 인화성 고체
③ 동식물유류
④ 과염소산

59. 다음 표의 빈칸 (ㄱ), (ㄴ)에 알맞은 품명은?

품명	지정수량
(ㄱ)	100kg
(ㄴ)	1,000kg

① ㄱ: 철분, ㄴ: 인화성 고체
② ㄱ: 적린, ㄴ: 인화성 고체
③ ㄱ: 철분, ㄴ: 마그네슘
④ ㄱ: 적린, ㄴ: 마그네슘

60. 다음 중 위험물안전관리법령상 제2석유류에 해당되는 것은?

①
②
③
④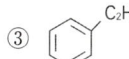

CBT FINAL 모의고사 정답 및 해설

제1회 CBT FINAL 모의고사

1	2	3	4	5	6	7	8	9	10	11	12	13	14	15	16	17	18	19	20
④	③	①	③	②	②	②	④	③	④	①	①	①	②	③	①	①	①	③	①
21	22	23	24	25	26	27	28	29	30	31	32	33	34	35	36	37	38	39	40
④	③	③	③	①	②	①	②	②	①	④	②	④	①	②	①	③	③	①	④
41	42	43	44	45	46	47	48	49	50	51	52	53	54	55	56	57	58	59	60
③	②	②	②	①	③	②	④	④	②	②	②	②	②	①	③	②	①	①	④

1 ④

비누화 값이 클수록 지방 분자의 크기가 작다는 것을 의미하고, 비누화 값이 작을수록 지방 분자의 크기가 크다는 것을 의미한다. 따라서 비누화 값이 작은 지방은 분자량이 크고, 고급 지방산의 에스터이다.

2 ③

- 끓는점 오름 현상은 용액의 몰랄농도와 용질의 입자 수에 비례한다.
- i는 용질이 물에 녹아 얼마나 많은 입자로 해리되는지를 나타낸다.
- $C_6H_{12}O_6$(포도당): 포도당은 비전해질로, 물에 녹아도 해리되지 않으므로 i = 1이다.
- $C_{12}H_{22}O_{11}$(설탕): 설탕은 비전해질로, 물에 녹아도 해리되지 않으므로 i = 1이다.
- $CaCl_2$(염화칼슘): 염화칼슘은 물에 녹으면 완전히 해리되어 1몰의 $CaCl_2$가 Ca^{2+}와 2개의 Cl^-로 해리된다. 따라서 i = 3이다.
- NaCl(염화나트륨): 염화나트륨은 물에 녹으면 Na^+와 Cl^-로 해리되므로 i = 2이다.
- 끓는점 오름은 용질의 입자 수에 따라 결정되므로, 해리 후 더 많은 입자를 생성하는 물질이 끓는점이 더 높다.
- 따라서 i = 3인 $CaCl_2$(염화칼슘)의 끓는점이 가장 높다.

3 ①

- 메탄(CH_4)의 원자량은 1mol당 16g이다.
- 메탄(CH_4) 1mol에는 탄소 원자가 1mol 포함되어 있다.
- 따라서 메탄(CH_4) 16g에는 탄소(C) 1mol이 포함되어 있다.

4 ③

포화 탄화수소는 탄소 원자들이 단일결합으로만 연결되어 있고, 수소 원자가 최대한으로 결합한 형태로 일반적으로 알칸류에 속한다.

화합물	구조	분류
프로판(C_3H_8)	단일결합	포화탄화수소(알칸)
에틸렌(C_2H_4)	이중결합 포함	불포화탄화수소(알켄)
톨루엔($C_6H_5CH_3$)	방향족 고리 포함	불포화탄화수소
아세틸렌(C_2H_2)	삼중결합 포함	불포화탄화수소(알카인)

5 ②

- 염화철(Ⅲ) 수용액은 페놀류 화합물과 반응하여 보라색 또는 보라색 계열의 색을 띠는 정색 반응을 일으킨다.
- 벤질알코올($C_6H_5CH_2OH$)은 구조적으로 $-CH_2OH$ 그룹이 벤젠 고리에 결합된 형태로, 벤질알코올의 -OH는 벤젠 고리에 직접 결합되지 않고 CH_2 그룹을 통해 벤젠 고리와 연결되어 있기 때문에, 페놀류와 같은 정색 반응을 일으키지 않는다.

6 ②

- $PV = \dfrac{wRT}{M}$

  - P: 압력(1기압 = 760mmHg) → $\dfrac{380}{760}$ = 0.5atm
  - V: 부피
  - w: 질량
  - M: 분자량
  - R: 기체상수(0.082를 곱한다)
  - T: 300K(절대온도로 변환하기 위해 273을 더한다)

- $M = \dfrac{wRT}{PV} = \dfrac{5 \times 0.082 \times 300}{6 \times 0.5} = 41 g/mol$

7 ②

N_2는 삼중결합을 가지고 있으며, 결합에너지는 약 945kJ/mol로 매우 높다. 이는 이원자 분자들 중 가장 큰 결합에너지이다.

8 ④

오비탈별 최대 전자수

오비탈	s	p	d	f
오비탈 수	1	3	5	7
최대 전자수	2	6	10	14

9 ③

- 황산구리 결정($CuSO_4 \cdot 5H_2O$)의 질량 = 25g
- 황산구리($CuSO_4$)의 분자량 = 160g/mol
- 황산구리 결정($CuSO_4 \cdot 5H_2O$)의 분자량 = $CuSO_4$(160g/mol) + $5H_2O$(5 × 18g/mol) = 160g + 90g = 250g/mol
- 물의 질량 = 100g
- 황산구리 결정($CuSO_4 \cdot 5H_2O$) 1mol은 250g 중 160g이 황산구리($CuSO_4$)이므로, 25g의 황산구리 결정에는 $\frac{160g}{250g} \times 25g = 16g$의 순수한 황산구리가 들어 있다.
- wt% 농도는 용질의 질량을 용액의 총 질량으로 나누어 계산하고, 용액의 총 질량은 황산구리 결정의 질량(25g)과 물의 질량(100g)을 더한 값이다.

∴ wt% = $\frac{16g}{25g + 100g} \times 100$ = 12.8%

10 ④

- 가장 무거운 분자는 Cl_2(염소)로, 분자량은 71g/mol이다.
- 가장 가벼운 분자는 H_2(수소)로, 분자량은 2g/mol이다.
- 따라서 가장 무거운 분자는 가장 가벼운 분자의 35.5배이다.

11 ①

- pH = $-\log[H^+]$
- pH가 2인 용액의 수소이온농도: $[H^+] = 10^{-2}M$
- pH가 4인 용액의 수소이온농도: $[H^+] = 10^{-4}M$
- 따라서 pH가 2인 용액과 pH가 4인 용액의 수소이온농도 차이는 $\frac{10^{-2}}{10^{-4}} = 10^2 = 100$배이다.

12 ①

- 화합물의 구조식이 C=C-C-C이므로, 이 화합물은 이중결합을 포함한 4개의 탄소 원자로 이루어진 알켄이다.
- 4개의 탄소를 가진 알켄은 부텐(butene)이라고 부른다.
- 이중결합이 1번과 2번 탄소 사이에 위치하므로, 1-부텐이라고 명명된다.

13 ①

- A의 농도를 2배로 하면 반응속도가 2배가 된다. 이는 A의 반응차수가 1차임을 의미한다.
- B의 농도를 2배로 하면 반응속도가 4배가 된다. 이는 B의 반응차수가 2차임을 의미한다.
- ∴ $v = k[A]^a[B]^b = k[A][B]^2$

14 ②

- 액체 공기를 천천히 가열하면 비등점이 더 낮은 질소가 먼저 기체로 변하고, 그 후에 산소가 기체로 변한다. 이 과정을 통해 산소를 분리하여 얻을 수 있다.
- 따라서 액체 공기에서 질소 등을 분리하여 산소를 얻는 방법은 비등점의 성질을 이용한 것이다.

15 ③

- 칼륨(K)은 +1의 산화수를 가진다.
- 산소(O)는 -2의 산화수를 가진다.
- 화합물 전체의 산화수를 0으로 두고, Mn의 산화수를 x라 하여 Mn의 산화수를 계산해 보면, K(+1) + Mn(x) + O(4 × -2) = 0이므로, Mn의 산화수는 +7이다.

16 ①

- K값에 영향을 주는 유일한 요소는 온도이다.
- 평형상수는 반응이 흡열인지 발열인지 온도가 변화함에 따라 달라진다.

17 ①

- $Cd(OH)_2$의 해리반응은 다음과 같다.
  $Cd(OH)_2 \Leftrightarrow Cd^{2+} + 2OH^-$
- 용해도곱상수 K_{SP}는 다음과 같이 주어진다.
  $K_{SP} = [Cd^{2+}][OH^-]^2$
- 주어진 물질의 용해도는 1.7×10^{-5}mol/L이고, 이는 Cd^{2+}의 농도와 같다.
- OH^-의 농도는 $2 \times 1.7 \times 10^{-5}$mol/L이다.
- $K_{SP} = [Cd^{2+}][OH^-]^2 = (1.7 \times 10^{-5}) \times (3.4 \times 10^{-5})^2$
  = 약 2.0×10^{-14}

18 ①
- 완충용액은 약산과 그 약산의 염, 또는 약염기와 그 약염기의 염이 함께 존재할 때 만들어진다.
- CH_3COOH는 약산이고, CH_3COONa는 그 약산의 염이므로 완충용액에 해당된다.

19 ③
- 전기분해에서 금속의 석출질량은 다음과 같은 공식을 사용한다.
- 질량 = $\dfrac{전기량 \times 원자량}{n \times F}$
- n = 금속 이온이 받는 전자의 수 (환원 시 필요 전자 수)
- F = 패러데이 상수 (공통이므로 비교 시 생략 가능)
- 전기량은 동일하므로 $\dfrac{원자량}{n}$값이 클수록 금속질량이 많아진다.

화합물	금속이온식	환원 시 n 값	원자량	원자량 ÷ n
$CuSO_4$	Cu^{2+}	2	64	32
$NiSO_4$	Ni^{2+}	2	59	29.5
$AgNO_3$	Ag^+	1	108	108
$Pb(NO_3)_2$	Pb^{2+}	2	207	103.5

20 ①
- 염기성 산화물은 물과 반응하여 염기(수산화물)를 형성하는 산화물로 주로 금속원소들이 형성하는 산화물이 염기성을 띤다.
- CaO(산화칼슘)과 Na_2O(산화나트륨)는 모두 금속 산화물로, 물과 반응하여 염기성 수산화물을 형성한다.

21 ④
양초의 경우, 파라핀(고체 상태)이 가열되면 액체로 녹은 후, 다시 증기로 변하기 때문에 증발연소를 한다.

22 ③
브로민산암모늄(NH_4BrO_3)은 소화약제가 아니라 산화제로 화재를 촉진시킬 수 있는 물질이다.

23 ③
분말 소화약제의 종류

약제명	주성분	분해식
제1종	탄산수소나트륨	$2NaHCO_3 \rightarrow Na_2CO_3 + CO_2 + H_2O$
제2종	탄산수소칼륨	$2KHCO_3 \rightarrow K_2CO_3 + CO_2 + H_2O$
제3종	인산암모늄	$NH_4H_2PO_4 \rightarrow NH_3 + HPO_3 + H_2O$
제4종	탄산수소칼륨 + 요소	-

24 ③
자체소방대를 설치하여야 하는 사업소(시행령 제18조)
제조소 또는 일반취급소에서 취급하는 제4류 위험물의 최대수량의 합이 지정수량의 3천배 이상인 경우(다만, 보일러로 위험물을 소비하는 일반취급소 등 행정안전부령으로 정하는 일반취급소는 제외한다)

25 ①
옥외탱크저장소 중 저장 또는 취급하는 액체위험물의 최대수량이 50만리터 이상인 것을 특정·준특정옥외탱크저장소라 한다(시행규칙 제65조).

26 ②
비수용성 제4류 위험물(예 휘발유, 경유 등)은 대부분 물보다 가볍고 물에 녹지 않으므로 화재 시 물을 사용하면 기름이 물 위에 떠서 연소 면적이 확대될 수 있다.

27 ①
- 제4류 위험물을 저장 또는 취급하는 장소의 살수기준면적에 따라 스프링클러설비의 살수밀도가 다음 표에 정하는 기준 이상인 경우에는 당해 스프링클러설비가 제4류 위험물에 대해 적응성이 있다(시행규칙 별표 17).

살수기준면적(m^2)	방사밀도(L/m^2 분)		비고
	인화점 38℃ 미만	인화점 38℃ 이상	
279 미만	16.3 이상	12.2 이상	살수기준면적은 내화구조의 벽 및 바닥으로 구획된 하나의 실의 바닥면적을 말하고, 하나의 실의 바닥면적이 465m^2 이상인 경우의 살수기준면적은 465m^2로 한다. 다만, 위험물의 취급을 주된 작업내용으로 하지 아니하고 소량의 위험물을 취급하는 설비 또는 부분이 넓게 분산되어 있는 경우에는 방사밀도는 8.2L/m^2분 이상, 살수기준면적은 279m^2 이상으로 할 수 있다.
279 이상 372 미만	15.5 이상	11.8 이상	
372 이상 465 미만	13.9 이상	9.8 이상	
465 이상	12.2 이상	8.1 이상	

- 제3석유류의 인화점은 70℃ 이상이고, 위험물을 취급하는 각 실의 바닥면적은 500m^2로 살수기준면적 465 이상에 해당하므로 1분당 방사밀도는 8.1L/m^2 이상이어야 한다.

28 ②
- $2Na_2O_2 + 2H_2O \rightarrow 4NaOH + O_2$
- 과산화나트륨은 물과 반응 시 수산화나트륨과 산소를 발생하며 폭발의 위험이 있기 때문에 물과의 접촉이 위험하다.
- 따라서 건조사나 팽창질석과 같은, 물과 반응하지 않는 소화제가 적응성이 있다.

29 ②

소화설비 설치기준
- 옥내소화전 = 설치개수(최대 5개) × 7.8m³
- 옥내소화전의 수원은 층별로 최대 5개까지만 계산된다.
- 2개 × 7.8m³ = 15.6m³

30 ①

제2류 위험물의 일반적인 특징
- 가연성 고체로 분류되며, 비교적 낮은 온도에서 연소하기 쉬운 물질이다.
- 연소 시 다량의 열을 발생시키며, 발화가 용이하다.
- 물보다 가벼운 경우도 있으나, 물에 잘 녹지 않는 경우가 많다.
- 대부분 산소를 자체적으로 포함하고 있지 않으며, 외부 산소와 반응하여 연소한다.

31 ④

옥외저장탱크의 보유공지

저장 또는 취급하는 위험물의 최대수량	공지의 너비
지정수량의 500배 이하	3m 이상
지정수량의 500배 초과 1,000배 이하	5m 이상
지정수량의 1,000배 초과 2,000배 이하	9m 이상
지정수량의 2,000배 초과 3,000배 이하	12m 이상
지정수량의 3,000배 초과 4,000배 이하	15m 이상

32 ②

- 불활성 가스 소화약제 중 IG-541은 질소(N_2), 아르곤(Ar), 이산화탄소(CO_2)가 52대 40대 8로 혼합된 소화약제이다.
- IG-541은 연소를 억제하는 주요 방식으로 산소농도를 낮추는 역할을 한다.

33 ④

소화설비의 능력단위

소화설비	용량(L)	능력단위
소화전용물통	8	0.3
수조(물통 3개 포함)	80	1.5
수조(물통 6개 포함)	190	2.5
마른모래(삽 1개 포함)	50	0.5
팽창질석·팽창진주암(삽 1개 포함)	160	1.0

34 ①

- 포 소화약제는 연소표면을 덮어 산소공급을 차단함으로써 질식효과를 유도한다.
- 분말 소화약제는 연소 물질의 표면을 덮어 산소와의 접촉을 차단하는 방식으로 질식효과를 내며, 특히 분말이 화염에 도달하면 연소를 멈추게 하는 물리적인 질식 작용을 한다.
- 따라서 두 소화약제의 공통적인 주요 소화원리는 질식효과이다.

35 ②

- 철분은 물과 접촉하면 수소가스를 발생시켜 폭발의 위험이 있기 때문에, 물과 반응하지 않는 소화약제를 사용해야 한다.
- 주로 건조사, 팽창질석, 탄산수소염류 분말 소화설비 등의 질식소화를 이용한다.

36 ①

A급 화재는 일반화재로 다량의 주수를 통한 소화가 가장 효과적이다.

37 ③

- 프로판의 완전연소 반응식: $C_3H_8 + 5O_2 \rightarrow 3CO_2 + 4H_2O$
- 1mol의 프로판이 완전연소하기 위해 5mol의 산소가 필요하므로 필요한 산소량은 5mol × 22.4L = 112L이다.
- 공기 중 산소농도가 21%이므로 필요한 공기량은 다음과 같다.

$$\frac{산소량}{산소농도} = \frac{112L}{0.21} = 533.33L$$

- 1mol의 프로판을 연소시키기 위해 약 533.33L의 공기가 필요하다. 따라서 프로판 2m³이 완전연소할 때 필요한 이론 공기량은 다음과 같다.

$$\frac{533.33L}{22.4L} \times 2m^3 = 47.62m^3$$

38 ③

트라이에틸알루미늄과 물의 반응식
- $Al(C_2H_5)_3 + 3H_2O \rightarrow Al(OH)_3 + 3C_2H_6$
- 트라이에틸알루미늄은 물과 반응하여 수산화알루미늄과 에탄을 발생한다.

39 ①
자연발화 방지조건
- 통풍을 잘 시킬 것
- 저장실의 온도를 낮출 것
- 습도가 낮은 곳에 저장할 것
- 열의 축적을 막을 것

40 ④
분말 소화약제의 종류

약제명	주성분	분해식
제1종	탄산수소나트륨	$2NaHCO_3 \rightarrow Na_2CO_3 + CO_2 + H_2O$
제2종	탄산수소칼륨	$2KHCO_3 \rightarrow K_2CO_3 + CO_2 + H_2O$
제3종	인산암모늄	$NH_4H_2PO_4 \rightarrow NH_3 + HPO_3 + H_2O$
제4종	탄산수소칼륨 + 요소	-

41 ③
- 조해성이란 공기 중에서 수분을 흡수하여 녹는 성질을 의미한다.
- 황화인 중에서 조해성이 있는 황화인은 P_2S_5(오황화인), P_4S_7(칠황화인)이다.

42 ②
방화상 유효한 담의 높이와 안전거리의 관계
방화상 유효한 담의 높이는 다음에 의하여 산정한 높이 이상으로 한다.
- $H \leq pD^2 + a$인 경우, $h = 2$
- D: 제조소등과 인근 건축물 또는 공작물과의 거리(m)
- H: 인근 건축물 또는 공작물의 높이(m)
- a: 제조소등의 외벽의 높이(m)
- d: 제조소등과 방화상 유효한 담과의 거리(m)
- h: 방화상 유효한 담의 높이(m)
- p: 상수(위험물의 종류와 성질에 따른 계수: 위험물의 연소 성질에 따라 달라짐)

43 ②
황화인의 위험등급은 Ⅱ등급이다.

44 ④
옥외저장탱크의 보유공지

저장 또는 취급하는 위험물의 최대수량	공지의 너비
지정수량의 500배 이하	3m 이상
지정수량의 500배 초과 1,000배 이하	5m 이상
지정수량의 1,000배 초과 2,000배 이하	9m 이상
지정수량의 2,000배 초과 3,000배 이하	12m 이상
지정수량의 3,000배 초과 4,000배 이하	15m 이상

45 ①
각 위험물별 지정수량
- 포름산메틸: 400L
- 벤젠: 200L
- 톨루엔: 200L
- 벤즈알데하이드: 1,000L

46 ③
양쪽이 볼록한 타원형 탱크의 내용적

$$V = \frac{\pi ab}{4} \times (l + \frac{l_1 + l_2}{3})$$

$$= \frac{\pi \times 8 \times 6}{4} \times (16 + \frac{2+2}{3}) = 653 m^3$$

47 ④
- 벤젠에 진한 질산과 진한 황산의 혼합물을 반응시키면 나이트로화 반응이 일어나며, 나이트로벤젠이 생성된다.
- 이 반응에서 황산은 촉매 역할을 하고, 질산에서 나이트로기를 벤젠 고리에 결합시키는 역할을 한다.

48 ①
- 가솔린의 지정수량: 200L
- 위험물의 1소요단위: 지정수량의 10배
- 소요단위 = $\frac{저장량}{지정수량 \times 10} = \frac{2,000L}{200L \times 10} = 1$단위

49 ④
질산암모늄은 물에 쉽게 녹으며, 이 과정에서 흡열과정이 일어나 주변의 열을 흡수하므로 온도가 낮아진다. 즉, 질산암모늄은 물과 반응하여 다량의 가스를 발생시키지 않으며, 물에 매우 잘 녹는다.

50 ②
옥외저장소에 저장할 수 있는 위험물 유별
- 제2류 위험물 중 황, 인화성 고체(인화점이 0℃ 이상인 것에 한함)
- 제4류 위험물 중 제1석유류(인화점이 0℃ 이상인 것에 한함), 알코올류, 제2석유류, 제3석유류, 제4석유류, 동식물유류
- 제6류 위험물
→ 제4류 위험물 중 제1석유류인 아세톤은 인화점이 -18℃로 0℃ 이하이므로 옥외저장소에서 저장할 수 없다.

51 ②
금속칼륨은 알코올과 반응할 수 있으므로 알코올 속에 저장하지 않고, 주로 등유나 경유와 같은 반응성이 없는 기름 속에 저장한다.

52 ①
- 벤조일퍼옥사이드는 매우 강한 산화제로 충격, 열, 마찰에 민감하며 쉽게 분해하여 산소를 방출하는 물질이다.
- 질산도 강한 산화제이다.
- 따라서 두 물질이 서로 혼합되면 격렬한 산화반응이 일어날 수 있고, 발화나 폭발의 위험성이 매우 높다.

53 ③
- 각 위험물별 지정수량
  - 산화프로필렌: 50L
  - 메탄올: 400L
  - 벤젠: 200L
- 지정수량 배수의 총합 = $\frac{300}{50} + \frac{400}{400} + \frac{200}{200} = 8$배

54 ②
아세트알데하이드등을 취급하는 제조소의 특례(시행규칙 별표 4)
아세트알데하이드등을 취급하는 설비는 은·수은·동·마그네슘 또는 이들을 성분으로 하는 합금으로 만들지 아니할 것

55 ①
- 아이오딘값이 클수록 불포화도가 높아지고, 자연발화의 위험성이 높아진다.
- 불포화지방산은 산화되기 쉽기 때문에 자연발화의 위험성이 높아진다.
- 동식물유류 구분

구분	아이오딘값	종류
건성유	130 이상	대구유, 정어리유, 상어유, 해바라기유, 동유, 아마인유, 들기름
반건성유	100 초과 130 미만	면실유, 청어유, 쌀겨유, 옥수수유, 채종유, 참기름, 콩기름
불건성유	100 이하	소기름, 돼지기름, 고래기름, 올리브유, 팜유, 땅콩기름, 피마자유, 야자유

56 ③
셀룰로이드는 열이 축적되면 자체적으로 분해되면서 가연성 기체를 방출하는데, 이 과정에서 발생하는 분해열이 발화점을 초과하면 발화할 수 있다.

57 ②
염소산칼륨은 강한 산화제로서 폭약, 폭발물, 성냥 등의 제조에 사용되어 폭발성을 증가시키는 역할을 한다.

58 ①
- $CaC_2 + 2CO_2 \rightarrow CaCO_3 + 2CO$
- 탄화칼슘은 이산화탄소와 반응하여 탄산칼슘과 일산화탄소를 발생시킨다.
- 화재 시 이산화탄소 소화기를 사용하면 가스를 밀폐시켜 위험을 가중시킬 수 있다.
- 인화성이 강한 물질이므로 건조사나 팽창질석과 같은 물질로 소화하는 것이 바람직하다.

59 ①
- $2K + 2H_2O \rightarrow 2KOH + H_2$
- 금속칼륨은 물과 반응하여 수산화칼륨과 수소 기체를 발생시킨다.
- 금속칼륨과 물의 반응을 통해 방출된 수소 기체는 폭발적 화재를 일으킬 수 있으므로 금속칼륨은 물과 접촉하지 않아야 한다.

60 ④
- 과산화수소는 분해되는 과정에서 산소가스를 방출하며, 이를 안전하게 저장하기 위해서는 가스가 누출될 수 있는 구조가 필요하다.
- 따라서 과산화수소의 분해를 막기 위해 안정화제(예 요산)를 첨가하며, 안전한 보관을 위해서는 가스가 빠져나갈 수 있도록 하는 것이 중요하다.

제2회 CBT FINAL 모의고사

1	2	3	4	5	6	7	8	9	10	11	12	13	14	15	16	17	18	19	20
③	③	④	②	①	④	④	②	③	①	④	③	③	①	②	①	②	②	①	②
21	22	23	24	25	26	27	28	29	30	31	32	33	34	35	36	37	38	39	40
④	②	①	④	③	③	③	②	②	③	④	②	②	③	③	②	②	④	②	①
41	42	43	44	45	46	47	48	49	50	51	52	53	54	55	56	57	58	59	60
④	④	④	①	①	④	①	④	③	②	④	③	②	③	④	①	④	③	④	②

1 ③
- 산성 산화물은 비금속원소가 산소와 결합한 산화물로, 물과 반응하여 산을 형성하거나 염기와 반응하여 염을 형성하는 산화물이다.
- CO_2(이산화탄소)는 비금속산화물로, 물과 반응하면 H_2CO_3(탄산)을 형성하기 때문에 산성 산화물에 해당한다.

2 ③
아세트산(CH_3COOH)은 약산으로, 수용액에서 부분적으로만 이온화된다. 따라서 산성도가 상대적으로 약하다.

3 ④
- 브뢴스테드-로우리 이론에 따르면 산은 양성자(H^+)를 주는 물질, 염기는 양성자(H^+)를 받는 물질이다.
- H_2O는 양성자(H^+)를 NH_3에 주고, 그 결과 OH^-가 된다. 따라서 H_2O는 양성자를 주는 산에 해당한다.
- NH_3는 양성자(H^+)를 받아 NH_4^+가 된다. 따라서 NH_3는 양성자를 받는 염기에 해당한다.
- NH_4^+는 역반응에서 다시 양성자를 주어 NH_3로 돌아갈 수 있는 산의 성질을 가지게 되므로 산 역할을 한다.

4 ②
- 비등점 상승은 용액에 용질이 녹아 있을 때 나타나는 현상으로, 용질의 종류에 따라 다르게 나타난다.
- 전해질은 용액에서 이온으로 분리되어 더 많은 입자를 형성하지만, 비전해질은 이온으로 분리되지 않기 때문에 용액에서 입자의 수가 상대적으로 적다.

5 ①
F_2는 할로겐(할로젠) 중에서 가장 산화력이 강하다. 따라서 F_2는 I^-를 산화하여 I_2로 만들고 오른쪽으로 반응이 진행된다.

6 ④
- 나일론(Nylon 6, 6)은 아미드 결합을 포함하는 고분자로, 아미드 결합은 -C(=O)-NH-로 이루어진 결합을 말한다.
- 나일론 6, 6은 헥사메틸렌다이아민과 아디프산의 축합반응으로 만들어지며, 이 과정에서 물이 빠져나가면서 아미드 결합이 형성된다.

7 ④
산(acid)은 붉은색 리트머스 종이를 푸르게 변화시키는 것이 아니라, 푸른색 리트머스 종이를 붉게 변화시킨다.

8 ②
- 패러데이의 법칙에 따르면, 전기분해에서 석출된 물질의 질량은 전하량에 비례하며, 이 전하량은 다음 공식으로 구할 수 있다.
- $Q = I \times t$
  - Q: 전하량(쿨롱, C)
  - I: 전류(암페어, A)
  - t: 시간(초, s)
- 구리 63.5g은 1mol이므로, 구리(Cu^{2+})는 2mol의 전자가 필요하다. 따라서 필요한 전하량 Q는 다음과 같다.
  $Q = 2 \times 96,485 = 192,970C$
- 전류(I)가 10A로 흐를 때의 시간을 계산하면, 전하량 Q는 $I \times t$로 구할 수 있으므로 $192,970C = 10A \times t$이다.
- $t = \dfrac{192,970}{10} = 19,297$초이므로, 이를 시간 단위로 변환하면,

  $t = \dfrac{19,297초}{3,600초/시간} = 5.36$시간이다.

9 ③

- ppm(농도) = $\dfrac{\text{용질의 질량(mg)}}{\text{용액의 질량(kg)}} \times 10^6$
  - 용질의 질량: 10mg
  - 물의 부피: 2.5L

- ppm(농도) = $\dfrac{10\text{mg}}{2.5\text{kg}} \times 10^6$ = 4ppm

10 ①

기체 A 1L의 질량이 1.964g이라고 주어졌으므로, 22.4L의 질량은 다음과 같다.
1mol의 질량 = 1.964g/L × 22.4L = 44g/mol

11 ④

- 프로판의 완전연소 반응식: $C_3H_8 + 5O_2 \rightarrow 3CO_2 + 4H_2O$
- 프로판은 완전연소하여 이산화탄소와 물을 생성한다.
- C_3H_8의 분자량: (3 × 12) + (8 × 1) = 44g/mol
- 프로판 22.0g에 대한 몰수: $\dfrac{22.0\text{g}}{44\text{g/mol}}$ = 0.5mol
- 프로판이 연소할 때 5mol의 산소가 필요하므로, 프로판 0.5mol을 완전연소시키기 위해 필요한 산소의 몰수는 0.5 × 5 = 2.5mol이다.
- 표준상태에서 1mol의 기체는 22.4L를 차지하므로, 2.5mol의 산소는 2.5mol × 22.4L = 56L의 부피를 차지한다.
- 공기 중 산소가 21% 존재하므로 공기의 부피는 $\dfrac{56\text{L}}{0.21}$ = 267L이다.

12 ③

- K(칼륨)의 산화수: +1
- O(산소)의 산화수: -2
- KNO_3(질산칼륨)에서 N(질소)의 산화수: x
- KNO_3 = +1 + x + (-2 × 3) = 0
  ∴ x = +5

13 ③

이온결합 물질은 고체 상태에서는 전류를 거의 흐르게 하지 않지만, 액체 상태 또는 수용액 상태에서는 이온들이 자유롭게 움직여 전류를 흐르게 한다. 따라서 고체 상태에서는 부도체이다.

14 ①

같은 족에 속하는 원소들은 최외각 전자수가 같아서 화학적 성질이 유사하다.

15 ②

전자는 (-)극에서 (+)극으로 이동하고, (+)극에서는 전자를 받아 환원 반응이 일어난다.

16 ①

- 탄소와 모래(이산화규소, SiO_2)를 전기로에 넣어서 가열하면 카보런덤인 탄화규소(SiC)가 생성된다.
- 탄화규소는 매우 단단한 물질로, 주로 연마제나 절단 도구로 사용된다.

17 ②

- 금속 M이 묽은 황산과 반응하여 수소가 발생하는 반응은 다음과 같다.
  $M + xH_2SO_4 \rightarrow Mx^+ + xH_2$
- 주어진 조건에서 발생한 수소 기체의 부피는 560mL이며, 이는 0.560L이다.
- 표준상태에서 1mol의 기체는 22.4L를 차지하므로, 발생한 수소의 몰수는 $\dfrac{0.56}{22.4}$ = 0.025mol이다.
- 금속 1.0g이 0.025mol의 수소를 발생시키고 이때 금속 1mol은 $x$mol의 수소를 발생시키므로 금속의 몰수는 $\dfrac{1.0}{40\text{g/mol}}$ = 0.025mol이다.
- 반응식에 따라, 금속 1mol이 수소 기체 $x$mol을 발생시키며, 이때 금속의 원자가는 x값에 의해 결정된다.
- 금속 0.025mol이 0.025mol의 수소를 발생시켰으므로, 금속 1mol이 1mol의 수소를 발생시키는 반응이다.
- 금속 1mol이 수소 1mol을 발생시키려면 금속이 수소이온(H^+)과 결합하여 전자를 주고 받아야 한다.
- 수소 기체 1mol이 발생하려면 2개의 H^+이온이 필요하고, 따라서 금속은 2개의 전자를 잃어야만 2개의 H^+를 중화하고 H_2로 바꿀 수 있다.

18 ②

불꽃 반응에서 보라색을 나타내는 금속은 칼륨(K)이다.

19 ①

- 주어진 화합물의 구조식은 5개의 탄소로 이루어진 사슬에 3번째 탄소에 메틸기(-CH_3)가 하나 붙어 있는 구조이다.
- 따라서 IUPAC 명명법에 따른 이 화합물의 이름은 3-메틸펜탄이다.

20 ②
- 주기율표에서 원소를 차례대로 나열할 때의 기준은 원자핵의 양성자수, 즉 원자번호이다.
- 이 배열에 의해 주기적 성질이 나타나며, 원소의 화학적 성질이 비슷한 원소끼리 같은 족에 배치된다.

21 ④
- 라인 프로포셔너 방식: 펌프와 발포기의 중간에 설치된 벤츄리 관의 벤츄리 작용에 의하여 포 소화약제를 흡입·혼합하는 방식
- 프레져 프로포셔너 방식: 펌프와 발포기의 중간에 설치된 벤츄리 관의 벤츄리 작용과 펌프 가압수의 포 소화약제 저장탱크에 대한 압력에 의하여 포 소화약제를 흡입·혼합하는 방식
- 펌프 프로포셔너 방식: 펌프의 토출관과 흡입관 사이의 배관 도중에 설치한 흡입기에 펌프에서 토출된 물의 일부를 보내고, 농도조절밸브에서 조정된 포 소화약제의 필요량을 포 소화약제 탱크에서 펌프 흡입 측으로 보내어 이를 혼합하는 방식
- 프레져 사이드 프로포셔너 방식: 펌프의 토출관에 압입기를 설치하여 포 소화약제 압입용 펌프로 포 소화약제를 압입시켜 혼합하는 방식

22 ②
할로겐(할로젠)화합물 소화약제는 화재 시 기화되어 화염을 차단하고 열을 흡수하여 소화를 진행하므로, 기화되기 쉬운 성질이 있어야 효과적으로 작동할 수 있다.

23 ①
셀룰로이드는 주로 분해열에 의해 발열한다.

24 ④
- 포 소화기: 질식소화와 냉각소화
- 할로겐(할로젠)화합물 소화기: 억제소화
- 탄산가스 소화기: 질식소화

25 ③
물분무등소화설비의 종류
- 물분무 소화설비
- 포 소화설비
- 불활성 가스 소화설비
- 할로겐(할로젠)화합물 소화설비
- 분말 소화설비

26 ③
- $2Li_2O_2 + 2H_2O \rightarrow 4LiOH + O_2$
- 과산화리튬은 물과 반응하여 수산화리튬과 산소를 발생하며 폭발의 위험이 있으므로 주수소화가 적당하지 않다.

27 ③
- 과염소산의 분자식: $HClO_4$
- 질량보존의 법칙에 의해 과염소산이 기체로 변해도 질량은 변하지 않는다.
- 과염소산($HClO_4$) 1mol의 질량: $1 + 35.5 + (16 \times 4) = 100.5g$

28 ②
이산화탄소의 특징
- 무색이고 무취의 기체이다.
- 비전도성 기체로, 전기가 통하지 않는다.
- 기체 상태에서의 비중은 약 1.5로, 공기보다 무겁다.
- 임계온도는 약 31℃이다(임계온도란 물질의 기체와 액체 상태를 구분할 수 있는 온도이다).

29 ②
증발열
- 증발열은 물질이 기체로 변할 때 흡수하는 열을 의미한다.
- 주로 물이나 액체의 증발과 관련이 있으며, 자연발화에 직접적인 영향을 주지는 않는 대신 물질의 온도를 낮추는 역할을 할 수 있어 자연발화를 억제하는 방향으로 작용할 수 있다.

30 ③
제4류 위험물은 인화성 액체로 이산화탄소 소화기가 적합하다. 즉, 이산화탄소는 산소를 차단하는 질식소화 방식으로, 인화성 액체 화재에서 주로 사용된다.

31 ④
경보설비는 지정수량의 10배 이상의 위험물을 저장 또는 취급하는 제조소등(이동탱크저장소 제외)에 설치한다(시행규칙 제42조).

32 ②
- 탄화칼슘의 지정수량: 300kg
- 위험물의 1소요단위: 지정수량의 10배
- 소요단위 = $\dfrac{\text{저장량}}{\text{지정수량} \times 10} = \dfrac{60{,}000g}{300kg \times 10} = 20$단위

33 ②

고체의 일반적인 연소형태
- 표면연소
- 분해연소
- 자기연소
- 증발연소

34 ③

- 표면연소란 고체물질이 기체로 변하지 않고 그 표면에서 산소와 반응하여 연소하는 현상이다(예 목탄, 코크스, 숯, 금속분 등).
- 금속분과 같은 고체 금속은 연소할 때 증발하지 않고, 표면에서 산소와 반응하여 산화물을 형성하면서 연소가 진행된다.

35 ③

위험물의 화재위험
- 인화점이 낮을수록 화재위험이 크다.
- 착화점이 낮을수록 화재위험이 크다.
- 착화에너지가 작을수록 화재위험이 크다.
- 연소열이 클수록 화재위험이 크다.

36 ②

- 소요단위(연면적)

구분	내화구조(m^2)	비내화구조(m^2)
제조소 취급소	100	50
저장소	150	75

- 소요단위 = $\dfrac{1,500}{150}$ = 10단위

37 ②

- 분해연소는 열분해 반응에 의해 생성된 가연성 가스가 공기와 혼합하여 연소하는 형태이다.
- 대표적인 분해연소의 경우로 중유, 아스팔트 등이 있다.

38 ④

제5류 위험물은 외부의 산소공급 없이 연소하므로 질식소화는 효과가 없으며, 다량의 물을 사용하여 온도를 낮추는 냉각소화가 효과적이다.

39 ②

- 할론넘버는 C, F, Cl, Br 순으로 매긴다.
- Halon 1301은 브로모트라이플루오로메탄으로, 화학식은 CF_3Br이다. 이는 주로 소화약제로 사용되며, 화염을 억제하는 특성이 있다.

40 ①

분말 소화약제의 종류

약제명	주성분	분해식
제1종	탄산수소나트륨	$2NaHCO_3 \rightarrow Na_2CO_3 + CO_2 + H_2O$
제2종	탄산수소칼륨	$2KHCO_3 \rightarrow K_2CO_3 + CO_2 + H_2O$
제3종	인산암모늄	$NH_4H_2PO_4 \rightarrow NH_3 + HPO_3 + H_2O$
제4종	탄산수소칼륨 + 요소	-

41 ④

- 각 위험물별 지정수량
  - 금속칼륨: 10kg
  - 금속나트륨: 10kg
  - 탄화칼슘: 300kg
- 지정수량 배수의 총합 = $\dfrac{20}{10} + \dfrac{40}{10} + \dfrac{600}{300}$ = 8배

42 ④

피리딘(C_5H_5N)은 약한 염기성을 띠는 화합물이다.

43 ④

- 이황화탄소는 물에 녹지 않으며 물보다 밀도가 크기 때문에 물속에 저장할 수 있다.
- 이황화탄소는 인화성이 강한 물질로 물속에 저장하여 가연성 증기의 발생을 억제한다.

44 ①

알루미늄의 연소반응식
- $4Al + 3O_2 \rightarrow 2Al_2O_3$
- 알루미늄은 연소하여 산화알루미늄(Al_2O_3)을 생성한다.

45 ①

건성유는 불포화결합이 많아 공기 중 산소와 결합하기 쉬우므로 자연발화 위험이 크다.

건성유	아마인유, 동유 등
반건성유	참기름, 옥수수유 등
불건성유	야자유, 땅콩기름, 올리브, 피마자유 등

46 ④

- $2NaClO_3 \rightarrow 2NaCl + 3O_2$
- 염소산나트륨은 열분해하여 염화나트륨과 산소를 발생한다.

47 ①
- 트라이나이트로페놀은 금속과 반응하면 폭발의 위험이 높아진다.
- 유리, 플라스틱 또는 특수 처리된 비금속 용기에 저장하는 것이 안전하다.

48 ④
종으로 설치한 원형 탱크의 내용적
$V = \pi r^2 l = \pi \times 10^2 \times 25 = 7,854 m^3$

49 ③
테트릴은 충격과 마찰에 예민하며 폭발 위력이 큰 물질로, 뇌관의 첨장약으로 사용된다. 주로 폭발물에서 민감하게 반응해야 하는 부위에 사용되며, 안정성보다는 높은 민감도가 요구되는 경우에 사용된다.

50 ②
옥내저장소에 있어서 위험물은 위험물의 용기 및 수납의 규정에 의한 바에 따라 용기에 수납하여 저장하여야 한다. 다만, 덩어리 상태의 황과 제48조의 규정에 의한 위험물에 있어서는 그러하지 아니하다(시행규칙 별표 18).

51 ④
- 메틸에틸케톤은 인화성이 강한 물질로, 증기가 공기 중에 누출되면 폭발 위험이 있다.
- 증기 배출을 위해 구멍을 설치하면 인화성 증기가 누출되어 위험을 초래할 수 있기 때문에 밀폐된 용기에 보관해야 한다.

52 ③
과산화수소는 밀폐된 용기에 보관 시 분해로 인해 발생한 산소가 축적되어 폭발의 위험이 있을 수 있다. 따라서 밀폐보다 환기가 가능한 환경에서 보관하는 것이 좋다.

53 ②
- $Mg + CO_2 \rightarrow MgO + CO$
- 마그네슘은 이산화탄소와 반응하여 산화마그네슘과 유독성의 일산화탄소를 발생한다.

54 ③
금속나트륨의 녹는점: 약 97.7℃

55 ④
- 염소산칼륨은 냉수에 약간 용해되기는 하지만 잘 녹지 않는다.
- 온도가 상승할수록 용해도가 크게 증가하여 뜨거운 물에서 잘 녹는다.

56 ①
유별을 달리하는 위험물 혼재기준

1	6		혼재 가능
2	5	4	혼재 가능
3	4		혼재 가능

57 ④
- 자기반응성 물질은 열, 마찰, 충격 등에 의해 스스로 분해되어 폭발이나 연소를 일으키는 물질로 물질 자체가 산소를 함유하고 있어서 내부연소를 일으키기 쉽다.
- 물과 격렬하게 반응하여 폭발성 가스를 발생하는 물질은 보통 금속나트륨과 같은 금수성 물질이다.

58 ③
에틸알코올의 인화점: 13℃

59 ④
자연발화 방지조건
- 통풍을 잘 시킬 것
- 저장실의 온도를 낮출 것
- 습도가 낮은 곳에 저장할 것
- 열의 축적을 막을 것

60 ②
- 증발연소: 나프탈렌, 양초, 황
- 표면연소: 코크스

제3회 CBT FINAL 모의고사

1	2	3	4	5	6	7	8	9	10	11	12	13	14	15	16	17	18	19	20
④	④	①	①	②	①	①	②	④	④	③	①	①	①	②	④	①	②	①	③
21	22	23	24	25	26	27	28	29	30	31	32	33	34	35	36	37	38	39	40
③	③	③	②	①	②	①	①	④	①	②	③	①	②	②	④	①	①	①	①
41	42	43	44	45	46	47	48	49	50	51	52	53	54	55	56	57	58	59	60
④	①	④	①	②	②	①	④	③	③	④	①	②	①	②	③	②	④	②	④

1 ④
대부분의 금속은 상온에서 고체 상태이지만, 수은(Hg)은 예외적으로 상온에서 액체이다.

2 ④
- pOH = -log[OH⁻] = -log(1 × 10⁻⁵) = 5
- pH와 pOH의 관계: pH + pOH = 14
- pH = 14 - 5 = 9
- pH가 7보다 크면 용액은 알칼리성(염기성)이다.
∴ pH = 9, 알칼리성

3 ①
- 빙점강하는 용액에 녹아 있는 용질의 몰수와 용질이 해리되는 정도에 비례한다.
- 따라서 같은 질량일 때, 분자량이 작은 물질이 더 많은 몰수를 제공하므로 빙점강하가 더 크다.
- CH_3OH(메탄올)의 분자량은 12 + (4 × 1) + 16 = 32g/mol로 분자량이 가장 작은 물질이므로 빙점강하가 가장 크게 나타난다.

4 ①
- 침전이 형성되는 조건은 이온곱(Q)이 용해도곱(K_{sp})보다 클 때이다.
- 이는 해당 이온들이 용액에서 더 이상 용해될 수 없고, 과잉의 이온들이 침전 형태로 나오는 상황을 의미한다.

5 ②
- 산성은 주로 H⁺이온을 얼마나 쉽게 내놓는지에 따라 결정된다.
- 술폰산기는 전자를 강하게 끌어당겨 H⁺를 쉽게 내놓을 수 있으므로 산성이 매우 강하다.

6 ①
- 두 물질을 섞었을 때 용해성이 가장 낮은 경우를 찾기 위해, 각 물질의 쌍의 극성 및 분자 간의 상호작용을 고려해야 한다.
- 벤젠(C_6H_6)은 비극성 분자이고, 물(H_2O)은 극성 분자로, 벤젠과 물은 거의 섞이지 않으므로, 용해성이 매우 낮다.

7 ①
- 공기 중에서 질소와 산소의 부피비가 0.79 : 0.21이라는 사실로부터 분자수의 비도 0.79 : 0.21이라는 것을 알 수 있다.
- 아보가드로 법칙은 같은 온도와 압력에서 동일한 부피의 기체는 그 종류에 관계없이 같은 수의 분자를 포함한다는 법칙이다.

8 ②
- 분자량 = 밀도 × 22.4L/mol
  = 1.25g/L × 22.4L/mol = 28g/mol
- 탄소 원자 1개당 2개의 수소 원자를 포함하는 화합물 중 분자량이 28g/mol인 것은 에틸렌(C_2H_4)이다.

9 ④
- 염산(HCl)과 수산화나트륨(NaOH)의 중화반응을 통해 염산의 농도를 구해야 한다.
- 이를 위해 노르말 농도($N_{HCl} × V_{HCl} = N_{NaOH} × V_{NaOH}$)를 사용한다.
  - N_{HCl} = 염산의 노르말 농도
  - V_{HCl} = 염산의 부피(100mL = 0.1L)
  - N_{NaOH} = NaOH의 노르말 농도(0.2N)
  - V_{NaOH} = NaOH의 부피(250mL = 0.25L)
- N_{HCl} × 0.1 = 0.2 × 0.25이므로, 염산의 농도는 0.5N이다.

10 ④
Bi(비스무트)는 15족 원소로 질소와 같은 족에 속한다.

11 ③
- 용액의 총 질량이 90g이고, 이 중 30g이 용질이므로, 용매의 질량은 90g - 30g = 60g이다.
- 용해도 = $\dfrac{\text{용질의 질량}}{\text{용매의 질량}} \times 100$

  $= \dfrac{30}{60} \times 100 = 50$

12 ①
- CO_2 몰수: $\dfrac{44g}{44g/mol} = 1mol$
- H_2O 몰수: $\dfrac{27g}{18g/mol} = 1.5mol$
- 수소의 몰수: $1.5 \times 2 = 3mol$
- 따라서 탄소와 수소의 몰비율은 1 : 3이다.

13 ①
α(알파)선은 질량이 크고 전하를 띠어 투과력이 매우 약하나, r(감마)선은 매우 강한 투과력을 가진다.

14 ③
- 탄산음료는 이산화탄소(CO_2)가 물에 녹아 있는 상태이다.
- 이산화탄소는 고압 상태에서 물에 잘 녹아 있지만, 병마개를 열면 내부 압력이 줄어들면서 기체의 용해도가 감소하여 이산화탄소가 물에서 빠져나와 거품이 형성된다.

15 ②
펜탄의 구조이성질체
- n - 펜탄: 탄소가 일렬로 연결된 구조
- 이소펜탄(2 - 메틸부탄): 네 개의 탄소로 이루어진 주사슬에 1개의 메틸기(-CH₃)가 붙어 있는 구조
- 네오펜탄(2, 2 - 다이메틸프로판): 세 개의 탄소로 이루어진 주사슬에 2개의 메틸기가 붙어 있는 구조

16 ④
염소는 강한 산화제로, 물과 반응하여 차아염소산(HClO)을 형성하며 표백 작용을 일으킨다.

17 ①
- 전기음성도는 원자가 전자를 끌어당기는 능력을 나타내며, 주기율표에서 위로 갈수록 커진다.
- 따라서 $F_2 > Cl_2 > Br_2 > I_2$가 되어야 한다.

18 ②
- 보일-샤를의 법칙: $\dfrac{P_1 V_1}{T_1} = \dfrac{P_2 V_2}{T_2}$

  $\dfrac{P_1 V_1}{T_1} = \dfrac{P_2 V_2}{T_2} = \dfrac{1.4 \times 0.25}{294} = \dfrac{P_2 \times 0.3}{322}$

  - P: 압력(1.4atm)
  - V: 부피(L)
  - T: K(절대온도로 변환하기 위해 273을 더한다)
- $P_2 = \dfrac{1.4 \times 0.25 \times 322}{294 \times 0.3} = 1.25atm$

19 ①
- H의 산화수는 +1, O의 산화수는 -2이다.
- 화합물 전체의 전하가 0이므로, P의 산화수를 x라고 하면, $(3 \times +1) + x + (4 \times -2) = 0$이므로, $x = +5$이다.

20 ③
- 질량수는 원자핵 안에 있는 양성자 수와 중성자 수의 합을 나타낸다.
- 따라서 질량수는 11 + 12 = 23이다.

21 ③
불활성 가스 소화약제 중 IG-541의 구성성분은 다음과 같다.
- 질소(N_2): 52%
- 아르곤(Ar): 40%
- 이산화탄소(CO_2): 8%

22 ③
물분무 소화설비의 설치기준(시행규칙 별표 17)
물분무 소화설비의 방사구역은 150m² 이상(방호대상물의 표면적이 150m² 미만인 경우에는 당해 표면적)으로 할 것

23 ③
휘적색은 약 950℃에서 나타나는 색상이다.

24 ②
스프링클러설비는 초기 시공비가 많이 든다는 단점이 있다.

25 ①
분말 소화약제의 종류

약제명	주성분	분해식	색상	적응화재
제1종	탄산수소나트륨	$2NaHCO_3 \rightarrow Na_2CO_3 + CO_2 + H_2O$	백색	BC
제2종	탄산수소칼륨	$2KHCO_3 \rightarrow K_2CO_3 + CO_2 + H_2O$	보라색 (담회색)	BC
제3종	인산암모늄	$NH_4H_2PO_4 \rightarrow NH_3 + HPO_3 + H_2O$	담홍색	ABC
제4종	탄산수소칼륨 + 요소	–	회색	BC

26 ②
- Halon 1301(브로모트라이플루오로메탄, CF_3Br): 상온, 상압에서 기체(가스) 상태
- Halon 1211(브로모클로로다이플루오로메탄, CF_2ClBr): 상온, 상압에서 기체(가스) 상태
- Halon 2402(다이브로모테트라플루오로에탄, $C_2F_4Br_2$): 상온, 상압에서 액체 상태

27 ①
마그네슘은 금속으로 물이나 포 소화기를 사용하면 격렬한 반응을 일으킬 수 있으므로 화재 시 주로 탄산수소염류 분말 소화약제, 팽창질석, 마른모래 등을 이용하여 질식소화를 해야 한다.

28 ①
분말 소화설비의 기준(위험물안전관리에 관한 세부기준 제136조)
전역방출방식의 분말 소화설비의 분사헤드는 다음에 의할 것
- 분사헤드의 방사압력은 0.1MPa 이상일 것
- 정해진 소화약제의 양을 30초 이내에 균일하게 방사할 것

29 ④
제5류 위험물은 물분무 소화설비, 옥내소화전, 강화액 소화설비 등을 이용한 주수소화를 해야 한다.

30 ①
정기점검의 횟수(시행규칙 제64조)
제조소등의 관계인은 당해 제조소등에 대하여 연 1회 이상 정기점검을 실시하여야 한다.

31 ②
- 비수용성 제2석유류 지정수량: 1,000kg
- 탱크의 내용적이 20,000L이지만, 저장하는 비수용성 제2석유류의 비중이 0.8이므로 저장탱크의 실제 적재량은 20,000L × 0.8 = 16,000L이다.
- 차량의 최대 적재량이 15,000kg(15톤)이고, 비수용성 제2석유류의 비중이 0.8이므로 부피를 다음과 같이 변환할 수 있다.

$$\frac{15,000kg}{0.8} = 18,750L$$

- 16,000L의 실제 적재량이 지정수량의 몇 배인지 계산은 다음과 같다.

$$\frac{16,000L}{1,000L} = 16배$$

- 탱크가 차량에 실리는 경우 차량의 최대 적재량인 18,750L까지 적재 가능하므로, 실제로 고려할 수 있는 최대 적재량을 기준으로 계산하면 $\frac{18,750L}{1,000L} = 18.75배$이다.

32 ③
- 벤젠 연소반응식: $2C_6H_6 + 15O_2 \rightarrow 12CO_2 + 6H_2O$
- 벤젠은 15mol의 산소와 연소하여 12mol의 이산화탄소와 6mol의 물을 생성한다.
- 필요 산소량은 15mol × 22.4L = 336L이고, 공기 중의 산소는 21%이므로, 필요 이론 공기요구량은 $\frac{336L}{0.21} = 1,600L$이다.

33 ①
- 줄-톰슨 효과는 기체가 고압 상태에서 저압 상태로 팽창할 때, 그 과정에서 온도가 감소하는 현상을 말한다.
- 이산화탄소 소화기는 고압 상태의 이산화탄소가 저압 환경으로 방출되면서 급격히 팽창하게 되는데, 이때 줄-톰슨 효과로 인해 온도가 급격히 낮아지고, 드라이아이스가 생성된다.

34 ②
분말 소화설비의 기준(위험물안전관리에 관한 세부기준 제136조)
전역방출방식 또는 국소방출방식의 분말 소화설비의 기준에서 가압식의 분말 소화설비에는 2.5MPa 이하의 압력으로 조정할 수 있는 압력조정기를 설치해야 한다.

35 ②
- 점화원은 화재가 발생할 때 연료에 불을 붙이는 원인이 되는 에너지원이다.
- 증발잠열은 물질이 증발할 때 흡수하는 열로, 에너지가 흡수되는 과정이기 때문에 점화원이 될 수 없다.

36 ④
- 할론넘버는 C, F, Cl, Br 순으로 매긴다.
- CH_3I는 아이오도메탄(메틸 아이오딘)으로, 이에 해당하는 할론번호는 Halon 10001이다.
- 할론 명명법에서 I(아이오딘)가 들어가는 이유는 I 원자가 화합물에 포함된 경우를 명확히 표시하기 위해서이다. 일반적으로 할론 화합물은 C, F, Cl, Br 순서로 원소를 고려하여 명명지만, 드물게 I가 포함되는 할론 화합물이 존재하는 경우, I의 개수를 명시적으로 포함시켜야 하기 때문에 I를 추가하여 표시한다.

37 ①
- 표면연소: 목탄
- 증발연소: 메탄올, 파라핀, 황

38 ①
- 물분무 소화설비는 전기설비 화재에 감전 위험을 최소화하면서 냉각과 질식효과를 통해 소화를 진행하는 방식이다.
- 미세한 물방울을 분사해 화재를 진압하면서도 물의 전도성을 줄여 전기화재에 상대적으로 안전하게 사용될 수 있다.

39 ①
타원형 위험물탱크의 내용적

$V = \frac{\pi ab}{4} \times (l + \frac{l_1 + l_2}{3}) = \frac{\pi \times 2 \times 1}{4} \times (3 + \frac{0.3 + 0.3}{3})$
$= 5.03 m^3$

40 ①
소화설비의 능력단위

소화설비	용량(L)	능력단위
소화전용물통	8	0.3
수조(물통 3개 포함)	80	1.5
수조(물통 6개 포함)	190	2.5
마른모래(삽 1개 포함)	50	0.5
팽창질석·팽창진주암(삽 1개 포함)	160	1.0

41 ④
산화프로필렌(Propylene Oxide)
- 무색의 휘발성 액체이고, 물에 녹는다.
- 인화점이 상온 이하이므로 가연성 증기 발생을 억제하여 보관해야 한다.
- 구리(Cu), 마그네슘(Mg), 은(Ag) 등과 반응하면 아세틸라이드를 생성한다.
- 저장용기 내부에는 불연성 가스 또는 수증기 봉입장치를 해야 한다.
- 증기압(538mmHg)이 높고 연소범위(2.8~37%)가 넓어 위험성이 높다.

42 ①
- $S + O_2 \rightarrow SO_2$
- 황은 연소하여 유독한 가스인 이산화황(SO_2)을 생성한다.

43 ④
- 각 위험물별 지정수량
  - 나이트로화합물(5류): 100kg
  - 유기과산화물(5류): 10kg
    할로젠간화합물(6류): 300kg
- 할로젠간화합물 > 나이트로화합물 > 유기과산화물

44 ①
각 위험물별 지정수량
- 질산에스터류: 10kg
- 나이트로소화합물: 100kg
- 다이아조화합물: 100kg
- 하이드라진유도체: 100kg

45 ②
과산화나트륨과 물의 반응식
- $2Na_2O_2 + 2H_2O \rightarrow 4NaOH + O_2$
- 과산화나트륨은 물과 반응하여 수산화나트륨, 산소, 열을 발생하며 폭발의 위험이 있기 때문에 물과의 접촉이 위험하다.

46 ②
과염소산염류 종류에는 과염소산칼륨($KClO_4$), 과염소산나트륨($NaClO_4$) 등이 있다.

47 ①
각 위험물별 인화점
- 메탄올: 11℃
- 휘발유: -43℃ ~ -20℃
- 아세톤: -18℃
- 메틸에틸케톤: -7℃

48 ④
위험물제조소의 설치기준(시행규칙 별표 4)
배관을 지상에 설치하는 경우에는 지진·풍압·지반침하 및 온도변화에 안전한 구조의 지지물에 설치하되, 지면에 닿지 아니하도록 하고 배관의 외면에 부식방지를 위한 도장을 하여야 한다.

49 ③
옥외탱크저장소의 위치·구조 및 설비의 기준(시행규칙 별표 6)
용량이 1,000만L 이상인 옥외저장탱크의 주위에 설치하는 방유제에는 다음의 규정에 따라 당해 탱크마다 간막이 둑을 설치할 것
- 간막이 둑의 높이는 0.3m(방유제 내에 설치되는 옥외저장탱크의 용량의 합계가 2억L를 넘는 방유제에 있어서는 1m) 이상으로 하되, 방유제의 높이보다 0.2m 이상 낮게 할 것
- 간막이 둑은 흙 또는 철근콘크리트로 할 것
- 간막이 둑의 용량은 간막이 둑 안에 설치된 탱크의 용량의 10% 이상일 것

50 ③
- 질산의 위험물 기준은 비중이 1.49 이상이므로 위험물에 해당된다.
- 과염소산은 제6류 위험물이다.
- 과산화수소의 위험물 기준은 농도가 36wt% 이상이므로 제6류 위험물에 해당된다.
→ 따라서 A, B, C 3개 모두 제6류 위험물에 해당한다.

51 ④
- HNO_3(질산): 질산은 강한 산화성을 가진 물질로 가연성이 아니다.
- $HClO_4$(과염소산): 과염소산은 제6류 위험물인 산화성 액체로 가연성이 아니다.
- H_2O_2(과산화수소): 과산화수소는 제6류 위험물인 산화성 액체로 가연성이 아니다.

52 ①
하이드라진(N_2H_4)
- 로켓 연료로 사용되며 플라스틱 발포제 등으로도 사용된다.
- 암모니아와 비슷한 냄새를 가지고, 녹는점이 약 2℃이다.
- 지정수량은 2,000L이다.
- 무색의 휘발성 액체로 강력한 환원제이다.

53 ②
지정수량 이상의 위험물을 차량으로 운반하는 경우 차량에 부착하는 표지의 색상은 흑색바탕에 황색의 반사도료로 "위험물"이라고 표기해야 한다.

54 ①
탱크 용적의 산정기준(시행규칙 제5조)
위험물을 저장 또는 취급하는 탱크의 용량은 해당 탱크의 내용적에서 공간용적을 뺀 용적으로 한다.

55 ②
아마인유는 건성유에 해당되며, 건성유는 산화가 빠르게 진행되어 자연발화의 위험이 크다.

56 ③
황린과 적린은 모두 연소하면 오산화인(P_2O_5)을 생성한다.

57 ②
- $2K + 2C_2H_5OH \rightarrow 2C_2H_5OK + H_2$
- 칼륨은 에탄올과 반응하여 칼륨에틸레이트와 수소를 발생한다.

58 ④
유별을 달리하더라도 1m 이상 간격을 둘 때 저장 가능한 경우
- 제1류 위험물(알칼리금속의 과산화물 또는 이를 함유한 것을 제외한다)과 제5류 위험물을 저장하는 경우
- 제1류 위험물과 제6류 위험물을 저장하는 경우
- 제1류 위험물과 제3류 위험물 중 자연발화성 물질(황린 또는 이를 함유한 것에 한한다)을 저장하는 경우
- 제2류 위험물 중 인화성 고체와 제4류 위험물을 저장하는 경우
- 제3류 위험물 중 알킬알루미늄등과 제4류 위험물(알킬알루미늄 또는 알킬리튬을 함유한 것에 한한다)을 저장하는 경우
- 제4류 위험물 중 유기과산화물 또는 이를 함유하는 것과 제5류 위험물 중 유기과산화물 또는 이를 함유한 것을 저장하는 경우
→ 질산나트륨은 제1류 위험물이므로 함께 저장 가능한 위험물은 제6류 위험물인 과염소산이다.

59 ②

품명	지정수량
황화인, 적린, 황	100kg
철분, 금속분, 마그네슘	500kg
인화성 고체	1,000kg

60 ④
- ① 벤젠(C_6H_6): 제1석유류
- ② 사이클로헥산(C_6H_{12}): 제1석유류
- ③ 에틸벤젠($C_6H_5C_2H_5$): 제1석유류
- ④ 벤즈알데하이드(C_6H_5CHO): 제2석유류(인화점 약 64℃)

위험물산업기사 필기

부록

최종점검
손글씨 핵심요약

최종점검 손글씨 핵심요약

주기율표

1. 오비탈

오비탈	s	P	d	f
오비탈 수	1	3	5	7
최대 전자수	2	6	10	14

2. 주기율표 성질

같은 주기에서 주기율표의 오른쪽으로 갈수록 아래와 같은 현상이 발생한다.

원자반지름	감소
전기음성도	증가
전자친화도	증가
비금속성	증가
이온화에너지	증가

몰(mol)

1. 화학평형

평형상태일 때 식을 다음과 같이 나타내면 항상 일정한 값을 가지고 이때 k를 평형상수라 함

$$K = \frac{[C]^c[D]^d}{[A]^a[B]^b}$$

2. 그레이엄의 법칙

온도, 압력이 일정할 때 분자의 이동속도는 분자량의 제곱근에 반비례

$$\frac{v_1}{v_2} = \sqrt{\frac{M_2}{M_1}}$$

유기화합물

1. 알데하이드
   ① 독특한 냄새를 지니며 물에 잘 용해됨
   ② 쉽게 산화되어 카르복시산으로 변하며, 환원되면 알코올이 됨
   ③ 환원성이 강하여 은거울 반응과 펠링 용액 환원반응을 함

2. 나이트로벤젠($C_6H_5NO_2$)
   벤젠에 진한 질산과 황산을 가하여 얻을 수 있는 담황색 액체로 향료나 합성염료로 쓰임

3. 트라이나이트로톨루엔[$C_6H_2(NO_2)_3CH_3$]
   톨루엔에 진한 질산과 황산을 반응시켜 얻는 $-NO_2$가 3개 결합한 화합물로 막대 모양의 엷은 황색 결정이며 폭약의 원료임

무기화합물

1. 할로겐(할로젠)화수소산의 산성의 세기: HF < HCl < HBr < HI
2. 할로겐(할로젠)화수소산의 끓는점: HF > HI > HBr > HCl
3. 할로겐(할로젠) 원소 반지름: F(불소) < Cl(염소) < Br(브로민) < I(아이오딘)
4. 염소(Cl_2) 기체: 색을 탈색(표백)시키는 성질이 있음

방사선

방사선	특징	붕괴 후
α	얇은 박막에 의해 매우 쉽게 흡수됨	• 원자번호: -2 • 질량수: -4
β	음극선과 유사하고 매우 빠르게 움직임	• 원자번호: +1 • 질량수: 변화없음
γ	투과력이 매우 강해 센 자기장에 의해 휘어지지 않음	• 원자번호: 변화없음 • 질량수: 변화없음

산과 염기

1. 산화와 환원의 일반적인 특징

구분	산화	환원
산소	증가	감소
수소	감소	증가
전자	감소	증가
산화수	증가	감소

2. 수소이온농도

① pH

$$pH = \log \frac{1}{[H^+]} = -\log[H^+]$$

② pH와 pOH의 관계

$$pH + pOH = 14$$

몰농도

1. 어는점 내림

$$\triangle T_f = K_f \times m$$

- ΔT_f: 어는점 내림(온도 변화)
- K_f : 물의 어는점 내림상수(1.86°C·kg/mol)
- m: 몰랄농도

2. 빙점강하

$$\triangle T_f = K_f \times m$$

- ΔT_f: 빙점강하(용액의 어는점 변화량)
- K_f: 용매의 빙점강하 상수(용매의 특성에 따라 다름)
- m: 용액의 몰랄농도[용질의 몰수/용매의 질량(kg)]

◼ 전기화학

1. 볼타전지

   ① 아연(Zn)의 산화반응: $Zn \rightarrow Zn^{2+} + 2e^-$

   ② 구리(Cu^{2+})의 환원반응: $Cu^{2+} + 2e^- \rightarrow Cu$

   ③ 볼타전지에서 일어나는 전기화학반응: $(-)Zn(s) \mid H_2SO_4(aq) \mid Cu(s)(+)$

2. 패러데이 법칙

   ① 패러데이 전기분해 법칙: 전기분해를 통해 얻어지는 물질의 양은 전극을 통해 전달된 전하에 비례한다는 법칙

   $$m = Z \times Q$$

   - m: 침전된 물질의 질량
   - Q: 전달된 전하의 양
   - Z: 전기화학당량

   ② 패러데이 전자기 유도 법칙: 전자기 유도에서 발생하는 유도기전력은 코일을 통과하는 자기장 변화율에 비례한다는 법칙

   $$\epsilon = -\frac{d\Phi_B}{dt}$$

   - ϵ: 유도기전력
   - Φ_B: 자기전속
   - t: 시간

◼ 연소

1. 연소의 3요소

   가연물, 산소공급원, 점화원

2. 가연물의 조건

산소와 친화력	클 것
열전도율	작을 것
표면적	클 것
발열량	클 것
활성화에너지	작을 것

3. 정전기 제거조건

   ① 접지에 의한 방법

   ② 공기를 이온화 함

   ③ 공기 중의 상대습도를 ☆70% 이상으로 함

   ④ 위험물이 느린 유속으로 흐를 때

4. 고체연소
   ① 표면연소: 목탄, 코크스, 숯, 금속, 마그네슘, 금속분 등
   ② 분해연소: 목재, 종이, 플라스틱, 섬유, 석탄 등
   ③ 자기연소: 제5류 위험물 중 고체
   ④ 증발연소: 파라핀(양초), 황, 나프탈렌 등

5. 자연발화방지법
   ① 통풍을 잘 시킬 것
   ② 습도를 낮게 유지할 것
   ③ 열의 축적을 방지할 것
   ④ 주위의 온도를 낮출 것

6. 위험도

$$위험물 = \frac{연소상한 - 연소하한}{연소하한}$$

7. 이상기체 방정식

$$PV = \frac{wRT}{M}$$

- P: 압력
- V: 부피
- w: 질량
- R: 기체상수(0.082 atm·m³)
- M: 분자량
- T: 절대온도(K = 273 + ℃)

8. 최소착화에너지

$$E = \frac{1}{2}CV^2$$

- E: 착화에 필요한 최소 전기에너지(단위: 줄, J)
- C: 콘덴서의 전기용량(단위: 패럿, F)
- V: 방전전압(단위: 볼트, V)

화재 및 폭발

1. 화재의 종류

급수	명칭(화재)	색상	물질
A	일반	백색	목재, 섬유 등
B	유류	황색	유류, 가스 등
C	전기	청색	낙뢰, 합선 등
D	금속	무색	Al, Na, K 등

2. 플래시오버

① 건축물 화재 시 가연성 기체가 모여 있는 상태에서 산소가 유입됨에 따라 성장기에서 최성기로 급격하게 진행되며, 건물 전체로 화재가 확산되는 현상

② 발화기 → 성장기 → 플래시오버 → 최성기 → 감쇠기

3. 분진폭발 위험이 없는 물질: 시멘트, 모래, 석회분말 등

소화종류 및 약제

1. 분말 소화약제

약제명	주성분	분해식	색상	적응화재
제1종	탄산수소나트륨	$2NaHCO_3 \rightarrow Na_2CO_3 + CO_2 + H_2O$	백색	BC
제2종	탄산수소칼륨	$2KHCO_3 \rightarrow K_2CO_3 + CO_2 + H_2O$	보라색 (담회색)	BC
제3종	인산암모늄	$NH_4H_2PO_4 \rightarrow NH_3 + HPO_3 + H_2O$	담홍색	ABC
제4종	탄산수소칼륨 + 요소	-	회색	BC

2. 이산화탄소 소화약제

줄-톰슨 효과에 의해 온도가 내려가 드라이아이스를 생성함

$$\text{이산화탄소 소화약제 계산식} = \frac{21 - O_2\%}{21} \times 100$$

3. 강화액 소화약제

탄산칼륨(K_2CO_3)은 강화액 소화약제의 소화력을 높이기 위해 자주 첨가되며, 주로 주방화재에서 발생하는 기름화재를 진압하는 데 사용

소방시설

1. 소화설비 설치기준
   ① 옥내소화전 = 설치개수(최대 5개) × 7.8m³
   ② 옥외소화전 = 설치개수(최대 4개) × 13.5m³

2. 소요단위(연면적)

구분	내화구조(m²)	비내화구조(m²)
위험물제조소 및 취급소	100	50
위험물저장소	150	75
위험물	지정수량의 10배	

3. 능력단위

소화설비	용량(L)	능력단위
소화전용물통	8	0.3
수조(물통 3개 포함)	80	1.5
수조(물통 6개 포함)	190	2.5
마른모래(삽 1개 포함)	50	0.5
팽창질석, 팽창진주암(삽 1개 포함)	160	1.0

4. 자동화재탐지설비 설치기준

10	지정수량 10배 이상을 저장 또는 취급하는 것
50	하나의 경계구역의 한 변의 길이는 50m 이하로 할 것
500	• 제조소 및 일반취급소의 연면적이 500m² 이상일 때 설치 • 500m² 이하이면 두 개의 층에 걸치는 것 가능
600	원칙적으로 경계구역의 면적 600m² 이하
1,000	주요 출입구에서 그 내부의 전체를 볼 수 있는 경우 1,000m² 이하

5. 옥내소화전 설비에서 압력수조를 이용한 가압송수장치

$$P = p1 + p2 + p3 + 0.35MPa$$

- 필요한 압력 = 소방용 호스의 마찰손실수두압 + 배관 마찰손실수두압 + 낙차 환산수두압 + 0.35MPa
- P: 필요한 압력(단위 MPa)
- p1: 소방용 호스의 마찰손실수두압(단위 MPa)
- p2: 배관의 마찰손실수두압(단위 MPa)
- p3: 낙차의 환산수두압(단위 MPa)
- 0.35MPa: 예상하지 못한 상황에서도 시스템이 정상적으로 작동할 수 있도록 설계 기준에서 요구하는 안전 여유 압력

6. 옥내소화전 설비에서 고가수조를 이용한 가압송수장치

$$H = h1 + h2 + 35m$$

- H: 필요낙차(단위 m)
- h1: 방수용 호스의 마찰손실수두(단위 m)
- h2: 배관의 마찰손실수두(단위 m)
- 35m: 옥내소화전에서 요구되는 소방수의 최소 방사압을 유지하기 위한 추가 수두(35m는 대략 3.5bar의 압력에 해당)

7. 포 소화설비에서 압력수조를 이용하는 가압송수장치

$$P = p1 + p2 + p3 + p4$$

- P: 필요한 압력(단위 MPa)
- p1: 고정식 포 방출구의 설계압력 또는 이동식 포 소화설비 노즐방사압력(단위 MPa)
- p2: 배관의 마찰손실수두압(단위 MPa)
- p3: 낙차의 환산수두압(단위 MPa)
- p4: 이동식 포 소화설비의 소방용 호스의 마찰손실수두압(단위 MPa)

8. 불활성 가스 소화설비 저장용기의 설치기준
   ① 방호구역 외의 장소에 설치할 것
   ② 온도가 40°C 이하이고 온도 변화가 적은 장소에 설치할 것
   ③ 직사일광 및 빗물이 침투할 우려가 적은 장소에 설치할 것
   ④ 저장용기에는 안전장치(용기밸브에 설치되어 있는 것을 포함)를 설치할 것
   ⑤ 저장용기의 외면에 소화약제의 종류와 양, 제조년도 및 제조자를 표시할 것

소화난이도등급

1. 소화난이도등급 I 에 해당하는 제조소등

구분	기준
제조소 일반취급소	① 연면적 1,000m² 이상인 것 ② 지정수량의 100배 이상인 것 ③ 지반면으로부터 6m 이상의 높이에 위험물 취급설비가 있는 것
주유취급소	면적의 합이 500m² 초과하는 것
옥내저장소	① 지정수량의 150배 이상인 것 ② 연면적 150m² 초과하는 것 ③ 처마높이가 6m 이상인 단층건물 ④ 설치하는 소화설비: 옥외소화전설비, 스프링클러설비, 물분무 소화설비
옥외저장소	① 덩어리 상태의 황을 저장하는 것으로서 경계표시 내부의 면적이 100m² 이상인 것 ② 인화성 고체, 제1석유류 또는 알코올류를 저장하는 것으로서 지정수량의 100배 이상인 것
옥내탱크저장소	① 액표면적이 40m² 이상인 것(제6류 위험물을 저장하는 것 및 고인화점 위험물만을 100℃ 미만의 온도에서 저장하는 것은 제외) ② 바닥면으로부터 탱크 옆판의 상단까지 높이가 6m 이상인 것(제6류 위험물을 저장하는 것 및 고인화점 위험물만을 100℃ 미만의 온도에서 저장하는 것은 제외) ③ 탱크전용실이 단층건물 외의 건축물에 있는 것으로서 인화점 38℃ 이상 70℃ 미만의 위험물을 지정수량의 5배 이상 저장하는 것 ④ 인화점 70℃ 이상의 제4류 위험물만을 저장, 취급하는 것에 설치하는 소화설비: 물분무 소화설비 또는 고정식 포 소화설비

2. 소화기사용방법
   ① 적응화재에 따라 사용
   ② 바람을 등지고 사용
   ③ 성능에 따라 방출거리 내에서 사용
   ④ 양옆으로 비를 쓸 듯이 방사

위험물 분류

1. 위험물 유별 암기법
    ① 제1류 위험물: 50 아염과무 300 브질아 1,000 과다
    ② 제2류 위험물: 100 황건적이 황을 들고 500 금속철마를 타고 옴 1,000 인화성 고체
    ③ 제3류 위험물: 10 알칼리나 20 황 50 알토유기 300 금수인탄
    ④ 제5류 위험물: 10 질유 100 하실나아다하

2. 혼재 가능한 위험물

1	6		혼재 가능
2	5	4	혼재 가능
3	4		혼재 가능

위험물 종류

1. 제1류 위험물(산화성 고체)
    ① 일반적인 성질: 강산화성 물질, 불연성 고체, 조연성, 조해성, 비중이 1보다 큼
    ② 무기과산화물
        • ✡물과 반응하여 산소가 발생하므로 주수소화 금지
        • 산화반응하여 과산화수소 발생
        • ✡분해하여 산소 발생
    ③ 위험성: 알칼리금속의 과산화물은 물과 반응 시 산소 방출 및 심한 발열을 함
    ④ 저장방법: 서늘하고 환기가 잘 되는 곳에 보관
    ⑤ 소화방법
        • 알칼리금속과산화물: 주수금지
        • 그 외: 주수가능

2. 제2류 위험물(가연성 고체)
    ① 일반적인 성질: 비중이 1보다 큼, 불용성, 산소를 함유하지 않는 강한 환원성 물질
    ② 위험물기준
        • 황: 순도 60wt% 이상
        • 철분: ✡$53\mu m$ 표준체를 통과하는 것이 50wt% 이상인 것
        • 금속분: ✡구리, 니켈을 제외하고 $150\mu m$ 표준체를 통과하는 것이 50wt% 이상인 것
        • 마그네슘: 직경 2mm 이상의 막대 모양을 제외하고, 2mm 체를 통과하지 않는 것 제외
    ③ 저장방법: 금속분, 철분, 마그네슘은 물, 습기, 산과의 접촉을 피해야 함

④ 소화방법
- 철분, 금속분, 마그네슘: 주수금지
- 인화성 고체: 주수소화, 질식소화
- 그 외: 주수소화

3. 제3류 위험물(자연발화성 및 금수성 물질)
   ① 일반적인 성질
   - 자연발화성 물질(황린): 공기 중에서 온도가 높아지며 스스로 발화
   - 금수성 물질(황린 외): 물과 접촉하면 가연성 가스 발생
   ② 저장방법
   - 황린: ★pH 9인 물속에 저장
   - K, Na 및 알칼리금속: 산소 함유되지 않은 ★석유류에 저장
   ③ 소화방법
   - 자연발화성 물질: 주수소화
   - 금수성물질: 주수금지, 질식소화

4. 제4류 위험물(인화성 액체)
   ① 일반적인 성질: 비수용성, 비중이 1보다 작아 물보다 가벼움, 전기부도체, 증기비중은 공기보다 무거움
   ② 저장방법: 통풍이 잘 되는 냉암소에 저장, 누출 방지 위해 밀폐용기 사용
   ③ 소화방법: 질식소화, 억제소화
   ④ 연소범위
   - 아세톤: 2 ~ 13%
   - 아세틸렌: 2.5 ~ 81%
   - 휘발유: 1.4 ~ 7.6%
   ⑤ 인화점: 이황화탄소 > 산화프로필렌 > 아세트알데하이드 > 다이에틸에터 > 이소펜탄
   ⑥ 위험물 기준
   - 특수인화물: 이황화탄소, 다이에틸에터 그 밖에 1기압에서 발화점이 섭씨 100도 이하인 것 또는 ★인화점이 섭씨 영하 20도 이하이고 ★비점이 섭씨 40도 이하인 것
   - 제1석유류: 아세톤, 휘발유 그 밖에 1기압에서 ★인화점 섭씨 21도 미만인 것
   - 제2석유류: 등유, 경유 그 밖에 1기압에서 ★인화점 섭씨 21도 이상 70도 미만인 것

5. 제5류 위험물(자기반응성 물질)
   ① 일반적인 성질: 유기화합물, 비중 1보다 큼, 분자 자체에 산소 함유
   ② 상온에서 위험물 상태

품명	위험물	상태
질산에스터류	질산메틸 질산에틸 나이트로글리콜 나이트로글리세린	액체
	나이트로셀룰로오스 셀룰로이드	고체
나이트로화합물	트라이나이트로톨루엔 트라이나이트로페놀 다이나이트로벤젠 테트릴	고체

   ③ 소화방법: 주수소화

6. 제6류 위험물(산화성 액체)
   ① 일반적인 성질: 무기화합물, 불연성, 조연성, 강산화제
   ② 위험물기준
      - 질산: ★비중 1.49 이상
      - 과산화수소: ★농도 36wt% 이상
   ③ 소화방법
      - 소량 누출 시에는 다량의 물로 희석할 수 있지만 원칙적으로 주수소화는 금지(단, 초기화재 시 다량의 물로 세척)
      - 포 소화설비나 마른모래(건조사)

위험물 특징

1. 위험물별 유별 주의사항 및 게시판
   ① 게시판 크기: 표지는 한 변의 길이가 0.3m, 다른 한 변의 길이는 0.6m 이상
   ② ✿위험물별 유별 주의사항

유별	종류	운반용기 외부 주의사항	게시판	소화방법	피복
제1류	알칼리금속과산화물	가연물접촉주의 화기·충격주의 물기엄금	물기엄금	주수금지	방수성
	그 외	가연물접촉주의 화기·충격주의	없음	주수소화	차광성
제2류	철분·금속분·마그네슘	화기주의 물기엄금	화기주의	주수금지	방수성
	인화성 고체	화기엄금	화기엄금	주수소화 질식소화	-
	그 외	화기주의	화기주의	주수소화	
제3류	자연발화성 물질	화기엄금 공기접촉엄금	화기엄금	주수소화	차광성
	금수성 물질	물기엄금	물기엄금	주수금지	방수성
제4류		화기엄금	화기엄금	질식소화	차광성 (특수인화물)
제5류	-	화기엄금 충격주의	화기엄금	주수소화	차광성
제6류		가연물접촉주의	없음	주수소화	차광성

③ 게시판 종류 및 바탕, 문자색

종류	바탕색	문자색
위험물제조소	백색	흑색
위험물	흑색	황색
주유 중 엔진정지	황색	흑색
화기엄금 또는 화기주의	적색	백색
물기엄금	청색	백색

위험물 운반

1. 위험물 운반기준
   ① 고체위험물: 운반용기 내용적의 95% 이하의 수납율로 수납
   ② 액체위험물: 운반용기 내용적의 98% 이하의 수납율로 수납하되, 55℃의 온도에서 누설되지 않도록 충분한 공간용적 유지
   ③ 알킬알루미늄: 운반용기 내용적의 90% 이하의 수납율로 수납하되, 50℃의 온도에서 5% 이상의 공간용적 유지

2. 위험물안전관리자
   ① 안전관리자를 해임하거나 안전관리자가 퇴직한 때에는 해임하거나 퇴직한 날부터 30일 이내에 다시 안전관리자를 선임하여야 함
   ② 안전관리자를 선임한 경우 선임한 날부터 14일 이내 행정안전부령으로 정하는 바에 따라 소방본부장 또는 소방서장에게 신고하여야 함
   ③ 안전관리자, 탱크시험자, 위험물운송자 등 위험물의 안전관리와 관련된 업무를 수행하는 자는 소방청장이 실시하는 안전교육을 받아야 함

3. 운송책임자의 감독, 지원을 받아 운송하는 위험물
   ① 알킬리튬
   ② 알킬알루미늄
   ③ 알킬알루미늄, 알킬리튬을 함유하는 위험물

4. 위험물안전카드를 휴대해야 하는 위험물
   ① 제4류 위험물 중 특수인화물
   ② 제4류 위험물 중 제1석유류

위험물제조소

1. 안전거리

구분	거리
사용전압 7,000V 초과 35,000V 이하 특고압 가공전선	3m 이상
사용전압 35,000V 초과의 특고압 가공전선	5m 이상
주거용으로 사용	10m 이상
고압가스, 액화석유가스, 도시가스를 저장 취급하는 시설	20m 이상
학교, 병원, 영화상영관 등 수용인원 300명 이상, 복지시설, 어린이집 수용인원 20명 이상	30m 이상
지정문화유산, 천연기념물 등	50m 이상

2. 보유공지

취급하는 위험물의 최대수량	공지의 너비
지정수량의 10배 이하	3m 이상
지정수량의 10배 초과	5m 이상

3. 위험물제조소 구조 기준

    벽, 기둥, 바닥, 보, 서까래 및 계단은 ✭불연재료로 함

4. 아세트알데하이드등의 취급 특례

    아세트알데하이드등을 취급하는 설비는 은·수은·동·마그네슘 또는 이들을 성분으로 하는 합금으로 만들지 아니할 것

위험물저장소

1. 저장창고 구조

    ① 벽, 기둥, 바닥: ✭내화구조
    ② 보, 서까래: ✭불연재료
    ③ 출입구: ✭60분 + 방화문·60분 방화문 또는 30분 방화문

2. 저장소별 보유공지 기준

    ① 옥내저장소

| 위험물 최대수량 | 공지의 너비(내화구조) ||
	벽, 기둥 및 바닥이 내화구조	그 밖의 건축물
지정수량의 5배 이하	-	0.5m 이상
지정수량의 5배 초과 10배 이하	1m 이상	1.5m 이상
지정수량의 10배 초과 20배 이하	2m 이상	3m 이상
지정수량의 20배 초과 50배 이하	3m 이상	5m 이상
지정수량의 50배 초과 200배 이하	5m 이상	10m 이상
지정수량의 200배 초과	10m 이상	15m 이상

② 옥외저장소

위험물 최대수량	공지의 너비
지정수량의 10배 이하	3m 이상
지정수량의 10배 초과 20배 이하	5m 이상
지정수량의 20배 초과 50배 이하	9m 이상
지정수량의 50배 초과 200배 이하	12m 이상
지정수량의 200배 초과	15m 이상

③ 옥외탱크저장소

지정수량의 배수	공지의 너비
지정수량의 500배 이하	3m 이상
지정수량의 500배 초과 1,000배 이하	5m 이상
지정수량의 1,000배 초과 2,000배 이하	9m 이상
지정수량의 2,000배 초과 3,000배 이하	12m 이상
지정수량의 3,000배 초과 4,000배 이하	15m 이상
지정수량의 4,000배 초과	탱크의 수평단면의 최대 지름과 높이 중 큰 것 이상 ① 소: 15m 이상 ② 대: 30m 이하

3. 옥외탱크저장소 외부구조 및 설비

① 대기밸브통기관
   - ☆5kPa 이하의 압력 차이로 작동할 수 있을 것
   - 가는 눈의 구리망 등으로 인화방지망을 설치할 것

② 방유제는 옥외저장탱크 지름에 따라 그 탱크의 옆판으로부터 거리를 유지
   - 지름 15m 미만인 경우: 탱크 높이의 ☆3분의 1 이상
   - 지름 15m 이상인 경우: 탱크 높이의 ☆2분의 1 이상

③ 방유제 용량
   - 탱크 1기 = ☆탱크용량의 110% 이상
   - 탱크 2기 = ☆최대인 것 용량의 110% 이상
   - 인화성 없는 액체 = 100%로 함

④ 간막이 둑의 용량은 간막이 둑 안에 설치된 탱크의 용량의 10% 이상일 것

4. 지하탱크저장소
   ① 탱크전용실 벽의 두께는 ☆0.3m 이상
   ② 지하저장탱크와 탱크전용실 안쪽과의 간격은 ☆0.1m 이상 간격 유지
   ③ 지하저장탱크를 ☆2 이상 인접하게 설치하는 경우는 그 상호간에 ☆1m 이상 간격 유지

5. 간이탱크저장소
   ① 간이저장탱크 용량: ☆600L 이하
   ② 간이저장탱크 두께: 3.2mm 이상의 강판으로 흠이 없도록 제작하며 ☆70kPa의 압력으로 ☆10분간의 수압시험을 실시하여 새거나 변형되지 않도록 함

6. 탱크의 용적산정기준
   ① 탱크용량 = 탱크내용적 - 공간용적 = (탱크의 내용적) × (1 - 공간용적비율)
   ② 원통형 탱크의 내용적
   - 횡으로 설치한 것: ☆$V = \pi r^2 (l + \frac{l_1 + l_2}{3})(1 - 공간용적)$
     = 원의 면적 × (가운데 체적길이 + $\frac{양끝\ 체적길이\ 합}{3}$) × (1 - 공간용적)
   - 종으로 설치한 것: ☆$V = \pi r^2 l$
   ③ 양쪽이 볼록한 타원형 탱크의 내용적: $\frac{\pi ab}{4}(l + \frac{l_1 + l_2}{3})$

7. 탱크의 용량
   ① 일반적인 탱크의 공간용적은 탱크 내용적의 ☆5/100 이상 10/100 이하로 함
   ② 소화설비 탱크용적은 소화약제 방출구 아래 0.3m 이상 1m 미만 사이의 면으로부터 윗부분의 용적으로 함
   ③ 암반탱크에 있어서 탱크 내 용출하는 ☆7일간의 지하수 양에 상당하는 용적과 해당 탱크의 내용적의 ☆100분의 1의 용적 중 보다 큰 용적을 공간용적으로 함

위험물취급소

1. 위험물취급기준
   ① 자동차에 인화점 ☆40℃ 미만의 위험물을 주유할 때에는 자동차의 원동기를 반드시 정지시킬 것
   ② 자동차에 주유할 때는 ☆고정주유설비 이용하여 직접 주유

2. 판매취급소
   ① 1종판매취급소: 저장, 취급하는 위험물의 수량이 지정수량의 ☆20배 이하인 판매취급소
   ② 2종판매취급소: 저장, 취급하는 위험물의 수량이 지정수량의 ☆40배 이하인 판매취급소

■ 제조소등에서 위험물 저장 및 취급
1. 아세트알데하이드등 저장기준
   ① 보냉장치가 있는 경우: 이동저장탱크에 저장하는 아세트알데하이드등 또는 다이에틸에터등의 온도는 당해 위험물의 ☆비점 이하로 유지할 것
   ② 보냉장치가 없는 경우: 이동저장탱크에 저장하는 아세트알데하이드등 또는 다이에틸에터등의 온도는 ☆40℃ 이하로 유지할 것

■ 위험물안전관리법
1. 위험물시설의 설치 및 변경 등
   ① 저장하거나 취급하는 위험물의 품명·수량 또는 지정수량의 배수를 변경하고자 하는 자는 변경하고자 하는 날의 ☆1일 전까지 행정안전부령이 정하는 바에 따라 시·도지사에게 신고하여야 함
   ② 농예용, 축산용 또는 수산용으로 필요한 난방시설 또는 건조시설을 위한 지정수량 ☆20배 이하의 ☆저장소는 허가를 받지 아니하고 당해 제조소등을 설치하거나 그 위치, 구조 또는 설비를 변경할 수 있음

2. 정기점검
   ① 정기점검: ☆연 1회 이상
   ② 정기점검을 한 제조소등의 관계인은 점검을 한 날부터 ☆30일 이내 점검결과를 ☆시·도지사에게 제출해야 함

3. 예방규정을 정하여야 하는 제조소등
   ① 지정수량의 10배 이상의 위험물을 취급하는 제조소
   ② 지정수량의 100배 이상의 위험물을 저장하는 옥외저장소
   ③ 지정수량의 150배 이상의 위험물을 저장하는 옥내저장소
   ④ 지정수량의 200배 이상의 위험물을 저장하는 옥외탱크저장소
   ⑤ 암반탱크저장소
   ⑥ 이송취급소
   ⑦ 지정수량의 10배 이상의 위험물을 취급하는 일반취급소

4. 자체소방대 설치기준

제조소 또는 일반취급소에서 취급하는 제4류 위험물의 최대수량 합	화학소방자동차 (대)	자체소방대원 수 (명)
지정수량 3천배 이상 12만배 미만인 사업소	1	5
지정수량 12만배 이상 24만배 미만인 사업소	2	10
지정수량 24만배 이상 48만배 미만인 사업소	3	15
지정수량의 48만배 이상인 사업소	4	20
옥외탱크저장소에 저장하는 제4류 위험물의 최대수량이 지정수량의 50만배 이상인 사업소	2	10

■ 자주 출제되는 반응식

① 탄화알루미늄과 물의 반응식
- $Al_4C_3 + H_2O \rightarrow Al(OH)_3 + CH_4$
- 탄화알루미늄은 물과 반응하여 수산화알루미늄과 메탄을 발생한다.

② 알루미늄과 물의 반응식
- $2Al + 6H_2O \rightarrow 2Al(OH)_3 + 3H_2$
- 알루미늄분은 물과 반응하여 수산화알루미늄과 수소를 발생하며 폭발한다.

③ 탄화칼슘과 물의 반응식
- $CaC_2 + 2H_2O \rightarrow Ca(OH)_2 + C_2H_2$
- 탄화칼슘은 물과 반응하여 수산화칼슘과 아세틸렌을 발생한다.

④ 인화칼슘과 물의 반응식
- $Ca_3P_2 + 6H_2O \rightarrow 3Ca(OH)_2 + 2PH_3$
- 인화칼슘은 물과 반응하여 수산화칼슘과 포스핀가스를 발생한다.

⑤ 적린의 연소반응식
- $4P + 5O_2 \rightarrow 2P_2O_5$
- 적린은 연소하여 오산화인이 발생한다.

⑥ 과산화나트륨과 물의 반응식
- $2Na_2O_2 + 2H_2O \rightarrow 4NaOH + O_2$
- 과산화나트륨은 물과 반응하여 수산화나트륨과 산소를 생성한다.

⑦ 과산화칼륨과 물의 반응식
- $2K_2O_2 + 2H_2O \rightarrow 4KOH + O_2$
- 과산화칼륨은 물과 반응하여 수산화칼륨과 산소를 발생한다.

⑧ 삼황화인의 연소반응식
- $P_4S_3 + 8O_2 \rightarrow 2P_2O_5 + 3SO_2$
- 삼황화인은 연소하여 오산화인과 이산화황을 생성한다.

⑨ 오황화인의 연소반응식
- $2P_2S_5 + 15O_2 \rightarrow 2P_2O_5 + 10SO_2$
- 오황화인은 연소하여 오산화인과 이산화황을 생성한다.

⑩ 트라이메틸알루미늄의 연소식
- $2(CH_3)_3Al + 12O_2 \rightarrow Al_2O_3 + 6CO_2 + 9H_2O$
- 트라이메틸알루미늄은 연소하여 산화알루미늄, 이산화탄소, 물을 생성한다.

자주 출제되는 폭발범위

① 메탄: 5 ~ 15%
② 톨루엔: 약 1.27 ~ 7%
③ 에틸알코올: 약 3.1 ~ 27.7%
④ 에틸에테르: 1.7 ~ 48%

박문각 자격증 시리즈
위험물산업기사 필기

초판인쇄	2026. 1. 15
초판발행	2026. 1. 20

편 저 자	김연진
발 행 인	박용
출판총괄	김현실
개발책임	이성준
편집개발	김태희, 김지은
마 케 팅	김치환, 최지희
일러스트	㈜ 유미지

발 행 처	㈜ 박문각출판
출판등록	등록번호 제2019-000137호
주 소	06654 서울시 서초구 효령로 283 서경B/D 6층
전 화	(02) 6466-7202
팩 스	(02) 584-2927
홈페이지	www.pmgbooks.co.kr

ISBN	979-11-7519-443-4
	979-11-7519-442-7(세트)
정가	26,000원

저자와의 협의 하에 인지 생략

이 책의 무단 전재 또는 복제 행위는 저작권법 제 136조에 의거, 5년 이하의 징역 또는 5,000만원 이하의 벌금에 처하거나 이를 병과할 수 있습니다.